高等学校"互联网+"新形态教材

互换性与技术测量

主编 杨练根

中国水利水电出版社

www.waterpub.com.cn

·北京·

内 容 简 介

"互换性与技术测量"课程是高等工科院校机械类、近机类、仪器仪表类专业的一门主要的技术基础课,概念多,涉及面广,牵涉的国家标准多且标准更新快。本书根据近几年特别是2020年发布的最新的几何产品技术规范标准,介绍了互换性与标准化概论、尺寸公差与配合、长度测量技术基础、几何公差及误差检测、表面结构参数及其检测、光滑工件的检验、典型零部件的互换性及检测等内容。

本书的特点是强调基础,力求概念清楚,突出应用,以一级减速器为主线,着重阐述尺寸精度、几何精度、表面精度的设计,较系统地介绍了新一代 GPS 标准,既可作为工科院校机械类、近机类、仪器仪表类专业"互换性与技术测量"课程的教材,也可供生产企业和计量、检验机构的专业人员使用。

图书在版编目(CIP)数据

互换性与技术测量/杨练根主编. —北京:中国
水利水电出版社,2021.2(2021.8 重印)
高等学校"互联网+"新形态教材
ISBN 978-7-5170-9443-2

Ⅰ.①互…　Ⅱ.①杨…　Ⅲ.①零部件-互换性-高等
学校-教材 ②零部件-技术测量-高等学校-教材　Ⅳ.
①TG801

中国版本图书馆 CIP 数据核字(2021)第 033320 号

书　　名	高等学校"互联网+"新形态教材 **互换性与技术测量**　HUHUANXIN YU JISHU CELIANG
作　　者	主编　杨练根
出版发行	中国水利水电出版社 (北京市海淀区玉渊潭南路 1 号 D 座　100038) 网址:www.waterpub.com.cn E-mail:zhiboshangshu@163.com 电话:(010)62572966-2205/2266/2201(营销中心)
经　　售	北京科水图书销售中心(零售) 电话:(010)88383994、63202643、68545874 全国各地新华书店和相关出版物销售网点
排　　版	京华图文制作中心
印　　刷	河北华商印刷有限公司
规　　格	185mm×260mm　16 开本　21.75 印张　524 千字
版　　次	2021 年 2 月第 1 版　2021 年 8 月第 2 次印刷
印　　数	4001—8000 册
定　　价	59.00 元

前　言

"互换性与技术测量"课程是高等工科院校机械类、近机类、仪器仪表类专业的一门应用性很强的技术基础课，它不仅涉及机械与仪器制造业的基础标准和长度测量技术，还涉及机械与仪器设计、制造、质量控制、质量检验等许多领域。本课程有助于学生掌握机械与仪器及其零部件的精度设计、正确理解设计图样上的精度要求、编制工艺规范、合理设计产品质量检测方案和进行测量数据处理。

1996 年，自 ISO/TC 213 "产品的尺寸和几何规范及检验" 技术委员会成立以来，一套基于计量数学的 GPS（Geometrical Product Specifications）标准开始陆续制定、发布，这标志着 GPS 标准进入了一个新的发展时代。与以几何学、模拟式测量设备为基础的老一代 GPS 标准体系不同，新一代 GPS 标准体系引入了物理学中的对偶性原理，把规范过程与检验过程联系起来，并以不确定度作为经济杠杆，把产品的功能、规范、制造、检验集成于一体。新一代 GPS 标准体系着重于提供一个适宜于计算机辅助设计、制造、检测集成环境的和更加清晰明确的几何公差定义，以及一套宽范围的计量评定规范体系来满足几何产品的功能要求。它是针对所有几何产品建立的一个技术标准体系，覆盖了从宏观到微观的产品几何特征，涉及从产品开发、设计、制造、验收、使用以及维修到报废的整个寿命周期的全过程。截至 2020 年 12 月 31 日，ISO 已经发布以几何产品技术规范为名称的标准、规范（分部分出版的标准或规范，以部分计，包括勘误表和修订单）达 150 个，还有 22 个正在制定中。

我国归口管理 GPS 标准的是 TC 240 全国产品几何技术规范标准化技术委员会。近年来，我国对 GPS 标准进行了较大规模的转化和修订，截至 2020 年 12 月 31 日，已经发布的、现行有效和即将实施的新一代标准总计有 126 个（分部分出版的标准以部分计，其中，2017—2020 年制定（修订）发布的标准有 46 个），还有很多标准正在制定和转化中。

GPS 标准是 "互换性与技术测量" 课程的基础。考虑新一代 GPS 标准制定的周期较长以及国内外的实际情况，传统的以几何学为基础的老一代 GPS 标准在制造业中还有广泛的应用，本书在重点介绍新二代 GPS 标准时兼顾了老一代 GPS 标准，并以一级减速器输出轴为对象，从尺寸精度设计、测量数据处理、几何精度设计、表面精度设计、测量仪器选择、光滑极限量规设计、轴承选择及其与轴和箱体孔的配合、键及键槽精度设计、齿轮及齿坯精度设计等方面综合起来进行讲解。在编写时，本书强调基础，力求概念清楚，突出应用，着重阐述标准的理解与使用。

本书既可作为工科院校机械类、近机类、仪器仪表类专业 "互换性与技术测量" 课程的教材，也可供生产企业和计量、检验机构的专业人员使用。

本书由湖北工业大学杨练根主编。参加各章编写的有：第 1、4 章，杨练根；第 2 章，刘文超；第 3 章，吴庆华；第 5 章，范宜艳；第 6 章，许忠保；第 7 章，李伟。杨练根负责对全书文字、插图等全部内容进行统稿、修正。

本书配有丰富的教学资源（包括教学课件、课程大纲、习题解答等），选用该教材的老师可以通过邮件（yanglg@ hbut. edu. cn）与作者联系免费获取。

由于新一代 GPS 标准还处在陆续制定、发布过程中，且已发布的 GPS 标准需要逐步转化为我国的国家标准，所以，在实际使用中，新一代 GPS 标准和老一代 GPS 标准仍将会在较长的时期内共存。鉴于两代 GPS 标准在名词术语、定义、参数、检验等方面存在着较多差异，受编者水平的限制，本书在内容选择、结构层次的安排和对标准的理解等方面难免有错误、疏漏和不足，恳请广大读者批评指正，提出宝贵意见。

编　者

2021 年 1 月

目　　录

电子资源目录

绪 论

"互换性与技术测量"课程是一门专业基础课,其前置课程是"工程图学",后续课程是"机械设计""机械制造工艺学"等。贯穿于整门课程的新一代 GPS 标准体系着重于提供一个适宜于计算机辅助设计、计算机辅助工程、计算机辅助制造、计算机辅助工艺规划、计算机辅助质量管理、产品数据管理等集成环境的计量评定规范体系。它将标准化与计量学的有关部分有机地结合在一起,而且涉及机械设计、机械制造、质量控制、生产组织和管理等多方面。其特点是概念多,涉及标准多,与实践联系紧密。

精度设计的主要目的:一是保证互换性生产、满足使用要求;二是确保最合理的生产成本和生产效率。通过本课程的学习,应初步掌握尺寸精度、几何精度、表面精度的设计方法和长度测量的基本理论、方法,树立标准化的理念,具体应该达到以下基本要求。

1) 从制图的角度,真正看懂图样上标注的尺寸公差、几何公差、表面结构等技术要求。

2) 从设计的角度,掌握根据产品的功能和零件的使用要求正确地选择尺寸公差、几何公差、表面结构参数的原则和方法;掌握与滚动轴承、键和花键等标准件相配合的零件和圆锥齿轮的精度设计要求。

3) 从制造的角度,了解所确定的尺寸公差、几何公差和表面结构参数对制造工艺的要求。

4) 从测量的角度,初步掌握制定测量零件尺寸误差、几何误差、表面结构参数的原则和方法,掌握几何误差评定、表面结构参数计算的方法;初步具备通用计量器具的选择与应用能力、光滑极限量规的设计能力和测量误差的分析能力。

课程目标和要求见电子资源 0-1。读者学习完成本课程后,可以通过电子资源 0-2 中的样卷进行自我测试,大致判断自己对本课程内容的掌握程度。

电子资源 0-1:课程大纲
电子资源 0-2:课程样卷及标准答案

第 1 章

互换性与标准化概论

1.1 互换性概述

■ 1.1.1 互换性的含义

顾名思义，所谓互换性是指事物可以互相替换的能力。在 GB/T 20000.1—2014《标准化工作指南　第 1 部分：标准化和相关活动的通用术语》中，互换性被规定为"某一产品、过程或服务能用来代替另一产品、过程或服务并满足同样要求的能力"。这是广义的互换性，本书讲述的互换性是产品的互换性。在机械和仪器制造业中，零、部件的互换性实际上是指同一规格的一批零件或部件，任取其一，不需任何挑选或附加修配就能装在机器上，达到规定的功能要求。这样的一批零件或部件就称为具有互换性的零、部件。

在日常生活和工业生产中，互换性的例子比比皆是。人们经常使用的自行车，它的各个零件都是按互换性生产的。如果自行车上的零件损坏，可以在五金店或维修点买到同样规格的零件换上，恢复自行车的功能。我国现在的移动通信终端适配器（即通常所说的手机充电器）可以插在任意一个 220V 的电源插座上进行充电，也可以把充电线从交流电源适配器上拔下，把 USB 口的一头插在任意一台计算机、汽车、充电宝等的 USB 口上进行充电。家里的白炽灯或节能灯泡坏了，可以到商店买回一个，很方便地就可以装上，恢复照明。机械或仪器上的轴承、螺纹等零件失效后，维修人员可以迅速更换同一规格的新零件，很好地满足要求。这里提到的自行车零件、手机充电器插头和 USB 口、灯泡、轴承、螺纹，在同一规格内都可以互相替换使用，它们都是具有互换性的零、部件。

机械和仪器制造业中的互换性，通常包括几何参数的互换性和性能参数的互换性。所谓几何参数一般包括尺寸、几何形状（宏观、微观）及相互位置关系等。机械产品的性能参数包括很多方面，如刚度、强度、硬度、传热性、导电性、热稳定性及其他物理、化学参数等。本书只讨论几何参数的互换性。要使一批零、部件具有互换性，似乎需要将它们的实际几何参数值控制得完全一样，但在实际生产中，由于制造误差不可避免地存在，零、部件加工得完全一样是不可能做到的，也是完全不必要的。因此在按照互换性原则组织生产时，只要根据使用要求，将零、部件的几何参数值的变动限制在预设的一定极限范围内，即可以实现互换性并取得最佳的经济效益。零、部件几何参数值的这种允许变动量就称为公差。

1.1.2　互换性的作用

互换性对现代化大生产具有非常重大的意义。

从设计方面来看，遵循互换性原则，有利于最大限度地采用标准件、通用件，发展系列产品，改进产品性能，简化绘图和计算工作，缩短设计周期，便于计算机辅助设计（CAD），对发展系列化产品具有重要作用。

从加工方面来看，互换性有利于组织专业化生产，采用先进工艺和高效率的专用设备，提高生产效率，降低成本。现代化的汽车、摩托车等机械工业均采取社会化大生产模式，零、部件的通用化程度很高，大多数零、部件都具有互换性，从而才能实现一台汽车或摩托车的成千上万个零、部件分散到全国甚至全世界的不同工厂进行高效率的专业化生产，然后集中到同一个工厂进行装配。因此，零、部件的互换性为专业化、自动化生产创造了条件，促进了汽车、摩托车等机械行业的发展，有助于降低成本、提高生产效率和产品质量。

从装配方面来看，互换性是进行流水线生产、提高生产和装配效率的保证。由于零、部件具有互换性，不需要挑选、辅助加工和修配，故能减轻劳动强度，缩短装配周期，并且可以采取流水作业方式或自动化装配方式进行装配，从而大大提高了生产效率。

从使用和维修方面来看，互换性有助于延长产品寿命。若产品具有互换性，则它们损坏或磨损后，及时地用新的备件更换，可以减少机器的维修时间和费用，保证机器能连续、持久地运转，从而提高机器的使用寿命。

1.1.3　互换性的分类

根据使用要求及互换程度、部位和范围的不同，互换性可分为不同的种类。

1. 按互换的程度分类

按互换的程度，互换性可分为完全互换与不完全互换。完全互换是指零、部件在装配前不需要挑选、在装配中不需要辅助加工与修配，即可完全满足使用要求。有些产品的生产，由于采取完全互换的加工成本很高等原因，往往采取不完全互换，即产品不能保证百分之百的互换性。不完全互换通常包括概率互换、分组互换、调整互换和修配互换等。

（1）概率互换　概率互换是指零、部件的设计、制造仅能以接近于 1 的概率来满足互换性的要求，主要用于成批、大量生产的场合。在此种生产方式下，考虑零件实际参数值的概率分布特点，将参数值允许的变动量适当加大，以获得制造的经济性。按概率互换性要求组织生产，可能出现达不到组装要求的情况，但这种情况出现的概率比较小。

（2）分组互换　分组互换通常用于大批量生产且装配精度要求很高的零件。此时如采用完全互换性组织生产，则与零件互换性相关的参数值的允许变动量很小，这将造成加工困难、成本增高、废品率增大，甚至无法加工。而采取分组互换可以适当地增大零件实际参数值的变动量，减小加工难度；加工完毕后根据测量所得的实际参数值的大小将零件分为若干组，使同组零件的实际参数值的变化减小，然后按对应组进行装配。此时，仅同组内的零件可以互换，组与组间不能互换。例如，汽车连杆和活塞销在生产中，往往根据其实际尺寸分为 3~6 个组进行互换性生产和装配。分组互换示例见电子资源 1-1。

电子资源1-1：分组互换讲解示例

（3）调整互换和修配互换　调整互换和修配互换多用于单件、小批量的生产，特别是重型机械和精密仪器的制造。在此种装配中，往往必须改变装配链中某一零件实际参数值的大小，以其作为调整环来补偿其他零件装配中累积误差的影响，从而满足总的装配精度要求。调整互换就是通过更换调整环零件或改变它的位置来进行补偿，而修配互换是通过对调整环做适当的加工，改变调整环的实际参数值，以达到满足装配精度的要求。此时，构成装配链的所有零、部件均按互换性生产，装配前也不需要挑选，但装配过程中可能需要对调整环进行调整或修配才能达到精度要求。显然，经过这样的调整或修配后，若要更换装配链中的任一个组成零件，则可能还需要对调整环进行再次的调整或修配。

2. 按互换的部位分类

对独立的标准部件或机构来说，其互换性可分为内互换和外互换。

（1）内互换　内互换是指部件或机构内部组成零件间的互换性。例如，滚动轴承的滚动体和内圈、外圈、保持架（隔离架）之间的互换性为内互换。因为这些组成零件的精度要求很高，加工难度很大，故它们的互换常采取分组互换。

（2）外互换　外互换是指部件或机构与其相配合的零件间的互换性。轴承内圈和轴颈的配合及外圈和机座孔的配合为外互换。轴承作为一个标准件，从方便使用的角度出发，其外互换采用完全互换。

在实际生产中，究竟采取何种形式的互换性才能既满足要求又具有较好的经济性，需要根据产品的使用要求与复杂程度、生产规模、生产水平及技术水平、检测水平等方面情况综合决定。

1.1.4　互换性生产简史

互换性生产是随着工业生产的发展而产生和发展的。

在互换性生产出现前，配合零件都是通过"以孔配轴"或"以轴配孔"的方式在手工作坊中靠"配作"方式制造。装配时必须对号入座，生产效率低，零、部件没有互换性。

互换性生产是从第一个标准量规出现开始的。孔或轴最早是按一个标准的孔或轴来制造的，不久后这种标准的孔或轴被制成环规或塞规。标准量规是单个使用的，要求恰好紧密地通过零件，对零件要求过高，因此其使用受到限制。

事实上，使用要求不是绝对的，间隙略有变动，只要不超过一定范围，也能满足使用要求，因此允许孔、轴实际尺寸在一定范围内变动。这就产生了按公差制造的思想，与其相适应，在计量手段上出现了极限量规，即按孔、轴允许的最大尺寸和最小尺寸分别制成的两套量规。

互换性最早体现在 H. 莫兹利于1797年利用其创制的螺纹车床所生产的螺栓和螺母上。同时期，美国工程师 E. 惠特尼用互换性方法生产火枪，显示了互换性的可行性和优越性。这种生产方法在美国被逐渐推广，形成了所谓的"美国生产方法"。20世纪初期，H. 福特在汽车制造上又创造了流水装配线。大量生产技术加上 F. W. 泰勒在20世纪初创立的科学管理方法，使汽车和其他大批量生产的机械产品的生产效率很快达到了过去无法想象的高度。

最早使用极限量规检验工件的国家集中在欧洲，为英、法、德、俄等国家。后来日本引进了德国的步枪制造技术，同时也引进了其"极限量规"的检验方法，这使日本的造枪技术自 20 世纪初以来长期在亚洲处于领先地位。由此可看出，互换性原理对机械工业的发展有着极大的促进作用。正是因为这种有目共睹的实际效果，世界各国纷纷效仿。我国对互换性原理的采用最早也出现在兵器工业中，如 1931 年的沈阳兵工厂、1937 年的金陵兵工厂大量引进了国外先进的制造和检测技术，由此生产出了当时中国最好的枪炮。后来，各国将这一原理推广到民用产品中。

1.2　新一代 GPS 标准体系及其发展

■ 1.2.1　互换性标准发展简介

自 1902 年英国 Newall 公司出版了极限表以来，公差与配合标准经历了一百多年的发展历史。

1906 年，英国颁布了国家标准 BS 27，1924 年颁布了 BS 164，1925 年美国颁布 ASAB4a，这些都是初期的公差标准。

在英、美初期公差标准的基础上，德国 DIN 标准采用了基孔制、基轴制，提出了公差单位的概念，将公差等级和配合分开，并规定了标准温度。

1929 年，苏联颁布了一个公差与配合标准。

1926 年，国际标准化协会（ISA）成立，ISA/TC3 负责公差与配合标准制定。在总结德国、法国等国家标准的基础上，1940 年 ISA 颁布了国际公差标准。

1947 年，ISA 更名为国际标准化组织（International Standardization Organization，ISO）。在 ISA 标准的基础上，ISO 于 1962 年颁布了新的公差与配合标准 ISO/R 286，其后又陆续颁布了 ISO/R 1938《光滑工件的检验》等公差标准，这些形成了国际公差与配合标准体系。

1959 年，我国正式颁布了 GB 159～174 公差与配合国家标准，随后又发布了各种结合件、传动件、表面光洁度以及表面形状和位置公差标准。

我国的公差标准随着国际标准的变化也在不断地更新。

1979 年，我国将原有的 1959 年版标准修为 GB 1800～1804—1979。

1996 年，我国又将该公差与配合标准改名《极限与配合》，并不断修订有关标准，如 GB/T 1800.1—1997、GB/T 1800.2—1998、GB/T 1800.3—1998、GB/T 1800.4—1999、GB/T 1801—1999、GB/T 1803—2003、GB/T 1804—2000 等。形状和位置公差标准于 1996 年进行了修订，颁布了 GB/T 1182—1996、GB/T 4249—1996、GB/T 16671—1996。1995 年颁布了表面粗糙度标准 GB/T 1031—1995。

对口 ISO/TC 213 的 SAC/TC 240 全国产品几何技术规范标准化技术委员会于 1999 年成立后（SAC：国家标准化管理委员会；TC：标准化技术委员会），极限与配合等互换性标准被纳入了产品几何技术规范（Geometrical Product Specification, GPS）标准体系。

■ 1.2.2 新一代GPS（产品几何技术规范）标准体系的产生背景

产品几何技术规范原隶属于国际标准化组织的三个技术委员会：ISO/TC 3 极限与配合、ISO/TC 57 表面特征及其计量学、ISO/TC 10/SC 5 尺寸和公差的表示法。三个技术委员会分别有各自的标准体系。各自工作的独立性，造成各技术委员会之间的工作出现了重复、空缺和不足，同时产生了术语定义的矛盾、基本规定的差别及综合要求的差异，使得产品几何标准之间出现了众多不衔接和矛盾之处。1993 年 ISO 成立了联合协调工作组，对三个技术委员会所属范围的尺寸和几何特征领域的标准化工作进行了协调和调整，提出了 GPS 的概念，1995 年 ISO/TC 3 颁布了 ISO/TR 16438 "GPS 总体规划"（Master Plan），正式提出了 GPS 概念和标准体系的矩阵模型，1996 年 ISO 撤销了上述三个技术委员会，成立了 ISO/TC 213 "产品的尺寸和几何规范及检验"（Dimensional and Geometrical Product Specifications and Verification）技术委员会，由其负责建立一个完整的国际标准体系。目前共有 27 个参加成员和 26 个观察成员。当时建立的 GPS 标准体系主要包括 ISO/TC 213 成立初期制定/修订的约60 余项国际标准，如几何产品从毫米到微米级的几何尺寸、公差、表面特征、测量原理、测量设备标准等。这些 GPS 标准也称为第一代 GPS 语言，即以几何学理论为基础制定的一系列产品几何标准与检测规范。其理论基础仍然是几何学，因此它虽然提供了产品设计、制造及检测的技术规范，但没有真正建立起这些技术之间的联系，没有从根本上考虑功能、规范与检测之间的统一性，缺乏系统性、集成性和可操作性。长期以来基于几何学理论的标准由于其"功能要求、设计规范和检测方法"不统一，导致测量评估失控引起纠纷的问题和矛盾一直困扰着人们。究其原因并不是设计工程师不能清楚表达设计意图，制造工程师不知道如何按照图样完成工件生产，检测与计量工程师不知道如何测量，而是图样技术的规范不完整，设计、制造和检验之间标准的基础理论不统一，设计、制造以及计量工程师之间没有共同的技术语言，无法有效地沟通，同一张图样可能产生不同的理解。同时，传统的 GPS 标准仅适用于手工设计环境，不适应计算机的表达、处理和数据传输。随着计算机技术的进步，先进的数字化制造方法和技术——CAD（Computer Aided Design，计算机辅助设计）、CAM（Computer Aided Manufacture，计算机辅助制造）、CAQ（Computer Aided Quality Management，计算机辅助质量管理）得以产生和发展。新的 MBE（Model Based Enterprise）模式使用 3D 的 CAD模型，而不是传统的图样、文件。作为在整个产品生命周期所有工程活动的数据源，MBE 的核心宗旨是直接用模型驱动产品生命周期的所有方面。传统 GPS 由于在功能、规范与检测、校准方面的不统一等矛盾日渐突出，已经不能适应现代设计和制造技术发展的需要，制约着 CAD、CAM、CAQ 技术继续深入发展，是国内外先进设计和制造技术发展中急需解决的问题。

新一代 GPS 标准体系正是为解决第一代 GPS 在设计、加工与检测标准之间基础理论的不统一及不完整性而导致产品设计工程师、制造工程师与计量工程师之间技术依据不统一，造成三者之间产生纠纷和质疑等问题而产生的。它以计量数学为基础，引入物理学中的物像对偶性原理，把设计与检验过程联系起来，利用扩展后的"不确定度"的量化特性和经济杠杆作用，将产品的功能、规范、加工和检测集成于一体，统筹优化过程资源的配置。因此，相对于第一代 GPS 而言，新一代 GPS 语言和体系的形成与发展，无疑是对传统公差设计与控制思想的挑战，是标准化、检测和计量领域的一次大变革，从而解决了基于几何学理论技术的烦琐以及因为测量方法不统一导致测量评估失控引起纠纷等问题。

新一代 GPS 标准体系着重于提供一个适宜于 CAX［CAX 是 CAD、CAM、CAQ、计算机辅助工程（Computer Aided Engineering，CAE）、计算机辅助工艺规划（Computer Aided Process Planning，CAPP）、产品数据管理（Product Data Management，PDM）等的统称］集成环境的、更加清晰明确的、系统规范的几何公差定义和数字化设计的、规范体系来满足几何产品的功能要求。GPS 标准体系是针对所有几何产品建立的一个技术标准体系，覆盖了从宏观到微观的产品几何特征，涉及从产品开发、设计、制造、验收、使用及维修到报废的整个生命周期的全过程，是达到产品功能要求所必须遵守的技术依据和产品信息传递与交换的基础标准，包括尺寸、距离、半径、角度、形状、方向、位置、跳动、表面粗糙度、表面波纹度、表面缺陷等方面的标准。更简单地说，其规定了产品微观和宏观几何形状的所有要求以及相关测量仪器的检定和校准的相关要求。

新一代 GPS 标准体系规范性、科学性强，系统性、集成性、可操作性突出。其贯彻执行的难点是标准内容涉及大量的计量数学、误差理论、信号分析与处理等理论及技术。新一代 GPS 标准体系不仅仅是设计人员、产品开发人员及计量测试人员等为了达到产品的功能要求而进行信息传递与交换的基础，是所有机电产品的技术标准与计量规范的基础，是工程领域必须依据的技术规范和国际通用的工程语言，更是几何产品在国际市场的竞争中唯一可靠的交流与评判工具，是国际标准中影响最广、最重要的基础标准体系之一。其与质量管理（ISO 9000）、产品模型数据交换（STEP）、企业资源管理（ERP）等重要标准体系有着密切的联系，是制造业信息化、质量管理、工业自动化系统与集成等工作的基础。随着知识的快速扩张和经济全球化，GPS 标准体系的重要作用日益为国际社会所认同，其水平不但影响一个国家的经济发展，而且对一个国家的科学技术和制造业水平具有决定作用。

截至 2020 年 12 月 31 日，ISO/TC 213 共发布 GPS 标准 150 个（以部分计，包括 18 个勘误表和 3 个修订单），正在编制的标准有 22 个，详见电子资源 1-2。

电子资源 1-2：ISO 的 GPS 标准目录

■ 1.2.3　我国的 GPS 标准体系

以 GPS 理论为指导，我国通过等同采用、修改采用的形式，依据新一代 GPS 标准体系对 SAC/TC240 归口的国家标准进行了全面修订。2008 年，新修订的 GB/T 1182 发布，其名称由《形状和位置公差　通则、定义、符号和图样表示法》改为《产品几何技术规范（GPS）几何公差　形状、方向、位置和跳动公差标注》。2009 年，发布了修订后的 GB/T 4249《产品几何技术规范（GPS）　公差原则》、GB/T 16671《产品几何技术规范（GPS）　几何公差　最大实体要求、最小实体要求和可逆要求》，极限与配合标准 GB/T 1800.1、GB/T 1800.2、GB/T 1801，表面结构标准 GB/T 1031、GB/T 3505。

近年来，我国又对很多 GPS 标准再次进行了修订，并发布了一系列新的 GPS 标准。2017 年发布了 GB/T 1958—2017《产品几何技术规范（GPS）　几何公差　检测与验证》、GB/T

33523.2—2017《产品几何技术规范（GPS） 表面结构 区域法 第2部分：术语、定义及表面结构参数》等15个GPS标准（或部分，下同）。2018年，GB/T 1182、GB/T 4249、GB/T 16671、GB/T 17852修订版发布。2020年，发布了新制定/修订的28个GPS标准。例如，GB/T 1800.1—2020《产品几何技术规范（GPS） 线性尺寸公差ISO代号体系 第1部分：公差、偏差和配合的基础》，取代了GB/T 1800.1—2009、GB/T 1801—2009；GB/T 1800.2—2020《产品几何技术规范（GPS） 线性尺寸公差ISO代号体系 第2部分：标准公差带代号和孔、轴的极限偏差表》，取代了GB/T 1800.2—2009；GB/T 20308—2020《产品几何技术规范（GPS） 矩阵模型》，取代了GB/Z 20308—2006。

截至2020年12月31日，归口SAC/TC 240的、现行有效的标准总计113个（其中一部分早期发布的标准的名称中没有GPS），将于2021年6月1日或7月1日起实施的标准13个。其中，2018—2020年（截至12月31日）新修订和发布的GPS标准如表1-1所列，我国GPS标准的具体情况见电子资源1-3。

电子资源1-3：我国发布的GPS标准目录

表1-1   2018-2020年发布（修订）的GPS标准

序号	标准编号	标准名称
1	GB/T 1182—2018	产品几何技术规范（GPS） 几何公差 形状、方向、位置和跳动公差标注
2	GB/T 4249—2018	产品几何技术规范（GPS） 基础 概念、原则和规则
3	GB/T 16671—2018	产品几何技术规范（GPS） 几何公差 最大实体要求（MMR）、最小实体要求（LMR）和可逆要求（RPR）
4	GB/T 17852—2018	产品几何技术规范（GPS） 几何公差 轮廓度公差标注
5	GB/T 38368—2019	产品几何技术规范（GPS） 基于数字化模型的测量通用要求
6	GB/T 1800.1—2020	产品几何技术规范（GPS） 线性尺寸公差ISO代号体系 第1部分：公差、偏差和配合的基础
7	GB/T 1800.2—2020	产品几何技术规范（GPS） 线性尺寸公差ISO代号体系 第2部分：标准公差带代号和孔、轴的极限偏差表
8	GB/T 13319—2020	产品几何技术规范（GPS） 几何公差 成组（要素）与组合几何规范
9	GB/T 16857.901—2020	产品几何技术规范（GPS） 坐标测量机的验收检测和复检检测 第901部分：配置多影像探测系统的坐标测量机
10	GB/T 20308—2020	产品几何技术规范（GPS） 矩阵模型
11	GB/T 24637.1—2020	产品几何技术规范（GPS） 通用概念 第1部分：几何规范和检验的模型
12	GB/T 24637.2—2020	产品几何技术规范（GPS） 通用概念 第2部分：基本原则、规范、操作集和不确定度
13	GB/T 24637.3—2020	产品几何技术规范（GPS） 通用概念 第3部分：被测要素
14	GB/T 24637.4—2020	产品几何技术规范（GPS） 通用概念 第4部分：几何特征的GPS偏差量化
15	GB/T 34874.6—2020	产品几何技术规范（GPS） X射线三维尺寸测量机 第6部分：工件的检测方法
16	GB/T 38760—2020	产品几何技术规范（GPS） 规范和检验中使用的要素

序号	标准编号	标 准 名 称
17	GB/T 38761—2020	产品几何技术规范（GPS）　特征和条件　定义
18	GB/T 38762.1—2020	产品几何技术规范（GPS）　尺寸公差　第1部分：线性尺寸
19	GB/T 38762.2—2020	产品几何技术规范（GPS）　尺寸公差　第2部分：除线性、角度尺寸外的尺寸
20	GB/T 38762.3—2020	产品几何技术规范（GPS）　尺寸公差　第3部分：角度尺寸
21	GB/T 18779.6—2020	产品几何技术规范（GPS）工件与测量设备的测量检验　第6部分：仪器和工件接受/拒收的通用判定规则
22	GB/T 39643—2020	产品几何技术规范（GPS）长度测量中温度影响引入的系统误差和测量不确定度来源
23	GB/T 24635.4—2020	产品几何技术规范（GPS）坐标测量机（CMM）确定测量不确定度的技术　第4部分：应用仿真技术评估特定任务的测量不确定度
24	GB/T 6958.21—2020	产品几何技术规范（GPS）滤波　第21部分：线性轮廓滤波器　高斯滤波器
25	GB/T 6958.28—2020	产品几何技术规范（GPS）滤波　第28部分：轮廓滤波器　端部效应
26	GB/T 18779.5—2020	产品几何技术规范（GPS）工件与测量设备的测量检验　第5部分：指示式测量仪器的检验不确定度
27	GB/T 33523.1—2020	产品几何技术规范（GPS）表面结构　区域法　第1部分：表面结构的表示法
28	GB/T 18779.4—2020	产品几何技术规范（GPS）工件与测量设备的测量检验　第4部分：判定规则中功能限与规范限的基础
29	GB/T 39642—2020	产品技术规范（TPS）应用导则　国家标准应用的国际模型
30	GB/T 24635.1—2020	产品几何技术规范（GPS）坐标测量机（CMM）确定测量不确定度的技术　第1部分：概要和计量特性
31	GB/T 3523.71—2020	产品几何技术规范（GPS）表面结构　区域法　第71部分：软件测量标准
32	GB/T 3523.70—2020	产品几何技术规范（GPS）表面结构　区域法　第70部分：实物测量标准
33	GB/T 39518—2020	产品几何技术规范（GPS）使用单探针和多探针接触式探测系统坐标测量机的检测不确定度评估指南

1.2.4　GPS 标准体系简介

1. GPS 标准的总体规划和矩阵模型

ISO/TR 14638：1995《产品几何量技术规范（GPS）总体规划》，正式提出了 GPS 概念和标准体系的矩阵模型。2015 年 ISO 14638 发布，等同采用该标准的 GB/T 20308—2020 从总体上给出了 GPS 标准的体系框架，包括一系列现行的和未来的 GPS 标准在体系中的分布情况，并规定了 GPS 的概念、结构、链环等。

（1）ISO-GPS 是一个标准体系，用于描述产品在其生命周期的不同阶段（如设计、制造、检验等）几何特征的体系，涉及的几何特征是尺寸、形状、位置、方向、表面纹理等。

（2）表 1-2 所示是 ISO 标准的 GPS 矩阵模型。GPS 标准体系中定义了 9 种几何特征，包括尺寸、距离、形状、方向、位置、跳动、轮廓表面结构、区域表面结构、表面缺陷，未来有可能加入其他的几何特征。与这 9 种几何特征相关的 GPS 标准被组织在一系列九类标准组成的体系中。每一种几何特征又可能细分为多个更具体的元素，而且每个元素定义对应了一个标准链，例如，"尺寸"是一种几何特征，尺寸又可以细分为"圆柱尺寸""圆锥尺寸""球体尺寸"等，每一个都对应了一个标准链，如 GB/T 1182—2018 涉及形状、方向、位置、跳动四种几何特征类。

表 1-2　GPS 标准的矩阵模型

几何特征	链环						
	A	B	C	D	E	F	G
	符号和标注	要素要求	要素特征	符合与不符合	测量	测量设备	校准
尺寸							
距离							
形状							
方向							
位置							
跳动							
轮廓表面结构							
区域表面结构							
表面缺陷							

角度归类到尺寸和距离几何特征中，半径归类到距离和形状几何特征中。

未来可能会增加更多的几何特征类别和链环，以反映制造和检验流程以及其他行业要求的发展。

这些标准、标准种类和标准链被排列在一个矩阵中，以便能够清楚地表示每个标准的应用范围以及标准之间的关系。

（3）提出了标准链的概念，标准链按其规范要求分成七个链环。标准链即是影响同一几何特征的一系列标准。GPS 标准可以排列在由行和列构成的矩阵中。该矩阵的每一行由 9 种几何特征中的一种组成，这些特征可以被细分为标准链，而该矩阵的每一列被描述为链环。标准链中的每一个标准，在 GPS 标准体系中均有其确定的位置和作用。每一个 GPS 标准的范围可以通过在 GPS 矩阵上标出该标准适用于哪一种几何特征类（行）中的哪一个链环（列）来说明，如 GB/T 1182—2018 涉及 A、B、C 三个链环。每一个链环至少包括一个标准，它们之间相互关联，并与其他链环形成有机的整体，缺少任一链环的标准都将影响该几何特征功能的实现。每种几何特征都应有能够定义该特征的规范，能够测量并能够将测量结果与规范进行比较，与这些要求相关的 GPS 标准被定义在组成的标准链中。

铸造和焊接等制造过程具有与一般制造过程不同的特殊要求，处理制造过程特殊要求的标准可以分组到更进一步的标准链中。典型机械零、部件，如螺纹、齿轮等，具有与一般零、部件不同的特殊要求，处理机械零、部件特殊要求的标准可以分组到更进一步的标准链中。

如表 1-2 所列，GB/T 20308—2020 规定了以下 7 个链环。

● 链环 A：符号和标注。该链环所包含的 GPS 标准定义了符号、标注和修饰类的形式和比例以及管理它们应用的规则。

● 链环 B：要素要求。该链环所包含的 GPS 标准定义了公差特征、公差带、约束和参数。它包括了确定几何特征、尺寸特征、表面结构参数、形状、尺寸、公差带的方向和位置以及参数的定义的标准。

- 链环 C：要素特征。该链环所包含的 GPS 标准定义了工件上要素的特征和条件，它包含了定义分离、提取、滤波、拟合、组合和重构等操作的标准。
- 链环 D：符合与不符合。该链环所包含的 GPS 标准定义了对规范要求和检验结果之间进行比较的要求。
- 链环 E：测量。该链环所包含的 GPS 标准定义了测量要素的特征和条件的要求。
- 链环 F：测量设备。该链环所包含的 GPS 标准定义了测量设备的要求。
- 链环 G：校准。该链环所包含的 GPS 标准定义了测量设备的校准要求和校准程序。

不同的标准涉及的几何特征、链环数不同。如 GB/T 24637.1—2020 涉及表 1-2 所示所有几何特征和所有链环，而 GB/T 1800.1—2020、GB/T 1800.2—2020 只涉及尺寸这一几何特征的链环 A、B。

（4）GPS 标准分为三类，即 GPS 基础标准、GPS 通用标准、GPS 补充标准，删掉了 ISO/TR 14638：1995 的综合标准类。三类 GPS 标准有序排列构成 GPS 矩阵模型。

- GPS 基础标准：确定了适用于 ISO-GPS 矩阵的所有类别（几何特征类和其他类）和所有链环的规则和原则，是协调和规划 GPS 标准体系中各标准的依据。我国的 GPS 基础标准主要包括 GB/T 20308—2020《产品几何技术规范（GPS）　矩阵模型》（等同采用 ISO 14638：2015）、GB/T 4249—2018《产品几何技术规范（GPS）　基础　概念、原则和规则》（修改采用 ISO 8015：2011）、GB/T 16671—2018《产品几何技术规范（GPS）　几何公差　最大实体要求（MMR）、最小实体要求（LMR）和可逆要求（RPR）》（修改采用 ISO 2692：2014）。除此之外，还有 GB/T 38760、GB/T 38761、GB/T 24637.1、GB/T 24637.2 等。GPS 综合标准的类别已从 GB/T 20308—2020 中删除，原来归类为 GPS 综合标准中的标准目前归类到 GPS 基础标准或 GPS 通用标准。
- GPS 通用标准：适用于一种或多种几何特征类，以及一个或多个链环的标准，但不是 GPS 基础标准。GPS 通用标准是 GPS 标准的主体，为各类几何特征建立了从图样标注、公差定义和检验要求到检验设备的计量校准等方面的规范。
- GPS 补充标准：与特定的制造过程和典型的机械零、部件有关的标准，是对 GPS 通用标准中各要素在特定范畴的补充规定。建立或给出补充（互补）规则，用于描述对通用的 GPS 标准在要素特定范畴的标注、定义、检验/检测原则和方法的补充规定等。这些规则的建立主要取决于工艺过程和零件本身。包括特定加工方法的公差标准，如机加工、铸、锻、焊、高温加工、塑料模具加工等；典型零、部件的公差标准，如螺纹、齿轮、键、花键、轴承等。GPS 补充标准大部分由各自的 ISO 技术委员会制定，只有极少部分由 ISO/TC 213 负责，如 GB/T 307.1—2017《滚动轴承　向心轴承　产品几何技术规范（GPS）和公差值》是由 SAC/TC 98 全国滚动轴承标准化技术委员会负责制定的。

表 1-3 所示为用于识别与"尺寸"特征有关的标准的矩阵，表中 GB 是已经转化为我国国家标准的 GPS 标准，ISO 是还没有转化的 GPS 标准。

2. 表面模型、公称表面模型和非理想表面模型

为了有效解决产品在"功能描述、规范设计、检验"过程中数学表达统一规范的难题，新一代 GPS 标准体系通过表面模型、恒定类、恒定度、本质特征和方位特征等概念的引入和互补应用，实现了几何要素从定义、描述、规范到实际检验评估过程中数字化控制的飞跃。

表面模型是表示虚拟的或实际工件的物理极限集的模型。该模型适用于所有封闭表面，如图1-1所示，可以分为公称表面模型、肤面模型、离散表面模型和采样表面模型等。提出表面模型的目的是用一个GPS中所需要的包括所有几何工具的全局方法，表达工件几何规范所基于的基本概念，并为CAD系统的软件设计者、计量学中计算算法的软件设计者和产品模型数据交换标准的制定者进行标准化输入时提供数学化的概念。

表1-3 用于确定与"尺寸"特征相关的标准的矩阵

几何特征	链　环						
	A	B	C	D	E	F	G
	符号和标注	要素要求	要素特征	符合与不符合	测量	测量设备	校准
尺寸	GB/T 38762.1	GB/T 38762.1	GB/T 1800.1	ISO/TR 16015	ISO 1938-1	ISO 463	GB/T 24635.3
	GB/T 1800.1	GB/T 1800.1	GB/Z 26958（所有部分）	GB/T 18779（所有部分）		ISO 13385-1	GB/T 24635.4
		GB/T 1800.2	GB/T 38762.1			ISO 13385-2	ISO/TR 16015
						ISO 3650	GB/Z 26958（所有部分）
						ISO/TR 16015	
						GB/T 34881	
						GB/T 18779（所有部分）	
						GB/T 16857（所有部分）	

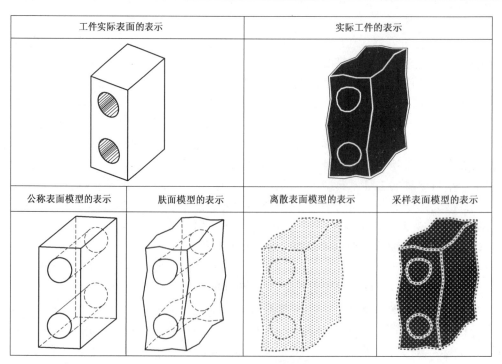

图1-1 工件的实际表面及其模型示例

公称表面模型是由设计者定义的具有理想形状的工件模型。公称表面模型是一个理想要素，是由无限个点组成的连续表面，其上的任何要素包含连续的无限个点。

工件实际表面具有不理想的几何形状，不可能完整地获得工件实际表面的尺寸变化量来完全了解所有变动的范围。从公称几何形体出发，设计者假想了工件实际表面的一个模型，该模型表达了实际表面预期的变动，表示了工件的非理想的几何要素，被称为肤面模型（skin model），是工件与周围环境的物理分界面模型。肤面模型是非理想要素，是在工件上实际存在的，有误差的模型。肤面模型是用来表示连续表面的规范操作集和检验操作集的一个虚拟模型，是一个由无限点组成的连续表面，其上的任何要素也包含连续的无限个点。

离散表面模型是从肤面模型中提取得到的表面模型，是非理想要素。离散表面模型用于表述考虑有限点的规范操作集和检验操作集。

采样表面模型是从实际工件模型中通过物理提取得到的表面模型，是非理想要素。采样表面模型在坐标计量检验时采用。用量规检验时直接考虑的是工件的实际表面，没有测量点，不采用采样表面模型。

3. 几何要素和特征

新一代 GPS 语言通过对几何要素的定义，建立了参数化几何模型和规范设计，统一了 GPS 的数学模型和规范数学符号，提出了操作（operation）和操作集（operator）的概念和数学方法，借助于表面模型对几何产品进行操作，获取几何要素及其特征值、公称值以及极限值。根据规范操作集与检验操作集的对偶性原理，将设计与检验建成一个物像对应系统，并把标准与计量通过不确定度的传递联系起来。

GPS 系统的表面模型需要由相应的要素和特征予以定义和描述；要素的分类和描述由恒定类和恒定度定义；分类的依据是欧氏空间的运动与特征不变的关系。

（1）几何要素　几何要素是构成工件几何特征的点、线、面、体或者它们的集合。几何要素可以是理想要素或非理想要素，可视为一个单一要素或组合要素，在工件的规范、加工和检验过程中扮演着重要的角色。工件的规范表现为对具体要素的要求，工件的加工表现为具体要素的形成，而工件的检验表现为对具体要素的检验。

第一代 GPS 语言对要素的分类和描述相对简单，但存在很大缺陷，与计算机辅助设计技术和坐标测量技术不相适应，不能满足现代 GPS 标准体系的要求。新一代 GPS 语言以丰富的、基于计量学的数学方法描述工件的功能需求，将几何要素进行重新分类和定义，丰富和延伸了要素的概念。

（2）特征　特征是从一个或多个几何要素中定义的单一特性。特征分为本质特征和方位特征。本质特征是一个理想要素上的几何特征。理想要素的本质特征是指该要素类型本身。本质特征是理想要素参数化方程的参数，如尺寸要素的尺寸是一个本质特征，圆或球的本质特征是直径，圆锥的本质特征是顶角，椭圆的本质特征是长轴和短轴的长度。方位特征是确定两个要素间的相对方向或位置的特征。这些特征是长度（距离）和角度。理想要素之间、理想要素和非理想要素之间的特征都称为方位特征。方位特征可分为位置特征和方向特征。如点-点的距离、点到直线或平面的距离、直线-直线的距离等属于位置特征。直线-直线夹角、直线-平面夹角、平面-平面夹角是方向特征。

利用本质特征和方位特征统一工件/要素所有特征的描述是新一代 GPS 语言的创新。GB/T

24637.1—2020 中的"特征"与应用在现行 GPS 标准的"特征"之间的关系如图 1-2 所示。

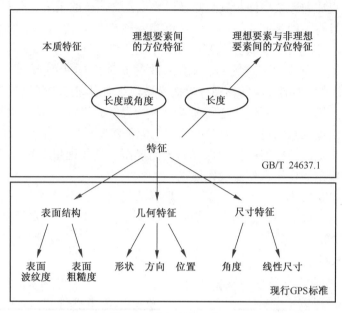

图 1-2　特征的概念框图

（3）本质特征和方位特征的恒定度　工件几何形体的类别划分有赖于本质特征和方位特征的恒定度。GPS 将工件的几何形体划分为球面、平面、圆柱面等七种恒定类（见表 1-4），建立了参数化几何模型，实现了参数方程描述。所有的理想要素都属于这七种恒定类别之一，每种恒定类都有对应的恒定度，它是具有相同恒定度的理想要素集，为软件设计、数据传递和 CAX 系统的应用提供了数字化的规范表达，充分说明了以计量数学为基础的新一代 GPS 语言是丰富的、精确的、可靠的交流工具。

表 1-4　理想要素的类型——恒定类

恒定类别	表面是恒定的恒定度	图　示	方位要素	表面类型示例
球面	绕 1 点的 3 个转动		点	球
平面	垂直于平面的 1 个转动 沿平面上 2 条直线的 2 个平动		平面	平面
圆柱面	沿直线的 1 个平动和 1 个转动		直线	圆柱面

恒定类别	表面是恒定的恒定度	图　示	方位要素	表面类型示例
螺旋面	沿直线的 1 个平动和 1 个转动的组合		螺旋线	渐开线螺旋面
回转面	沿直线的 1 个转动		直线 点	圆锥面 圆环面
棱柱面	沿平面上一条直线的 1 个平动		平面 直线	椭圆棱柱面
复合面	无		平面 直线 点	非结构化点云 空间贝塞尔曲面

"恒定度"用在几何学中，相当于运动学中的"自由度"。恒定度的值等于所给几何要素的自由度的值。如表 1-4 所列，作为恒定类别之一，球面的方位要素是一个点——球心，恒定度是绕一个点的 3 个转动。

4. 不确定度、操作和操作集

新一代 GPS 标准体系使用不确定度（uncertainty）作为经济杠杆和管理工具，以控制不同层次和不同精度功能要求产品的规范，使制造和检验资源得到合理、高效的分配。图 1-3 解释了操作、操作集和不确定度这三个最高级别的概念。在新一代 GPS 标准中，不确定度的概念更具有一般性，它不再仅仅指测量不确定度，而是包括总不确定度（total uncertainty）、功能描述不确定度（ambiguity of the description of the function）、规范不确定度（ambiguity of specification）、方法不确定度（method uncertainty）、测量不确定度（measurement uncertainty）、测量设备的测量不确定度（implementation uncertainty）等多种形式。

在 GPS 语言中，操作是获得要素或特征值，以及它们的公称值和极限值所需的特定手段。操作是对工件进行规范、检验和验证的基础。操作有要素操作、评估操作、变换操作、规范操作、检验操作等。

（1）要素操作（feature operation）　新一代 GPS 标准体系利用表面模型定义了在工件环境下与理想要素对应的非理想要素。要获取一个几何要素，需要对"表面模型"使用一些专用的数学算法工具，这种数学算法工具在 GPS 语言中称为要素操作，它是新一代 GPS 语言提出的一个新概念。

要素操作是获得要素所需的特定手段。新一代 GPS 标准体系提出了针对要素的分离、提

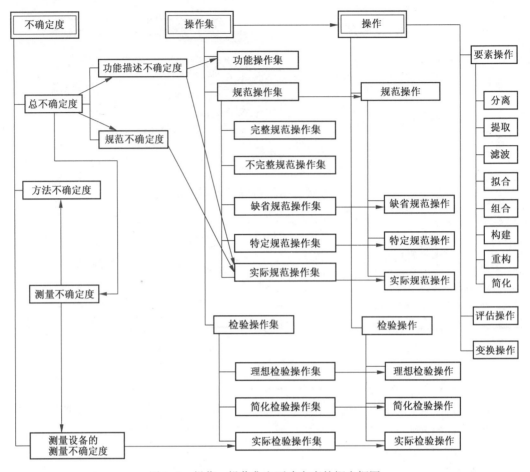

图 1-3 操作、操作集和不确定度的概念框图

取、滤波、拟合、组合、构建、重构、简化八种要素操作（具体示例详见第 4 章）。为获得理想要素或非理想要素，需要进行这些特定的操作，这些操作可以以任意顺序使用。

1）分离（partition）。分离是用于确定属于工件的实际表面或工件表面模型上的部分几何要素的要素操作。分离通常通过从非理想表面模型或实际表面获得与公称要素对应的非理想要素，也可用来获得理想要素的有限部分（如一段直线）或非理想要素的有限部分（如部分非理想表面）。每个非理想要素，都有相应的公称表面模型的理想要素（如理想平面和理想圆柱面）。非理想要素按照特定规则从非理想表面模型中获得。

2）提取（extraction）。提取是用于从一个非理想要素中识别特定点的要素操作。如图 1-4所示，提取是依据特定的规则从一个要素提取出有限点集的要素操作。提取的实质是将非理想的要素离散化，从而可以应用仪器对要素进行检测，可以进行离散数据的计算机处理，用非理想要素上离散点的特征近似地表达该要素的特征。从数学上，滤波是提取的组成部分。

3）滤波（filtration）。滤波是用于从非理想要素中创建非理想要素，或通过减少信息水平将一条变动曲线转换为另一条变动曲线的要素操作。滤波是用于区别表面粗糙度、表面波纹度、结构和形状等的要素操作（见图 1-5）。进行滤波操作的过程中应采用特定的规则，从非

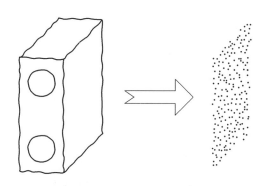

（a）非理想表面模型　　　　（b）从非理想表面模型的要素提取的点

图 1-4　从非理想表面模型要素提取的点

理想要素中获取想要的特征要素。基于新一代 GPS 标准体系的表面滤波技术贯穿于一切几何产品的设计、测量、分析，对于监控加工质量与改进加工工艺、识别表面特性与功能的关系，从而提高表面质量、保障产品性能具有重要意义。ISO/TC 213 自 2006 年起陆续发布并修订了 ISO 16610 *Geometrical Product Specifications（GPS）— Filtration* 的各个部分，为表面滤波提供了一套完整的运算工具。滤波器包括轮廓滤波器（二维）和区域滤波器（三维）两大类、每一大类又包括线性滤波器、稳健滤波器和形态学滤波器三小类。在每一小类里又规定了多种滤波器，如线性轮廓滤波器有高斯滤波器、样条滤波器和样条小波滤波器。目前，ISO/TC213 已发布 16 个部分的滤波规范，还有 10 个部分仍在制定中，具体的标准名称详见电子资源 1 -3。

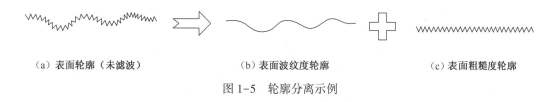

（a）表面轮廓（未滤波）　　　　（b）表面波纹度轮廓　　　　（c）表面粗糙度轮廓

图 1-5　轮廓分离示例

　　4）拟合（association）。拟合是用于按照一定规则使理想要素逼近非理想要素的要素操作。拟合可表示为满足一定条件（约束和目标）的要素集，拟合准则给出了特征目标和约束。约束决定了特征值或者对特征给出了极限。约束可以应用于本质特征、理想要素间的方位特征或理想要素和非理想要素间的方位特征。拟合的目的是对非理想要素的特征进行描述和表达，根据特定的准则完成非理想要素到理想要素的转换，但所依据的拟合规则不同，所对应的理想要素也不相同。对提取表面的拟合，可有不同的拟合目标，如最小二乘拟合、最小区域拟合等。不同的拟合目标有不同的拟合目标函数。以圆柱为例，拟合准则可以是：

- 最小二乘拟合准则：非理想要素的各点到理想圆柱的距离平方和为最小；
- 最大内切拟合准则：内切圆柱的直径最大；
- 最小外接拟合准则：外接圆柱的直径最小；
- 其他准则。

5）组合（collection）。组合是将多个几何要素结合在一起，并视其为一个功能角色的要素操作。组合操作既可以用于理想要素，也可以用于非理想要素。所有通过两个理想要素组合操作得到的理想要素属于表 1-3 的 7 种恒定类别中的一种。相对于组合中的单个要素来说，组合操作可能会改变组合要素的很多类别和恒定度。

例如确定圆柱的轴线时，先将圆柱在轴向分成若干截面，确定了每一个截面的圆心后，对各个圆心进行组合操作，即可获得圆柱的轴线。

组合要素中的各要素不需要接触。通过组合操作，两个要素之间的方位特征称为组合要素的本质特征。

6）构建（construction）。构建是指在约束条件下，由其他理想要素建立理想要素的要素操作。构建操作要遵循一定的约束，只能用于理想要素，构建前和构建后的要素都是理想要素。构建的实质是对被构建要素进行交集操作，如两个平面构建形成一条直线，三个平面构建形成一个点，将一个理想的圆柱沿轴线分成若干截面，就是使用若干平面与圆柱进行构建操作而实现的。

7）重构（reconstruction）。重构是用于从一个提取要素中建立一个连续要素的要素操作，如图 1-6 所示。重构可以有多种类型。没有重构就不能建立提取要素和理想要素之间的交集。

图 1-6　重构的示例
1—提取要素（非连续要素）；2—重构要素（连续要素）

8）简化（reduction）。简化是用于通过计算建立一个导出要素的要素操作。例如，当几何要素的中心被定义为提取组成要素的重心时，中心是通过简化获得的。

（2）评估操作（evaluation operation）　评估操作指用于确定某一特征值或公称值及其极限值的操作。评估操作总是在确定规范或检验操作之后使用。

（3）变换操作（transformation operation）　变换操作是用于将一个变动曲线转换为另一个变动曲线的操作。变动曲线示例可参见 GB/T 24637.4—2020《产品几何技术规范（GPS）通用概念　第 4 部分：几何特征的 GPS 偏差量化》。

（4）操作集（operators）　操作集（也称为操作算子）是操作的有序集合。所有的操作集是由许多种操作组成的，按照给定的顺序应用。在新一代 GPS 规范中的操作集有：功能操作集、规范操作集、检验操作集等。

功能操作集是与工件/要素的预期功能完全相关的操作集。功能操作集在形式上不能表示为具有明确定义的操作的有序集合，可以视为在概念上准确表达工件功能需求的规范操作或检验操作的集合。功能操作集仅是一个比较理想化的概念，它用来评估一个规范操作集或检验操作集与功能需求的吻合程度，如一个轴在孔中无泄漏地运转 2000 h 的能力。

规范操作是用数学表达式、几何表达或算法或它们的组合定义规范部分的操作。规范操作集是规范操作的有序组合。规范操作是一个理论概念，是规范操作集的一部分，用于定义一个工件（产品或零件）的一个 GPS 要求，如在轴的直径规范中采用最小外接圆柱拟合。规范操作集是根据 GPS 标准在产品技术文件中规定的 GPS 规范的完整、综合描述。规范操作集可能是不完整的，在这种情况下会产生规范不确定度。规范操作集旨在给出特定的定义，如一个圆柱的可能特定"直径"有：两点直径、最小外接圆柱直径、最大内切圆柱直径、最小二乘圆柱直径等，并不是通用概念上的"直径"，避免了第一代 GPS 标准里的直径概念的混淆。规范操作集与功能操作集之间的差异会产生功能描述不确定度。

2011 年发布的 ISO 12180-1、ISO 12180-2、ISO 12181-1、ISO 12181-2、ISO 12780-1、ISO 12780-2、ISO 12781-1、ISO 12780-2 分别对圆柱度、圆度、直线度、平面度评定的术语、参数和规范操作集进行了规定（详见第 4 章表 4-3）。

检验操作是实际规范操作所规定的测量过程或测量设备或两者结合的实施过程的操作。检验操作集是检验操作的有序集合。检验操作用在机械工程的几何领域中，以检验产品相应的规范操作。如用千分尺检验轴的直径时，用两点直径评估。如对完工表面的检验，用 2 μm 的公称探针半径和 0.5 μm 的采样间隔从表面上提取数据点。检验操作集是一个规范操作集的计量仿真，是测量程序的基础。检验操作集可能不是相应规范操作集的理想模拟，在这种情况下，两者的差异会导致方法不确定度。对于局部直径的 ISO 基本规范，提供了用千分尺测量局部直径的一种检验操作集。

（5）操作集的对偶性（共性操作技术） 规范操作集由一系列对几何要素的规范操作组成，检验操作集由一系列对几何要素的验证操作组成，两者具有对偶性的关系。操作集为 GPS 从技术上提供了联系产品设计、制造、检验的量化操作纽带。

工件的第一个概念表达由公称表面模型来定义，其规范由非理想表面模型定义，图 1-7 所示为公称设计和设计意图之间的比较，图 1-8 所示为"设计意图"和"按照设计意图制造的工件的检验"之间的对偶过程，基于对偶性的共性操作技术有效地解决了产品在"功能描述、规范设计、检验评定"过程中数学表达统一规范的难题，对于实现并行工程在 GPS 领域中的应用有着重要的意义。

5. GPS 的产品设计、制造与检验的几何规范模型

GPS 包含的产品设计、制造与检验的几何规范模型如图 1-9 所示，它包含以下几个概念。

（1）几何规范过程 几何规范是设计步骤，在此步骤中根据工件的功能需求确定工件的一组特征的允许偏差。它也确定了符合制造过程、制造的允许极限和工件符合性定义的质量水平。

设计者首先确定一个具有理想形状的"工件"，即满足功能需求所需的形状和尺寸，该"工件"即是公称模型。

第一步仅以公称值表达一个工件，它不能直接用于制造或检验，因为每个制造或测量过程有其自己的可变性和不确定度，不可能将每个工件的尺寸加工成公称值。

在非理想表面模型上，设计者在功能有所降级但仍能确保的前提下，可以优化最大允许极限值，定义工件的每一几何特征的公差。

在定义一个产品或者系统时，规范过程是最先进行的。其目的是把设计意图转变为特定 GPS 特征的需求。规范过程由设计者负责，包括以下几个步骤。

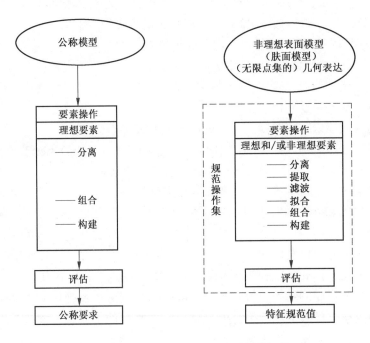

图 1-7 公称设计和设计意图之间的比较

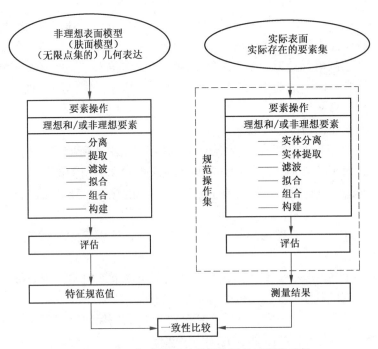

图 1-8 GPS 标准体系的规范和测量过程的对偶

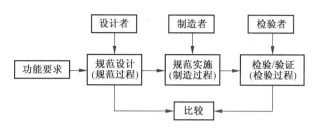

图 1-9　设计、制造与检验的几何规范模型

1）要素功能：GPS 规范的期望设计意图。

2）GPS 规范：由一些 GPS 规范元素组成。GPS 规范是控制一个规范操作集的一组 GPS 规范元素。一个 GPS 规范可带也可以不带规范修饰符。

3）GPS 规范元素：GPS 规范元素是控制一个或多个规范操作的一组有序的标准化符号，使用在产品技术文件中。其中每一个都控制一个或多个规范操作。如在第 5 章的表面结构规范中所用符号：滤波类型、滤波器波长 λs、λc 与 λf、轮廓参数、取样长度、采用的规则、参数值等。

4）规范操作：以有序的集合进行组织，以形成一个规范操作集。

5）规范操作集：与设计要素功能或多或少地相关，并定义规范的 GPS 特征（检验中的被测量）。

（2）制造过程　制造过程由制造人员负责，包括对 GPS 规范的解释和实施，完成产品的加工和装配的过程。几何规范中定义的几何公差、尺寸公差等用于制造过程的控制。

（3）检验过程　检验过程在规范过程和制造过程之后进行。其目的是在实际 GPS 规范中对规范操作集定义的实际工件的要素特征进行检验。检验提供了表明工件符合规范的客观证据。检验人员确定工件的实际表面与所规范的可允许误差是否一致。在实际检验操作集中，检验由实际规范操作集规定的测量设备完成。检验人员利用设备测量实际工件表面，然后将测量结果与给定特征进行比较来确定其一致性。

检验过程由计量人员负责，包括以下步骤。

1）实际规范操作集：可以分解为实际规范操作的有序集合，且定义被测量。实际规范操作集是由实际产品技术文件给出的、从实际规范中得到的规范操作集。

2）实际规范操作：其中每个都与实际检验操作近似。实际规范操作是产品技术文件中隐含标注（缺省规范操作情况）或明确标注（特定规范操作情况）的 GPS 要求的规范操作。一个实际规范操作可以是隐含标注出的，如两点直径，也可以是明确标注出的，如最小二乘直径。例如，当规范标注是"Ra 1.5、滤波器 2.5 mm"时，在两个实际规范操作中，用具有指定截止波长 2.5 mm 的高斯滤波器（缺省滤波器）进行滤波操作，用 Ra 算法计算表面结构参数。

3）实际检验操作：以有序的集合进行组织，以形成实际检验操作集。实际检验操作是在实际测量过程中使用的检验操作。

4）实际检验操作集：与实际的测量过程相同。如 GB/T 1958—2017《产品几何技术规范（GPS）几何公差　检测与验证》附录 C "检测与验证方案"里给出的几何误差的检验操作集大都包括：预备工作，被测要素的测量和评估（包括分离、提取、拟合、评估等），符合性比较。实际检验操作集可能不是规范操作集的理想模拟，会产生测量不确定度。

5）测量值：与 GPS 规范相比较。

GB 24637.1—2020《产品几何技术规范（GPS）　通用概念　第 1 部分：几何规范和检验的模型》（修改采用 ISO 17450-1：2011）为几何产品规范和检验提供了一个模型，定义了相应的概念，解释了与该模型相关概念的数学基础，定义了工件几何要素的一般术语。GB 24637.2—2020《产品几何技术规范（GPS）　通用概念　第 2 部分：基本原则、规范、操作集和不确定度》（修改采用 ISO 17450-2：2011）界定了 GPS 标准中使用的与规范、操作、操作集和不确定度有关的术语，给出了 GPS 标准体系的基本原则，同时讨论了不确定度在这些原则中的影响，分析了它们在 GPS 应用中的规范和检验过程。GB 24637.3—2020《产品几何技术规范（GPS）　通用概念　第 3 部分：被测要素》规定了工件提取要素（组成或导出）的缺省定义。缺省时，若没有特殊说明，用于建立几何要素的中间拟合操作环节均采用无约束的最小二乘（高斯）目标函数，并且不考虑材料约束。建立的几何要素可以是组成表面、组成线、组成点或导出要素的一部分。建立特征和基准的最终拟合方法均由产品技术文件中具体的规范确定。

1.3　长度测量技术发展简介

要进行测量，首先要有计量单位和计量器具。

在古代，最初是以人的手、足等作为长度的单位，如我国古人有"布指知寸""布手知尺"的说法；亨利一世规定，他的手臂向前平伸，从鼻尖到指尖的距离定为"1 码"。1791 年，法国议会批准了达特兰提出的以通过巴黎的地球子午线的 1/4000 万为 1 m 的定义。历时多年，法国测量了西班牙巴塞罗那到法国敦克尔刻的地球子午线长度，并按测量结果制作了 3.5 mm × 20 mm 矩形截面的铂杆，以此杆两端之间的距离为 1 m，此杆保存在巴黎档案局，称为档案米尺（metre archives）。

1872 年，在法国召开的讨论米制的第二次国际会议决定放弃档案米尺的米定义，以铂铱合金制造的米原器来代替。

1875 年 5 月 20 日，17 个国家签署了米制公约，决定成立国际计量局（BIPM）。这是计量学走向国际统一的里程碑。这一天称为"国际计量日"。1889 年，第一届国际计量大会（CGPM）召开。从瑞士日内瓦物理公司制作的 31 根铂铱尺中遴选出与保存在巴黎档案局的档案米尺数值最为接近的第 6 号尺，批准为国际米原器，并宣布：1 m 的长度等于米原器两端刻线记号间在冰融点温度时的距离。米原器现保存在国际计量局，其精度一般认为是 0.3 μm。

1927 年，第七届国际计量大会进一步明确："长度的单位是米，规定为国际计量局 BIPM 所保存的铂铱尺上所刻的两条中间刻线的轴线在 0 ℃时的距离。"

随着科学技术和生产力的发展，原有的米定义越来越不适应使用的要求，1960 年，第 11 届国际计量大会正式批准废除铂铱米原器并提出将米定义为"米等于 ^{86}Kr 原子的 2P^{10} 和

$5d^5$ 能级间的跃迁所对应的辐射在真空中波长的 1650763.73 个波长的长度"。^{86}Kr 谱线宽度为 $5×10^{-4}$ nm，波长不确定度为 $1×10^{-8}$，它比米原器或镉红线的准确度高约一个数量级。由此实现了米定义由实物基准向自然基准的转变。

1960 年激光器诞生，随着激光稳频技术的进展，激光的复现性和应用性已大大优于 ^{86}Kr 基准，且由激光频率测量及给定的光速值所导出的激光波长的准确度比 ^{86}Kr 基准辐射更好。同时，对于天文和大地测量领域，保持光速值不变具有重要意义，因此，1983 年国际计量大会通过新的米定义："米等于光在真空中 1/299792458 秒时间间隔内所经路径的长度。"

伴随着长度定义及与定义密切相关的计量基准的发展，测量仪器（也称计量器具）也在不断改进，基于各种新的科学原理和现象的计量器具不断出现。

1926 年，德国 Zeiss 制成了小型工具显微镜，1927 年又生产了万能工具显微镜。此后，光学比较仪、机械式比较仪、激光干涉仪、测长机、圆度仪、三坐标测量机等基于各种不同原理、不同量程、不同精度的长度测量仪器逐步问世。如图 1-10 所示的测量仪器，测量误差从 0.01 mm 到 1 μm、0.1 μm、0.01 μm，测量范围由千分尺的几十毫米到双频激光测量系统的几十米、激光测距仪的几千米。

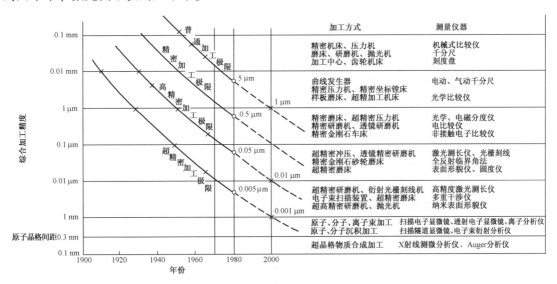

图 1-10　测量精度和加工精度

自 1929 年 Schmaltz 研制出一台利用光学杠杆原理作放大装置的功能简单的触针式轮廓记录仪以来，人们就一直致力于表面质量检测技术的研究，从此开始了对表面粗糙度的数量化描述。1936 年艾博特（Abbott）制成了第一台车间用测量表面粗糙度的仪器。

激光器产生后，测量长度与位移的激光外差干涉仪、激光偏振干涉仪、激光光栅干涉仪和测量波面与面形、微观表面形貌的激光外差平面干涉仪、波前剪切干涉仪、相移干涉仪、干涉显微镜等一系列基于激光的仪器先后被研制出来。

1981 年，IBM 公司苏黎世实验室发明了扫描隧道显微镜，1986 年 Binnig 等人发明了原子力显微镜，使表面测量仪器分辨率达到了 0.01 nm 级，使测量进入了原子级时代。

随着计算机和信息技术的发展，测量仪器的发展进入了自动化、数字化、智能化时代。基于多种功能和算法的计算机软件，三坐标测量机、圆度仪、万能工具显微镜、齿轮测量中心、二维和三维表面形貌/粗糙度测量系统等测量仪器的功能越来越强大，在越来越多的企业得到广泛的应用。新一代 GPS 标准体系正是围绕着这种新一代数字化测量仪器而制定的标准体系。

图 1-10 从加工精度和测量精度方面大致表示了机械加工和长度测量技术的发展。

1.4　标准和标准化

在机械及仪器制造领域，标准化是实现互换性生产的前提与重要方法，而 GPS 标准都是重要的基础性技术标准。

■1.4.1　标准和标准化的概念

1. 标准的概念

GB/T 20000.1—2014《标准化工作指南　第 1 部分：标准化和相关活动的通用术语》规定：标准（standard）是"通过标准化活动，按照规定的程序经协商一致制定，为各种活动或其结果提供规则、指南或特性，供共同使用和重复使用的文件"。它具有以下含义。

（1）标准制定的出发点是获得最佳秩序和促进最佳共同效益。制定和实施标准，能使标准化对象的有序化程度达到最佳状态，相关方的共同利益达到最佳。"获得最佳秩序和促进最佳共同效益"集中地概括了标准的作用和制定标准的目的，同时也是衡量标准化活动、评价标准的重要依据。

（2）标准产生的基础是科学、技术和经验的综合成果。科学研究的成就和技术进步的新成果同实践中积累的先进经验相结合，并被纳入标准，奠定了标准科学性的基础。同时标准的制定也需要有关各方充分地讨论、协商，从共同利益出发做出规定，这样制定的标准才能既体现科学性，又体现民主性和公开性。

现代标准化的一个特点就是标准和专利的结合。高新技术领域的标准化越来越得到各国重视，满足标准的要求往往需要使用大量专利，这种标准和专利的结合往往影响着一个产业的发展。

（3）制定标准的对象是重复性事物和对象。只有某种事物具有重复出现的特性，针对这种事物制定的标准才能共同使用和重复使用，才有制定的必要。机械制造领域的各种零件如齿轮、螺纹都是重复生产的，各种制图符号与表示方法、技术要求都是重复使用的，因而都有制定标准的需要。现代标准的制定对象已经从技术领域延伸到经济、管理等领域。

（4）标准的制定和发布有规定的程序。制定标准的机构有规定的标准制定和颁布的程序，标准通常都由公认的权威机构批准。

国际标准化组织（ISO）、国际电工委员会（International Electrotechnical Commission, IEC）、欧洲标准化委员会（CEN）、欧洲电工标准化委员会（CENELEC）都是权威的标准化组织，它们制定的 ISO 标准、IEC 标准、欧洲标准都是权威的标准。各国的国家标准也需要其所属国的国家标准化机构批准。我国的国家标准由国家标准化管理委员会（SAC）批准和发布。

（5）标准的属性是公认的规则和规范性文件。国际标准、区域标准、国家标准等可以公开获得以及必要时通过修正或修订保持与最新技术水平同步，因此它们被视为构成了公认的技术规则。其他层次上通过的标准，诸如专业协（学）会标准、企业标准等，在地域上可影响几个国家甚至全世界，如美国材料与试验协会（ASTM）、美国机械工程师学会（ASME）的标准。

WTO 将标准定义为"非强制性的""提供规则、指南和特性的文件"。这其中虽有一些小的区别，但本质上标准是为公众提供一种可供共同使用和重复使用的最佳选择，或为各种活动或其结果提供规则、导则、规定特性的文件。我国的国家标准分为强制性标准和推荐性标准。在我国国家标准中强制性标准的比例比较小，但其具有技术法规的属性。根据我国《标准化法》的规定，"不符合强制性标准的产品、服务，不得生产、销售、进口或者提供"。包括 GPS 标准在内的绝大多数国家标准都是推荐性标准。而由企业标准化机构颁布的企业标准在企业内部是强制性的。

2. 标准化的概念和作用

标准化（standardization）是"为了在既定范围内获得最佳秩序，促进共同效益，对现实问题或潜在问题确立共同使用和重复使用的条款以及编制、发布和应用文件的活动"。标准化是一个活动过程，其确立的条款，可形成标准化文件，包括标准和其他标准化文件。标准化的主要效益在于为了产品、过程或服务的预期目的，改进它们的适用性，促进贸易、交流和技术合作。标准化的目的和作用都是通过制定和实施具体的标准来实现的。

今天，标准化已深入到人们的衣食住行、工农业生产、科学研究等各个方面，标准化在现代经济建设中也发挥着越来越重要的作用，有助于提升产品和服务质量，促进科学技术进步，保障人身健康和生命财产安全，维护国家安全、生态环境安全，提高经济社会发展水平。主要表现在以下三个方面。

（1）标准化是现代化大生产的基础。随着科学技术的发展和生产的国际化，生产的社会化程度越来越高，生产规模越来越大，技术要求越来越复杂，分工越来越细，生产协作越来越广泛，许多工业产品的生产，如汽车往往涉及几十甚至成千上万个企业，协作点遍布世界各地，必须要以技术上的高度统一和广泛的协调为前提，标准正是实现这种统一和协调的手段。没有了标准化，机械产品的互换性和现代化的大生产都不可能做到。

（2）标准化是实现科学管理和现代化管理的基础。标准为管理提供目标和依据，产品标准是企业管理目标在质量方面的具体化和定量化，其他各种技术标准和管理标准都是企业进行营销、技术、采购、生产、设备、质量等方面管理的基本依据。而工作标准可以明确工作职责、规定工作程序和接口，实现整个工作过程的协调，提高工作效率和工作质量。自1987 年以来，国际标准化组织颁布了 ISO 9001 质量管理体系、ISO 14001 环境管理体系、ISO 45001 职业健康安全管理体系等多个管理体系标准，在世界各国得到了广泛的应用。按照 ISO 9001 标准的要求，通过建立、实施、保持和持续改进质量管理体系，系统地实施管理标准和工作标准可以使企业的工作规范化，可以推进企业的质量管理，提高产品质量和过程的有效性和效率，提升顾客满意度。

（3）标准化有利于提高产品质量。企业标准是对在企业范围内需要协调、统一的技术要求、管理要求和工作要求所制定的标准，是企业组织生产、经营活动的依据。企业选定的或自行制定的产品标准是开展质量管理、判定产品合格与否的依据。在高新技术领域，标准往往是专利池（如 5G 通信标准），发挥着越来越重要的作用，引领和规范着行业的发展。在经济全球化的今天，"得标准者得天下"，标准更是企业开创市场继而占领市场的"排头兵"。通过系统地建立、实施、保持和持续改进包括技术标准、工作标准、管理标准在内的企业标准体系，可以提高产品质量、工作质量和管理水平。

1.4.2　标准的分类

按其使用领域，标准可以分为技术标准、管理标准和工作标准，它们分别是对标准化领域中需要协调统一的技术、管理、工作事项所制定的标准。

GB/T 20000.1—2014 对标准进行了分类，包括基础标准、术语标准、产品标准等 13 大类。例如，产品标准是规定产品应满足的要求以确保其适用性的标准，产品标准除了包括适用性要求（产品的质量要求）外，还可以直接包括或以引用的方式包括诸如术语、分类、型式、尺寸、使用的技术条件、包装和运输、检验方法、保证和标签等方面的要求，有时还可以包括工艺要求。详细分类见电子资源 1-4。

电子资源 1-4：标准分类

我国通常按标准化的对象的特征，将技术标准分为基础标准，方法标准，产品标准，安全、卫生和环境保护标准。方法标准是以生产技术活动中的重要程序、规划、方法为对象的标准，如操作方法、试验方法、抽样方法、分析方法等标准。安全、卫生和环境保护标准是为了安全、卫生和环境保护的目的而专门制定的标准，我国《标准化法》规定：对保障人身健康和生命财产安全、国家安全、生态环境安全以及满足经济社会管理基本需要的技术要求，应当制定强制性国家标准。

1.4.3　标准的分级

根据标准的适应领域和有效范围，我国标准分为国家标准、行业标准、团体标准、地方标准和企业标准。从世界范围看，还有国际标准和区域标准。

1. 国际标准

国际标准是国际标准化组织（ISO）或国际标准组织通过并公开发布的标准。主要包括 ISO、国际电工委员会（IEC）和 ISO 认可的国际组织制定的标准，如国际计量局（BIPM）、国际法制计量组织（OIML）、国际劳工组织（ILO）等。

2. 区域标准

区域标准是区域标准化组织或区域标准组织通过并公开发布的标准。目前，比较有影响的区域标准是欧洲标准化委员会（CEN）、欧洲电工标准化委员会（CENELEC）、阿拉伯标准化与计量组织（ASMO）等制定并发布的标准。区域标准容易造成贸易壁垒，因此，现在许多区域标准化团体倾向于不制定区域标准，区域标准有逐渐削弱和减少之势。

3. 国家标准

国家标准是国家标准机构通过并公开发布的标准。我国的国家标准化管理委员会（SAC）下设标准技术管理司、标准创新管理司，负责下达国家标准计划，批准发布国家标准，审议并发布标准化政策、管理制度、规划、公告等重要文件；开展强制性国家标准对外通报；协调、指导和监督行业、地方、团体、企业标准工作；代表国家参加国际标准化组织、国际电工委员会和其他国际或区域性标准化组织；承担有关国际合作协议签署工作；承担国务院标准化协调机制日常工作。

强制性国家标准的代号为"GB"，推荐性国家标准的代号为"GB/T"，国家标准的编号是由国家标准代号+标准发布的顺序号+标准发布的年代号构成的，如，GB/T 1182—2018《产品几何技术规范（GPS）　几何公差　形状、方向、位置和跳动公差标注》是 2018 年发布的推荐性国家标准。

我国还有一种标准化指导性技术文件，是为仍处于技术发展过程中（如变化快的技术领域）的标准化工作提供指南或信息，供科研、设计、生产、使用和管理等有关人员参考使用而制定的标准文件。其主要对象是：①技术尚在发展中，需要有相应的标准文件引导其发展或具有标准化价值，尚不能制定为标准的项目；②采用国际标准化组织、国际电工委员会及其他国际组织（包括区域性国际组织）的技术报告的项目。其代号为"GB/Z"，如 GB/Z 26958.30—2017《产品几何技术规范（GPS）　滤波　第 30 部分：稳健轮廓滤波器　基本概念》。标准化指导性技术文件不宜由标准引用而具有强制性或行政约束力。

目前，我国的很多国家标准，尤其是基础标准（包括本书的所有 GPS 标准、工程制图标准等）均采用 ISO 或 IEC 标准。我国标准采用国际标准的程度，分为等同采用和修改采用。等同采用（简写为 IDT），指与国际标准在技术内容和文本结构上相同，或者与国际标准在技术内容上相同，只存在少量编辑性修改。修改采用（简写为 MOD），指与国际标准之间存在技术性差异，并清楚地标明这些差异以及解释其产生的原因，允许包含编辑性修改。修改采用不包括只保留国际标准中少量或者不重要的条款的情况。修改采用时，我国标准与国际标准在文本结构上应当对应，只有在不影响与国际标准的内容和文本结构进行比较的情况下才允许改变文本结构。

4. 行业标准

行业标准是由行业机构通过并公开发布的标准。对设有推荐性国家标准，需要在全国某个行业范围内统一的技术要求，可以制定行业标准。目前，我国有 67 个行业标准化管理机构负责制定和发布行业标准。行业标准的编号是由行业标准代号+标准发布的顺序号+标准发布的年代号构成的，如 JB/T 9020—2018《大型锻造曲轴的超声检测》、JB/T 9050.1—2015《圆柱齿轮减速器 第 1 部分：通用技术条件》是机械行业标准。

原来我国的行业标准和地方标准均分为强制性和推荐性标准，但 2017 年修订的《标准化法》规定：行业标准是推荐性标准。

5. 地方标准

地方标准是在国家的某个区域通过并公开发布的标准。为满足地方自然条件、风俗习惯等特殊技术要求，可以制定地方标准。地方标准由省、自治区、直辖市人民政府标准化行政主管部门制定；设区的市级人民政府标准化行政主管部门根据本行政区域的特殊需要，经所在地省、自治区、直辖市人民政府标准化行政主管部门批准，可以制定本行政区域的地方标准。地方标准的编号由 DB+行政区划代码前 2 位数字+标准发布的顺序号+标准发布的年代号构成。如 DB34/T 3358—2019《汽车锻件抛丸技术规范与检测方法》是安徽省市场监督管理局发布的地方标准。

新的《标准化法》规定：地方标准是推荐性标准。

6. 团体标准

团体标准是依法成立的社会团体为满足市场和创新需要，协调相关市场主体共同制定的标准。这里的团体（association）是指具有法人资格，且具备相应专业技术能力、标准化工作能力和组织管理能力的学会、协会、商会、联合会和产业技术联盟等社会团体。团体标准由团体按照其确立的标准制定程序自主制定发布。

团体标准是推荐性标准，由社会自愿采用。国家鼓励学会、协会、商会、联合会、产业技术联盟等社会团体协调相关市场主体共同制定满足市场和创新需要的团体标准，由本团体成员约定采用或者按照本团体的规定供社会自愿采用。制定团体标准，应当遵循开放、透明、公平的原则，保证各参与主体获取相关信息，反映各参与主体的共同需求，并应当组织对标准相关事项进行调查分析、实验、论证。团体标准编号宜由团体标准代号、团体代号、团体标准顺序号和年代号组成。其中，团体标准代号是固定的，为"T/"；团体代号由各团体自主拟定，宜全部使用大写拉丁字母或使用大写拉丁字母与阿拉伯数字的组合，不宜以阿拉伯数字结尾。如 T/CAAMTB 09—2019《乘用车制动盘产品标准及测试方法》是中国汽车工业协会发布的团体标准。

国家鼓励社会团体通过标准化信息公共服务平台自我声明公开其团体标准信息，如全国团体标准信息平台（http：//www.ttbz.org.cn/）是由中国标准化研究院开发建设的，目的是加强信息公开和社会监督，为社会团体提供宣传推广、标准制定/修订以及信息查询等服务，同时提供我国团体标准发展现状的统计数据及分析报告。截至 2021 年 1 月 11 日，该平台共注册成员团体 4250 个，公布了 21924 条团体标准的信息。

美国共有 700 家左右的标准制定组织，发布了 93000 多项团体标准。日本有 196 个民间标准团体，共制定了 5000 多项标准。

7. 企业标准

企业标准是由企业通过供该企业使用的标准。企业标准的代号由大写汉语拼音字母 Q 加斜线再加企业代号组成（Q/XXX），企业代号可由大写汉语拼音字母或阿拉伯数字或两者兼用所组成。

企业可以参照 GB/T 1.1—2020《标准化工作导则　第 1 部分：标准化文件的结构和起草规则》的规定，根据需要自行制定企业标准，或者与其他企业联合制定企业标准。

国家支持在重要行业、战略性新兴产业、关键共性技术等领域利用自主创新技术制定团体标准、企业标准。国家实行团体标准、企业标准自我声明公开和监督制度。企业产品标准不再需要由当地政府标准化行政主管部门备案。但企业应当公开其执行的强制性标准、推荐性标准、团体标准或者企业标准的编号和名称；企业执行自行制定的企业标准的，还应当公开产品、服务的功能指标和产品的性能指标。国家鼓励企业标准通过标准信息公共服务平台向社会公开。企业应当按照标准组织生产经营活动，其生产的产品、提供的服务应当符合企业公开标准的技术要求。企业研制新产品、改进产品，进行技术改造，应当符合《标准化法》规定的标准化要求。

企业可以在企业标准信息公共服务平台（http：//www.cpbz.gov.cn/）注册后，在该平台上公示其产品标准。该平台不对公示的产品标准进行审核，但企业所在地质量技术监督部门在企业公开标准后会对企业的标准以及产品进行监督检查。截至 2020 年 2 月 25 日，在该平台上公示的产品标准有 1301322 项。

本 章 小 结

本章关于互换性和标准化概论的主要内容如图 1-11 所示。

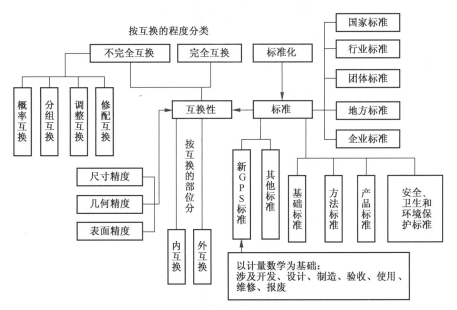

图 1-11　第 1 章主要内容略图

新一代 GPS 标准体系覆盖了从宏观到微观的产品几何特征，涉及从产品开发、设计、制造、验收、使用以及维修到报废的整个生命周期的全过程，定义了 9 种几何特征（尺寸、距离、形状、方向、位置、跳动、轮廓表面结构、区域表面结构、表面缺陷）；规定了 7 个链环（符号和标注、要素要求、要素特征、符合与不符合、测量、测量设备、校准）。

新一代 GPS 标准体系提出了表面模型的概念。公称表面模型是一个理想要素，是由无限个点组成的连续表面；肤面模型是非理想要素，是在工件上实际存在的、由无限点组成的连续表面。离散表面模型是从肤面模型中提取得到的表面模型，是由有限点构成的非理想要素。采样表面模型是从实际工件模型中通过物理提取得到的表面模型，是非理想要素，在坐标计量检验时采用。

新一代 GPS 标准体系规定了几何要素和特征。特征分为本质特征和方位特征。提出了

7 种恒定类，所有的理想要素都属于这 7 种恒定类，每一种恒定类有不同的恒定度。

新一代 GPS 标准体系规定了不确定度、操作、操作集这 3 个最高级的概念。使用不确定度作为经济杠杆和管理工具，以控制不同层次和不同精度功能要求产品的规范，使制造和检验资源得到合理、高效的分配。

新一代 GPS 标准体系规定了要素操作、规范操作、检验操作、评估操作等概念，其中要素操作包括分离、提取、滤波、拟合、组合、构建、重构、简化。

思考题及习题 1

1-1 概率互换、分组互换、调整互换、修配互换有何区别？

1-2 新一代 GPS 标准体系和传统的 GPS 标准体系的主要区别是什么？

1-3 阐述产品几何技术规范和产品互换性之间的关系。

1-4 表面模型、公称表面模型、肤面模型、离散表面模型、采样表面模型有何区别和联系？

1-5 几何要素和尺寸要素有何区别和联系？

1-6 我国现行标准体系如何构成？如何进行分级和分类？

1-7 与不确定度、操作和操作集有关的概念有哪些？如何理解？

1-8 什么是要素操作、评估操作、变换操作、规范操作、检验操作？要素操作包括哪些操作，各操作的目的是什么？

第 2 章

光滑工件的尺寸公差与配合

2.1 概　述

机械及仪器制造过程中不可避免地存在着加工误差，既有尺寸误差，又有几何误差和表面粗糙度。为保证零件的使用功能和大批量的互换性生产，首先必须对批量生产的零、部件的尺寸变动范围加以限制，这样才能保证相互配合的零件能满足功能要求。因此，零件在图样上表达的所有要素都应有一定的公差要求。机械零件的制造质量和互换性是建立在一系列产品几何技术规范基础上的，零件的精度选择，不仅影响到产品的加工成本、加工效率，同时也影响到产品质量。

涉及机械零件的线性尺寸公差、偏差与配合的国家标准主要有：

GB/T 1800.1—2020《产品几何技术规范（GPS）线性尺寸公差 ISO 代号体系　第 1 部分：公差、偏差和配合的基础》；

GB/T 1800.2—2020《产品几何技术规范（GPS）线性尺寸公差 ISO 代号体系　第 2 部分：标准公差带代号和孔、轴的极限偏差表》；

GB/T 1803—2003《极限与配合　尺寸至 18 mm 孔、轴公差带》；

GB/T 1804—2000《一般公差　未注公差的线性和角度尺寸的公差》。

除了上述国家标准外，还包括下述尺寸公差标准，它们修改采用自 ISO 14405：

GB/T 38762.1—2020《产品几何技术规范（GPS）尺寸公差　第 1 部分：线性尺寸》；

GB/T 38762.2—2020《产品几何技术规范（GPS）尺寸公差　第 2 部分：除线性、角度尺寸外的尺寸》；

GB/T 38762.3—2020《产品几何技术规范（GPS）尺寸公差　第 3 部分：角度尺寸》。

2.2 尺寸公差、偏差与配合问题的提出

在进行机械的运动设计、结构设计、强度和刚度设计后，机械产品的各种零、部件的公称尺寸就得以确定，接下来要进行零、部件的精度设计，即要确定零、部件的几何参数的允许变动范围，从而为互换性生产、生产过程质量控制和最终的产品质量检验提供依据。

图 2-1 所示为某单级圆柱齿轮减速器的装配图，图 2-2 所示为该减速器输出轴的零件

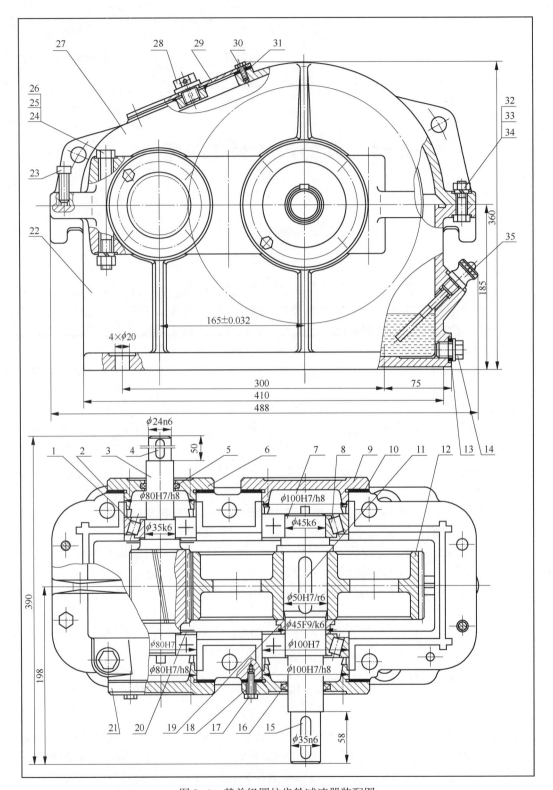

图 2-1　某单级圆柱齿轮减速器装配图

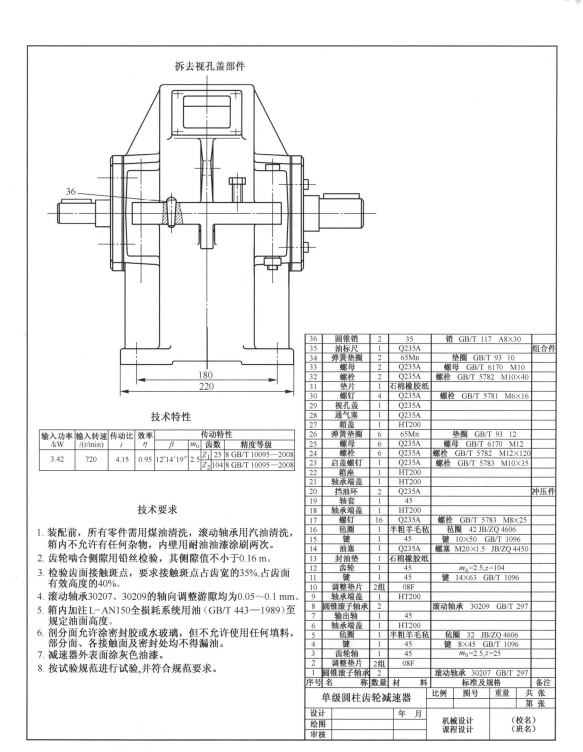

拆去视孔盖部件

技术特性

输入功率 /kW	输入转速 /(r/min)	传动比 i	效率 η	传动特性			
				β	m_n	齿数	精度等级
3.42	720	4.15	0.95	12°14′19″	2.5	Z_1 25	8 GB/T 10095—2008
						Z_2 104	8 GB/T 10095—2008

技术要求

1. 装配前，所有零件需用煤油清洗，滚动轴承用汽油清洗，箱内不允许有任何杂物，内壁用耐油油漆涂刷两次。
2. 齿轮啮合侧隙用铅丝检验，其侧隙值不小于0.16 m。
3. 检验齿面接触斑点，要求接触斑点占齿宽的35%，占齿面有效高度的40%。
4. 滚动轴承30207、30209的轴向调整游隙均为0.05～0.1 mm。
5. 箱内加注 L-AN150 全损耗系统用油（GB/T 443—1989）至规定油面高度。
6. 剖分面允许涂密封胶或水玻璃，但不允许使用任何填料，部分面、各接触面及密封处均不得漏油。
7. 减速器外表面涂灰色油漆。
8. 按试验规范进行试验，并符合规范要求。

36	圆锥销	2	35	销 GB/T 117　A8×30	
35	油标尺	1	Q235A		组合件
34	弹簧垫圈	2	65Mn	垫圈 GB/T 93　10	
33	螺母	2	Q235A	螺母 GB/T 6170　M10	
32	螺栓	2	Q235A	螺栓 GB/T 5782　M10×40	
31	垫片	1	石棉橡胶纸		
30	螺钉	4	Q235A	螺栓 GB/T 5781　M6×16	
29	视孔盖	1	Q235A		
28	通气塞	1	Q235A		
27	箱盖	1	HT200		
26	弹簧垫圈	6	65Mn	垫圈 GB/T 93　12	
25	螺母	6	Q235A	螺母 GB/T 6170　M12	
24	螺栓	6	Q235A	螺栓 GB/T 5782　M12×120	
23	启盖螺钉	1	Q235A	螺栓 GB/T 5783　M10×35	
22	箱座	1	HT200		
21	轴承端盖	1	HT200		
20	挡油环	2	Q235A		冲压件
19	轴套	1	45		
18	轴承端盖	1	HT200		
17	螺钉	16	Q235A	螺栓 GB/T 5783　M8×25	
16	毡圈	1	半粗羊毛毡	毡圈 42 JB/ZQ 4606	
15	键	1	45	键 10×50 GB/T 1096	
14	油塞	1	Q235A	油塞 M20×1.5 JB/ZQ 4450	
13	封油垫	1	石棉橡胶纸		
12	齿轮	1	45	m_n=2.5,z=104	
11	键	1	45	键 14×63 GB/T 1096	
10	调整垫片	2组	08F		
9	轴承端盖	1	HT200		
8	圆锥滚子轴承	2		滚动轴承 30209 GB/T 297	
7	输出轴	1	45		
6	轴承端盖	1	HT200		
5	毡圈	1	半粗羊毛毡	毡圈 32 JB/ZQ 4606	
4	键	1	45	键 8×45 GB/T 1096	
3	齿轮轴	1	45	m_n=2.5,z=25	
2	调整垫片	2组	08F		
1	圆锥滚子轴承	2		滚动轴承 30207 GB/T 297	
序号	名　称	数量	材　料	标准及规格	备注
单级圆柱齿轮减速器			比例	图号	重量　共张
					第张
设计		年　月	机械设计 课程设计	（校名）	
绘图					
审核				（班名）	

图 2-1　某单级圆柱齿轮减速器装配图（续）

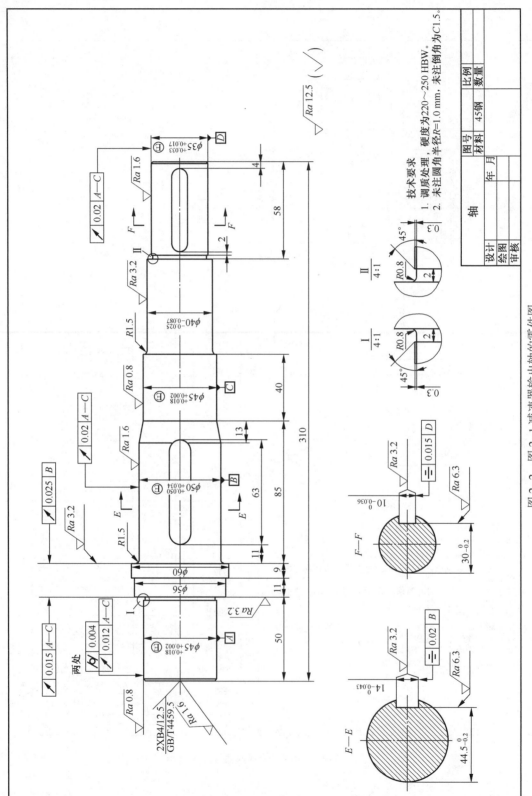

图 2-2　图 2-1 减速器输出轴的零件图

图。该减速器的各项参数为：输入功率为 3.42 kW，输入转速为 720 r/min，传动比为
4.15，法向模数 m_n 为 2.5 mm，大齿轮和小齿轮的齿数分别为 104、25。在绘制装配图时，
通常需要确定关键部位的配合精度要求。图 2-1 中需要确定的配合包括：输入轴和端盖、
轴承内圈的配合，减速器箱体和输入轴端盖、轴承外圈的配合；输出轴和端盖、轴承内圈、
齿轮、套筒的配合，减速器箱体和输出轴端盖、轴承外圈的配合。如输出轴和齿轮的配合要
求为 ϕ50H7/r6，H、r 分别是孔、轴的基本偏差代号，7、6 是孔、轴的标准公差等级。这个
要求确定了输出轴上与齿轮配合的部位以及齿轮孔的尺寸变动，即允许齿轮孔、输出轴的该
部位的尺寸变动的两个极限。较大的极限尺寸称为上极限尺寸，较小的极限尺寸称为下极限
尺寸。因此，尺寸公差与配合的选择（或者说尺寸精度设计）即是确定公称尺寸相同、具有
装配关系的孔与轴的基本偏差和标准公差等级，也就是确定孔、轴各自的 2 个极限尺寸。这
4 个参数的大小决定了孔、轴配合的松紧程度和加工的难易程度。配合的松紧程度是使用要
求，加工的难易程度是制造要求，因此尺寸公差、偏差与配合的设计目的是解决使用要求与
制造要求的矛盾。

因此提出了以下问题：

- 为什么要规定孔、轴的标准公差等级和基本偏差？
- 如何选择孔、轴的基本偏差、标准公差等级？
- 如何选择孔、轴的配合类别？
- 当孔、轴规定了尺寸公差带后，可以限制孔、轴的哪些尺寸？
- GB/T 1800—2020 和 GB/T 38762.1—2020 有什么区别和联系？如何应用？

为掌握线性尺寸的公差、偏差、配合的选择原则和方法，首先应理解 GB/T 1800—2020
《线性尺寸公差 ISO 代号体系》，了解与尺寸要素、公差、偏差、配合有关的基本术语及定
义；其次了解 GB/T 38762.1—2020 的各种线性尺寸的基本概念和线性尺寸的规范修饰符、补
充规范修饰符及其图样标注方法；最后在此基础上进行线性尺寸规范修饰符的选择和孔、轴
的基本偏差（实际上包括基准制的选择和配合的选择）与公差等级的选择。

2.3　线性尺寸的公差、偏差与配合的国家标准

2.3.1　与孔、轴有关的术语和定义

1. 几何要素（geometrical feature）

构成零件的点、线、面、体或它们的集合称为几何要素。几何要素可以是理想要素或非理
想要素，可视为一个单一要素或组合要素。理想要素可以有四种属性：形状；尺寸参数
（dimensional parameter），决定尺寸要素大小的参数；方位要素（situation feature），确定要素的
方向和/或位置的点、直线、平面或螺线；骨架（skeleton）。尺寸要素和方位要素没有关系。

GB/T 24637.1—2020《产品几何技术规范（GPS）通用概念　第 1 部分：几何规范和检
验的模型》给出了一系列与几何要素相关的术语，主要有：理想要素、非理想要素、骨架要
素、方位要素、尺寸要素、公称要素、实际要素、组成要素、导出要素、提取要素、拟合要

素、滤波要素、重构要素等。

（1）理想要素（ideal feature） 理想要素是由参数化方程定义的要素。参数化方程的表达取决于理想要素的类型及其本质特征。本质特征是理想要素的特征。

（2）非理想要素（non-ideal feature） 非理想要素是完全依赖于非理想表面模型或工件实际表面的不完美的几何要素。

（3）公称要素（nominal feature） 公称要素是由设计者在产品技术文件中定义的理想要素。在图样中，按照特定的数学公式定义的一个理想圆柱是一个公称要素。公称要素有公称组成要素和公称导出要素。

（4）实际要素（real feature） 实际要素是对应于工件实际表面部分的几何要素。实际要素是有误差的要素。

（5）组成要素（integral feature） 组成要素是属于工件的实际表面或表面模型的几何要素。工件上的组成要素是实际组成要素，理想表面模型上的组成要素是公称组成要素。它是实有定义，可由感官感知。

（6）导出要素（derived feature） 对组成要素或滤波要素进行一系列操作而产生的中心的、偏移的、一致的或镜像的几何要素。导出要素可以从一个公称要素、一个拟合要素或一个提取要素中建立，分别称为公称导出要素、拟合导出要素或提取导出要素。由一个或多个组成要素定义的中心点、中心线和中心面是导出要素的不同类型。

球面是一个组成要素，球的中心是从球面中得到的导出要素。

圆柱面是一个组成要素，圆柱的中心线是从圆柱面得到的导出要素。公称圆柱的轴线是一个公称导出要素（圆柱的骨架），通过在组成要素实体外部的法向上移动一个特定量获得的几何要素，是另一种类型的导出要素。

（7）提取要素（extracted feature） 提取要素是由有限个点组成的几何要素。提取要素有提取组成要素和提取导出要素。在测量中，往往通过测头从被测表面上按一定的规则提取有限个表面上的点，从而形成提取组成要素。而提取导出要素是通过对提取组成要素进行一系列的操作得到的。

（8）拟合要素（associated feature） 拟合要素是通过拟合操作，从非理想表面模型中或从实际要素中建立的理想要素。一个拟合要素可以从（提取的、滤波的）提取要素中或者从（实际的、提取的、滤波的）组成要素中建立。

这些与几何要素有关的术语之间的关系大致如图 2-3 所示。对圆柱形表面来说，其各要素间的关系如图 2-4 所示。

（9）滤波要素（filtered feature） 滤波要素是对一个非理想要素滤波而产生的非理想要素。

滤波要素不存在公称滤波要素或拟合滤波要素，只存在非理想滤波要素。滤波是一种对非理想要素进行的操作。如图 2-5 所示，滤波后的非理想要素的信息水平比滤波前的非理想要素减少了。

（10）重构要素（reconstructed feature） 重构要素是由一组有限点集定义的连续几何要素。一般情况下，一个组成要素用一个无限集表示，而一个提取的组成要素用有限集表示。

2. 尺寸要素（feature of size）

尺寸要素是有一个或多个本质特征的几何要素，其中只有一个参数可以作为变量参数，

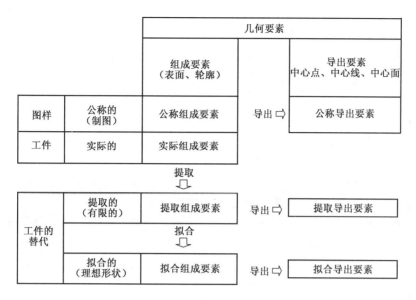

图 2-3 几何要素定义间相互关系的结构框图

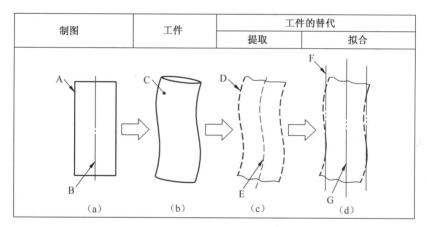

图 2-4 圆柱形表面各种要素间的关系

A—公称组成要素；B—公称导出要素；C—实际要素；D—提取组成要素；

E—提取导出要素；F—拟合组成要素；G—拟合导出要素

其他的参数是"单参数族"中的一员，且这些参数遵守单调抑制性。单参数族是由一个或多个尺寸参数定义的理想几何要素集，其成员通过改变一个参数生成。如当量块厚度的公称尺寸大于或等于10 mm 时，其横截面尺寸均为 35 mm × 9 mm，由量块的厚度所定义的一组量块是单参数族。一组具有相同的固定圆环中径 D 值和不同的横截面直径 d 值的 O 形环（圆环形状）是单参数族。

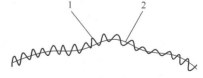

图 2-5 滤波要素的规范和检验

1—滤波前的非理想要素；

2—滤波要素（滤波后的非理想要素）

单调抑制性是单参数族的特性，具有给定尺寸的成员包含任何较小尺寸的成员。如 D 固定时，大的横截面直径 d 的族成员完全包含较小的 d 的族成员。

尺寸要素可以是一个球体、一个圆、两条直线、两个相对平行平面、一个圆柱体、一个圆环等。一个圆柱孔或轴是尺寸要素，其线性尺寸是其直径。由两相对平行平面（如凹槽或键）组成的组合要素是一个尺寸要素，其线性尺寸为其宽度。圆环也是尺寸要素，有两个本质特征。

尺寸要素包括线性尺寸要素和角度尺寸要素。线性尺寸要素是具有线性尺寸的要素。角度尺寸要素属于回转恒定类别的几何要素，其素线名义上倾斜一个不等于 0° 或 90° 的角度；或属于棱柱面恒定类别，两个方位要素之间的角度由具有相同形状的两个表面组成。如一个圆锥和一个楔块是角度尺寸要素。GB/T 1800—2020 只涉及尺寸要素的线性尺寸，不涉及角度尺寸。尺寸精度设计的对象主要是尺寸要素，即孔、轴。

球的直径是一个线性尺寸要素的尺寸。一个圆柱孔或轴是线性尺寸要素，其线性尺寸是其直径。由两相对平行面组成的组合要素是一个线性尺寸要素，其线性尺寸为其宽度。

如图 2-6 和图 2-7 所示，尺寸要素分为外尺寸要素和内尺寸要素。尺寸要素有三个特征：一是具有可重复导出中点、轴线或中心平面；二是含有相对点对（相对点对关于中点、轴线或中心平面对称）；三是具有极限。用于建立尺寸要素的几何要素是其骨架要素。所谓骨架要素是当尺寸要素的尺寸设定为零时，由尺寸要素的减小所产生的几何要素。如图 2-8 所示，圆环的骨架要素是一个圆，球体的骨架要素是一个点，圆柱体的骨架要素是一条直线，两平行相对面的骨架要素是一个平面。圆环的方位要素是一个平面（包含圆）和一个点（圆心）。

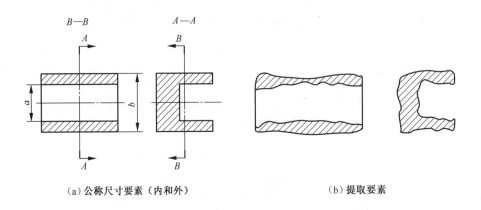

(a) 公称尺寸要素（内和外）　　　　　　(b) 提取要素

图 2-6　由两个相对平面组成的线性尺寸要素示例

a—内尺寸要素的尺寸；b—外尺寸要素的尺寸

3. 轴和孔

轴（shaft）：工件的外尺寸要素，包括非圆柱形外尺寸要素，如由两相对平行面（示例：键）组成的被包容面。

孔（hole）：工件的内尺寸要素，包括非圆柱形的内尺寸要素，如由两相对平行面（示例：凹槽或键槽）组成的包容面。

孔和轴是线性尺寸要素。在装配时，孔和轴是包容和被包容的关系。在切削加工时，孔的尺寸由小变大，轴的尺寸由大变小。图 2-9 所示是孔和轴的定义示意图，图 2-9 (a) 中的

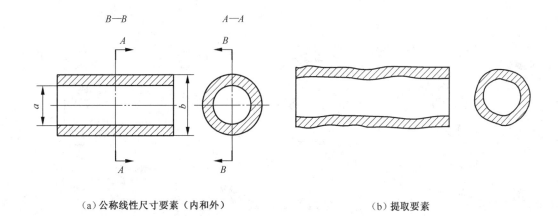

（a）公称线性尺寸要素（内和外）　　　　　　　（b）提取要素

图 2-7　由圆柱面组成的线性尺寸要素示例

a—内尺寸要素的尺寸；*b*—外尺寸要素的尺寸

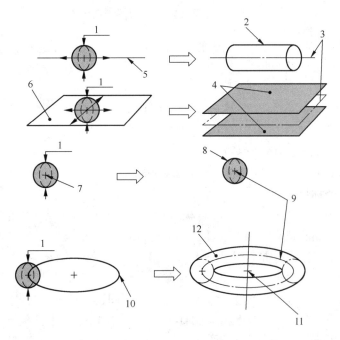

图 2-8　尺寸、骨架要素和尺寸要素之间的关系

1—尺寸；2—圆柱；3—中心要素；4—两平行平面；5—骨架（一条直线）；6—骨架（一个平面）；
7—骨架（一个点）；8—球；9—中心要素；10—骨架（一个圆）；11—方位要素；12—圆环

内圆柱面和键槽的宽度是孔的尺寸，图中形成键槽等宽度的两相对平行面的法向矢量方向相反。图 2-9（b）中的外圆柱面是轴的尺寸，轴上键槽的宽度是孔的尺寸。图 2-9（c）中 T形槽底部槽的高度和上面槽的宽度是孔的尺寸，凸肩的厚度是轴的尺寸。由于没有相对点，也可以说构成尺寸 *B* 的两平行面的法向矢量方向相同，故尺寸 *B* 不属于线性尺寸，也就不属于孔或轴的尺寸，是除线性尺寸和角度尺寸外的尺寸。

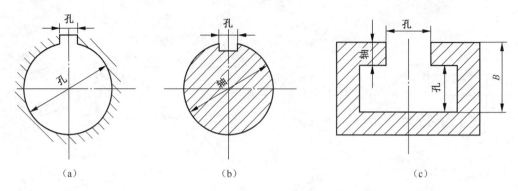

图 2-9　孔和轴的定义示意图

4. 公称尺寸、尺寸公差、极限偏差、极限尺寸、实际尺寸

对 $\phi50\text{H7/r6}$，查 GB/T 1800.1—2020 可得孔、轴的基本偏差和标准公差大小，可以将其具体地表达为 $\phi50\dfrac{\text{H7}\binom{+0.025}{0}}{\text{r6}\binom{+0.050}{+0.034}}$，由此可以理解以下术语及其定义。

（1）公称尺寸（nominal size）　公称尺寸是由图样规范定义的理想形状要素的尺寸，如 $\phi50\text{H7/r6}$ 中的 $\phi50$ mm。公称尺寸包括单一要素（尺寸要素）的尺寸（如直径）及两个和两个以上要素之间的尺寸（如中心距）。

（2）实际尺寸（actual size）　实际尺寸是拟合组成要素的尺寸。实际尺寸通过测量得到。从提取组成要素得到的拟合组成要素是理想的形状、是唯一的，因此，对一个实际零件，对其进行一次测量产生的实际尺寸只有一个。

（3）偏差（deviation）、尺寸偏差（size deviation）　偏差是某值与其参考值之差。尺寸偏差是实际尺寸与公称尺寸之差。

（4）极限尺寸（upper limit of size）　极限尺寸是尺寸要素的尺寸所允许的极限值。分为上极限尺寸（upper limit of size）和下极限尺寸（lower limit of size）。上极限尺寸是尺寸要素允许的最大尺寸，下极限尺寸是尺寸要素允许的最小尺寸。D_{up}、D_{low} 和 d_{up}、d_{low} 分别表示孔、轴的上、下极限尺寸。通过公称尺寸和极限偏差可以计算出极限尺寸。

为了满足要求，实际尺寸应位于上、下极限尺寸之间，包括极限尺寸。对 $\phi50\text{H7/r6}$：

孔的上、下极限尺寸：上极限尺寸 = 50+0.025 = 50.025 mm，下极限尺寸 = 50 mm；

轴的上、下极限尺寸：上极限尺寸 = 50+0.050 = 50.050 mm，下极限尺寸 = 50+0.034 = 50.034 mm。

（5）极限偏差（limit deviation）　极限偏差分为上极限偏差和下极限偏差。极限偏差是用来限制实际零件的尺寸偏差的。

上极限偏差是上极限尺寸减其公称尺寸所得的代数差。孔、轴的上极限偏差分别用 ES、es 表示。

下极限偏差是下极限尺寸减其公称尺寸所得的代数差。孔、轴的下极限偏差分别用 EI、ei 表示。

对 ϕ50H7/r6，$ES = +0.025$ mm，$EI = 0$，$es = +0.050$ mm，$ei = +0.034$ mm。由公称尺寸和极限偏差可以计算出其极限尺寸。

（6）尺寸公差（size tolerance）　尺寸公差是上极限尺寸减下极限尺寸之差，或上极限偏差减下极限偏差之差。它是允许尺寸的变动量。尺寸公差是一个没有符号的绝对值。尺寸公差用 T 表示，T_h、T_s 分别表示孔和轴的尺寸公差，故有

$$T_h = D_{up} - D_{low} = ES - EI \tag{2-1}$$

$$T_s = d_{up} - d_{low} = es - ei \tag{2-2}$$

本例孔、轴的尺寸公差分别为 0.025 mm、0.016 mm。

尺寸公差、偏差的区别在于偏差有基准（在公差带图中以零线为基准），尺寸公差无基准。偏差值有正、有负，是代数差，尺寸公差是绝对值。偏差影响配合松紧，尺寸公差影响配合精度。尺寸偏差是对单个零件的判断。

（7）标准公差等级（standard tolerance grade）　在 GB/T 1800.1—2020 中，从高到低，该标准规定了 IT01、IT0、IT1、…、IT18 共 20 个标准公差等级，以满足零件对尺寸精度等级的要求。IT 是 ISO tolerance 的简称，即 ISO 公差或称国际公差。对 ϕ50H7/r6，孔、轴的标准公差等级分别为 IT7、IT6。

5. 标准公差（standard tolerance）

标准公差是 GB/T 1800.1—2020 规定的任一公差。如表 2-1 所列，对同一个尺寸段规定了 20 个标准公差值。IT01 精度最高，标准公差值最小，加工难度最大；IT18 精度最低，标准公差值最大，加工难度最小。从 IT01～IT18，标准公差等级依次降低，标准公差值依次增大。如对 30 mm<尺寸≤50 mm 尺寸段，规定了从 0.6 μm～3.9 mm 的 20 个标准公差值，IT18 的公差值是 IT01 的 6500 倍。如果在机械精度设计中对此尺寸段内的某个尺寸规定的公差值不在这 20 个数值中，则该公差不是标准公差。

表 2-1　公称尺寸至 3150 mm 的标准公差数值（摘自 GB/T 1800.1—2020）

公称尺寸/mm		标准公差等级																			
		IT01	IT0	IT1	IT2	IT3	IT4	IT5	IT6	IT7	IT8	IT9	IT10	IT11	IT12	IT13	IT14	IT15	IT16	IT17	IT18
大于	至	标准公差数值																			
		μm												mm							
—	3	0.3	0.5	0.8	1.2	2	3	4	6	10	14	25	40	60	0.1	0.14	0.25	0.4	0.6	1	1.4
3	6	0.4	0.6	1	1.5	2.5	4	5	8	12	18	30	48	75	0.12	0.18	0.3	0.48	0.75	1.2	1.8
6	10	0.4	0.6	1	1.5	2.5	4	6	9	15	22	36	58	90	0.15	0.22	0.36	0.58	0.9	1.5	2.2
10	18	0.5	0.8	1.2	2	3	5	8	11	18	27	43	70	110	0.18	0.27	0.43	0.7	1.1	1.8	2.7
18	30	0.6	1	1.5	2.5	4	6	9	13	21	33	52	84	130	0.21	0.33	0.52	0.84	1.3	2.1	3.3
30	50	0.6	1	1.5	2.5	4	7	11	16	25	39	62	100	160	0.25	0.39	0.62	1	1.6	2.5	3.9
50	80	0.8	1.2	2	3	5	8	13	19	30	46	74	120	190	0.3	0.46	0.74	1.2	1.9	3	4.6
80	120	1	1.5	2.5	4	6	10	15	22	35	54	87	140	220	0.35	0.54	0.87	1.4	2.2	3.5	5.4

续表

公称尺寸/ mm		标准公差等级																		
		IT01	IT0	IT1	IT2	IT3	IT4	IT5	IT6	IT7	IT8	IT9	IT10	IT11	IT12	IT13	IT14	IT15	IT16	IT17	IT18
大于	至	标准公差数值																		
		μm												mm						
120	180	1.2	2	3.5	5	8	12	18	25	40	63	100	160	250	0.4	0.63	1	1.6	2.5	4	6.3
180	250	2	3	4.5	7	10	14	20	29	46	72	115	185	290	0.46	0.72	1.15	1.85	2.9	4.6	7.2
250	315	2.5	4	6	8	12	16	23	32	52	81	130	210	320	0.52	0.81	1.3	2.1	3.2	5.2	8.1
315	400	3	5	7	9	13	18	25	36	57	89	140	230	360	0.57	0.89	1.4	2.3	3.6	5.7	8.9
400	500	4	6	8	10	15	20	27	40	63	97	155	250	400	0.63	0.97	1.55	2.5	4	6.3	9.7
500	630			9	11	16	22	32	44	70	110	175	280	440	0.7	1.1	1.75	2.8	4.4	7	11
630	800			10	13	18	25	36	50	80	125	200	320	500	0.8	1.25	2	3.2	5	8	12.5
800	1000			11	15	21	28	40	56	90	140	230	360	560	0.9	1.4	2.3	3.6	5.6	9	14
1000	1250			13	18	24	33	47	66	105	165	260	420	660	1.05	1.65	2.6	4.2	6.6	10.5	16.5
1250	1600			15	21	29	39	55	78	125	195	310	500	780	1.25	1.95	3.1	5	7.8	12.5	19.5
1600	2000			18	25	35	46	65	92	150	230	370	600	920	1.5	2.3	3.7	6	9.2	15	23
2000	2500			22	30	41	55	78	110	175	280	440	700	1100	1.75	2.8	4.4	7	11	17.5	28
2500	3150			26	36	50	68	96	135	210	330	540	860	1350	2.1	3.3	5.4	8.6	13.5	21	33

当标准公差等级与基本偏差代号一起组成公差带时，省略字母 IT，如 h7、G8、p6 等。

公差值的作用是限定加工误差的范围，在实际生产中需要各种各样的公差值来满足使用要求。为了使公差值既能限制生产实践中的加工误差，符合加工误差的统计规律，又能适应标准化的要求，GB/T 1800.2—2020 对公差值进行了标准化处理，即通过对尺寸进行分段，使同一标准公差等级、同一尺寸段具有相同的标准公差值，从而使标准公差表格得以简化。

从表 2-1 可知，标准公差值的大小与标准公差等级（standard tolerance grades）及公称尺寸有关。虽然同一标准公差等级（如 IT7），对不同公称尺寸的标准公差值不同，但认为这一组公差具有同等精确程度。

标准公差等级 IT01 和 IT0 主要用于量块，在工业中一般很少用到，且只规定了公称尺寸至 500 mm 的公差值。

查取标准公差系列值时，不仅要注意标准公差等级和尺寸分段，还要注意尺寸分段是半开区间，如 ϕ50 mm 在 30~50 mm 尺寸段，而 ϕ30 mm 在 18~30 mm 尺寸段。

6. 公差带和公差带图

公差带（tolerance interval）是公差极限之间（包括公差极限）的尺寸变动值。这里的公差极限是确定允许值上界限和/或下界限的特定值。对于 GB/T 1800，公差带包含在上极限尺寸和下极限尺寸之间，由公差大小和相对于公称尺寸的位置确定。

基本偏差（fundamental deviation）是确定公差带相对公称尺寸位置的那个极限偏差。一般是接近公称尺寸的那个极限偏差。

为了清楚表示零件的尺寸相对其公称尺寸所允许的变动范围以及公称尺寸与上、下极限偏差的关系，GB/T 1800.1—2009 引入了公差带图解，如图 2-10 所示。通常将相互结合的孔和轴的公差带绘制在一张图上。该图称为公差示意图（通常直接简称为公差带图），如图 2-11 所示，可以反映相互结合的孔和轴的"公称尺寸""极限尺寸""极限偏差"及"尺寸公差"等术语及孔、轴公差带之间的相互关系。公差带图是由零线、公称尺寸、上极限偏差和下极限偏差组成的示意图。用零线表示零件的公称尺寸，以零线为基准确定偏差。通常，零线沿水平方向绘制，正偏差位于其上，负偏差位于其下。

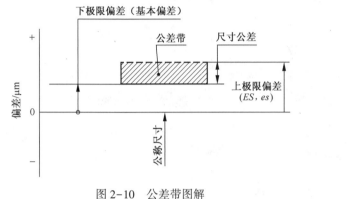

图 2-10　公差带图解

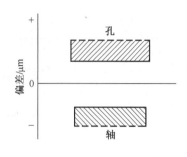

图 2-11　公差带示意图

但是 GB/T 1800.1— 2020 没有使用"公差带图解""公差带示意图"这两个术语，而是给出了详细画法和简化画法，如图 2-12、图 2-13 所示，其简化画法实际上和 2009 年版的公差带示意图没有本质区别。故为方便起见，本书仍然采用"公差带图"这个术语。在公差带图中，通常将公差带绘制为长方形，但其宽度没有任何意义。

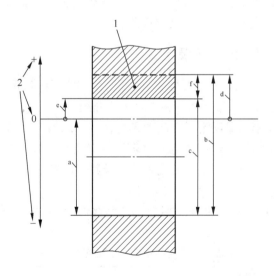

图 2-12　定义说明（以孔为例）

1—公差带；2—偏差符号约定

a 公称尺寸；b 上极限尺寸；c 下极限尺寸；d 上极限偏差；e 下极限偏差；f 公差

注：限制公差带的水平实线代表孔的基本偏差，限制公差带的虚线代表孔的另一个极限偏差。

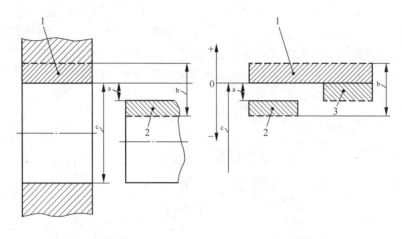

（a）详细画法   （b）简化画法

图 2-13 公差带的详细画法和简化画法

1—孔公差带；2、3—轴公差带

ª 最小间隙；ᵇ 最大间隙；ᶜ 公称尺寸

注：限制公差带的水平粗实线表示基本偏差，

限制公差带的虚线代表另一个极限偏差。

如图 2-12 所示，公差带不是必须包含公称尺寸，公差极限可以是双边的（两个值位于公称尺寸两边）或单边的（两个值位于公称尺寸的一边），当一个公差极限位于一边，而另一个公差极限为零时，这种情况是单边标示的特例。限制公差带的水平实线代表孔的基本偏差，限制公差带的虚线代表孔的另一个极限偏差。

2.3.2 与线性尺寸有关的术语及定义

GB/T 38762.1、GB/T 38762.3、GB/T 38762.2 分别规定了线性尺寸、角度尺寸、除线性和角度尺寸外的尺寸的尺寸公差。限于篇幅，本章主要介绍 GB/T 38762.1—2020，该标准建立了线性尺寸的缺省规范操作集，并规定了面向"圆柱面""球面""圆环面""两相对平行面""两相对平行直线"等尺寸要素类型的线性尺寸若干特定规范操作集，还规定了线性尺寸的规范修饰符（见表 2-2）、补充规范修饰符、拟合修饰符及其图样表达（见电子资源 2-1）。

电子资源 2-1：GB/T 38762.1—2020 规定的尺寸的补充规范修饰符和拟合修饰符

表 2-2 线性尺寸的分类及规范修饰符

序号	类别	名称	规范修饰符	定 义
1	局部尺寸	两点尺寸	⃝LP	提取组成线性尺寸要素上的两对应点间的距离
2		球面尺寸	⃝LS	最大内切球面的直径
3		截面尺寸		提取组成要素给定横截面的全局尺寸
4		部分尺寸		提取要素指定部分的全局尺寸

序号	类别		名称	规范修饰符	定　义
5	直接全局尺寸		最小二乘尺寸	(GG)	采用总体最小二乘准则从提取组成要素中获得的拟合组成要素的直接全局尺寸
6			最大内切尺寸	(GX)	采用最大内切准则从提取组成要素中获得的拟合组成要素的直接全局尺寸
7			最小外接尺寸	(GN)	采用最小外接准则从提取组成要素中获得的拟合组成要素的直接全局尺寸
8			最小区域尺寸	(GC)	采用最小区域准则从提取组成要素中获得的拟合组成要素的直接全局尺寸
9	全局尺寸	间接全局尺寸 · 计算尺寸	周长直径	(CC)	$d = C/\pi$，C 指提取组成轮廓线的周长
10			面积直径	(CA)	$d = \sqrt{4A/\pi}$，A 指提取组成轮廓线内的面积
11			体积直径	(CV)	$d = \sqrt{4V/(\pi L)}$，V 指提取组成圆柱面所围体积，L 指圆柱面的长度
12		统计尺寸	最大尺寸	(SX)	沿和/或绕着被测要素获得的一组局部尺寸的最大值定义的统计尺寸
13			最小尺寸	(SN)	沿和/或绕着被测要素获得的一组局部尺寸的最小值定义的统计尺寸
14			平均尺寸	(SA)	沿和/或绕着被测要素获得的一组局部尺寸的平均值定义的统计尺寸
15			中位尺寸	(SM)	沿和/或绕着被测要素获得的一组局部尺寸的中位值定义的统计尺寸
16			极值平均尺寸	(SD)	沿和/或绕着被测要素获得的一组局部尺寸的最大值和最小值的平均值定义的统计尺寸
17			尺寸范围	(SR)	沿和/或绕着被测要素获得的一组局部尺寸的最大值和最小值的差值定义的统计尺寸
18			尺寸的标准偏差	(SQ)	沿和/或绕着被测要素获得的一组局部尺寸的标准偏差定义的统计尺寸

1. 局部尺寸（local size）

局部尺寸即是根据定义，沿和/或绕着尺寸要素的方向上，尺寸要素的尺寸特征会有不唯一的评定结果。对于给定要素，存在多个局部尺寸。

局部尺寸分为两点尺寸、球面尺寸、截面尺寸、部分尺寸，如图 2-14 所示。

（1）两点尺寸（two-point size）　两点尺寸是提取组成线性尺寸要素上的两相对点间的距离。圆柱面上的两点尺寸称为两点直径，如图 2-14（b）所示。两相对平面上的两点尺寸称为两点距离或两点厚度、两点宽度。GB/T 24637.3—2020 给出了在不同类型尺寸要素上建立两点尺寸的方法。图 2-15 所示是尺寸的 ISO 缺省规范操作集示例，没有标注表 2-2 所示的线性尺寸规范修饰符，图 2-15（a）、（b）所示为公称尺寸±极限偏差，图 2-15（c）、（d）所示为公称尺寸后接 GB/T 1800.1 的 ISO 公差带代号。此时两个极限的规范操作集都是两点尺寸，所标注的尺寸要求是对两点尺寸的要求。若需要限制的是其他尺寸，则应在尺寸公差

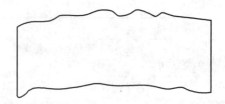

（a）提取要素，既可能是内或外要素，又可能是圆柱面或两相对平面

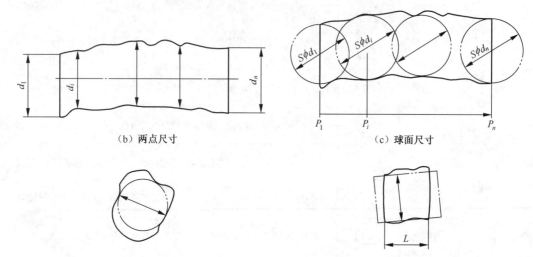

（b）两点尺寸　　　　　　　　　　　　（c）球面尺寸

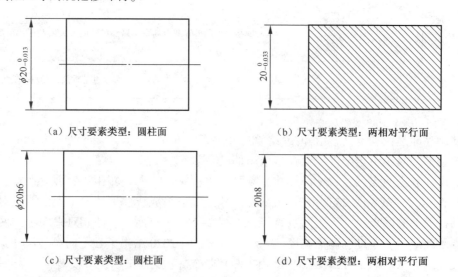

（d）基于最大内切准则（也可以为其他准则）　　　（e）基于最大内切准则（也可以为其他准则）
　　并由直接全局尺寸获得的截面尺寸　　　　　　　　　并由直接全局尺寸获得的部分尺寸

图 2-14　局部尺寸示例

后标注线性尺寸的规范修饰符。

（a）尺寸要素类型：圆柱面　　　　　　　　　（b）尺寸要素类型：两相对平行面

（c）尺寸要素类型：圆柱面　　　　　　　　　（d）尺寸要素类型：两相对平行面

图 2-15　尺寸的基本 GPS 规范（ISO 缺省规范操作集）示例

相对点对是同时建立的两点的集合，两点之间的距离是一个尺寸要素的局部尺寸。构成

点对的两点间的距离就是两点尺寸。两点尺寸只能由相对点得到，相对点对是由带有线性尺寸的提取组成尺寸要素得到的。如图 2-16 所示，提取圆柱面的局部直径是提取线（圆）上两相对点间的距离。两相对点的连线通过拟合圆圆心。提取圆柱面的两点直径可按图 2-17 所示的计算流程计算求取。

在尺寸要素为"两相对平行面"时，所提取相对点对的中心点在中心提取面上。

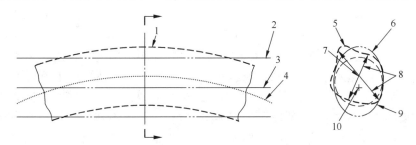

图 2-16　提取圆柱面的局部直径（两点直径）

1—提取圆柱面；2、9—拟合圆柱面；3、10—拟合圆柱面轴线；4—提取中心线；

5—提取线（圆）；6—拟合圆；7—拟合圆圆心；8—提取圆柱面的局部直径

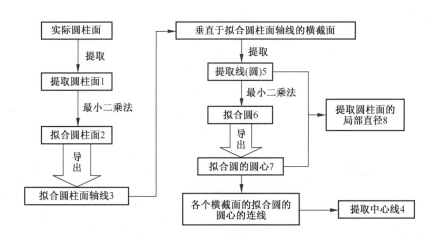

图 2-17　局部直径（两点直径）的计算流程

（2）球面尺寸（spherical size）　球面尺寸是最大内切球面的直径。如图 2-14（c）所示，可用最大内切球面定义内及外尺寸要素的球面尺寸。在不同的位置可以得到不同的球面尺寸。

（3）截面尺寸（section size）　截面尺寸是提取组成要素给定横截面内的全局尺寸。如图 2-14（d）所示，在提取圆柱面的提取要素上，可以得到无限多个横截面，进而可定义拟合圆的直径（基于特定的拟合准则，图 2-14（d）所示为最大内切准则），即截面尺寸。截面尺寸为完整被测尺寸要素的局部尺寸。

（4）部分尺寸（portion size）　部分尺寸为提取要素指定部分的全局尺寸。图 2-14（e）所示为部分圆柱长度 L 下的最大内切尺寸。

2. 全局尺寸（global size）

全局尺寸是根据定义，沿和/或绕着尺寸要素的方向上，尺寸要素的特征具有唯一的评定结果的尺寸。全局尺寸等于拟合组成要素的尺寸，该拟合组成要素与尺寸要素的形状类型相同，其建立不受尺寸、方向或位置的限制。全局尺寸可分为直接全局尺寸和间接全局尺寸。

（1）直接全局尺寸　直接全局尺寸分最小二乘尺寸、最大内切尺寸、最小外接尺寸、最小区域尺寸，如图 2-18 所示，是从提取组成要素中分别通过最小二乘准则、最大内切准则、最小外接准则、最小区域准则获得的。它们的定义如表 2-2 所列。最小区域尺寸是对提取组成要素采用最小区域准则得到的。尺寸要素的最小区域准则给出了包含提取组成要素的最小包络区域，且不受内、外材料的约束，即提取组成要素与拟合组成要素上所有点之间的距离的最大值最小，且不受材料约束。如对一个提取圆柱面来说，最小区域准则就是可以找到一个不受材料约束的拟合圆柱面（该拟合圆柱面不在材料内，也不在材料外，而是与提取圆柱面相交），能够作出两个与拟合圆柱面同轴、包络该提取圆柱面且半径差最小的包络区域。该拟合圆柱面的直径就是最小区域直径。但是第 4 章将会讲到的形状误差的评定的最小区域准则分为无约束、实体（material，材料）外约束和实体内约束。孔的最大内切直径和轴的最小外接直径主要影响孔、轴的装配。

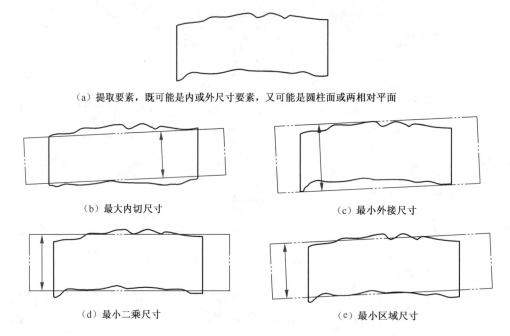

（a）提取要素，既可能是内或外尺寸要素，又可能是圆柱面或两相对平面

（b）最大内切尺寸　　　　　　　　　　　（c）最小外接尺寸

（d）最小二乘尺寸　　　　　　　　　　　（e）最小区域尺寸

图 2-18　直接全局尺寸示例

上、下极限尺寸既可应用同一规范操作集，也可应用不同的规范操作集。如图 2-19 所示，上、下极限尺寸均使用最小二乘准则，即最小二乘尺寸必须限制在上、下极限尺寸之间。如图 2-20 所示，上、下极限尺寸分别使用最小外接准则 (GN)、最小二乘准则 (GC)，即最小外接圆柱（直径）不能大于上极限尺寸 $\phi60$ mm，任意横截面内最小二乘尺寸（直径）不能小于下极限尺寸 $\phi59.7$ mm。图中 ACS 是一种补充规范修饰符，表示任意横截面。

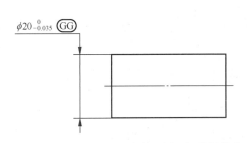
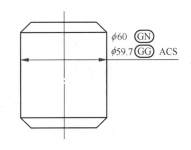

图 2-19　上、下极限尺寸应用同一规范操作集　　图 2-20　上、下极限尺寸应用不同规范操作集

（2）间接全局尺寸　间接全局尺寸包括计算尺寸（calculated size）和统计尺寸（rank-order size）。

计算尺寸是通过计算公式所得的尺寸，反映了尺寸要素的本质特征与要素的一个或几个其他尺寸之间的关系。计算尺寸可以是局部尺寸，也可以是全局尺寸。对于圆柱体，计算尺寸分为周长直径、面积直径、体积直径，其定义如表 2-2 所列。

图 2-21 所示为周长直径示例，周长直径由所取横截面决定，即在一个圆柱形工件的不同横截面上，其周长直径是不同的。可用不同的准则进行拟合操作以确定横截面的方向，所选准则不同，如最小二乘准则、最小区域准则，则结果不同。缺省准则为圆柱面要素的最小二乘准则。对于非凸要素，其周长直径将大于最小外接直径。周长直径取决于所使用的滤波准则，主要用于大型装配体、O 型圈、薄壁零件等。

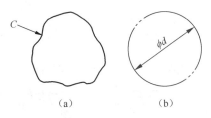

图 2-21　周长直径示例

C—轮廓线的周长（提取轮廓线）；d—周长直径，等于 C 除以 π

面积直径由垂直于最小二乘拟合圆柱面轴线的横截面的提取组成轮廓线所围成的面积确定。可用不同的准则进行拟合以确定横截面的方向，所选准则不同，则结果不同。面积直径可用于功能与面积有关的场合，如阀、流量计等。

图 2-22 所示为体积直径示例。可用不同的准则进行拟合操作以确定横截面与提取圆柱面交线的方向，所选准则不同，则结果不同。缺省准则为圆柱要素的最小二乘准则。

统计尺寸是用数学方法，在沿和/或绕着被测要素获得的一组局部尺寸中定义的特征尺寸。如表 2-2 所列，统计尺寸分为最大尺寸、最小尺寸、平均尺寸、中位尺寸、极值平均尺寸、尺寸范围、尺寸的标准偏差（见图 2-23）。合理使用这些统计尺寸，可以对圆度、锥度、某些尺寸的变动量进行精确控制。精密机加工零件，尤其是轴承类产品可用这种规范表达和控制圆柱形产品的锥度。

图 2-24 所示是统计规范修饰符的应用示例，图 2-24（a）对直径标注的规范操作集为：

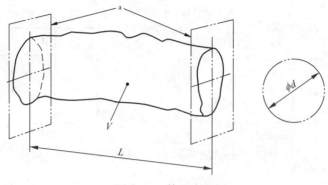

图 2-22 体积直径

V—提取要素的体积；L—圆柱面长度；d—体积直径，由 V 和 L 计算得到

^a垂直于拟合最小二乘圆柱面拟合轴线的两平行平面，其间距最大且包含要素的一个完整截面

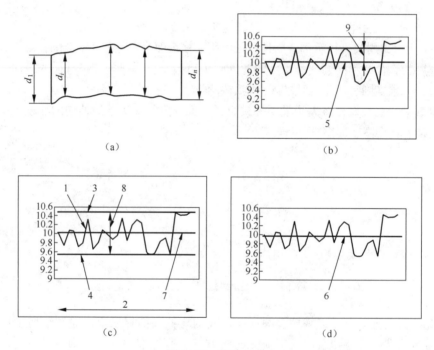

（a）　　　　　　　　（b）

（c）　　　　　　　　（d）

图 2-23 统计尺寸

1——一组局部尺寸数值；2—轴向位置；3—最大尺寸（=10.49788）；4—最小尺寸（=9.54281）；
5—平均尺寸（=10.01169）；6—中位尺寸（=9.96986）；7—极值平均尺寸（=10.020345）；
8—尺寸范围（=0.95507）；9—尺寸的标准偏差（=0.30178）；
d_i——局部尺寸数值

下方标注为两点尺寸的极值平均尺寸值的上、下极限尺寸为 $\phi50\pm0.02$ mm，即测得的 $\phi50$ mm 孔的一组局部尺寸的最大值和最小值的平均值应位于 $\phi49.98 \sim \phi50.02$ mm 范围内；上方标注为两点尺寸值的范围上极限为 0.004 mm，即测得的一组局部尺寸的最大值和最小值的差值最大不超过 0.004 mm。图 2-24（b）对厚度标注的规范操作集为：非理想表面的任意包含基

准 ϕd 轴线的纵向截面内，任意位置的壁厚的两点尺寸值的范围上极限为 0.002 mm。图中 ALS 表示任意纵向（即轴向）截面，相交平面框格（将在第 4 章讲述），即该任意纵向截面应包含该 ϕd 基准轴线。图 2-24（c）对厚度标注的规范操作集为：下方标注为包含 ϕd 基准轴线的任意纵向截面内两点厚度（两点尺寸）值的范围上极限为 0.006 mm；上方标注为垂直于 ϕd 基准轴线的任意横截面内两点尺寸值的范围上极限为 0.004 mm。也是相交平面框格。图 2-24（d）对直径标注的规范操作集为：下方标注为实际表面上任意位置的两点尺寸应限制在上极限尺寸 $\phi20.1$ mm 和下极限尺寸 $\phi19.9$ mm 之间；上方标注为实际表面上任意位置的两点尺寸值的标准偏差不超过 0.002 mm。图 2-24（e）是向心轴承应用统

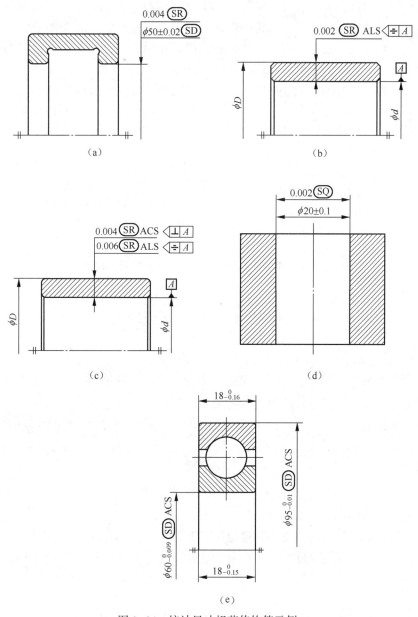

图 2-24　统计尺寸规范修饰符示例

计尺寸的示例。对内径、外径的规范操作集为：任意横截面内两点尺寸的极值平均尺寸应分别限制在 $\phi 59.991 \sim \phi 60\text{mm}$ 和 $\phi 94.99 \sim \phi 95\text{mm}$。

除表 2-2 规定的 16 种线性尺寸规范修饰符外，GB/T 38762.1—2020 还规定了 13 种尺寸的补充规范修饰符，如图 2-24 中的 ACS、ALS、⟨⊥ A⟩、⟨ ≘ A⟩ 等。具体符号和标注示例详见该标准及电子资源 2-1。

2.3.3 与配合有关的术语及定义

1. 配合 (fit)

配合是类型相同且待装配的外尺寸要素（轴）和内尺寸要素（孔）之间的关系。实质上，配合是公称尺寸相同且待装配的孔和轴的公差带之间的关系，孔、轴的公差带位置不同，形成了不同的配合关系。只有具有装配关系的孔和轴才形成配合。图 2-1 所示的输出轴和齿轮孔就形成了配合，其配合要求为 $\phi 50\text{H7/r6}$。

如图 2-25 所示，根据孔和轴的公差带的相互位置关系，配合分为间隙配合、过渡配合和过盈配合。间隙是当轴的直径小于孔的直径时，孔和轴的尺寸之差；而过盈则是当轴的直径大于孔的直径时，相配孔和轴的尺寸之差。

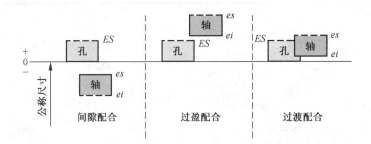

图 2-25 三种配合的公差带相互位置关系

2. 间隙配合 (clearance fit)

间隙配合指孔和轴装配时总是存在间隙的配合。此时，孔的下极限尺寸大于或在极端情况下等于轴的上极限尺寸，即孔的公差带在轴公差带之上，孔的尺寸减去相配合的轴的尺寸之差为正值。根据图 2-25，间隙配合的最大间隙 $X_{\max}$、最小间隙 $X_{\min}$ 可用公式表示为

$$X_{\max} = D_{\text{up}} - d_{\text{low}} = ES - ei \tag{2-3}$$

$$X_{\min} = D_{\text{low}} - d_{\text{up}} = EI - es \tag{2-4}$$

3. 过盈配合 (interference fit)

过盈配合指孔和轴装配时总是存在过盈（包括最小过盈等于零）的配合。此时孔的公差带在轴的公差带之下，孔的尺寸减去相配合的轴的尺寸之差为负值。根据图 2-25，过盈配合的最小过盈 $Y_{\min}$、最大过盈 $Y_{\max}$、平均过盈 Y_{av} 用公式可表示为

$$Y_{\max} = D_{\text{low}} - d_{\text{up}} = EI - es \tag{2-5}$$

$$Y_{min} = D_{up} - d_{low} = ES - ei \tag{2-6}$$

$$Y_{av} = \frac{1}{2}(Y_{max} + Y_{min}) \tag{2-7}$$

显然，$\phi 50H7/r6$ 为过盈配合。其公差带图如图 2-26 所示。

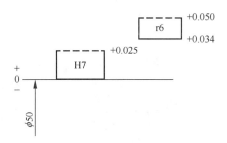

图 2-26　$\phi 50H7/r6$ 的公差带

$$Y_{max} = EI - es = 0 - 0.050 = -0.050 \text{ mm}$$

$$Y_{min} = ES - ei = 0.025 - 0.034 = -0.009 \text{ mm}$$

$$Y_{av} = \frac{1}{2}(Y_{max} + Y_{min}) = (-0.050 - 0.009)/2 = -0.0295 \text{ mm}$$

4. 过渡配合（transition fit）

过渡配合指孔和轴装配时可能具有间隙或过盈的配合。此时孔的公差带与轴的公差带相互交叠，它是介于间隙配合与过盈配合之间的一种配合，但间隙和过盈量都不大。其最大间隙 X_{max}、最大过盈 Y_{max}、平均间隙 X_{av} 或平均过盈 Y_{av} 用公式可表示为

$$X_{max} = D_{up} - d_{low} = ES - ei \tag{2-8}$$

$$Y_{max} = D_{low} - d_{up} = EI - es \tag{2-9}$$

$$X_{av}(Y_{av}) = \frac{1}{2}(X_{max} + Y_{max}) \tag{2-10}$$

5. 配合公差（span of fit）

组成配合的孔与轴公差之和称为配合公差。它是允许间隙或过盈的变动量，表明配合松紧程度的变化范围。用 T_f 表示配合公差，则配合公差可表示为

$$T_f = T_h + T_s \tag{2-11}$$

配合公差是一个没有符号的绝对值。将式（2-11）中孔、轴公差分别用孔、轴的极限尺寸或极限偏差代入，可得用极限间隙或过盈表示的配合公差。

间隙配合时：

$$T_f = X_{max} - X_{min} \tag{2-12}$$

过盈配合时：

$$T_f = Y_{min} - Y_{max} \tag{2-13}$$

过渡配合时：

$$T_f = X_{max} - Y_{max} \tag{2-14}$$

对于 $\phi50H7/r6$，配合公差 $T_f = T_h + T_s = 0.025 + 0.016 = 0.041$ mm，也可通过下式计算：

$$T_f = Y_{min} - Y_{max} = -0.009 - (-0.050) = 0.041 \text{ mm}$$

6. 基本偏差

基本偏差可以是上极限偏差或下极限偏差，图 2-26 中轴的基本偏差是下极限偏差，其值为+0.034 mm。

GB/T 1800.1—2020 中，规定了公称尺寸至 3150 mm 的基本偏差系列，它是对公差带位置的标准化。孔、轴的基本偏差标示符（代号）用英文字母表示。在 26 个英文字母中除去 I（i）、L（l）、O（o）、Q（q）、W（w）5 个字母以避免混淆，另加上 7 个双写字母 CD（cd）、EF（ef）、FG（fg）、JS（js）、ZA（za）、ZB（zb）、ZC（zc），共 28 个代号来代表孔、轴的基本偏差。孔的基本偏差代号用大写字母 A，B……ZC 表示，轴的基本偏差代号用小写字母 a，b……zc 表示，如图 2-27 所示。

在线性尺寸公差 ISO 代号体系中，公差带代号由基本偏差标示符与公差等级组成。例如，基本偏差为 H，标准公差等级为 7 级的孔的公差带表示为 H7。轴公差带 h6，表示轴的基本偏差为 h、标准公差等级为 6 级。

标准公差和基本偏差这两个参数是尺寸公差与配合中最基本的参数，它们分别确定了公差带的大小和公差带距离零线的位置，两者共同决定某尺寸公差带的唯一性。

图 2-27 中的基本偏差系列各公差带只画出一端，未画出的另一端取决于标准公差值的大小。从图 2-27（a）可以看出，基本偏差 A~H 是孔的下极限偏差 EI，基本偏差 K~ZC 是孔的上极限偏差 ES。同理，从图 2-27（b）看出，基本偏差 a~h 是轴的上极限偏差 es，而基本偏差 k~zc 为轴的下极限偏差 ei。

（1）配合制（fit system）　配合制是指同一极限制的孔和轴组成配合的一种制度。GB/T 1800.1—2020 规定了两种配合制度，即基孔制配合和基轴制配合。

基孔制配合（hole-basis fit system）：孔的基本偏差为零的配合，即其下极限偏差等于零。基孔制配合是孔的下极限尺寸与公称尺寸相同的配合。所要求的间隙或过盈由不同公差带代号的轴与一基本偏差为零的公差带代号（如 H）的基准孔相配合得到。

基轴制配合（shaft-basis fit system）：轴的基本偏差为零的配合，即其上极限偏差等于零。基轴制配合是轴的上极限尺寸与公称尺寸相同的配合。所要求的间隙或过盈由不同公差带代号的孔与一基本偏差为零的公差带代号（如 h）的基准轴相配合得到。

（2）轴的基本偏差数值　如图 2-27（b）、图 2-28 所示，基本偏差 a~h 的轴与基准孔（即基本偏差代号为 H、下极限偏差 $EI = 0$ 的孔）配合形成间隙配合，轴的基本偏差是上极限偏差 es，为负值，其绝对值为最小间隙量；基本偏差 p~zc 的轴与基准孔形成过盈配合，轴的基本偏差（下极限偏差 ei）与孔的上极限偏差 ES 形成最小过盈；基本偏差 j~n 的轴与基准孔形成过渡配合时，轴的基本偏差（下极限偏差 ei）与孔的上极限偏差 ES 形成最小间隙。所以，以基孔制配合为基础，根据间隙、过渡和过盈的各种配合需要，同时根据生产实践经验和统计分析结果确定出轴的基本偏差，并将计算结果按一定的修约规则进行尾数圆整，得到轴的基本偏差数值表，如表 2-3 所列。

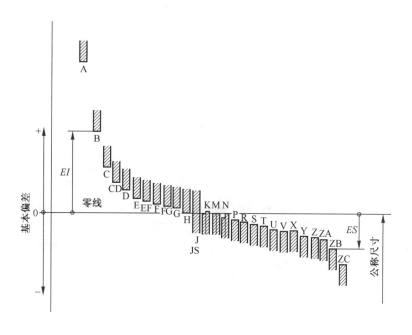

（a）孔(内尺寸要素)

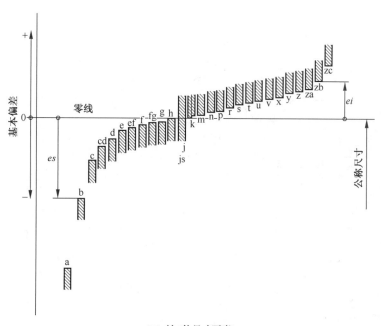

（b）轴(外尺寸要素)

图 2-27　孔、轴基本偏差相对于公称尺寸位置的示意图

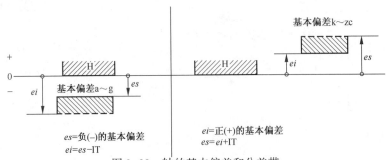

图 2-28　轴的基本偏差和公差带

注：IT 为标准公差值

表 2-3　轴的基本偏差数值　　　　　　　　　　基本偏差单位：μm

公称尺寸/ mm		基本偏差数值														
		上极限偏差 es											下极限偏差 ei			
		所有标准公差等级											IT5 和 IT6	IT7	IT8	
大于	至	a	b	c	cd	d	e	ef	f	fg	g	h	js	j		
														j		
—	3	−270	−140	−60	−34	−20	−14	−10	−6	−4	−2	0		−2	−4	6
3	6	−270	−140	−70	−46	−30	−20	−14	−10	−6	−4	0		−2	−4	
6	10	−280	−150	−80	−56	−40	−25	−18	−13	−8	−5	0		−2	−5	
10	14	−290	−150	−95	−70	−50	−32	−23	−16	−10	−6	0		−3	−6	
14	18															
18	24	−300	−160	−110	−85	−65	−40	−25	−20	−12	−7	0		−4	−8	
24	30															
30	40	−310	−170	−120	−100	−80	−50	−35	−25	−15	−9	0		−5	−10	
40	50	−320	−180	−130												
50	65	−340	−190	−140		−100	−60		−30		−10	0		−7	−12	
65	80	−360	−200	−150												
80	100	−380	−220	−170		−120	−72		−36		−12	0		−9	−15	
100	120	−410	−240	−180												
120	140	−460	−260	−200		−145	−85		−43		−14	0		−11	−18	
140	160	−520	−280	−210												
160	180	−580	−310	−230												
180	200	−660	−340	−240		−170	−100		−50		−15	0		−13	−21	
200	225	−740	−380	−260												
225	250	−820	−420	−280												
250	280	−920	−480	−300		−190	−110		−56		−17	0		−16	−26	
280	315	−1050	−540	−330												
315	355	−1200	−600	−360		−210	−125		−62		−18	0		−18	−28	
355	400	−1350	−680	−400												
400	450	−1500	−760	−440		−230	−135		−68		−20	0		−20	−32	
450	500	−1650	−840	−480												

基本偏差 = ±IT_n/2，式中，n 是标准公差等级数

续表

公称尺寸/mm		基本偏差数值															
		下极限偏差 ei															
		IT4 至 IT7	≤IT3 >IT7	所有标准公差等级													
大于	至	k		m	n	p	r	s	t	u	v	x	y	z	za	zb	zc
—	3	0	0	+2	+4	+6	+10	+14		+18		+20		+26	+32	+40	+60
3	6	+1	0	+4	+8	+12	+15	+19		+23		+28		+35	+42	+50	+80
6	10	+1	0	+6	+10	+15	+19	+23		+28		+34		+42	+52	+67	+97
10	14	+1	0	+7	+12	+18	+23	+28		+33		+40		+50	+64	+90	+130
14	18	+1	0	+7	+12	+18	+23	+28		+33	+39	+45		+60	+77	+108	+150
18	24	+2	0	+8	+15	+22	+28	+35		+41	+47	+54	+63	+73	+98	+136	+188
24	30	+2	0	+8	+15	+22	+28	+35	+41	+48	+55	+64	+75	+88	+118	+160	+218
30	40	+2	0	+9	+17	+26	+34	+43	+48	+60	+68	+80	+94	+112	+148	+200	+274
40	50	+2	0	+9	+17	+26	+34	+43	+54	+70	+81	+97	+114	+136	+180	+242	+325
50	65	+2	0	+11	+20	+32	+41	+53	+66	+87	+102	+122	+144	+172	+226	+300	+405
65	80	+2	0	+11	+20	+32	+43	+59	+75	+102	+120	+146	+174	+210	+274	+360	+480
80	100	+3	0	+13	+23	+37	+51	+71	+91	+124	+146	+178	+214	+258	+335	+445	+585
100	120	+3	0	+13	+23	+37	+54	+79	+104	+144	+172	+210	+254	+310	+400	+525	+690
120	140	+3	0	+15	+27	+43	+63	+92	+122	+170	+202	+248	+300	+365	+470	+620	+800
140	160	+3	0	+15	+27	+43	+65	+100	+134	+190	+228	+280	+340	+415	+535	+700	+900
160	180	+3	0	+15	+27	+43	+68	+108	+146	+210	+252	+310	+380	+465	+600	+780	+1000
180	200	+4	0	+17	+31	+50	+77	+122	+166	+236	+284	+350	+425	+520	+670	+880	+1150
200	225	+4	0	+17	+31	+50	+80	+130	+180	+258	+310	+385	+470	+575	+740	+960	+1250
225	250	+4	0	+17	+31	+50	+84	+140	+196	+284	+340	+425	+520	+640	+820	+1050	+1350
225	250	+4	0	+17	+31	+50	+84	+140	+196	+284	+340	+425	+520	+640	+820	+1050	+1350
250	280	+4	0	+20	+34	+56	+94	+158	+218	+315	+385	+475	+580	+710	+920	+1200	+1550
280	315	+4	0	+20	+34	+56	+98	+170	+240	+350	+425	+525	+650	+790	+1000	+1300	+1700
315	355	+4	0	+21	+37	+62	+108	+190	+268	+390	+475	+590	+730	+900	+1150	+1500	+1900
355	400	+4	0	+21	+37	+62	+114	+208	+294	+435	+530	+660	+820	+1000	+1300	+1650	+2100
400	450	+5	0	+23	+40	+68	+126	+232	+330	+490	+595	+740	+920	+1100	+1450	+1850	+2400
450	500	+5	0	+23	+40	+68	+132	+252	+360	+540	+660	+820	+1000	+1250	+1600	+2100	+2600

注：公称尺寸≤1 mm 时，不使用基本偏差 a 和 b。

例 2-1　确定轴 $\phi40g11$ 的极限偏差和极限尺寸。

解：查表 2-1，$\phi40$ mm 属于 30~50 mm 公称尺寸段，标准公差 IT11＝160 μm；查表 2-3，得基本偏差＝-9 μm，故：

上极限偏差 es＝基本偏差＝-9 μm；

下极限偏差 ei＝基本偏差-标准公差＝-9-160＝-169 μm。

极限尺寸：上极限尺寸＝40-0.009＝39.991 mm；

下极限尺寸＝40-0.169＝39.831 mm。

ᐧᐧᐧ

（3）孔的基本偏差数值　同轴的基本偏差一样，孔的基本偏差也是根据生产实践经验和统计分析结果确定出来的，并将计算结果按一定的修约规则进行尾数圆整，得到孔的基本偏差数值表，如表 2-4 所列。

表 2-4　孔的基本偏差数值　　　　　　基本偏差和 Δ 的单位：μm

公称尺寸/mm		基本偏差数值																	
		下极限偏差 EI											上极限偏差 ES						
		所有标准公差等级											IT6	IT7	IT8	≤IT8	>IT8	≤IT8	>IT8
大于	至	A	B	C	CD	D	E	EF	F	FG	G	H	JS	J			K		M	
—	3	+270	+140	+60	+34	+20	+14	+10	+6	+4	+2	0		+2	+4	+6	0	0	−2	−2
3	6	+270	+140	+70	+46	+30	+20	+14	+10	+6	+4	0		+5	+6	+10	−1+Δ		−4+Δ	−4
6	10	+280	+150	+80	+56	+40	+25	+18	+13	+8	+5	0		+5	+8	+12	−1+Δ		−6+Δ	−6
10	14	+290	+150	+95	+70	+50	+32	+23	+16	+10	+6	0		+6	+10	+15	−1+Δ		−7+Δ	−7
14	18																			
18	24	+300	+160	+110	+85	+65	+40	+28	+20	+12	+7	0		+8	+12	+20	−2+Δ		−8+Δ	−8
24	30																			
30	40	+310	+170	+120	+100	+80	+50	+35	+25	+15	+9	0		+10	+14	+24	−2+Δ		−9+Δ	−9
40	50	+320	+180	+130																
50	65	+340	+190	+140		+100	+60		+30		+10	0		+13	+18	+28	−2+Δ		−11+Δ	−11
65	80	+360	+200	+150																
80	100	+380	+220	+170		+120	+72		+36		+12	0		+16	+22	+34	−3+Δ		−13+Δ	−13
100	120	+410	+240	+180																
120	140	+460	+260	+200		+145	+85		+43		+14	0		+18	+26	+41	−3+Δ		−15+Δ	−15
140	160	+520	+280	+210																
160	180	+580	+310	+230																
180	200	+660	+340	+240		+170	+100		+50		+15	0		+22	+30	+47	−4+Δ		−17+Δ	−17
200	225	+740	+380	+260		+170	+100		+50		+15	0		+22	+30	+47	−4+Δ		−17+Δ	−17
225	250	+820	+420	+280																
250	280	+920	+480	+300		+190	+110		+56		+17	0		+25	+36	+55	−4+Δ		−20+Δ	−20
280	315	+1050	+540	+330																
315	355	+1200	+600	+360		+210	+125		+62		+18	0		+29	+39	+60	−4+Δ		−21+Δ	−21
355	400	+1350	+680	+400																
400	450	+1500	+760	+440		+230	+135		+68		+20	0		+33	+43	+66	−5+Δ		−23+Δ	−23
450	500	+1650	+840	+480																

（JS 列）偏差 = ±IT$_n$/2，式中 n 为标准公差等级数

续表

公称尺寸/mm 大于	至	基本偏差数值 上极限偏差 ES ≤IT8 (N)	>IT8 (N)	≤IT7 (P~ZC)	P	R	S	T	U	V	X	Y	Z	ZA	ZB	ZC	Δ值 标准公差等级 IT3	IT4	IT5	IT6	IT7	IT8
—	3	−4	−4	在>IT7 的标准公差等级的基本偏差数值上增加一个Δ值	−6	−10	−14		−18		−20		−26	−32	−40	−60	0	0	0	0	0	0
3	6	−8+Δ	0		−12	−15	−19		−23		−28		−35	−42	−50	−80	1	1.5	1	3	4	6
6	10	−10+Δ	0		−15	−19	−23		−28		−34		−42	−52	−67	−97	1	1.5	2	3	6	7
10	14	−12+Δ	0		−18	−23	−28		−33		−40		−50	−64	−90	−130	1	2	3	3	7	9
14	18									−39	−45		−60	−77	−108	−150						
18	24	−15+Δ	0		−22	−28	−35		−41	−47	−54	−63	−73	−98	−136	−188	1.5	2	3	4	8	12
24	30							−41	−48	−55	−64	−75	−88	−118	−160	−218						
30	40	−17+Δ	0		−26	−34	−43	−48	−60	−68	−80	−94	−112	−148	−200	−274	1.5	3	4	5	9	14
40	50							−54	−70	−81	−97	−114	−136	−180	−242	−325						
50	65	−20+Δ	0		−32	−41	−53	−66	−87	−102	−122	−144	−172	−226	−300	−405	2	3	5	6	11	16
65	80					−43	−59	−75	−102	−120	−146	−174	−210	−274	−360	−480						
80	100	−23+Δ	0		−37	−51	−71	−91	−124	−146	−178	−214	−258	−335	−445	−585	2	4	5	7	13	19
100	120					−54	−79	−104	−144	−172	−210	−254	−310	−400	−525	−690						
120	140	−27+Δ	0		−43	−63	−92	−122	−170	−202	−248	−300	−365	−470	−620	−800	3	4	6	7	15	23
140	160					−65	−100	−134	−190	−228	−280	−340	−415	−535	−700	−900						
160	180					−68	−108	−146	−210	−252	−310	−380	−465	−600	−780	−1000						
180	200	−31+Δ	0		−50	−77	−122	−166	−236	−284	−350	−425	−520	−670	−880	−1150	3	4	6	9	17	26
200	225					−80	−130	−180	−258	−310	−385	−470	−575	−740	−960	−1250						
225	250					−84	−140	−196	−284	−340	−425	−520	−640	−820	−1050	−1350						
250	280	−34+Δ	0		−56	−94	−158	−218	−315	−385	−475	−580	−710	−920	−1200	−1550	4	4	7	9	20	29
280	315					−98	−170	−240	−350	−425	−525	−650	−790	−1000	−1300	−1700						
315	355	−37+Δ	0		−62	−108	−190	−268	−390	−475	−590	−730	−900	−1150	−1500	−1900	4	5	7	11	21	32
355	400					−114	−208	−294	−435	−530	−660	−820	−1000	−1300	−1650	−2100						
400	450	−40+Δ	0		−68	−126	−232	−330	−490	−595	−740	−920	−1100	−1450	−1850	−2400	5	5	7	13	23	34
450	500					−132	−252	−360	−540	−660	−820	−1000	−1250	−1600	−2100	−2600						

注：1. 公称尺寸≤1 mm 时，不使用基本偏差 A 和 B 及标准公差等级>IT8 的基本偏差 N。

　　2. 特殊情况：对于公称尺寸大于 250~315 mm 的公差带代号 M6，$ES=-9$ μm（计算结果不是−11 μm）。

1）孔的基本偏差 A~H 值。如图 2-27（a）、图 2-29 所示，孔的基本偏差 A~H 值与同名的轴的基本偏差（如孔的基本偏差 G 与轴的基本偏差 g）相对于零线是完全对称的。因而孔和轴同名的基本偏差的绝对值相等，而符号相反，即 $EI = -es$。$\phi50H7/f6$ 与 $\phi50F7/h6$ 称为同名配合，其极限间隙相等，孔的基本偏差 F（$EI = 0.025$ mm）与轴的基本偏差 f（$es = -0.025$ mm）的绝对值相等，符号相反。

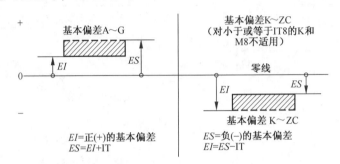

图 2-29　孔的基本偏差和公差带

2）孔的基本偏差 JS 和 J 值。基本偏差 JS 等于标准公差值的一半，既可以是上极限偏差也可以是下极限偏差（两者与零线的距离相等）。

基本偏差 J 只存在于 IT6~IT8 三个标准公差等级中，在同一尺寸段，各级标准公差所对应的基本偏差 J 的值不同。

3）孔的基本偏差 K、M、N 及 P~ZC 值。基本偏差 K、M、N 及 P~ZC 值均与标准公差等级有关。

对于公称尺寸 3~500 mm、标准公差等级小于或等于 IT8 的孔的基本偏差 K、M、N，其基本偏差为一计算式，式中，$\Delta = IT_n - IT_{n-1}$。此时，孔的基本偏差的表达式为

$$ES = ES(计算值) + \Delta \qquad\qquad (2-15)$$

注：ES（计算值）是指表 2-4 所列数值。Δ 值列于表 2-4 的右侧，可根据标准公差等级和公称尺寸查得。

标准公差等级大于 IT8（即 ≥IT9）时，孔的基本偏差 K=0，基本偏差 M、N 就是表中的数值，不需再加 Δ 值。

对于公称尺寸 3~500 mm、标准公差等级小于或等于 IT7 的孔的基本偏差 P~ZC，其值也要在大于 IT7 的标准公差等级所对应的数值上再加上一个 Δ 值，而在标准公差等级大于 IT7 时，基本偏差 P~ZC 就是表中的数值。

例 2-2　确定孔 $\phi130N4$ 的极限偏差和极限尺寸。

解：由表 2-1 查得，在公称尺寸段 120~180 mm 时的标准公差 IT4=12 μm；查表 2-4，在 120~140 mm 尺寸段查得基本偏差为上极限偏差，其值为 $-27+\Delta$，在该表中查得对应 IT4 的 $\Delta=4$ μm，故

基本偏差 $ES = -27 + \Delta = -27 + 4 = -23$ μm；

下极限偏差 EI=基本偏差-标准公差 $= -23-12 = -35$ μm；

极限尺寸：上极限尺寸=130-0.023=129.977 mm；

下极限尺寸=130-0.035=129.965 mm。

在查各公称尺寸段的孔的基本偏差时，要注意查取的孔的基本偏差值是否要加上附加的

Δ 值。Δ 值出现在高精度的孔的基本偏差中，是基于"工艺等价"的考虑。因为在常用尺寸段（≤500 mm）中，高精度的孔比较难加工，为了使配合的孔、轴加工难易程度相当，一般采用某一标准公差等级的孔要与比其更高一级的轴相配。这时，同名的基孔制和基轴制配合（如 H7/p6 和 P7/h6）具有相等的极限间隙或过盈。孔、轴的基本偏差换算示例见电子资源 2-2。

电子资源 2-2：孔、轴的基本偏差换算示例

例 2-3 查表确定 φ25H7/p6、φ25P7/h6 孔与轴的极限偏差，并计算这两个配合的极限间隙或过盈，绘制公差带图。

解： 查表 2-1，孔和轴的标准公差在公称尺寸为 18~30 mm 时，IT7 = 21 μm，IT6 = 13 μm。

查表 2-3 确定轴的基本偏差，基本偏差 p 为下极限偏差 $ei = +22$ μm，基本偏差 h 为上极限偏差 $es = 0$；

查表 2-4 确定孔的基本偏差，基本偏差 H 为下极限偏差 $EI = 0$，基本偏差 P 为上极限偏差 $ES = -22 + \Delta = -22 + 8 = -14$ μm。

计算轴的另一个极限偏差：根据式（2-2）可得 p6 的另一个极限偏差 $es = ei + IT6 = +22 + 13 = +35$ μm，h6 的另一个极限偏差 $ei = es - IT6 = 0 - 13 = -13$ μm；

计算孔的另一个极限偏差：根据式（2-1）可得 H7 的另一个极限偏差 $ES = EI + IT7 = 0 + 21 = +21$ μm，P7 的另一个极限偏差 $EI = ES - IT7 = -14 - 21 = -35$ μm。

这两对配合的极限偏差可分别标注为

$$\phi 25 \frac{H7\binom{+0.021}{0}}{p6\binom{+0.035}{+0.022}}; \quad \phi 25 \frac{P7\binom{-0.014}{-0.035}}{h6\binom{0}{-0.013}}$$

计算极限过盈的方法如下：

对于 φ25H7/p6：$Y_{max} = EI - es = 0 - 0.035 = -0.035$ mm；

$\qquad\qquad Y_{min} = ES - ei = +0.021 - 0.022 = -0.001$ mm。

对于 φ25P7/h6：$Y_{max} = EI - es = -0.035 - 0 = -0.035$ mm；

$\qquad\qquad Y_{min} = ES - ei = -0.014 - (-0.013) = -0.001$ mm。

φ25H7/p6 与 φ25P7/h6 配合的最大过盈和最小过盈相同，两者的配合性质相同，即同名配合的配合性质相同。

本例的公差带图如图 2-30 所示（为了简便起见，没有像图 2-12 简化画法那样绘制斜线）。

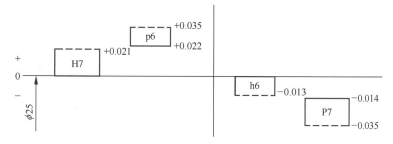

图 2-30 例 2-3 的公差带

2.4 线性尺寸的公差、偏差与配合的选择

线性尺寸公差、偏差与配合的选择属于零件尺寸精度设计的范畴，它是机械产品设计中的主要环节之一，选择得适当与否，不仅关系到机械产品的使用性能、质量、耐久性、可靠性，也对产品的经济性有很大影响。尺寸公差、偏差与配合中最根本的问题是尺寸公差带，由孔、轴的公差带之间的位置关系实现配合性质的要求，由公差带的大小实现配合精度要求。

尺寸公差、偏差与配合的选择就是确定孔、轴的基本偏差和标准公差等级，也就是确定孔、轴的公差带位置和大小，或者说选择孔、轴的公差带。其选择原则可以概括地表达为：用比较经济合理的制造方法来满足机械产品的使用性能要求。选择尺寸公差、偏差与配合，必须兼顾产品的使用性能和制造成本两个方面的要求。

尺寸公差、偏差与配合的选择方法要根据具体情况来定，一般常用的方法有计算法、类比法、试验法等。计算法是根据使用要求，通过用理论公式计算来确定尺寸公差与配合。例如，动压润滑的滑动轴承，其轴颈与轴瓦的配合间隙与承载的最小油膜厚度有关，根据液体润滑理论可以计算其允许的最小间隙。又如，孔、轴之间仅依靠过盈量产生结合力来传递负荷的配合，可根据所传递负荷的大小，按弹、塑性变形理论计算出所需要的最小过盈量。同时，最大过盈是由零件材料的强度来确定的，在最大过盈时所产生的变形不应超过零件强度极限。过盈配合的计算和选择可参考 GB/T 5371—2004《极限与配合 过盈配合的计算和选用》进行。值得注意的是，零件配合有很多的不确定因素，用理论计算的方法不可能把各种实际因素考虑得十分周全，因此设计方案还需要通过试验验证。随着计算机大量应用于机械零件的精度设计和各种功能强大的应用软件的开发研制，用计算法来确定尺寸公差与配合是最为便捷、经济和可靠的。

试验法就是通过试验或统计分析的方法来确定满足产品工作性能所需的间隙量和过盈量，从而选取合适配合的一种方法。试验法比较可靠，但需进行大量的试验，成本高、周期长，因而主要用于对产品性能影响大而又缺乏使用经验的重要的配合。

类比法也称经验类比法，即参考类似或相近的经过实践考验的机器或机构中的配合，再结合自己所设计产品的使用要求和应用条件的实际情况对其进行适当的修正，从而确定配合的方法。类比法是现有生产条件下使用较多、十分简便的方法。它需要设计人员具有丰富的经验并掌握充分的参考资料。

尺寸公差、偏差与配合的选用主要包括基准制、标准公差等级和配合种类三个方面的选择。

■ 2.4.1 孔、轴的公差带选用规定

公称尺寸至 500 mm 时，共有 20 级标准公差和 28 种基本偏差，除轴的基本偏差 j 限用于 4 个标准公差等级和孔的基本偏差 J 限用于 3 个标准公差等级外，标准公差和基本偏差组成的公差带，对于轴有 544 个、对于孔有 543 个。如此庞大的公差带数量虽然能满足广泛的需求，但有些公差带在实际中几乎应用不到（如 a01、g12 等）。最重要的是，同时应用所有的公差带是不经济的。因为这样会使加工零件的定值刀具规格繁多，所以对公差带的选用应加以限

制。GB/T 1800.1—2020、GB/T 1800.2—2020 对公差带的选取做出了规定。

1. 公称尺寸至 500 mm 的孔、轴公差带

公称尺寸至 500 mm 属于常用尺寸段，应用范围较广。考虑各行业的需求，GB/T 1800.2—2020 规定了本尺寸段的 203 种孔公差带（见图 2-31）和 204 种轴公差带（见图 2-32）。

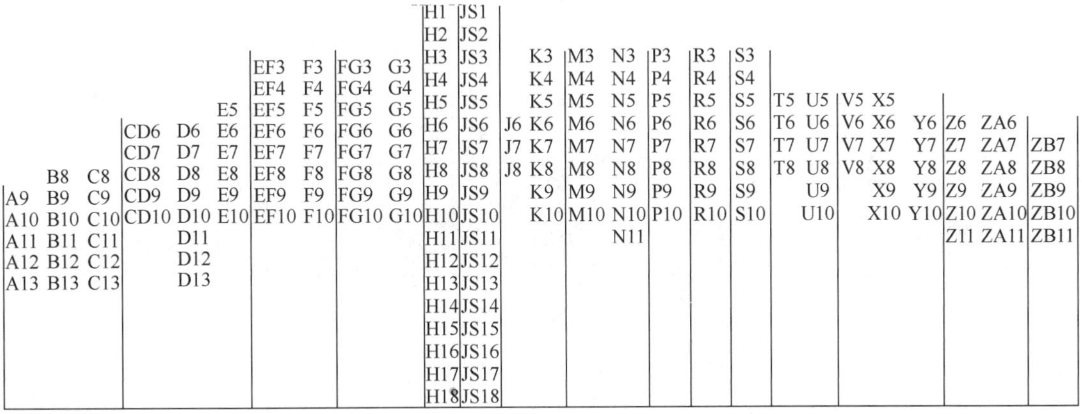

```
                                                     H1  JS1
                                                     H2  JS2
                          EF3  F3  FG3  G3           H3  JS3          K3  M3  N3  P3  R3  S3
                          EF4  F4  FG4  G4           H4  JS4          K4  M4  N4  P4  R4  S4
                   E5     EF5  F5  FG5  G5           H5  JS5          K5  M5  N5  P5  R5  S5    T5  U5    V5  X5
          CD6  D6  E6     EF6  F6  FG6  G6           H6  JS6  J6  K6  M6  N6  P6  R6  S6    T6  U6    V6  X6  Y6    Z6  ZA6
          CD7  D7  E7     EF7  F7  FG7  G7           H7  JS7  J7  K7  M7  N7  P7  R7  S7    T7  U7    V7  X7  Y7    Z7  ZA7  ZB7
  B8  C8  CD8  D8  E8     EF8  F8  FG8  G8           H8  JS8  J8  K8  M8  N8  P8  R8  S8    T8  U8    V8  X8  Y8    Z8  ZA8  ZB8
  B9  C9  CD9  D9  E9     EF9  F9  FG9  G9           H9  JS9      K9  M9  N9  P9  R9  S9             X9  Y9    Z9  ZA9  ZB9
A9  B10 C10 CD10 D10 E10  EF10 F10 FG10 G10          H10 JS10     K10 M10 N10 P10 R10 S10       U10     X10 Y10   Z10 ZA10 ZB10
A10 B11 C11      D11                                 H11 JS11         N11                                          Z11 ZA11 ZB11
A11 B12 C12      D12                                 H12 JS12
A12 B13 C13      D13                                 H13 JS13
A13                                                  H14 JS14
                                                     H15 JS15
                                                     H16 JS16
                                                     H17 JS17
                                                     H18 JS18
```

图 2-31 公称尺寸至 500 mm 的孔公差带代号示意图

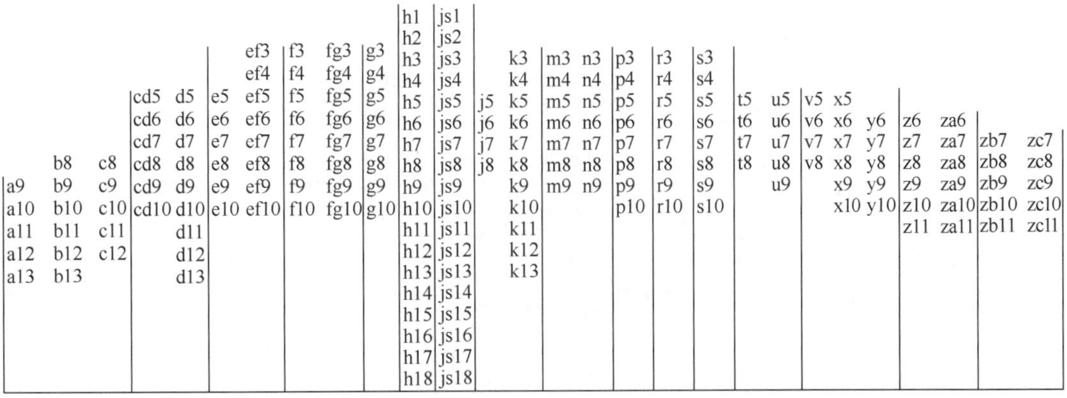

```
                                                     h1  js1
                                                     h2  js2
                          ef3  f3  fg3  g3           h3  js3          m3  n3  p3  r3  s3
                          ef4  f4  fg4  g4           h4  js4      k4  m4  n4  p4  r4  s4
                   cd5 d5 e5  ef5 f5  fg5 g5         h5  js5  j5  k5  m5  n5  p5  r5  s5    t5  u5    v5  x5
                   cd6 d6 e6  ef6 f6  fg6 g6         h6  js6  j6  k6  m6  n6  p6  r6  s6    t6  u6    v6  x6  y6    z6  za6
                   cd7 d7 e7  ef7 f7  fg7 g7         h7  js7  j7  k7  m7  n7  p7  r7  s7    t7  u7    v7  x7  y7    z7  za7  zb7  zc7
  b8  c8      cd8 d8 e8  ef8 f8  fg8 g8              h8  js8  j8  k8  m8  n8  p8  r8  s8    t8  u8    v8  x8  y8    z8  za8  zb8  zc8
  b9  c9      cd9 d9 e9  ef9 f9  fg9 g9              h9  js9      k9  m9  n9  p9  r9  s9        u9    x9  y9    z9  za9  zb9  zc9
a9  b10 c10 cd10 d10 e10 ef10 f10 fg10 g10          h10 js10     k10         p10 r10 s10       x10 y10   z10 za10 zb10 zc10
a10 b11 c11      d11                                 h11 js11     k11                                          z11 za11 zb11 zc11
a12 b12 c12      d12                                 h12 js12     k12
a12 b13          d13                                 h13 js13     k13
a13                                                  h14 js14
                                                     h15 js15
                                                     h16 js16
                                                     h17 js17
                                                     h18 js18
```

图 2-32 公称尺寸至 500 mm 的轴公差带代号示意图

2. 公称尺寸大于 500~3150 mm 的孔、轴公差带

公称尺寸大于 500~3150 mm 属于大尺寸段。大尺寸工件的生产批量和应用范围比常用尺寸段小，因此其公差带比常用尺寸段要少得多。GB/T 1800.2—2020 规定了本尺寸段的 82 种孔公差带（见图 2-33）和 79 种轴公差带（见图 2-34）。对此尺寸段，GB/T 1800.1—2020 没有规定孔的基本偏差 A、B、C、CD、EF、FG、J、V、X、Y、Z、ZA、ZB、ZC 的值，也没有规定轴的基本偏差 a、b、c、cd、ef、fg、j、v、x、y、z、za、zb、zc 的值。

上述孔、轴的公差带的极限偏差可查 GB/T 1800.2—2020 中的相关极限偏差表。

3. 公称尺寸至 18 mm 的孔、轴公差带

GB/T 1803—2003 适用于精密机械和钟表制造业，规定了公称尺寸至 18 mm 的孔、轴公差带，除了包括 GB/T 1800 规定的公差带外，还根据精密机械和钟表制造业的特点增加了一

些孔、轴公差带，以方便使用。在该标准中规定了 154 种孔公差带（见图 2-35）、169 种轴公差带（见图 2-36）。标准中没有规定这些公差带的选用次序，实际选用时可根据生产需要进行选择。

图 2-33　公称尺寸大于 500~3150 mm 的孔公差带代号示意图

图 2-34　公称尺寸大于 500~3150 mm 的轴公差带代号示意图

4. 公差带代号的选取

尽管 GB/T 1800.2—2020 对公差带进行了规定，但其可选性也非常宽。GB/T 1800.1—2020 规定应尽可能从图 2-37 给出的 50 种轴公差带、图 2-38 给出的 45 种孔公差带代号中选取，并应优先选取框中所示的 17 种轴的公差带和 17 种孔的公差带。通过对公差带代号选取的限制，可以避免工具和量具的不必要的多样性。图 2-37、图 2-38 仅适用于不需要对公差带代号进行特定选取的一般性用途。如键槽属于特定用途，需要按照键和花键的国家标准进行特定选取。与向心轴承内圈配合的轴公差带和与外圈配合的轴承座孔公差带按 GB/T 275—2015 选择。

A	B	C	CD	D	E	EF	F	FG	G	H	J	JS	K	M	N	P	R	S	U	V	X	Z	ZA	ZB	ZC
										H1		JS1													
										H2		JS2													
						EF3	F3	FG3	G3	H3		JS3	K3	M3	N3	P3	R3								
						EF4	F4	FG4	G4	H4		JS4	K4	M4	N4	P4	R4								
					E5	EF5	F5	FG5	G5	H5		JS5	K5	M5	N5	P5	R5	S5							
			CD6	D6	E6	EF6	F6	FG6	G6	H6	J6	JS6	K6	M6	N6	P6	R6	S6	U6	V6	X6	Z6			
			CD7	D7	E7	EF7	F7	FG7	G7	H7	J7	JS7	K7	M7	N7	P7	R7	S7	U7	V7	X7	Z7	ZA7	ZB7	ZC7
	B8	C8	CD8	D8	E8	EF8	F8	FG8	G8	H8	J8	JS8	K8	M8	N8	P8	R8	S8	U8	V8	X8	Z8	ZA8	ZB8	ZC8
A9	B9	C9	CD9	D9	E9	EF9	F9	FG9	G9	H9		JS9	K9	M9	N9	P9	R9	S9	U9		X9	Z9	ZA9	ZB9	ZC9
A10	B10	C10	CD10	D10	E10	EF10				H10		JS10			N10										
A11	B11	C11		D11						H11		JS11													
A12	B12	C12								H12		JS12													
										H13		JS13													

图 2-35　尺寸至 18 mm 的孔公差带

a	b	c	cd	d	e	ef	f	fg	g	h	j	js	k	m	n	p	r	s	u	v	x	z	za	zb	zc
										h1		js1													
										h2		js2													
						ef3	f3	fg3	g3	h3		js3	k3	m3	n3	p3	r3								
						ef4	f4	fg4	g4	h4		js4	k4	m4	n4	p4	r4	s4							
		c5	cd5	d5	e5	ef5	f5	fg5	g5	h5	j5	js5	k5	m5	n5	p5	r5	s5	u5	v5	x5	z5			
		c6	cd6	d6	e6	ef6	f6	fg6	g6	h6	j6	js6	k6	m6	n6	p6	r6	s6	u6	v6	x6	z6	za6		
		c7	cd7	d7	e7	ef7	f7	fg7	g7	h7	j7	js7	k7	m7	n7	p7	r7	s7	u7	v7	x7	z7	za7	zb7	zc7
	b8	c8	cd8	d8	e8	ef8	f8	fg8	g8	h8		js8	k8	m8	n8	p8	r8	s8	u8	v8	x8	z8	za8	zb8	zc8
a9	b9	c9	cd9	d9	e9	ef9	f9	fg9	g9	h9		js9	k9	m9	n9	p9	r9	s9	u9		x9	z9	za9	zb9	zc9
a10	b10	c10	cd10	d10	e10	ef10	f10			h10		js10	k10												
a11	b11	c11		d11						h11		js11													
a12	b12	c12								h12		js12													
a13	b13	c13								h13		js13													

图 2-36　尺寸至 18 mm 的轴公差带

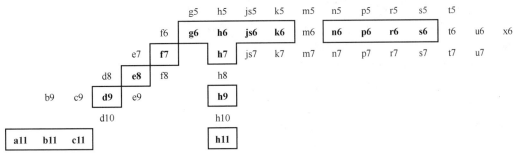

图 2-37　轴的公差带

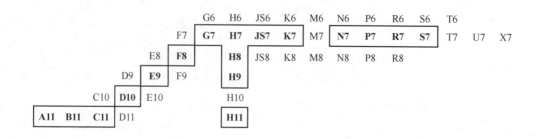

图 2-38 孔的公差带

▌2.4.2 基准制的选择

基准制的选择不涉及精度问题，基孔制、基轴制对于零件的功能没有技术性的差别，因此应基于经济因素选择配合制，一般以不易加工件作为基准，即当孔与轴配合时，如果轴比较容易加工，则选用基孔制。一般情况下优先选用基孔制，可避免工具（如铰刀）和量具（如光滑极限量规）不必要的多样性。基孔制是孔的公差带固定（基本偏差 H，其值为零），通过改变轴的基本偏差来形成各种配合的一种制度。

1. 从工艺性和经济性出发，优先选用基孔制

在常用尺寸段，孔通常用定值刀具（如钻头、铰刀、拉刀等）加工，用极限量规（如塞规）检验。即使孔的公称尺寸和标准公差等级相同，当其基本偏差改变（以获得各种配合）时，极限尺寸也就不同，这就需更换加工刀具和检验的量具。加工轴所用的刀具一般是车刀（或砂轮），同一把车刀（或砂轮）可以加工不同基本偏差（不同尺寸）的轴，所以，从工艺性和经济性考虑，为了减少定值刀具、量具的规格和数量，应优先选用基孔制。

例如，一台机器上有 3 对公称尺寸和标准公差等级相同的孔、轴，要求分别形成间隙、过渡、过盈三种配合。现分别采用基孔制和基轴制来实现配合要求。

（1）采用基孔制时，假设这三种配合分别为 ϕ85H7/f6（间隙配合）、ϕ85H7/k6（过渡配合）、ϕ85H7/r6（过盈配合）。由于这三种配合的孔公差带均为 H7，其极限尺寸相同，所以用同一规格的刀具（如拉刀）即可加工。同时，检验也可用同一规格的量具（如塞规）来检验。而加工 ϕ85f6、ϕ85k6、ϕ85r6 这三种规格的轴也只需同一刀具即可。

（2）采用基轴制时（要求采用基轴制和采用基孔制配合时的配合性质完全相同），这三种配合应该为 ϕ85F7/h6（间隙配合）、ϕ85K7/h6（过渡配合）、ϕ85R7/h6（过盈配合），这三种配合的孔公差带分别为 F7、K7、R7，它们的极限尺寸不同，所以需要三种规格的刀具进行加工，也需用三种规格的量具来检验，而加工轴的刀具相同。相比之下，采用基孔制时所需的定值刀具和量具较少，经济上较为合理。

在大尺寸段时，孔、轴的配合一般也选用基孔制。

2. 在下列情况下，应选用基轴制

基轴制配合仅用于那些可以带来切实经济利益的情况。

（1）当采用具有一定尺寸、形状精度和表面粗糙度的冷拉钢材做轴，其外径不再经切削加工即能满足使用要求时，采用基轴制，在技术上、经济上都是合理的。不经加工直接将冷

拉钢材作为轴使用，在农业、纺织机械中比较常见。

（2）同一轴上不同的部位与孔配合，要求形成不同配合性质关系，当采用基孔制将使装配不易实现时，应采用基轴制。

例如，图 2-39（a）所示为一个滚子链结构示意图，滚子链（也称套筒滚子链）由内链板、外链板、销轴、套筒和滚子组成。销轴和外链板用过盈配合形成固定连接的外链节，套筒和内链板用过盈配合构成内链节。这样内外链节间就构成一个铰链。滚子与套筒、套筒与销轴均用间隙配合形成转动关系，套筒与内链板及滚子的配合是一轴和多孔的配合。若采用基孔制配合，为了达到套筒与内链板及滚子之间的配合要求，即套筒与内链板的过盈配合、与滚子的间隙配合，套筒的外径需做成阶梯状，如图 2-39（b）所示。这样在装配时，滚子要经过套筒的大直径处才能到达工作位置，导致装配工艺不太合理。若采用基轴制配合，则可将套筒的外径做成光轴，如图 2-39（c）所示，这样既方便加工，又利于装配。同样，销轴与外链板和滚筒的配合也是一轴和多孔的配合，应采用以销轴作基准轴的基轴制。

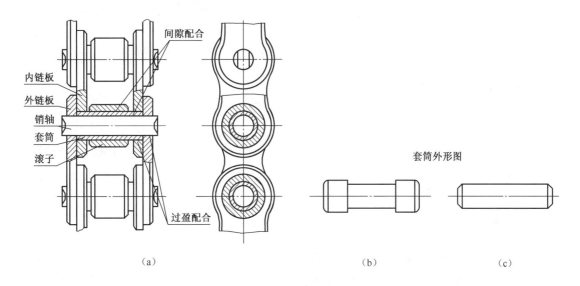

图 2-39　基孔制与基轴制的选择比较

另外，键与轴上的键槽孔和轮毂上的键槽配合，也属于一轴与多孔相配合，平键和半圆键的国家标准 GB/T 1095—2003 及 GB/T 1098—2003 规定采用基轴制。

3. 如果孔比轴容易加工，一般采用基轴制

对于公称尺寸至 18 mm 的孔、轴配合，一般采用基轴制。因为在尺寸较小时，孔用定值刀具加工，容易得到较高的加工精度。而轴的加工相对于孔的加工要困难些，这时一般采用基轴制作为孔、轴配合的基准制。

4. 与标准件配合时，应以标准件为基准件来确定基准制

滚动轴承的外圈与外壳孔相配合时，采用的是以外圈为基准的基轴制配合，轴颈与内圈的配合是以内圈为基准孔的基孔制，通过改变与轴承配合的外壳孔和轴颈的公差带来形成需要的配合。图 2-40 所示为一轴系部件，轴承外圈与外壳孔处的配合只需注出外壳孔的公差带代号 H7。同样，轴承内圈与轴颈处的配合，只需注出轴颈的公差带代号 k6。

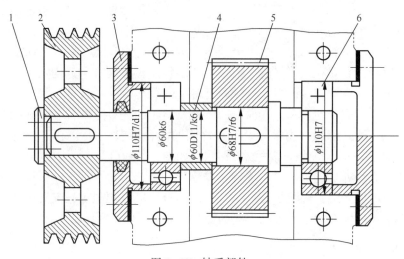

图 2-40　轴系部件

1—轴端挡圈；2—带轮；3—轴承盖；4—套筒；5—齿轮；6—滚动轴承

5. 在特殊需要时可采用非基准制配合

在图 2-40 中，用于轴承内圈和齿轮轴向定位的套筒与轴在径向上的配合取间隙配合即可。由于轴颈处（轴与轴承内圈配合处）公差带是 k6，因而，与套筒配合的轴的公差带也为 k6。套筒与该轴的配合不论采用基孔制或基轴制，均形成过渡配合而不是间隙配合。因此，这时可采用非基准制配合，如 D11/k6。由于同样的原因，轴承外圈定位的轴承盖与箱体孔的配合选为 H7/d11。

2.4.3　孔、轴配合的选用规定

理论上任意一对孔、轴公差带都可以构成配合，但这样将使配合种类十分庞大。在实际工程中，为了减少定值刀、量具和工艺装备的品种及规格，需要简化公差配合的种类。因此对孔、轴公差带相组合形成的配合做了进一步的限制，以使配合的选择比较经济、便捷和集中。

GB/T 1800.1—2020 规定了基孔制配合的优先配合（见表 2-5）45 种、基轴制配合的优先配合（见表 2-6）38 种。对于通常的工程目的，只需要许多可能的配合中的少数配合，表 2-5 和表 2-6 中的配合可满足普通的需要。基于经济因素，如有可能，配合应优先选择框中所示的公差带代号，即 16 种基孔制优先配合和 18 种基轴制优先配合。

1. 公称尺寸至 500 mm 的配合

对这个尺寸段，可以按照 GB/T 1800.1—2020 选择尺寸公差与配合，然后按选择结果进行互换性生产。

在表 2-5 中可以看到，小于或等于 IT7 标准公差等级的轴要与比轴低一个标准公差等级的孔相配合，如 H8/f7，孔是 IT8，轴是 IT7。轴的标准公差等级大于或等于 IT8 时，与之相配合的是同级或低一级的孔。在表 2-6 中，孔的标准公差等级小于 IT8 时，其与高一级的轴相配合；标准公差等级大于 IT8 时，其与同级或高一至二级的轴相配合；标准公差等级等于 IT8 时，一般与高一级的轴相配合，在形成间隙配合时，孔与同级的轴相配合。

表 2-5　基孔制配合的优先配合

基准孔	轴公差带代号 间隙配合							过渡配合				过盈配合					
	b	c	d	e	f	g	h	js	k	m	n	p	r	s	t	u	x
H6						g5	h5	js5	k5	m5	n5	p5					
H7					f6	**g6**	**h6**	**js6**	**k6**	m6	**n6**	**p6**	**r6**	**s6**	t6	u6	x6
H8				e7	**f7**		**h7**	js7	k7	m7				s7		u7	
H9			d8	**e8**	f8		h8										
H9			d8	**e8**	f8		h8										
H10	b9	c9	**d9**	e9			**h9**										
H11	**b11**	**c11**	d10				h10										

表 2-6　基轴制配合的优先配合

基准轴	孔公差带代号 间隙配合							过渡配合				过盈配合					
	B	C	D	E	F	G	H	JS	K	M	N	P	R	S	T	U	X
h5						G6	H6	JS6	K6	M6	N6	P6					
h6					F7	**G7**	**H7**	**JS7**	**K7**	M7	**N7**	**P7**	**R7**	**S7**	T7	U7	X7
h7				E8	**F8**		**H8**										
h8			D9	**E9**	F9		**H9**										
h9				E8	**F8**		**H8**										
h9			D9	**E9**	F9		**H9**										
h9	**B11**	C10	**D10**				H10										

2. 公称尺寸大于 500~3150 mm 的配合

（1）按互换性生产时的配合　采用互换性原则生产时，公称尺寸大于 500~3150 mm 的配合一般采用基孔制配合，配合的孔、轴采用相同的标准公差等级，标准中没有规定该尺寸段的一般、常用配合。大尺寸孔、轴的标准公差等级及配合的选择可参考常用尺寸段孔、轴的选择方法。

（2）单件、小批生产时可采用的配合——配制配合　在大尺寸段，如果是单件小批生产、标准公差等级较高的重要配合零件，根据其制造特点可采用配制配合。

所谓配制配合，是以一个零件的实际尺寸为基数来配制另一个零件的一种工艺措施。其原理是以比在互换性生产时低的公差来加工先加工件，再以先加工件实际尺寸为基准来配制加工另一零件。这样，就在降低加工难度的情况下满足了零件之间的配合要求。采用配制配合生产的零件不具有互换性。在设计配制配合零件时，先按互换性生产选取公差配合。配制的结果应满足在互换性生产中结合件之间配合时的极限间隙或极限过盈要求。详见电子资源 2-3。

电子资源 2-3：配制配合及计算示例

■2.4.4　标准公差等级的选择

选择标准公差等级要遵循在保证零件使用要求的前提下，尽可能地考虑工艺的可能性和经济性的原则。标准公差等级的高低是由不同的工艺措施来实现的，精度提高必然带来产品成本费用的增加。在满足使用要求的前提下，应尽量选用较低的标准公差等级，以利于加工和降低成本。

标准公差等级的选择主要从以下几个方面进行考虑。

1. 轴、孔的标准公差等级应相互适应

根据配合件的使用要求（即配合的松紧程度要求），就可以确定出孔、轴的配合公差 T_f。由式（2-11）可知，配合公差为孔、轴公差之和。因此，选取的孔、轴公差之和 T_h+T_s 应等于或小于计算得到的配合公差。分配孔、轴公差要使孔、轴的标准公差等级相适应，即考虑所谓的工艺等价性。工艺等价性是指孔和轴加工难易程度应大致相同。一般分以下几种情况考虑。

（1）在常用尺寸段，较高标准公差等级（8级或以上）时，孔的加工一般比轴的加工困难，为了使孔、轴的工艺难度相同，一般采用孔比轴低一级的配合，如 H7/f6、H7/s6。

（2）常用尺寸段，较低标准公差等级（8级以下）时，孔、轴加工难易程度相差无几，故推荐孔、轴采用同级配合，如 H9/d9。可参见表 2-5（基孔制优先、常用配合）。

（3）在大尺寸段，孔的测量较轴容易一些，所以，一般采用孔、轴同级配合。

（4）在极小尺寸段（公称尺寸≤3 mm）时，根据工艺的不同，可选孔和轴同级、孔较轴高一级、孔较轴低一级。在钟表业，甚至有孔的标准公差等级较轴的标准公差等级高 2 级或 3 级。

2. 标准公差等级与配合种类相关联

标准公差等级的高低（体现为公差带的宽度大小），将影响配合的稳定性和一致性。

对于过渡和过盈配合，一般不允许其间隙或过盈的变动太大，如果标准公差等级过低，因过盈量引起的变形可能会超过零件材料的强度极限。因此，在过渡或过盈配合中，孔、轴的标准公差等级应有较高的精度。通常，孔可选标准公差≤IT8，轴可选标准公差≤IT7。

对于间隙配合，可允许间隙有较大的变动范围。例如，配合的孔、轴的标准公差等级可以选至 IT11（参见表 2-5、表 2-6 基孔制、基轴制优先配合）。但间隙小的配合，标准公差等级应较高。而在较大的间隙配合中，标准公差等级可以低些。例如，当可选用 H7/g6 和 H11/c11 时，选用 H7/a6 则无实际意义（间隙大而公差带宽度小）。

3. 标准公差等级的高低应与典型零、部件的精度匹配

齿轮是比较常见的传动件。齿轮孔及与齿轮孔相配合的轴，两者的标准公差等级取决于齿轮的精度等级。例如，齿轮的精度等级为 8 级，一般取齿轮孔的标准公差等级为 IT7，与齿轮孔相配合的轴的标准公差等级为 IT6。

滚动轴承与轴颈和轴承座孔配合的标准公差等级与滚动轴承的精度等级有关，P0 级（普通级）的轴承，一般要求轴颈的标准公差等级为 IT6、外壳孔为 IT7。P6 级的轴承，一般要求轴颈的标准公差等级为 IT5、轴承座孔为 IT6。

了解各标准公差等级应用范围及各种加工方法所具有的加工精度对选用孔、轴的标准公差等级是极为有益的，特别是用类比法选择标准公差等级时。表 2-7 所列为各标准公差等级

的应用范围，表 2-8 所列为常用配合尺寸 5~12 级标准公差的应用，表 2-9 所列为各种加工方法的加工精度。

表 2-7　各标准公差等级的应用范围

应　用	标准公差等级																			
	01	0	1	2	3	4	5	6	7	8	9	10	11	12	13	14	15	16	17	18
量块	■	■	■																	
量规		■	■	■	■	■	■	■	■											
配合尺寸			■	■	■	■	■	■	■	■	■	■	■	■	■					
特别精密零件的配合				■	■	■	■	■												
非配合尺寸（大制造公差）										■	■	■	■	■	■	■	■	■		
原材料公差										■	■	■	■	■	■	■				

表 2-8　常用配合尺寸 5~12 级标准公差的应用

标准公差等级	应　用
5 级	主要应用在配合公差、形状公差要求甚小的场合，它的配合性质稳定，一般在机床、发动机、仪表等重要部位应用。如与 5 级滚动轴承配合的箱体孔；与 6 级滚动轴承配合的机床主轴、机床尾座与套筒、精密机械及高速机械中轴径、精密丝杠轴径等
6 级	配合能达到较高的均匀性，如与 6 级滚动轴承相配合的孔、轴径；与齿轮、蜗轮、联轴器、带轮、凸轮等连接的轴径，机床丝杠轴径；摇臂钻床立柱；机床夹具中导向件外径尺寸；6 级精度齿轮的基准孔，7、8 级精度的齿轮基准轴径
7 级	7 级精度比 6 级略低，应用条件和 6 级基本相似，在一般机械制造中应用较为普遍。如联轴器、带轮、凸轮等的孔径；机床夹盘座孔；夹具中固定钻套，可换钻套；7、8 级齿轮基准孔，9、10 级齿轮基准轴
8 级	在机器制造中属于中等精度。如轴承座衬套沿宽度方向尺寸，9~12 级齿轮基准孔；11、12 级齿轮基准轴
9、10 级	主要适用于机械制造中轴套外径与孔，操纵件与轴，空轴带轮与轴，单键和花键
11、12 级	配合精度很低，装配后可能产生很大间隙，适用于没有配合要求的场合。如机床上法兰盘与止口，滑块与滑移齿轮，加工中工序间的尺寸，冲压加工的配合件，机床制造中的扳手孔与扳手座的连接部位

表 2-9　各种加工方法的加工精度

加工方法	标准公差等级																	
	01	0	1	2	3	4	5	6	7	8	9	10	11	12	13	14	15	16
研磨	■	■	■	■	■	■	■											
珩						■	■	■										
圆磨							■	■	■	■								
平磨							■	■	■	■								
金刚石车							■	■	■									
金刚石镗							■	■	■									
拉削							■	■	■	■								
铰孔								■	■	■	■							

续表

加工方法	标准公差等级																
	01	0	1	2	3	4	5	6	7	8	9	10	11	12	13	14	15	16
车									━	━	━	━						
镗									━	━	━	━						
铣										━	━	━						
刨、插												━	━					
钻孔												━	━	━				
滚压、挤压												━	━					
冲压												━	━	━				
压铸													━	━	━			
粉末冶金成型								━	━	━								
粉末冶金烧结									━	━	━							
砂型铸造、气割																	━	━
锻造																━	━	

▌2.4.5　配合的选择

选择配合就是确定配合件间的相互关系，以保证机器能有规定的工作能力。所以，应根据机器的使用要求和工作条件来选择配合。

1. 根据工作要求确定配合类别

孔、轴的配合有间隙、过渡、过盈三种形式。选择配合的主要依据是使用要求和工作条件。

1）若工作时配合件之间有相对运动，选用间隙配合。相对速度越大，间隙应越大。若单位压力大，则间隙要小。

2）若配合件工作时无相对运动，且有定心要求或便于装拆要求，应选用过渡配合。定心要求不高时，也可以用基孔制的小间隙配合。采用过渡配合时，增加键或销也可用于传递运动或载荷。

3）装配后需要靠过盈来传递载荷的，应当选用过盈配合，传动力大，过盈量要大。

在用类比法选择孔、轴的基本偏差代号时可参考表 2-10 中的应用实例，在选择配合时尽量用 GB/T 1800.2—2020 规定的优先配合；如果用优先配合满足不了要求，再选用常用配合。表 2-11 所列为采用优先配合的应用说明。

表 2-10　各种基本偏差的应用实例

配合	基本偏差	各种基本偏差的特点及应用实例
间隙配合	a（A），b（B）	可得到特别大的间隙，很少采用。主要用于工作室温度高、热变形大的零件的配合，内燃机中铝活塞与气缸钢套孔的配合为 H9/a9。图示是矩形花键轴、孔的配合，花键大径配合采用 H10/a11

续表

配合	基本偏差	各种基本偏差的特点及应用实例
间隙配合	a（A），b（B）	6×23H7/f7×26H10/a11×6H11/d11
	c（C）	可得到很大的间隙。一般用于工作条件较差（如农业机械）、工作时受力变形大及装配工艺性不好的零件的配合。推荐配合为 H11/c11。也适用于缓慢、松弛的动配合和高温工作的间隙配合，如内燃机排气阀杆与导管的配合为 H8/c7
	d（D）	与 IT7~IT11 对应，适用于较松的间隙配合（如滑轮、活塞的带轮与轴的配合），以及大尺寸滑动轴承与轴颈的配合（如涡轮机、球磨机等的滑动轴承）。活塞环与活塞环槽的配合可用 H9/d9
	e（E）	与 IT6~IT8 对应，具有明显的间隙，用于大跨距及多支点的转轴轴径与轴承的配合，以及高速、重载的大尺寸轴颈与轴承的配合，如大型电动机、内燃机的曲轴轴承处的配合为 H6/e7 曲轴轴承

配合	基本偏差	各种基本偏差的特点及应用实例
间隙配合	f（F）	多与 IT7~IT11 对应，用于一般的转轴的配合，受温度影响不大、采用普通润滑油的轴颈与滑动轴承的配合，如齿轮箱、小电动机、泵等的转轴轴颈与滑动轴承的配合。图示凸轮机构滚子从动件与销轴的配合为 H7/f6 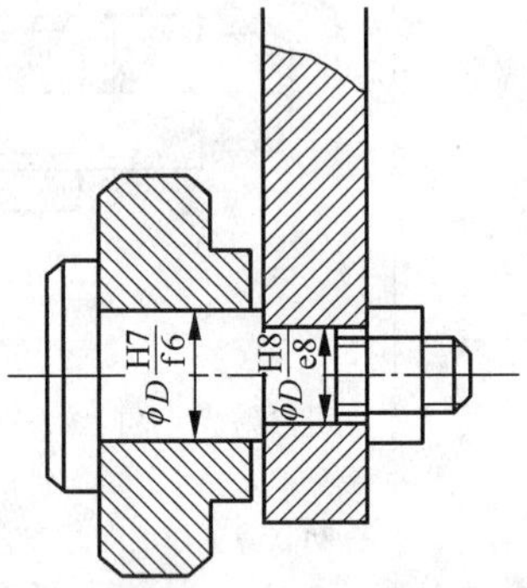
	g（G）	多与 IT5~IT7 对应，形成配合的间隙较小，用于轻载精密装置中的转动配合，用于插销的定位配合，润滑、连杆销、钻套导孔等处的配合。图示百分表的测头与铜套的配合采用 H7/g6 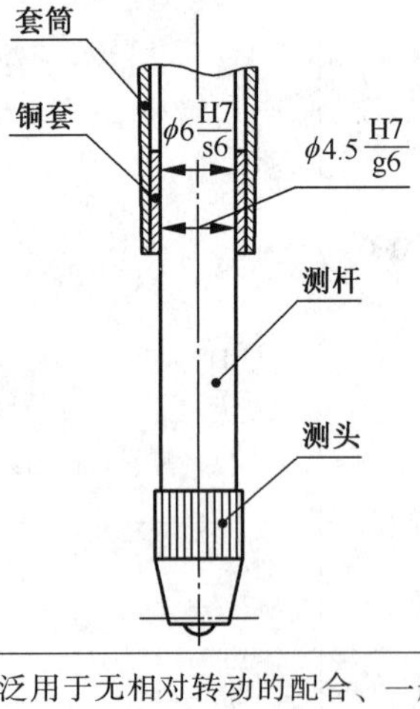
	h（H）	多与 IT4~IT11 对应，广泛用于无相对转动的配合、一般的定位配合。若没有温度、变形的影响，也可用于精密轴向移动部位，图示车床尾座导向孔与滑动套筒的配合为 H6/h5 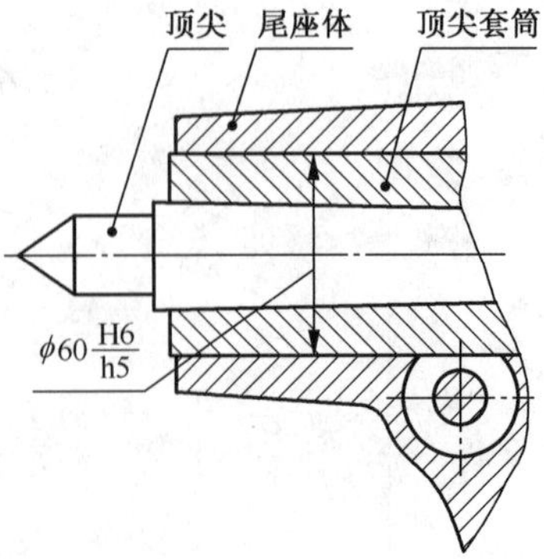

配合	基本偏差	各种基本偏差的特点及应用实例
过渡配合	js（JS）	多用于 IT4~IT7 具有平均间隙的过渡配合，用于略有过盈的定位配合，如联轴器、齿圈与轮毂的配合、滚动轴承外圈与外壳孔的配合等。一般用手或木槌装配。图示是凸轮尖顶从动件的推杆和尖顶的配合 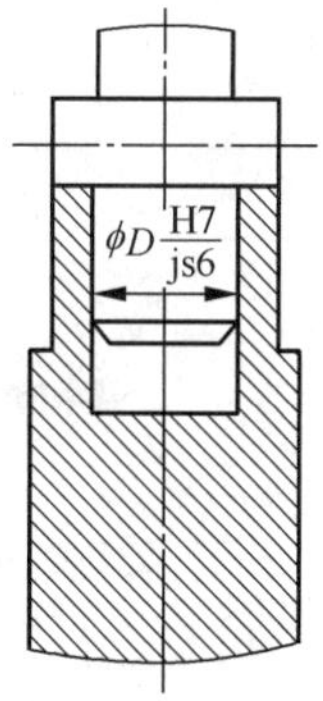
	k（K）	多用于 IT4~IT7 平均间隙接近于零的配合，推荐用于稍有过盈的定位配合，如滚动轴承的内、外圈分别与轴颈、外壳孔的配合。一般用木槌装配。图示的中心齿轮与轴套、齿轮轴与轴套的配合采用 H7/k6 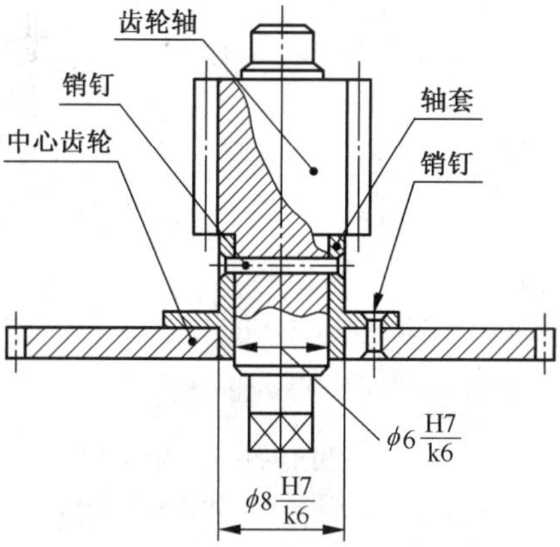
	m（M）	多用于 IT4~IT7 平均过盈较小的配合，用于精密的定位配合，如涡轮的青铜轮缘与轮毂的配合等。图示的 V 形块与夹具体配合采用 H7/m6 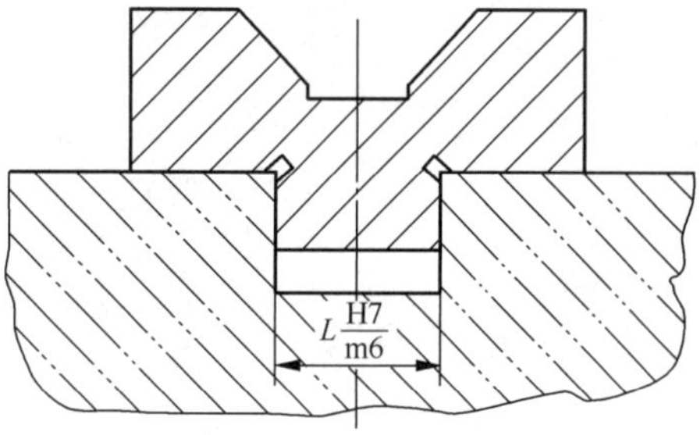

配合	基本偏差	各种基本偏差的特点及应用实例
过渡配合	n（N）	多用于 IT4~IT7 平均过盈较大的配合，很少形成间隙。加键时能形成传递较大转矩的配合，如压力机上齿轮的孔与轴的配合。用槌子或压力机装配。图示是夹具中的固定支承钉与夹具体的配合 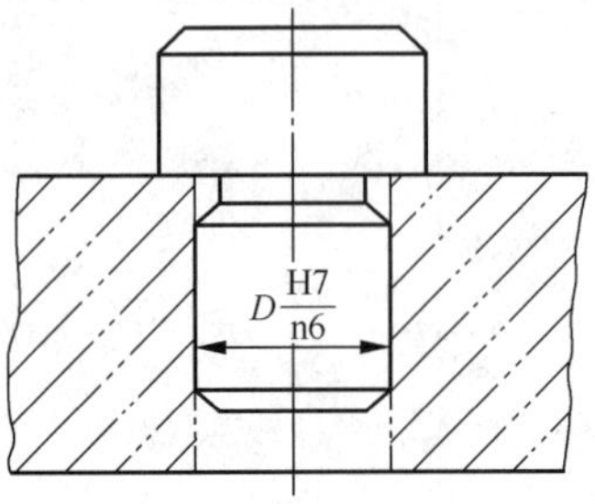
过盈配合	p（P）	多用于过盈小的配合。与 H6 或 H7 孔形成过盈配合，而与 H8 孔形成过渡配合。碳素钢和铸铁零件形成的配合为标准压入配合，如卷扬机绳轮的轮毂与齿圈的配合为 H7/p6 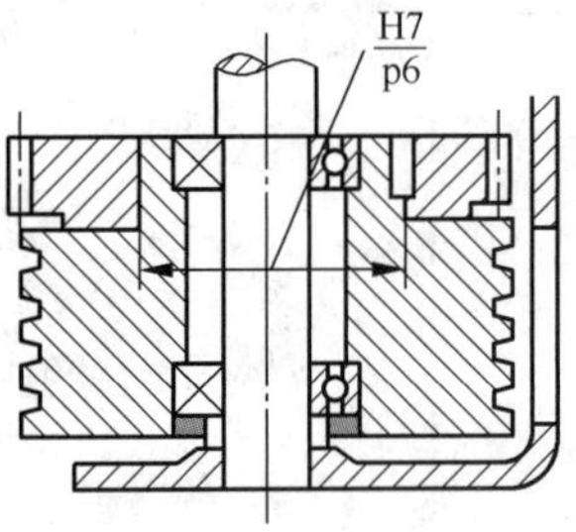
	r（R）	用于传递大转矩或受冲击负荷而需要加键的配合，如涡轮孔与轴的配合为 H7/r6。必须注意，H8/r8 配合在公称尺寸<100 mm 时，为过渡配合 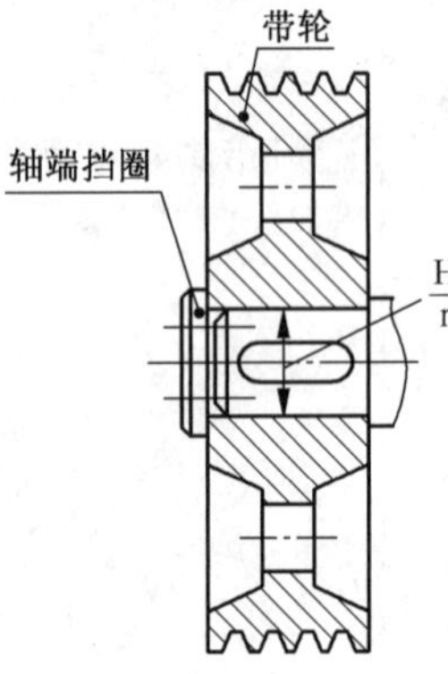

配合	基本偏差	各种基本偏差的特点及应用实例
过盈配合	s（S）	用于钢和铸铁零件的永久性和半永久性结合，可产生相当大的结合力，如套环压在轴、阀座上用 H7/s6 配合 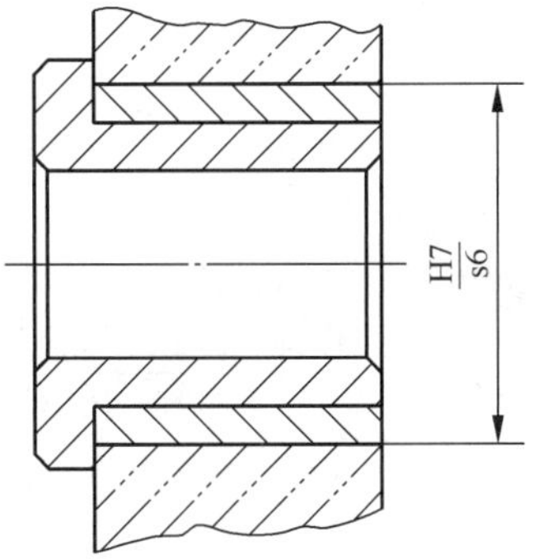
	t（T）	用于钢和铸铁零件的永久性结合，不用键就能传递转矩，需用热套法或冷轴法装配，如联轴器与轴的配合为 H7/t6
	u（U）	用于过盈大的配合，最大过盈需验算，用热套法进行装配，如火车车轮轮毂孔与轴的配合为 H6/u5，图示的带轮部件的主动锥齿轮孔与轴的配合采用 H7/u6 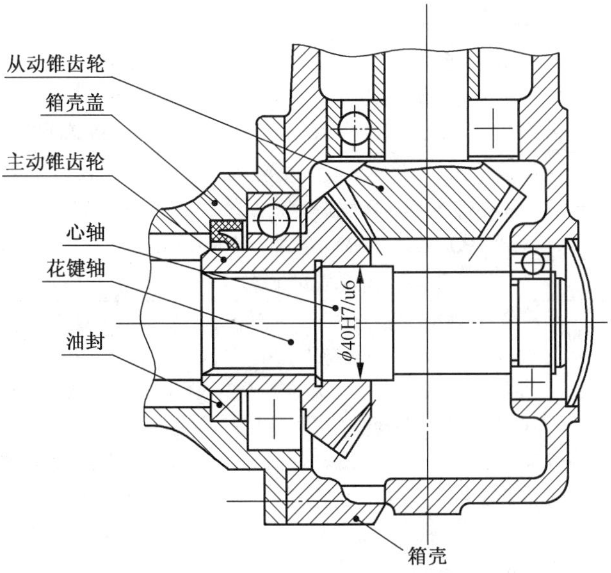
	v（V），x（X）y（Y），z（Z）	用于过盈特大的配合，目前使用的经验和资料很少，须经试验后才能应用

表 2-11   优先配合的应用说明

基孔制	基轴制	特性及说明
$\dfrac{H11}{c11}$		配合间隙非常大，液体摩擦较差，易产生紊流的配合。多用于很松的、转速较低的配合及大间隙、大公差的外露组件和要求装配方便的很松的配合。如安全阀杆与套筒、农业机械和铁道车辆的轴与轴承等的配合
	$\dfrac{D9}{h9}$	间隙很大的灵活转动配合，液体摩擦情况尚好。用于精度要求不高，或者有大的温度变化、高速或大的轴颈压力等情况下的转动配合。如一般通用机械中的滑键连接、空压机活塞与压杆、滑动轴承及较松的带轮的轴与孔的配合
$\dfrac{H8}{f7}$	$\dfrac{F8}{h7}$	具有中等间隙，带层流，液体摩擦良好的转动配合，对于精度要求一般，中等转速和中等轴颈压力的传动，也可用于易于装配的长轴或多支承的中等精度的定位配合。如机床中轴向移动的齿轮与轴、涡轮或变速箱轴承端盖与孔、离合器活动爪与轴、手表中秒轮轴与中心管、水工机械中轴与衬套等的配合
$\dfrac{H7}{g6}$	$\dfrac{G7}{h6}$	配合间隙很小，应用于有一定的相对运动，不要求自由转动，但要求精密定位的配合，也可用于转动精度高，但转速不高，以及转动时有冲击，但要求有一定的同轴度或精密性的配合。如机床的主轴与轴承、机床的传动齿轮与轴、中等精度分度头主轴与轴套、矩形花键的定心直径、可换钻套与钻模板、拖拉机连杆衬套与曲轴、压缩机十字头销与连杆衬套等的配合
$\dfrac{H7}{h6}$	$\dfrac{H7}{h6}$	具有较小的间隙，最小间隙为零的间隙定位配合，能较好地对准中心，常用于经常拆卸，或者在调整时需要移动或转动的连接处。工作时缓慢移动，同时要求较高的导向精度。如机床变速箱中的滑移齿轮与轴、离合器与轴、钻床横臂与立柱、往复运动的精确导向的压缩机连杆与十字头、橡胶滚筒密封轴上滚动轴承座与筒体等的配合
$\dfrac{H8}{h7}$	$\dfrac{H8}{h7}$	间隙极小的配合（最小间隙为零），常用于有较高的导向精度，零件间滑移速度很慢的配合；若结合表面较长，其形状误差较大，或者在变荷载时，为防止冲击及倾斜，可用 H8/h7 代替 H7/h6。如柱塞燃油泵的调节器壳体与定位衬套、立式电动机与机座、一般电动机与轴承、缝纫机大皮带与曲轴等的配合
$\dfrac{H9}{h9}$	$\dfrac{H9}{h9}$	最小间隙为零的间隙定位配合，零件可自由装卸，传递转矩时可加辅助的键、销，工作时相对静止不动，对同心度要求比较低。如齿轮与轴、带轮与轴、离心器与轴、滑块与导向轴、剖分式滑动轴承与轴瓦、安全联轴器销钉与套、电动机座上口与端盖等的配合
$\dfrac{H7}{k6}$	$\dfrac{K7}{h6}$	属精密定位配合，是被最广泛采用的一种过渡配合，得到过盈的概率为 41.7%~45%，当公称尺寸至 3 mm 时，得到过盈的概率为 37.5%，用锤子轻即可装卸，拆卸方便，同轴度精度相当高，用于冲击荷载不大的地方，当转矩和冲击较大时应加辅助紧固件。如机床中不滑动的齿轮与轴、中型电动机轴与联轴器或带轮、减速器涡轮与轴以及精密仪器、航空仪表中滚动轴承与轴等的配合
$\dfrac{H7}{n6}$	$\dfrac{N7}{h6}$	允许有较大过盈的高精度定位配合，基本上为过盈，个别情况下才有小间隙，得到过盈的概率为 77.7%~82.4%，公称尺寸至 3mm 时 H7/n6 的过盈概率为 62.5%，N7/h6 的过盈概率为 87.5%，平均过盈比 H7/m6、M7/h6 要大，比 H8/n7、N8/h7 也大。当承受很大的扭矩，振动及冲击荷载时，要加辅助紧固件，同轴度高，具有优良的紧密配合性，拆卸困难，多用于装配后不再拆卸的部位。如爪形离合器与轴、链轮轮缘与轮心、破碎机等振动机械中的齿轮与轴、柴油机泵座与泵缸、压缩机连杆衬套与曲轴衬套、电动机转子内径与支架等的配合
$\dfrac{H7}{p6}$	$\dfrac{P7}{h6}$	过盈定位配合，公称尺寸至 3 mm 时为过渡配合，得到过盈的概率为 75%，相对平均过盈为 0.013%~0.2%，相对最小过盈小于 0.043%，是过盈最小的过盈配合，用于定位精度要求严格，以高的定位精度达到部件的刚性及对中要求，而对内孔承受压力无特殊要求，不依靠过盈量传递摩擦负载的配合，当传递转矩时，则需要增加辅助紧固件。是轻型压入配合，采用压力机压入装配，适用于不拆卸的轻型静连接、变形较小、精度较高的部位。如冲击振动、重载荷的齿轮与轴、压缩机十字头销轴与连杆衬套、凸轮孔与凸轮轴、轴与轴承孔的配合

基孔制	基轴制	特性及说明
$\dfrac{H7}{s6}$	$\dfrac{S7}{h6}$	中型压入配合中较松的一种过盈配合，公称尺寸大于 10mm 时，相对平均过盈为 0.04% ~ 0.075%，适用于一般钢件，或者用于薄壁件的冷缩配合，用于铸件时能得到较紧的配合；用于不加紧固件的固定连接，过盈变化也比较小，因此适用于结合精度要求比较高的场合，且应用极为广泛。如空气钻外壳盖与套筒、柴油机气门导管与气缸盖，燃油泵壳体与销轴等的配合

2. 确定非基准件的基本偏差

确定配合的类别后，最重要的是确定配合的间隙或过盈量。当基准制和标准公差等级确定后，具体的间隙或过盈量的确定问题也就是选择非基准件的基本偏差代号的问题。在基孔制配合中，对于间隙配合，其最小间隙等于轴的基本偏差 es 的绝对值；对于过盈配合，在确定了基准孔的标准公差等级后，按要求的最小过盈来确定轴的基本偏差 ei，对于过渡配合，在确定了基准孔的标准公差等级后，可由最大间隙量确定轴的基本偏差 ei。在采用基孔制、基轴制形成各种配合时，轴或孔的基本偏差与标准公差值和极限间隙或过盈的关系如表 2-12 所列。

表 2-12　基孔（或基轴）制配合时，轴或孔的基本偏差与标准公差值和极限间隙或过盈的关系

基准制	配合性质	基本偏差	计算公式
基孔制	间隙配合	es	$es = -X_{min}$
	过渡配合	ei	$ei = T_h - X_{max}$
	过盈配合	ei	$ei = T_h + \lvert Y_{min} \rvert$
基轴制	间隙配合	EI	$EI = X_{min}$
	过渡配合	ES	$ES = X_{max} - T_s$
	过盈配合	ES	$ES = Y_{min} - T_s$

应注意的是，在基准制已定的情况下，配合性质在大多数情况下仅与基本偏差有关，但有时还与标准公差等级和公称尺寸有关。例如，基孔制配合，当基本偏差 n、标准公差等级为 IT5 的轴，与标准公差等级为 IT6 的基准孔配合时，是过盈配合；当基本偏差 n、标准公差等级为 IT6 的轴，与 IT7 的基准孔配合时，是过渡配合。例如，H8/r7 在公称尺寸 ≤100 mm 时，是过渡配合；在公称尺寸 >100 mm 时，是过盈配合。尺寸公差、偏差与配合选择的更多示例见电子资源 2-4。

电子资源 2-4：尺寸公差、偏差与配合选择示例

2.4.6　在选择配合时应注意的问题

一般的设计手册上给出的设计示例，适合于一般生产条件和使用条件。除了相配合零件的尺寸及其公差外，还有很多特征可影响配合的功能，如相配合零件的形状、方向和位置偏差，表面结构，材料密度，工作温度，热处理和材料等。在实际工作中，公差、偏差与配合的选择要考虑这些影响，并根据配合件的具体使用场合、加工规模、生产工艺等因素进行对比分析并作出必要的修正。

1. 孔、轴的工作环境温度对配合的影响

图样上尺寸公差、偏差与配合的标注是以标准温度 20℃ 时工件的状态为准，检验结果也应以 20℃ 的为准。

实际工作温度低于或高于 20 ℃ 时，由热变形引起的间隙或过盈变化量可用下式估算：

$$\Delta = D[\alpha_h(t_h - 20°) - \alpha_s(t_s - 20°)] \tag{2-16}$$

式中，D 为配合件的公称尺寸，单位为 mm；α_h、α_s 分别为孔、轴材料线膨胀系数，单位为 ℃$^{-1}$；t_h、t_s 分别为孔、轴实际工作温度，单位为 ℃。

下面以活塞与缸套的配合为例来说明工作温度对配合的影响。

例 2-4 活塞与缸套工作时的温度要比装配时的温度高很多，所以必须考虑工作温度对配合的影响。活塞与缸体孔在工作时要求配合间隙为 0.122~0.30 mm。已知活塞与缸体的公称尺寸 $D = 100$ mm，活塞采用铝合金，线膨胀系数 $\alpha_s = 23×10^{-6}$℃$^{-1}$，工作温度 $t_s = 180$℃，缸体采用钢质材料，其线膨胀系数 $\alpha_h = 12×10^{-6}$℃$^{-1}$，工作温度 $t_h = 110$℃，装配温度为 20℃，试设计此配合。

解：

（1）根据式（2-16）求出由于工作温度与装配温度不一致导致的间隙变动量

$\Delta = D[\alpha_h(t_h - 20°) - \alpha_s(t_s - 20°)]$

$= 100 × [12 × 10^{-6} × (110 - 20) - 23 × 10^{-6} × (180 - 20)] = -0.26$ mm

即由于热变形导致工作状态下的配合间隙将比装配时减小 0.26 mm。

（2）确定装配间隙 在装配时应考虑工作时的热变形使间隙减小的影响，所以装配间隙应为

$X_{max} = 0.30 + 0.26 = +0.56$ mm，$X_{min} = 0.122 + 0.26 = +0.382$ mm

这样才能保证所需的工作间隙。

（3）选择基准制 因为没有特殊情况和要求，所以选基孔制，$EI = 0$。

（4）确定孔、轴的标准公差等级 根据式（2-12），有 $T_f = X_{max} - X_{min} = +0.56 - 0.382 = 0.178$ mm。

因为 $T_f = T_h + T_s$，试取 $T_h = T_s = T_f/2 = 0.089$ mm，反查表 2-1 可知，IT9 的公差值与之比较接近，取 $T_h = T_s = 0.087$ mm。

（5）确定非基准件（轴）的基本偏差代号和孔、轴的极限偏差值 由表 2-12 可知，$es = -X_{min} = -0.382$ mm；查表 2-3 可知，基本偏差 a 的 $es = -0.382$ mm，与之相近。因此，选用轴的公差带为 $\phi 100a9$。根据式（2-2）求轴的另一极限偏差 ei，即

$$ei = es - T_s = -0.380 - 0.087 = -0.467 \text{ mm}$$

因为采用基孔制，所以 $EI = 0$，根据式（2-1）可得孔的另一偏差 ES，$ES = EI + T_h = +0.087$ mm。

（6）校核 该孔、轴配合代号：

$$\phi 100 \frac{\text{H9}\binom{+0.087}{0}}{\text{a9}\binom{-0.380}{-0.467}}$$

$$X_{max} = ES - ei = +0.087 - (-0.467) = +0.554 \text{ mm},$$

$$X_{min} = EI - es = 0 - (-0.380) = +0.380 \text{ mm}$$

最小间隙 X_{min} 比要求的最小间隙 0.382mm 小 0.002mm。考虑到大批量生产时零件尺寸分

布的随机分布特点，可以忽略这个差异，故可认为满足要求。

2. 装配变形的影响

当轴与箱体孔间有相对运动要求时，因相对运动带来的箱体孔、轴的快速磨损可能使两者间的配合失效，降低产品使用寿命，考虑到箱体的成本比较高，往往在箱体孔和轴之间加一个轴套（生产成本比箱体低得多），当轴套磨损到极限时可以更换轴套。因此，轴在轴套中转动，两者为间隙配合。套筒与箱体孔的配合取过渡配合（有较小过盈的过渡配合）。由于套筒是薄壁件，将其装入箱体孔后，套筒内径会收缩，使配合间隙减小。在选用配合时要考虑装配变形对配合的影响。对此，可以先将套筒装入箱体孔内，再加工套筒内孔，也可以适当加大套筒内径来消除装配变形使尺寸减小而对配合的松紧程度造成的影响。

3. 加工方式与尺寸分布特性的影响

在大批量生产时，多用"调整法"加工，即按加工件的上、下极限尺寸的平均值调刀，加工出的尺寸变动范围接近正态分布。在单件小批生产时，多用"试切法"加工，孔的尺寸通常靠近下极限尺寸，轴的尺寸通常靠近上极限尺寸，即孔的尺寸偏小、轴的尺寸偏大。

设计手册上的配合示例一般是在大批量生产时的数据，在选择配合时要注意不同的生产方式对配合的影响。按"试切法"加工的零件的配合往往比用"调整法"加工的配合紧些。

4. 按类比法选择配合时，要结合实际情况对类比对象进行修正

各种机器的应用场合、加工批量、材料的许用应力、负荷的大小和特性、装配条件及温度都会有或多或少的差异。因此，在对照实例选取配合时，应根据所设计的机器的具体情况对间隙或过盈量进行适当的修正（见表 2-13）。

表 2-13　用类比法选择配合时对间隙或过盈量的修正

差异情况	过盈量	间隙量	差异情况	过盈量	间隙量
材料许用应力小	减小	—	配合长度较长	减小	增大
经常拆卸	减小	—	旋转速度高	增大	减小
有冲击负荷	增大	减小	有轴向运动	—	增大
工作时，配合件的工作温度有差异（轴温高于孔温）	减小	增大	单件、小批生产	减小	增大
工作时，配合件的工作温度有差异（孔温高于轴温）	增大	减小	装配精度高	减小	减小
配合面几何误差大	减小	增大	装配时可能有歪斜	减小	增大
表面粗糙度值大	增大	减小	润滑油黏度大	—	增大

例 2-5　有一公称尺寸为 $\phi 35$ mm 的孔、轴配合，要求配合最大间隙为 +0.010 mm，最大过盈为 -0.035 mm，试确定孔、轴的标准公差等级和配合种类。

解：

（1）选择基准制

因没有特殊情况和要求，选用基孔制配合。

（2）标准公差等级的确定

根据式（2-14），配合公差 $T_f = X_{max} - Y_{max} = +0.010 - (-0.035) = 0.045$ mm。

又因为 $T_f = T_h + T_s = 0.045$ mm，孔、轴在标准公差等级较高时，取孔比轴低一级，查

表 2-1，初取：IT6 = 0.016 mm，IT7 = 0.025 mm；两者之和小于并接近配合公差 T_f，所以取孔的标准公差等级为 IT7，轴为 IT6。

（3）确定配合

该配合是过渡配合，采用基孔制时，轴的基本偏差是下极限偏差。由表 2-12 可知在过渡配合时：$ei = T_h - X_{max}$，所以 $ei = T_h - X_{max} = 0.025 - 0.010 = +0.015$ mm。

查表 2-3，轴的基本偏差代号为 n，其下极限偏差 $ei = +0.017$ mm，与上面所需的轴的基本偏差最为接近。则取轴的公差带为 $\phi35n6$。

根据式（2-2），轴的另一极限偏差 $es = ei + T_s = +0.017 + 0.016 = +0.033$ mm。孔的公差带为 H7，$EI = 0$（基准孔），根据式（2-1）可得 $ES = EI + T_h = +0.025$ mm。

孔、轴的配合为 $\phi35H7/n6$，根据式（2-3）、（2-5）可计算出该配合的最大间隙、最大过盈：$X_{max} = ES - ei = +0.025 - 0.017 = +0.008$ mm，$Y_{max} = EI - es = 0 - 0.033 = -0.033$ mm。满足要求。

例 2-6 图 2-41 所示为卧式柱塞泵装配图。试确定柱塞泵主要配合处的配合。

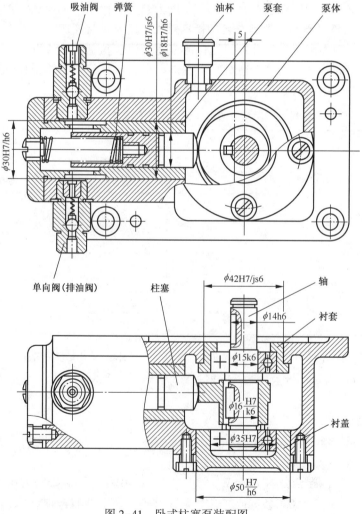

图 2-41 卧式柱塞泵装配图

　　解：柱塞泵是一种供油装置，常用于机器的润滑系统中。它依靠凸轮旋转使柱塞做往复运动（柱塞由弹簧压紧到凸轮上），使泵腔的容积和压力不断改变，将润滑油吸入泵腔并排到润滑系统中。凸轮的偏心距尺寸（5 mm）决定了柱塞往复的距离。当凸轮轴旋转，柱塞在压缩弹簧的作用力下向右移动时，泵腔的容积逐步增大，而压力逐步减少，润滑油在受外界大气压的作用下，推开上方单向阀（吸油阀）的球体而进入泵腔中。当凸轮轴继续旋转时，柱塞在凸轮作用下，克服弹簧压力往左移动，上方单向阀中的球体在弹簧作用下，关紧阀门，此时，泵腔容积逐步减小，压力逐步增大，润滑油经下方单向阀排出。

　　柱塞泵属一般机械，取泵件的公差为在一般机械制造中常用的较高标准公差等级 IT7（孔）和 IT6（轴）。

　　（1）选轴承处的配合　滚动轴承外圈与泵体、泵盖孔的配合按规定选基轴制。由于负荷不大，故泵体孔和泵盖孔的公差带可为 $\phi35H7$（只标出一处）。滚动轴承内圈与轴的配合按规定选基孔制，内圈工作时旋转，受循环负荷，轴颈的公差带确定为 $\phi15k6$。

　　（2）选衬套、衬盖与泵体的配合　衬套与泵体 $\phi42$ 孔的配合有定位要求，为保证与泵体孔的同心要求，选用 $\phi42H7/js6$ 的配合。衬套与泵体孔的配合也为定位配合，和衬套与泵体 $\phi42$ 孔的配合相似，也不允许间隙过大而使两配合件间有明显的偏心，但结合面稍长，且用螺钉连接，因此选用 $\phi50H7/h6$。

　　（3）选柱塞与泵套、泵套与泵体的配合　柱塞与泵套有相对移动，应采用间隙配合，但间隙不能过大，以免泄油，所以选用最小间隙为零的 $\phi18H7/h6$ 配合。泵套外径 $\phi30$ 与泵体的配合为定位配合，为保证两者的同轴度，选 $\phi30H7/js6$ 配合。

　　【例 2-7】　试选取图 2-1 中从动轴系各零部件的配合，并说明理由。

　　解：从动轴的零件图如图 2-2 所示。从图 2-1 可知，与该从动轴配合的零件有两端的圆锥滚子轴承、齿轮、键、轴套等。

　　（1）箱体孔 $\phi100$ 的公差带选用 H7。圆锥滚子轴承的内圈和轴颈 $\phi45$ 形成配合，外圈与箱体孔 $\phi100$ 形成配合。对于一级减速器而言，轴承的精度一般选普通级（0 级），相应的箱体孔的公差等级选用 IT7。轴承外圈因安装在箱体孔中，通常不旋转，考虑到工作时温度升高会使轴热胀而产生轴向移动，因此两端轴承中有一端轴承应为游动支承，可使外圈与箱体孔的配合稍微松一些，使之能补偿轴的热胀伸长量，不至于使轴变弯而被卡住，影响正常运转。尽管此处为配合关系，但因为轴承为标准件，其外圈的公差带（在零线下方，且上极限偏差为零）不标注。轴承是标准件，根据 GB/T 275—2015《滚动轴承配合》，根据外圈承受的载荷，箱体孔的公差带可选用 H7。

　　（2）轴 7 与轴承内圈的配合处选用公差带 $\phi45k6$。这是因为在多数情况下，轴承的内圈随轴一起转动，为防止它们之间发生相对运动而导致结合面磨损，影响轴承寿命和工作性能，同时也为了传递一定的扭矩，两者的配合应是过盈配合，但过盈量又不宜过大。

　　（3）两轴承端盖 6、18 与箱体孔的配合选用 $\phi100H7/h8$。由于轴承端盖需要经常拆卸，因此端盖外缘与箱体孔之间应选用间隙较大的间隙配合。加之箱体孔的公差带已选用 H7 的公差带，故端盖外缘与箱体孔之间的配合可选用 $\phi100H7/h8$，如果箱体孔选用其他公差带，就会使得箱体孔的设计与加工更复杂一些。端盖外缘公差等级选用 8 级是为了加工方便，且不影响使用要求，因为端盖的主要目的是实现轴承的轴向定位，对于径向要求不高。

（4）轴套 19 与轴 7 的配合选用 $\phi45F9/k6$。轴套的主要目的是实现齿轮与轴承内圈的轴向定位，对于径向要求不高，因此为了便于装配和加工，轴套可选用较低的公差等级和较大的间隙配合，但为了轴的公差带仍为 k6，这里采用了非基准制的任选孔、轴公差带。其实，对于两轴承端盖 6、18 与箱体孔的配合也可采用非基准制的任选孔、轴公差带。

（5）齿轮孔 12 与轴 7 的配合选用 $\phi50H7/r6$。此处按比较重要的配合对待，孔、轴分别采用 7 级公差和 6 级公差，并选用基孔制，加之要保证齿轮的传动精度，故可选 $\phi50H7/r6$。

（6）与联轴器相连接的直径为 $\phi35mm$ 的轴 7 处选用公差带 n6。与联轴器相连的轴径一般选用 6 级公差，加之要实现可拆卸的较精确定位，并需要传递一定的力矩，因此要采用较紧的过渡配合，故选用公差带 n6。

（7）$\phi50mm$、$\phi35mm$ 轴段上两个键槽与键的连接的公差带的选择参见例 7-2。

2.5 除线性尺寸和角度尺寸外的尺寸的公差

前面介绍了线性尺寸要素的尺寸公差。限于篇幅，未介绍角度尺寸要素的尺寸公差，详见 GB/T 38762.3—2020。除了线性尺寸要素、角度尺寸要素的尺寸公差外，非尺寸要素的尺寸也经常需要标注尺寸公差，表 2-14 所示为非尺寸要素的尺寸类型，它们的公差不同于线性尺寸和角度尺寸的公差。

非尺寸要素的尺寸公差同样会影响零、部件的互换性，传统的采用 ±极限偏差标注的形式会因为实际工件的形状和角度的偏差导致这些要求的不确定性（规范不确定性），会产生歧义，因此不推荐这种类型的规范。图 2-42 所示是两个组成要素间的线性距离，实际上是一个台阶尺寸，由图 2-42（b）可知，因为没有用形状和方向偏差定义出被测尺寸的位置和方向，所以，台阶尺寸出现图 2-42（b）所示的各种可能解释，导致了很高的规范不确定度。图 2-43 是两导出要素间的线性距离，即中心距，在箱体等零件中经常需要标注，同样因为两个孔的形状和方向偏差会出现各种可能的解释。

表 2-14 非尺寸要素的尺寸类型

尺寸	要素的特征、类型和数量			尺寸类型
线性尺寸（长度单位）	单一要素	组成要素或导出要素		半径尺寸
		组成要素或导出要素		弧长
	两个要素	组成-组成要素	同向	线性距离或台阶高度
			反向	线性距离
		组成-导出要素		线性距离
		导出-导出要素		线性距离
	边（两个组成要素间的过渡区域）	组成要素	倒角形状	倒角的高度和角度
			倒圆形状	棱边半径
角度尺寸（角度单位）	两个要素	组成-组成要素		角度距离
		组成-导出要素		角度距离
		导出-导出要素		角度距离

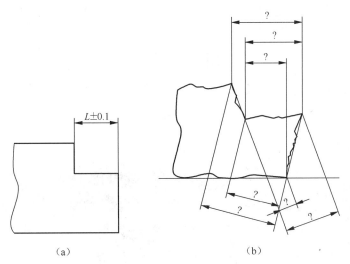

（a）　　　　　　　　　　　　　　（b）

图 2-42　两个同向组成要素间的线性距离（不确定）

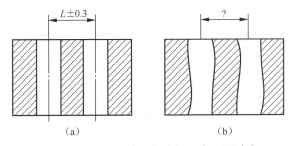

（a）　　　　　　　　　　　　　　（b）

图 2-43　两导出要素间的线性距离（不确定）

除此之外，一个组成要素和一个导出要素间的线性距离、半径尺寸、弧长、角度距离等表 2-14 中的其他非尺寸要素的尺寸，采用±极限偏差标注时也同样会存在不确定度，因此需要应用尺寸规范以及几何规范对这种不确定度进行控制。

图 2-44 所示是应用尺寸规范和几何规范解决图 2-42 不确定度的方案，这样标注是确定的，不会导致或只导致很低的规范不确定度。图 2-44（a）中基准平面 A 建立为左侧竖直的公称平表面。基准平面 A 在空间中与工件对齐。右侧竖直平表面标注了一个 TED（理论正确尺寸）为 L 的位置度公差。图 2-44（b）中基准平面建立为右侧竖直的公称平表面。图 2-44（c）未标注基准，考虑同时以两个竖直平表面确定工件在空间中的方向。位置度以组合公差带（CZ）的方式标注，适用于左右两个竖直平表面，用相互距离 L 的两个位置度公差带来确定两个平表面的相互关系。

图 2-45 所示是应用尺寸规范和几何规范解决图 2-43 不确定度的方案，这样标注是确定的，不会导致或只导致很低的规范不确定度。图 2-45（a）以一个孔作为基准，基于这一基准得到其他孔的位置公差。图 2-45（b）通过位置度公差确定两孔间的相互关系，未标注基准。图 2-45（a）、（b）中都使用了理论正确尺寸和位置度，两个孔的位置度公差带的距离通过理论正确尺寸确定。

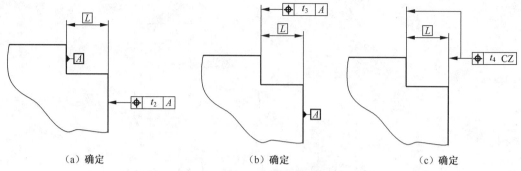

（a）确定　　　　　　　　　　（b）确定　　　　　　　　　　（c）确定

图 2-44　两个同向组成要素间的线性距离（确定）

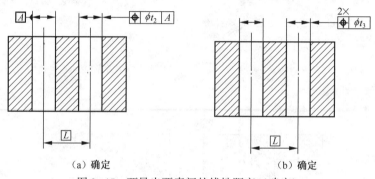

（a）确定　　　　　　　　　　（b）确定

图 2-45　两导出要素间的线性距离（确定）

图 2-46 所示是组成要素的半径尺寸，图 2-46（a）采用了 $\pm t_1$ 标注的形式，如图 2-46（b）所示，圆弧的形状误差导致了半径的不确定度。当采用了图 2-46（c）所示的面轮廓度和理论正确尺寸后，其形状得以确定。

（a）不确定　　　　　　　　（b）有形状误差　　　　　　　　（c）确定

图 2-46　组成要素的半径尺寸

2.6　线性尺寸和角度尺寸的未注公差

对于产品图样上零件的有些尺寸，如非配合尺寸、由工艺可以保证公差的某些尺寸等，为使图样简洁、突出重点标注，通常不是将这些尺寸的公差在产品图样上直接标注出来，而是在技术要求或技术文件上给出。这些未注公差的线性尺寸应符合 GB/T 1804—2000《一般公差　未注公差的线性和角度尺寸的公差》的规定。

一般公差是指在车间普通工艺条件下机床设备可保证的公差。采用一般公差的尺寸，在该尺寸后不需注出其极限偏差数值。

对功能上无特殊要求的要素可给出一般公差，线性尺寸的一般公差主要用于低精度的非配合尺寸。例如，外尺寸、内尺寸、阶梯尺寸、直（半）径、距离、倒圆半径和倒角高度等。未注公差适用于金属切削加工的尺寸，也适用于一般的冲压加工尺寸。

一般公差分精密 f、中等 m、粗糙 c、最粗 v 共 4 个公差等级。未注公差的线性尺寸的各公差等级的极限偏差数值如表 2-15 所列。

表 2-15　未注公差的线性尺寸的极限偏差数值　　　　　　单位：mm

公差等级	尺寸分段							
	0.5～3	>3～6	>6～30	>30～120	>120～400	>400～1000	>1000～2000	>2000～4000
f（精密）	±0.05	±0.05	±0.1	±0.15	±0.2	±0.3	±0.5	–
m（中等）	±0.1	±0.1	±0.2	±0.3	±0.5	±0.8	±1.2	±2
c（粗糙）	±0.2	±0.3	±0.5	±0.8	±1.2	±2	±3	±4
v（最粗）	—	±0.5	±1	±1.5	±2.5	±4	±6	±8

若采用线性尺寸采用一般公差，应在图样标题栏附近或技术要求、技术文件（如企业标准）中注出标准号及公差等级代号。例如，选取中等级时，标注为

GB/T 1804-m

例如，在技术要求中表示线性尺寸的一般公差时，应说明"未注公差尺寸按 GB/T 1804-m"。

本 章 小 结

本章的主要目的是在理解几何要素及其分类和线性尺寸的分类、术语、规范修饰符的基础上，掌握线性尺寸的分类和尺寸公差、偏差与配合的选择方法与原则。主要内容如图 2-47 所示。

GB/T 1800—2020 规定：通常情况下应选择基孔制配合，基轴制配合仅用于那些可以带来切实经济利益的情况，该标准还规定了应优先选用的孔、轴公差带和基孔制、基轴制配合。

线性尺寸可以分为局部尺寸、全局尺寸。局部尺寸包括两点尺寸、截面尺寸、部分尺寸、球面尺寸。当线性尺寸的规范修饰符缺省时指两点尺寸。如果需要用极限尺寸限制其他线性尺寸，需要标注线性尺寸的规范修饰符。

非尺寸要素的尺寸公差也影响零、部件的互换性，传统的采用±极限偏差标注的形式会因为实际工件的形状和角度的偏差导致这些要求的不确定性，产生不确定度。应用尺寸

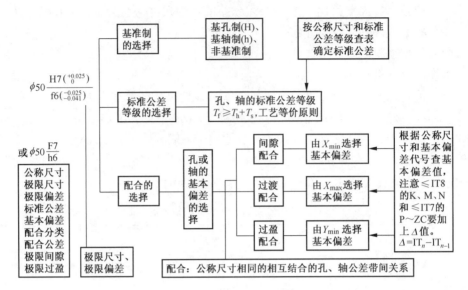

图 2-47 第 2 章内容简图

规范及几何规范可以对这种不确定度进行控制。(考虑非尺寸要素的尺寸公差与本章的逻辑关系,将 2.5 节放在本章,但由于涉及第 4 章几何公差内容,建议教学安排时本节放在第 4 章。)

一般公差是指在车间普通工艺条件下机床设备可以保证的公差,分精密 f、中等 m、粗糙 c、最粗 v 共 4 个公差等级。采用一般公差的尺寸,在该尺寸后不需注出其极限偏差数值。

思考题及习题 2

2-1 计算表 2-16 中空格处数值,并按规定填写在表中。

表 2-16 习题 2-1 附表 单位:mm

公称尺寸	上极限尺寸	下极限尺寸	上极限偏差	下极限偏差	公差	尺寸标注
孔 $\phi30$	30.053	30.020				
轴 $\phi60$				−0.030	0.030	
孔 $\phi80$	80.009				0.030	
轴 $\phi100$			−0.036	−0.071		
孔 $\phi300$		300.017	+0.098			
轴 $\phi500$						$\phi500^{-0.020}_{-0.420}$

2-2 表 2-17 所列的各公称尺寸相同的孔、轴形成配合,根据已知数据计算出其他数据,并将其填入空格内。

表 2-17　习题 2-2 附表　　　　　　　　　　　　　　　　　　　单位：mm

公称尺寸	孔			轴			X_{max} 或 Y_{min}	X_{min} 或 Y_{max}	X_{av} 或 Y_{av}	T_f
	ES	EI	T_h	es	ei	T_s				
$\phi45$		0				0.025	+0.089		+0.057	
$\phi80$		0				0.010		−0.021	+0.0035	
$\phi180$			0.025	0				−0.068		0.065

2-3　使用标准公差和基本偏差表，查出下列公差带的上、下极限偏差。

（1）$\phi45e9$；　　　　　（2）$\phi100k6$；　　　　（3）$\phi120p7$；　　　　（4）$\phi200h11$；

（5）$\phi50u7$；　　　　　（6）$\phi80m6$；　　　　　（7）$\phi140C10$；　　　（8）$\phi250J6$；

（9）$\phi30JS6$；　　　　（10）$\phi400M8$；　　　（11）$\phi1500N7$；　　（12）$\phi30Z6$。

2-4　说明下列配合代号所表示的配合制、标准公差等级和配合类别（间隙配合、过渡配合或过盈配合），并查表计算其极限间隙或极限过盈，画出其尺寸公差带图：

（1）$\phi120H7/g6$ 和 $\phi120G7/h6$；　　　　（2）$\phi40K7/h6$ 和 $\phi40H7/k6$；

（3）$\phi15JS8/g7$；　　　　　　　　　　　　　（4）$\phi50S8/h8$。

2-5　已知一孔、轴配合，图样上标注为孔 $\phi50^{+0.039}_{0}$ mm，轴 $\phi50^{+0.002}_{-0.023}$ mm，试计算：

（1）孔、轴的极限尺寸，并画出此配合的公差带图；

（2）配合的极限间隙或极限过盈，并判断配合性质。

2-6　已知孔、轴配合，公称尺寸为 $\phi25$ mm，极限间隙 $X_{max}=+0.086$ mm，$X_{min}=+0.020$ mm，试确定孔、轴的标准公差等级并分别按基孔制和基轴制选择适当的配合。

2-7　设有一公称尺寸为 $\phi180$ mm 的孔、轴配合，经分析和计算确定其最大间隙应为 +0.035 mm，最大过盈应为 −0.030 mm；若已决定采用基孔制，试确定此配合的配合代号，并画出其尺寸公差带图。

2-8　图 2-48 所示为发动机曲轴轴颈局部装配图，要求工作间隙为 0.090~0.018 mm，试选择轴颈与轴承的配合。（提示：止推垫片是标准件。）

2-9　设有公称尺寸为 $\phi120$ mm 的孔、轴形成过盈配合以传递转矩。经计算，为保证连接可靠，其过盈不得小于 0.055 mm；为保证装配时变形不超过材料的强度极限，其过盈不得大于 0.112 mm。若已决定采用基轴制，试确定此配合的孔、轴公差带代号，并画出其尺寸公差带图。

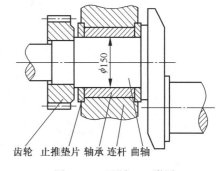

图 2-48　习题 2-8 附图

2-10　某公称尺寸为 $\phi1600$ mm 的孔、轴配合，要求间隙为 +0.105~+0.385 mm 范围内，单件生产，采用配制配合。

（1）确定先加工件和配制件的极限尺寸，并在图 2-49 上进行标注；

（2）设先加工件的实际尺寸经测量为 $\phi1600.180$ mm，求出配制件（轴）以孔的实际尺寸为零线的公差带代号，并画出此配制配合的孔、轴公差带图。

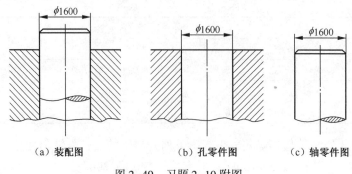

（a）装配图　　　　　　（b）孔零件图　　　　　（c）轴零件图

图 2-49　习题 2-10 附图

2-11　解释图 2-50（a）、（b）、（c）所示的规范操作集的含义。

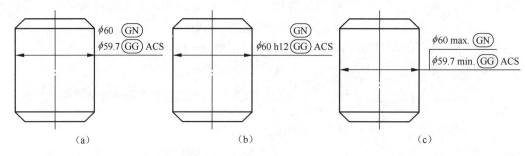

（a）　　　　　　　　　　（b）　　　　　　　　　　（c）

图 2-50　习题 2-11 附图

2-12　如图 2-51 所示，分别说明哪些是线性尺寸、角度尺寸和其他尺寸。

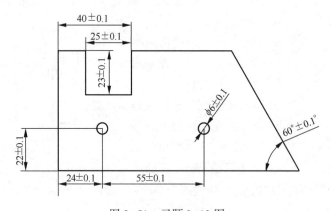

图 2-51　习题 2-12 图

2-13　如图 2-23（a）所示，设测得一实际零件的 8 个局部尺寸分别为 10.482，10.499，10.495，10.498，10.492，10.497，10.488，10.481。试分别求其最大尺寸、最小尺寸、平均尺寸、中位尺寸、极值平均尺寸、尺寸范围、尺寸的标准偏差。

第 3 章

长度测量技术基础

由于加工过程中存在着制造误差，为了进行互换性生产，保证零、部件满足使用要求，必须对零、部件规定尺寸公差、几何公差和表面结构要求以限制它们的变动。为判断零、部件的变动是否满足这些技术要求，需要进行测量或检验。由此带来的问题如下。

- 什么是测量？什么是检验？测量和检验有何区别？
- 测量过程有哪些要素？如何保证测量结果的准确性？
- 常见的测量方法和长度测量仪器有哪些？
- 用三坐标测量机测量和用传统的长度测量仪器测量有何区别？
- 测量过程也存在测量误差，如何判断有没有测量误差？如何对含有误差的测量数据进行处理？
- 测量误差和测量不确定度有何区别？如何评价和报告测量不确定度？
- 在同样条件下对某一个被测量进行了多次重复测量，如何对这些数据进行处理？如何表达测量结果？

3.1　测量过程和测量原则

3.1.1　测量过程四要素

机械制造中的测量技术，主要研究对零件几何参数进行测量和检验的问题。

测量是指以确定被测对象量值为目的的一组操作，其实质是将被测几何量与作为计量单位的标准量进行比较，从而确定被测几何量与计量单位的比值的过程。

检验是指为确定被测量是否达到规定要求所进行的操作，从而判断被测对象是否合格，无须得出具体的量值，如用光滑极限量规检验工件，就只能得出合格或不合格的结论，而不能得出被检工件的尺寸和其他参数。

显然，测量与检验是两个不同的概念。

任何一个测量过程必须有被测的对象和所采用的计量单位。此外，还有怎样进行测量和测量的准确程度如何的问题。因此，一个完整的测量过程包括测量对象、计量单位、测量方法和测量准确度四个要素。

1. 测量对象（measurement object）和被测量（measurand）

测量对象（被测对象）是要测量的零件。被测量是拟测量的量。一个测量对象往往有很多个被测量，如一个零件的被测量既可以包括长度、角度、几何误差、表面粗糙度等几何参数，还可以包括硬度、强度、材料成分等。

2. 计量单位（measurement unit，测量单位）

同一个测量对象的不同被测量，其计量单位可能也不同。长度、几何误差、表面粗糙度和机械零件的很多工程参量均以长度计量单位为计量单位。材料抗拉强度计量单位是兆帕（MPa），硬度可分为布氏硬度、洛氏硬度、显微硬度、维氏硬度等，均有不同的计量单位。

为保证测量的正确性，必须保证测量过程中计量单位的统一，我国以国际单位制为基础确定了法定计量单位。在我国的法定计量单位中，长度计量单位为米（m），平面角的角度计量单位为弧度（rad）及度（°）、分（′）、秒（″）。机械制造中常用的长度计量单位、角度计量单位分别为毫米（mm）和弧度（rad）、微弧度（μrad）、度（°）、分（′）、秒（″）。$1~\mu rad = 10^{-6}~rad$。

3. 测量方法（measurement method）

测量方法是对测量过程中使用的操作所给出的逻辑性安排的一般性描述，通常是指对测量时所采用的测量仪器、测量原理和测量条件的综合描述。测量中经常用到"测量仪器""计量器具""测量系统""测量设备""量具"等术语，它们既有区别，又有联系。测量方法可以用不同方式表述，如直接测量法、间接测量法、微差测量法、零位测量法等。

测量仪器（measuring instrument，也称为计量器具）是单独或与一个或多个辅助设备组合，用于进行测量的装置。

测量系统（measuring system）是一套组装的并适用于对特定量在规定区间内给出测得值信息的一台或多台测量仪器，通常还包括其他装置，诸如试剂和电源。一台可以单独使用的测量仪器就是一个测量系统。

测量设备（measuring equipment）是测量中所使用的指示式测量仪器、实物量具、软件、测量标准、标准物质、辅助设备（见 ISO 14978：2018《产品几何技术规范（GPS）GPS 测量设备通用概念和要求》）。测量设备的定义比测量仪器的范围更宽，它包括测量中使用的所有装置。在 GPS 标准体系中，主要使用"测量设备"这个术语。

测量条件是测量时零件和测量仪器所处的环境条件，如温度、湿度、振动和灰尘等。GB/T 19765—2005《产品几何量技术规范（GPS） 产品几何量技术规范和检验的标准参考温度》规定标准参考温度为 20℃，适用于全部 GPS 规范，几何规范过程基于此温度。该标准并不要求都在此温度下进行测量仪器计量特性的校准、工件的测量和制造。但在不确定的温度下进行测量，或在偏离标准参考温度下进行工件几何要素的测量或测量仪器计量特性的校准，将会对测量结果的测量不确定度评定产生影响，并在测量结果中导致系统误差。

4. 测量准确度（measurement accuracy）

测量准确度是指被测量的测得值与其真值间的一致程度。测量结果越接近真值，则测量准确度越高；反之，则测量准确度越低。测量准确度不是一个量，不给出有数字的量值。当测量提供较小的测量误差时就说该测量是较准确的。尽管测量准确度与"测量正确度""测量精密度"有关，但不应与它们混淆。

测量的基本原则是根据被测对象的形状、大小、材料、重量、被测部位和被测量的公差要求，选择具有相应测量准确度的测量方法。既要保证测量准确度，还要在大批量生产、自动化生产和全数检验中考虑测量成本、测量效率。同时，应根据测量结果分析零件的加工工艺，采取过程质量监控等相应措施，避免废品的产生。

3.1.2　测量的基本原则

在制定测量方法中，为了获得正确可靠的测量结果，应遵守下列原则。

（1）阿贝原则　要求在测量过程中被测长度与基准长度应安置在同一直线上的原则。由于千分尺遵守阿贝原则，游标卡尺不符合阿贝原则，因此千分尺的精度比游标卡尺的高。

（2）最短测量链原则　由测量信号从输入到输出量值通道的各个环节所构成的测量链，其环节越多则测量误差越大。因此，应尽可能减少测量链的环节数，以保证测量精度。以最少数目的量块组成所需尺寸的量块组，就是最短测量链原则的一种实际应用。

（3）最小变形原则　测量器具与被测零件都会因实际温度偏离标准温度和受力（重力和测量力）而发生变形，形成测量误差，应尽量通过修正予以减小。

（4）基准统一原则　测量基准要与设计基准、工艺基准、装配基准统一，即工序测量应以工艺基准作为测量基准，终结测量应以设计基准/装配基准作为测量基准。

3.1.3　基于数字化模型的测量通用要求

新一代 GPS 标准体系是基于计量数学的，其测量原则上也是基于数字化模型的。GB/T 38368—2019《产品几何技术规范（GPS）　基于数字化模型的测量通用要求》规定了机械结构几何要素基于数字化模型的测量的数字化模型要求、测量模型构建、测量过程设计、测量实施等的通用要求。

所谓数字化模型是在计算机辅助设计平台上，由数字化的工程或产品的方案、草图、原图、技术性说明及其他技术图样和技术文件所构成的模型。该模型在计算机平台上可编辑、可复制，为开展制造、测量等后续阶段相关工作进行补充设计，且构成包含该阶段操作规范的新的数字化模型。数字化模型应符合 GB/T 24734《技术产品文件　数字化产品定义数据通则》、GB/T 26099《机械产品三维建模通用规则》的规定。数字化模型应满足测量操作所需信息的完整性要求，即：除自身几何特征信息之外，应包含可被识别/提取的前端设计/工艺信息，如被测要素尺寸、公差、基准等。

测量模型也是包含规范化的测量操作信息的数字化模型。测量操作信息包括测量要求、测量前端数据、测量过程数据、测量结果数据的格式以及这些数据生成的相关规范信息等。构建测量模型时要确定测量要求和输出参数、设定测量过程的目标不确定度、描述测量过程。前端数据一般包含被测要素、特征、评价规则、尺寸/公差/位置/基准、理论值、属性等数据，数据结构应和通用数据格式兼容，如 DMIS［Dimensional Measuring Interface Standard，自动化系统（包括三坐标测量机）间检测数据的通信标准］。过程设计数据应包含测量规划数据、测量方法数据、测量设备数据等。

测量过程的描述应采用与数字化模型相对偶的信息数据表示，描述数据应由测量过程设计得到并包含由目标不确定度根据 PUMA 方法（procedure for uncertainty management，详见 GB/T 18779.2—2004）确立的测量方法、测量程序、测量条件，即理想检验操作集。

测量过程设计，首先应明确测量任务，它取决于测量要求、测量前段数据和目标不确定度；然后根据测量任务给出测量仪器和环境条件的初始规范，进行不确定度评估，选择和培训测量人员，给出测量仪器选用建议或规范，在保证可以实现目标不确定度前提下并考虑成本、效率来选择测量方法，按 GB/T 1958 设计测量操作。测量设计方应安排测量过程设计的验证，以证明不确定度评定结果的合理性。

测量输出的最终结果数据应与测量模型上的被测要素关联，对于输出到物理设备的数据，其格式应符合 GB/T 26498《工业自动化系统与集成　物理设备控制　尺寸测量接口标准（DMIS）》的要求。

3.2　长度量值传递系统

在机械制造中，测量的结果往往用来判断工件合格与否或用于工序质量分析与监控、改进加工工艺。因此，测量结果的准确性非常重要。这不仅对测量人员的水平和测量过程的规范性、准确性提出了要求，也对测量仪器的可溯源性提出了要求。量值传递和量值溯源是实现量值准确可靠、单位统一和测量结果的可比性、一致性的技术保障和措施。

1. 量值传递

量值传递是通过对测量仪器的校准或检定，将国家测量标准所实现的单位量值通过各等级的测量标准传递到工作测量仪器的活动，以保证测量所得的量值准确一致。量值传递一般自上而下，由高等级向低等级进行。

测量标准是具有确定的量值和相关联的测量不确定度，实现给定量定义的参照对象。国际上，计量和测量是同一个单词 measurement，我国量值传递所指的计量基准、计量标准统称为测量标准（measurement standard）。国家测量标准是经国家权威机构承认，在一个国家或经济体内作为同类量的其他测量标准定值依据的测量标准，在我国称为计量基准或国家计量标准。

量值传递是统一计量器具量值的重要手段，是保证计量结果准确可靠的基础。测量仪器（或计量器具）的检定简称为计量检定（metrological verification），是查明和确认测量仪器符合法定要求的活动，包括检查、加标记和/或出具检定证书。计量检定是量值传递的重要形式，有严格的等级之分。如图 3-1 所示，5 等量块要用 4 等量块进行检定。

任何一种计量器具，由于种种原因，都存在不同程度的误差。新购置的计量器具，尽管在出厂时已被检验为合格品，但由于运输、储存等各种原因可能使其误差超出允许的范围，在使用前应用适当等级的计量标准来检定，判断其是否合格。经检定合格的计量器具，经过一段时间使用后，由于环境的影响或使用不当、维护不良、部件的内部质量变化等因素将引起计量器具的计量特性发生变化，因此需定期进行检定，根据检定结果做出进行修理、降级、停用或继续使用的判断。经过修理的计量器具也应检定合格才能使用。因此，量值传递的必要性是显而易见的。

检定分为强制检定和非强制检定。社会公用计量标准器具，部门和企业、事业单位使用的最高计量标准器具，以及用于贸易结算、安全防护、医疗卫生、环境监测方面的列入强制检定目录的工作计量器具，实行强制检定。计量检定必须按照国家计量检定系统表进行。计量检定必须执行计量检定规程。

在几何量测量领域中，经常面临的是长度和角度的量值传递。长度量值的传递分别按

JJG2001—1987《线纹计量器具检定系统》、JJG2056—1990《长度计量器具（量块部分）检定系统》及相关检定规程的规定进行，详见电子资源 3-1、电子资源 3-2。角度的量值传递按 JJG2057—2006《平面角计量器具检定系统表》及相关检定规程的规定进行。

电子资源 3-1：长度计量器具（量块部分）国家计量检定系统
电子资源 3-2：线纹计量器具国家计量检定系统框图

　　图 3-1 所示为采用量块的长度计量器具（量块部分）的量值传递系统简图，适用于游标卡尺、千分尺、干涉仪、比较仪等端度类计量器具的量值传递，如游标卡尺的检定用 5 等量块进行；借助立式光学计，可以用 4 等量块对 5 等量块进行检定。图中的 U 是包含概率为99% 的扩展不确定度（此术语将在 3.8 节中介绍）。

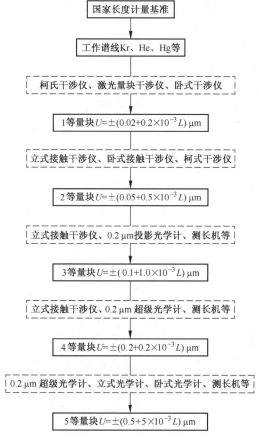

图 3-1　长度计量器具（量块部分）的量值传递系统
L—量块的工作尺寸，单位为 mm

　　目前，越来越多的非强制检定的计量器具通过校准的方式进行量值溯源，以保证测量结果的准确可靠。量值溯源是从下往上进行溯源，直至国家测量标准。校准是在规定条件下的一组操作，其第一步是确定由测量标准提供的量值与相应示值之间的关系，第二步则是用此信息确定由示值获得测量结果的关系，这里测量标准提供的量值与相应示值都具有测量不确定度。通常只把上述定义中的第一步认为是校准。校准没有严格的等级之分，如 5 等量块可以用 3 等量块甚至更高等的量块进行校准。用户可以根据校准证书上的结果判断测量仪器是否满足预期的使用要求。

2. 量块的形状、用途及尺寸系列

量块是没有刻度的端面量具，也称块规，是用特殊合金钢或陶瓷制成的长方体，如图 3-2 所示。量块具有线膨胀系数小、不易变形、耐磨性好等特点。量块有经过精密加工的平整、光洁的两个平行平面，称为测量面。两测量面之间的距离为工作尺寸 L，又称标称尺寸，具有很高的精度。当量块的标称尺寸大于或等于 10 mm 时，其测量面的尺寸为 35 mm × 9 mm；当标称尺寸在 10 mm 以下时，其测量面的尺寸为 30 mm × 9 mm。

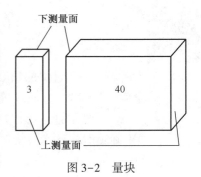

图 3-2 量块

量块的研合性是指量块的一个测量面与另一量块测量面或与另一经精加工的类似量块测量面的表面（如平晶），通过分子力的作用而相互黏合的性能。由于量块测量面非常平整和光洁，用少许压力推合两块量块，使它们的测量面紧密接触，两块量块就能研合在一起。利用研合性，不同尺寸的量块就可以组合成所需的各种尺寸。

量块的应用较为广泛，除了作为量值传递的测量标准外，在进行相对测量时可用于调整测量仪器的零位，以及用于精密机床的调整、精密划线和直接测量精密零件等操作。

在实际生产中，量块是成套使用的，每套量块由一定数量的不同标称尺寸的量块组成，以便组合成各种尺寸，满足一定尺寸范围内的测量需求。GB/T 6093—2001 共规定了 17 套量块。常用成套量块的级别、尺寸系列、间隔和块数如表 3-1 所列。

表 3-1 部分成套量块的尺寸

套别	总块数	级 别	尺寸系列/mm	间隔/mm	块数
1	91	0, 1	0.5		1
			1		1
			1.001, 1.002, …, 1.009	0.001	9
			1.01, 1.02, …, 1.49	0.01	49
			1.5, 1.6, …, 1.9	0.1	5
			2.0, 2.5, …, 9.5	0.5	16
			10, 20, …, 100	10	10
2	83	0, 1, 2	0.5		1
			1		1
			1.005		1
			1.01, 1.02, …, 1.49	0.01	49
			1.5, 1.6, …, 1.9	0.1	5
			2.0, 2.5, …, 9.5	0.5	16
			10, 20, …, 100	10	10

续表

套别	总块数	级　别	尺寸系列/mm	间隔/mm	块数
3	46	0，1，2	1		1
			1.001，1.002，…，1.009	0.001	9
			1.01，1.02，…，1.09	0.01	9
			1.1，1.2，…，1.9	0.1	9
			2，3，…，9	1	8
			10，20，…，100	10	10
4	38	0，1，2	1		1
			1.005		1
			1.01，1.02，…，1.09	0.01	9
			1.1，1.2，…，1.9	0.1	9
			2，3，…，9	1	8
			10，20，…，100	10	10

3. 量块的等和级

根据 GB/T 6093—2001 的规定，量块按量块测量面上任意点相对于标称长度的极限偏差、量块长度变动量最大允许值、测量面的平面度公差、研合性和表面粗糙度等方面的制造要求分为 5 级，即 0 级、1 级、2 级和 3 级、校准级 K 级。量块按级使用时，以标记在量块上的标称尺寸作为工作尺寸，该尺寸包含其制造误差。

按量块的测量不确定度和量块长度变动量，JJG 146—2011《量块》将量块分为 5 等：1，2，3，4，5。其精度依次降低，1 等最高，5 等最低。对各等量块的测量面的平面度、表面粗糙度、研合性等也有不同的要求。故不同等的量块要由对应的级的量块才能检定出来。拟检定为 1、2、3、4、5 等的量块的最低初始级别分别为 K、0、1、2、3 级。

需要使用量块的用户可向量块生产厂家或代理商按级购买，然后可以将其送计量检定机构检定为相应的等。例如，若量值传递中需要用到 3 等量块，则用户应购买 1 级或更高级的量块才能将其检定为 3 等量块使用，2 级或 3 级量块在制造精度方面不足以检定为 3 等量块。

量块按等使用时，依据的是量块检定证书上的实际尺寸，忽略的是量块检定的测量误差。

就同一量块而言，检定时的测量误差要比制造误差小得多。所以，量块按等使用的精度比按级使用要高，且量块能在其研合性由于长期使用而降低时，通过修理在保证原有使用精度的基础上延长使用寿命。

4. 量块的尺寸组合及使用方法

量块是单值量具，一个量块只代表一个尺寸。实际工作中经常需要将多个量块组合起来使用。为了减少量块组合的累积误差，使用量块时，应尽量减少使用的块数，一般要求块数不超过 4 块。选用量块时，应根据所需组合的尺寸，按最后一位数字开始选择，每选一块，尺寸数字的位数应减少一位，依次类推，直至所选的量块能组合成完整的尺寸。

例 3-1　要组成 38.935 mm 尺寸，试从 83 块一套的量块中选择组合的量块。

解：

$$38.935$$
$$-\ \ 1.005 \qquad ——第一块量块尺寸$$
$$\overline{\ \ 37.93}$$
$$-\ \ 1.43 \qquad ——第二块量块尺寸$$
$$\overline{\ \ 36.5}$$
$$-\ \ 6.5 \qquad ——第三块量块尺寸$$
$$\overline{\ \ 30} \qquad\quad ——第四块量块尺寸$$

共选取 4 块，尺寸分别为 1.005 mm、1.43 mm、6.5 mm、30 mm。

若采用 38 块一套的量块，则用同样的方法可以确定需选取 5 块，其尺寸分别为 1.005 mm、1.03 mm、1.9 mm、5 mm、30 mm。故采用 83 块一套的量块要好些。

量块是一种精密量具，其加工精度高，价格也较高，因而在使用时一定要十分注意，不能碰伤和划伤其表面，特别是测量面。量块选好后，在组合前先用航空汽油或苯洗净其表面的防锈油，并且用麂皮、软皮或软绸将量块擦干，然后用推压的方法将量块逐块研合。在研合时应保持动作平稳，以免测量面被量块棱角划伤，要防止腐蚀性气体侵蚀量块。使用时不得用手接触测量面，以免影响量块的组合精度。使用完毕后，拆开组合量块，用航空汽油或苯将其清洗擦干，并涂上防锈油，然后装在特制的木盒内。

3.3 常用测量仪器和测量方法的分类

■ 3.3.1 测量仪器的分类

测量仪器的分类方法很多，按其特点可分为以下三类。

1. 实物量具（material measure）

实物量具是具有所赋量值，使用时以固定形态复现或提供一个或多个量值的测量仪器。实物量具可以是测量标准，其示值是其所赋的量值（如量块按级使用时的标称尺寸或按等使用时的检定尺寸）。有的实物量具只用来复现单一量值，如量块、三角形角度块、标准电阻器、标准砝码。有的实物量具可用来复现一定范围内的一系列不同量值，如线纹尺、多面棱体、四边形角度块、标准信号发生器等。

2. 量规（gauge）

量规是指没有刻度的专用测量仪器，如极限量规、螺纹量规和功能量规，用于检验由工件的实际尺寸及形状、位置的实际情况所形成的综合结果是否在规定的范围内，从而判断被测零件的几何量是否合格。用量规检验不能获得被测几何量的具体数值，如用光滑极限量规检验光滑工件的合格性；用螺纹量规综合检验螺纹的合格性；用同轴度量规、位置度量规、直线度量规分别检验工件的同轴度、位置度、直线度等。

3. 指示式测量仪器（indicating measuring instrument）

指示式测量仪器是能提供带有被测量值信息的输出信号的测量仪器，如测微仪、光学比较仪、百分表、千分表、游标卡尺、电压表、温度计、电子天平等。指示式测量仪器可以提供其示值的记录,输出信号能以可视形式或声响形式表示,也可传输到一个或多个其他装置。如电感测微仪不仅可以将测得的微小位移在模拟式或数显表上显示,也能将调理好的直流电压或电流信号输出,以便能被其他装置或计算机采集使用。显示式测量仪器(displaying measuring instrument)是指输出信号以可视形式表示的指示式测量仪器。

指示式测量仪器一般具有传动放大系统,通常称为量仪。按对原始信号转换原理的不同,量仪又可分为四种。

(1)机械式量仪　机械式量仪是指用机械方法实现原始信号转换的量仪,如指示表、杠杆比较仪和扭簧比较仪等。

(2)光学式量仪　光学式量仪是指用光学方法实现原始信号转换的量仪,具有放大比较大的光学放大系统,如万能测长仪、立式光学计、工具显微镜、干涉仪等。

(3)电动式量仪　电动式量仪是指将原始信号转换成电量形式信息的量仪。这种量仪具有放大和运算电路,可将测量结果用指示表或记录器显示出来,如电感式测微仪、电容式测微仪、电动轮廓仪、圆度仪等。

(4)气动式量仪　气动式量仪是指以压缩空气为介质,通过其流量或压力的变化来实现原始信号转换的量仪,如水柱式气动量仪、浮标式气动量仪等。这种量仪结构简单,可进行远距离测量,也可对难以用其他计量器具测量的部位(如深孔部位)进行测量;但示值范围小,对不同的被测参数需要不同的测头。

在测量中经常使用的还有辅助测量装置,是辅助测量使用的检验夹具、辅助设备、装置的总称,如在测量中用于固定、调整工件,或实现检测自动化或半自动化以提高检测效率和检测精度的装置。

■ 3.3.2　测量方法的分类

在几何量测量中,测量方法可以按各种不同的形式进行分类。如按被测量值的获得方式,测量方法通常分为直接测量和间接测量两种;按被测量的状态,可以分为动态测量和静态测量;按是否有测量力,分为接触测量和非接触测量;按测量参数个数,分为单项测量和综合测量。

1. 直接测量

直接测量是指用一定的工具或设备就可以直接地确定未知量的测量。例如,用游标卡尺、千分尺测量物体的长度,用天平称量物质的质量,用温度计测量物体的温度等。它是不需将被测量值与其他实测量进行某种函数关系的计算,而可直接得到被测量值的测量。

直接测量又可分为绝对测量与相对测量。

若由仪器刻度尺上读出被测参数的整个量值,这种测量方法称为绝对测量。如用游标卡尺、千分尺测量零件尺寸。有时把直接与光波波长作比较,从而得出被测量的方法称为绝对测量法,能够实现这种测量的仪器称为绝对光波干涉仪。

若由仪器刻度尺上读出被测参数对标准量的偏差,这种测量方法称为相对测量。如用光学比较仪或机械式比较仪测量零件尺寸,测量时读到的是被测零件尺寸与量块或量块组的尺寸之差。

2. 间接测量

间接测量是指所测的未知量不仅要由若干个直接测定的数据来确定，而且必须通过某种函数关系式的计算，或者通过图形的计算方能求得测量结果的测量。例如，在测量大型圆柱零件直径 D 时，可以先直接测出其圆周长 L，然后通过函数关系式 $D = L/\pi$ 计算零件的直径。

间接测量的准确度取决于有关参数的测量准确度，并与所依据的计算公式有关。

3. 静态测量

静态测量是指在测量过程中被测零件与传感元件处于相对静止状态，如用千分尺测量零件的直径。

4. 动态测量

动态测量也称瞬态测量，在测量过程中被测零件与传感元件处于相对运动状态，被测量随着时间延伸而变化。这种测量能反映被测参数的变化过程。例如，用轮廓仪测量被测零件的表面粗糙度、用激光丝杠动态检查仪测量丝杠的螺旋线误差等。

5. 接触测量

接触测量是指测量时仪器的测头与工件被测表面直接接触，并有测量力存在的测量。如用游标卡尺、千分尺、比较仪测量零件尺寸。用电感触针测量表面粗糙度，在三坐标测量机上用触发式探头测量零件等。

6. 非接触测量

非接触测量是指测量时仪器的传感元件与被测表面不直接接触，没有测量力影响的测量。例如，采用光学投影法测量零件被放大的影像，干涉测量，以及用气动量仪测量等。

7. 单项测量

单项测量是指分别测量工件的各个参数。例如，测量螺纹零件时，可分别测出螺纹的实际中径、螺距、半角等参数。加工中为了分析造成加工疵品的原因，常采用单项测量。

8. 综合测量

综合测量是指同时测量零件上与几个参数有关联的综合指标，从而综合地判断零件是否合格的测量。例如，用螺纹量规检验螺纹零件，检测效率高，但不能测出各分项的参数值，此即为综合测量。

3.4 测量仪器的计量特性

常用的表示测量仪器或与其含义接近的术语很多，我国常用的是"测量仪器""计量器具"或"量具"，在 GPS 标准（如 GB/T 18779.1—2002）中使用"测量设备"，在 ISO 9001：2015《质量管理体系 要求》中也使用"测量设备"，在 ISO/IEC Guide 99：2007（即第三版）《国际计量学词汇 基础、通用的概念基本名词术语》（简称 VIM）中使用了"测量仪器""测量系统"。JJF 1001—2011《通用计量术语及定义》中使用了"测量设备""测量仪器""测量系统"。

测量仪器的计量特性是用来说明测量仪器的性能的，它是选择和使用测量仪器、研究和判断测量方法正确性的依据。JJF 1094—2002《测量仪器特性评定》给出了测量仪器特性评定的基本原则和通用方法，主要的特性如下。

1. 标尺间隔（scale interval）

标尺间隔又称分度值（division value）、刻度值，是指在测量仪器的标尺或分度盘上，对应两相邻标尺标记的两个值之差，用标在标尺上的单位表示。如百分表的分度值为0.01 mm，千分表的分度值为 0.001 mm，常见的带表的或不带表的游标卡尺的分度值是 0.02 mm。一般来说，分度值越小，测量仪器的精度越高。

数显式仪器一般采用显示装置的分辨力（resolution of displaying device）作为特性，它是能有效辨别的显示示值间的最小差值。如数显游标卡尺的分辨力是 0.01 mm。

2. 示值区间（indication interval）

示值区间是指极限示值界限内的一组量值。示值区间可以用标在显示装置上的单位表示。示值区间有时也称为示值范围（range of indication）。如光学比较仪的示值范围为-100~100 μm。

3. 测量区间（measuring interval）

测量区间是在规定条件下，由具有一定的测量不确定度的测量仪器或测量系统能够测量出的一组同类量的量值。测量区间也称为工作区间（working interval）或测量范围（measuring range）、工作范围（working range）。如某一千分尺的测量范围为 75~100 mm。某一光学比较仪的测量范围为 0~180 mm。有时把测量区间的最大值和最小值的差值称为量程，如测量范围为 75~100 mm 的千分尺的量程为 25 mm。

4. 灵敏度（sensitivity）

灵敏度是指测量仪器的示值变化除以相应的被测量变化所得的商。若被测量变化为 ΔL，测量仪器上相应变化为 Δx，则灵敏度 $S = \Delta x/\Delta L$。当 Δx 和 ΔL 为同一类量时，灵敏度又称放大比，其值为常数。放大比 K 可用下式来表示：

$$K = c/i$$

式中，c 为测量仪器的标尺间距；i 为测量仪器的分度值。

通常，测量仪器的分度值越小，则该测量仪器灵敏度越高。

5. 鉴别力（或鉴别阈）（discrimination 或 threshold）

鉴别力是指使测量仪器产生未察觉的相应变化的最大激励变化，这种激励变化应缓慢而单调地进行。

鉴别力可能与噪声（内部的或外部的）或摩擦等有关，也可能与激励值有关。

6. 测量力（measuring force）

测量力是指测量仪器的测头与被测表面之间的接触压力。在接触测量中，要求有一定的恒定测量力。如百分表和千分表使用时要先预压一定的量，这时测头和工件间就有测量力。测量力太大会使零件或测头产生变形，测量力不恒定会使示值不稳定。

7. 示值误差（error of indication）

示值误差是指测量仪器示值与对应输入量的参考量值之差。

参考量值是用作与同类量的值进行比较的基础的量值。参考量值可以是被测量的真值，这种情况下是未知的；也可以是约定量值（即对于给定目的，由协议赋予某量的量值，如标准自由落体加速度 $g_n = 9.80665$ m/s^2，真空光速 $c_0 = 299792458$ m/s），这种情况下是已知的。参考量值可以由有证标准物质、测量标准等提供。如检定游标卡尺和千分尺时用的 5 等量块的检定证书上的尺寸可以作为参考量值。

测量仪器的示值误差可用绝对误差、相对误差、引用误差三种形式表示。

（1）绝对误差

$$\Delta = x - x_s \qquad (3-1)$$

式中，Δ 为用绝对误差表示的测量仪器示值误差；x 为被评定测量仪器的示值；x_s 为测量标准复现的量值，即约定真值或参考量值。

在测量仪器的标准、计量技术规范、检定规程中，规定示值误差允许的极限值或最大允许误差，一般是对绝对误差而言的。最大允许误差（Maximum Permissible Error，MPE）是指对给定的测量设备、测量仪器或测量系统，由规范或规程所允许的误差极限值，有时也称为测量仪器的允许误差限、示值最大允许误差。JJG 30—2012《通用卡尺》对测量范围上限为70 mm、分度值 0.02 mm 的卡尺，规定其最大允许误差为±0.02 mm。JJG 21—2008《千分尺检定规程》规定测量范围 0～25 mm 和 25～50 mm 的千分尺的最大允许误差为±4 μm。

（2）相对误差

$$\delta = \frac{\Delta}{x_s} \times 100\% \qquad (3-2)$$

在误差的绝对值比较小的情况下，x_s 也可以用 x 代替。

（3）引用误差

$$\gamma = \frac{\Delta}{x_N} \times 100\% \qquad (3-3)$$

式中，γ 为用引用误差表示的测量仪器示值误差；x_N 为引用值，一般为测量仪器标称范围的上限或量程。

8. 示值变动性（variation of indication）

示值变动是指在测量条件不变的情况下，用测量仪器对被测量重复测量若干次，所得读数的最大值与最小值之差。如 JJG 30—2012《通用卡尺》要求带表卡尺的示值变动不超过分度值的 1/2，数显卡尺的示值变动不超过 0.01 mm。

9. 测量仪器的重复性（repeatability of a measuring instrument）

测量仪器的重复性是指在相同条件下，重复测量同一个被测量时，测量仪器提供相近示值的能力。相同条件包括：相同的测量程序、相同的观测者、在相同条件下使用相同的测量设备、相同的地点、在短时间内重复测量。重复性可以用示值的分散性定量地表示。

10. 稳定性（stability）

稳定性是指测量仪器保持其计量特性随时间恒定的能力。

当稳定性不是对时间而言而是对其他量而言时，应明确说明。稳定性可以用计量特性变化某个规定的量所经过的时间或用计量特性经规定的时间所发生的变化表示。

11. 漂移（drift）

漂移是指测量仪器计量特性的慢变化。可用测量标准在一定时间内观测被评定测量仪器计量特性随时间的慢变化，记录前后的变化值或画出观测值随时间变化的漂移曲线。

12. 响应特性（response characteristic）

响应特性是指在确定条件下，激励与对应响应之间的关系。

这种关系可以用数学等式、数值表或图表示。响应特性分为静态和动态两种。当输入和输出信号不随时间变化时，输入和输出量之间的函数关系（或曲线、表格）是测量仪器的静态响应特性。当激励按时间函数变化时，传递函数是测量仪器的动态响应特性。

13. 响应时间（response time）

响应时间是指激励受到规定突变的瞬间，与响应达到并保持其最终稳定值在规定极限内的瞬间，这两者之间的时间间隔。例如某些测量仪器，当输入冲击脉冲时，输出响应随时间有一个稳定过程，从激励输入到输出响应稳定在规定的 $\pm\Delta$ 范围内的时间间隔即为响应时间。

3.5　常用长度测量仪器

实物量具、量规的结构往往比较简单，而指示式测量仪器由测头（敏感元件）以及变换、放大、传递及指示等部分组成。在长度测量中，被测量主要是尺寸和角度，作用于敏感元件上的信号是位移。为了便于放大、传递和指示，需要将位移信号转换为其他的相应物理量。故此在指示式测量仪器中需要变换。

变换按照其原理分类，有机械变换、光学变换、气动变换、电学变换和光电变换五大类。

3.5.1　机械变换式测量仪器

在机械变换中，被测量的变化将使测头产生相应的位移，并通过机械变换器进行转换（或放大）。

1. 螺旋变换式仪器

螺旋变换是利用螺旋运动副，将直线位移转换为角位移，或将角位移转换为直线位移，如图 3-3 所示。测微螺杆与转筒固定在一起，螺旋导程为 P，当转筒转动 θ 角时，测微螺杆的直线位移 $x = (\theta/2\pi)P$。此时，转筒外表面上的圆刻度位移 $y = R\theta$。故放大比为

$$K = y/x = \frac{2\pi R}{P} \tag{3-4}$$

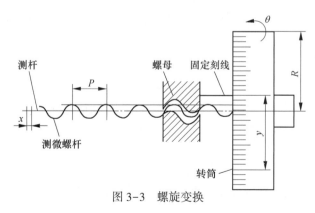

图 3-3　螺旋变换

利用螺旋变换可以制成各种千分尺，分别用于测量孔径（内尺寸）、轴径（外尺寸）、齿轮公法线、板厚、大尺寸、螺纹中径、深度等。如图 3-4 所示为常用模拟式千分尺，其分度

值为 0. 01 mm，测量范围为 0~25 mm。用指示表代替千分尺的固定测头，则可制成带表千分尺，便于读数。如图 3-5 所示为数显式千分尺。

图 3-4　模拟式千分尺

图 3-5　数显式千分尺

2. 杠杆齿轮变换

齿轮变换是利用齿轮传动系统，将测杆的位移放大，如图 3-6 所示，测杆上的齿条与小齿轮 1（齿数为 z_1，模数为 m）啮合，大齿轮 2（齿数为 z_2）与小齿轮 1 固定在同一转轴上，大齿轮 2 与小齿轮 3（齿数为 z_3）啮合，指针与齿轮 3 固定在同一转轴上。通过齿轮传动，测杆的位移 x 转换为指针端点的位移 y，其放大比为

$$K = \frac{y}{x} = \frac{2Rz_2}{mz_1z_3} \qquad (3-5)$$

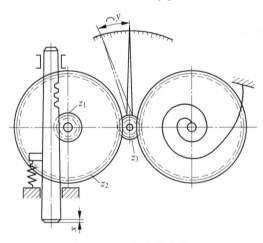

图 3-6　杠杆齿轮变换

这种变换无传动原理误差，故测量范围较大。其变换精度主要受齿轮传动制造、安装误差的影响。利用齿轮变换可以制成各种指示表。图 3-7 所示为常用模拟式千分表，其分度值为 1 μm，测量范围为 0~1 mm。图 3-8 所示为数显式千分表。

3. 弹簧变换

弹簧变换是利用特制弹簧的弹性变形，将测杆的位移放大。弹簧变换有平行片簧变换和扭簧变换，而以扭簧变换应用最多。

扭簧比较仪的原理如图 3-9 所示，图 3-10 所示为其实物图。仪器的主要元件是横截面为 0. 01 mm × 0. 25 mm 的由中间向两端左、右扭曲而成的扭簧片，它的一端连接在机壳的连接柱上，另一端连接在弹性杠杆的一个支臂上。杠杆的另一端与测杆的上部接触。指针粘在扭簧片的中部。测量时，测杆向上或向下移动，从而推动杠杆摆动。当杠杆摆动时将使扭簧片拉伸或缩短，引起扭簧片转动，因而使指针偏转。扭簧比较仪的灵敏度很高，其分度值一般为 0.001 mm、0.0005 mm、0.0002 mm、0.0001 mm 和 0.00002 mm，相应的示值范围为 ±0.03 mm、±0.015 mm、±0.006 mm、± 0.003 mm 和±0.001 mm。

图 3-7　模拟式千分表

图 3-8　数显式千分表

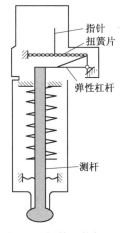

图 3-9　扭簧比较仪原理

图 3-10　扭簧比较仪

3.5.2　光学变换式测量仪器

光学变换主要利用光学成像的放大或缩小、光束方向的改变、光波干涉和光量变化等原理，实现对被测量值的变换。它是一种高精度的变换方式。

1. 影像变换

光学影像变换是利用光学系统将物体成像于目镜视场或影屏上，以便于瞄准和观测。影像变换被广泛应用于光学测量仪器（如各式投影仪、工具显微镜、光学测长仪、光学比较仪等）中，可用来放大被测对象的轮廓或形貌，或放大基准标尺，以便于读数。

图 3-11 所示为卧式测长仪，测量前先将测轴与尾座中的测砧接触，从读数显微镜中读数。装上工件，使工件与测砧接触。然后移动测轴与工件接触，并再次从读数显微镜读数。两次读数之差即为工件尺寸。卧式测长仪、三维影像测量机、工具显微镜的使用见电子资源 3-3、电子资源 3-4、电子资源 3-5。图 3-12 所示为 TESA Scope II 300V 型的立式投影仪。

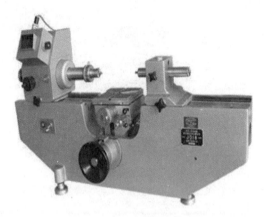

图 3-11　卧式测长仪　　　　　　　　图 3-12　立式投影仪

电子资源 3-3：用卧式测长仪测量孔径实验视频
电子资源 3-4：用三维影像测量机测量小孔直径实验视频
电子资源 3-5：用影像法测量螺纹的主要参数实验视频

2. 光学杠杆变换

光学杠杆变换利用的是光学自准直原理和机械的正切杠杆原理。光学比较仪采用了该原理，也称光学计，有立式和卧式两种。前者只能用于测量外尺寸，后者还可用于测量内尺寸。

如图 3-13 所示，自物镜焦平面上的焦点 c 处发出的光，经物镜后变成一束平行光到达平面反射镜 P，若平面反射镜与光轴垂直，则经过平面反射镜反射的光由原路回到发光点 c，即发光点 c 与像点 c' 重合。若反射镜与光轴不垂直而偏转一个 α 角成为 P_1，则反射光束与入射光束间的夹角为 2α。反射光束汇聚于像点 c'' 与 c 之间的距离，可按下式计算：

$$l = f \tan 2\alpha \qquad (3-6)$$

式中，f 为物镜的焦距；α 为反射镜偏转角度。

反射镜角度的偏转由光学计的测杆来推动。测杆的一端与平面反射镜 P 相接触。当测量时，推动反射镜 P 绕支点 O 摆动，测杆移动一个距离 s，则反射镜偏转一个 α 角，其关系为

$$s = b \tan \alpha \qquad (3-7)$$

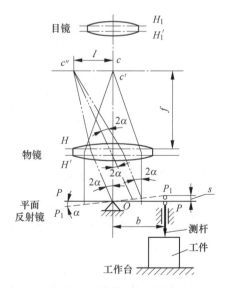

图 3-13　光学杠杆变换原理

式中，b 为测杆到支点 O 的距离。

这样，测杆的微小移动 s 就可以通过正切杠杆机构和光学装置放大，变成发光点和像点间的距离 l。其放大倍数为

$$K = \frac{l}{s} = \frac{f \tan 2\alpha}{b \tan \alpha} \approx \frac{2f}{b} \qquad (3-8)$$

从式（3-8）可看出，光学杠杆变换可以在不增加仪器轮廓尺寸的前提下，得到比机械杠杆大得多的放大比。

立式光学比较仪的外形如图 3-14 所示，其原理如图 3-15 所示。光源由侧面射入，经棱镜反射照亮分划板 2 上的刻度尺。刻度尺共有 ±100 格，它位于物镜 4 的焦平面上，并处于主光轴的一侧，而反射回的刻度尺像位于另一侧（如图 3-15 中左下角所示）。测量时，经光源照亮的标尺光束由直角棱镜 3 折转 90° 到达物镜 4 和反射镜 5，再返回分划板 2，从目镜中可观察到刻度尺像（刻度尺被遮去）。当测杆 6 移动时，反射镜 5 偏转，从而使返回的刻度尺像相对于指示线产生相应的移动，因而可以进行读数。

图 3-14　立式光学比较仪

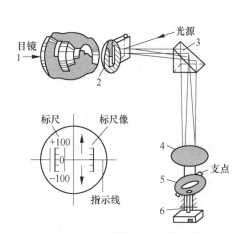

图 3-15　立式光学比较仪原理

当式（3-8）中 f = 200 mm，臂 b = 5 mm 时，放大倍数 K = 80。由于光学计的目镜放大倍数为 12 倍，故光学计的总放大倍数为 12 × 80 = 960 倍。分划板上标尺刻度间距约为 0.08 mm，标尺的分度值为 0.001 mm，标尺示值范围为 ±0.1 mm，仪器的测量范围为 0 ~ 180 mm。其使用见电子资源 3-6。

电子资源 3-6：用光学比较仪测量轴颈实验视频

利用扩大光学杠杆放大比制成的超级光学比较仪，其标尺的分度值可达 0.2 μm，甚至 0.1 μm。

3. 干涉式量仪

干涉式量仪是利用光波干涉原理，将被测量的信号转换为干涉带的信号输出。

在光学测量仪器中，基于干涉原理的仪器是长度测量中研究得最深入、最广泛的仪器之

一，其被广泛应用于测量长度、距离、位移、角度、形状误差和微观表面形貌等。如用于测量长度和位移的激光偏振干涉仪、激光外差干涉仪、激光光栅干涉仪；用于测量位移、直线度、垂直度等的双频激光干涉仪；用于波面和面型测量的激光棱镜干涉仪、激光外差平面干涉仪、波前剪切干涉仪等；用于表面微观形貌干涉测量的 Micheson、Mirau 和 Linik 干涉显微镜，Nomarski 干涉显微镜、双焦干涉显微镜等。此外，在生产中常用的是立式接触式干涉仪，其外形如图 3-16 所示，其光路如图 3-17 所示。

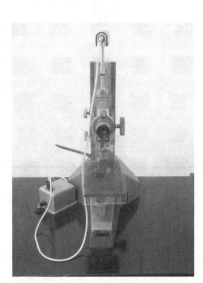

图 3-16　立式接触式干涉仪

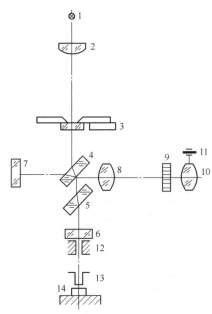

图 3-17　立式接触式干涉仪光路

　　光源 1 发出的光经过聚光镜 2、滤光片 3 后射入分光镜 4。光束从分光镜上分成两束：一束光透过分光镜 4、补偿镜 5 到达和仪器测杆连在一起的反射镜 6，然后从反射镜返回，穿过补偿镜 5、到达分光镜 4；另一束光先由分光镜 4 反射至参考镜 7，再由参考镜 7 反射回分光镜 4。此两束光相遇后产生干涉。干涉条纹经物镜 8 成像在刻度尺 9 上。从目镜 10 即可看到干涉条纹。目镜可以绕轴 11 旋转，以观察灯丝的像是否重合。测量前先装上滤光片 3（以该滤光片波长作为标准），然后调整参考镜 7 与光轴的倾角，从而可以调整干涉条纹的方向与宽度，并可定出此状态下刻度尺 9 的分度值。取下滤光片，再用白光照明。此时，在目镜 10 中可以看到零级干涉条纹是一条黑线，以此黑线作为仪器指针进行读数。由上述光路可知，这种仪器是按迈克尔逊干涉原理设计的。

　　双频激光干涉仪也是基于干涉原理的一种外差式干涉仪，可以用于在计量室内检定量块、三坐标测量机等和在普通车间内为大型机床的刻度进行标定，还可以对几十米的大量程、微小运动进行精密测量和长度、角度、直线度、平行度、平面度、垂直度等进行测量。用双频激光干涉仪测量位移的示例见电子资源 3-7。

电子资源 3-7：用双频激光干涉仪测量位移视频

■ 3.5.3　电动变换式测量仪器

电动变换式测量仪器可将被测量信号转换为电阻、电容及电感等电量的变化，产生电压或电流输出，经放大和计算后进行显示。电学变换的精度很高，信号输出方便，且易于实现远距离测量和自动控制，故在生产和科研中得到广泛的应用。

电动变换式测量仪器种类很多，一般可分为电接触式、电感式、电容式、电涡流式和感应同步器等。下面主要介绍电感式、电容式的基本原理。

1. 电感式

电感式量仪的传感器一般分为电感式和互感式两种。电感式又可分为气隙式、截面式和螺管式三种。互感式也可分为气隙式和螺管式两种。

图 3-18 所示为电感式传感器的结构，它由线圈 1、铁心 2、衔铁 3 组成。铁心与衔铁间有一个空气隙，其厚度为 δ。仪器测杆与衔铁连接在一起。当工件尺寸发生变化时，测杆向上（或向下）移动，从而改变空气隙厚度 δ，如图 3-18（a）所示；或因测杆移动 $\Delta\delta$，通磁气隙面积（导磁体的截面积）S 发生变化，如图 3-18（b）所示。

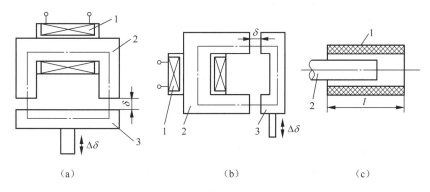

（a）　　　　　　　　　　　（b）　　　　　　　　　　　（c）

图 3-18　电感式传感器结构

据磁路的基本原理可知，电感量的计算式为

$$L = \frac{W^2}{R_{\mathrm{m}}} \tag{3-9}$$

式中，W 为线圈 1 的匝数；R_{m} 为磁路的总磁阻。

图 3-18（a）、（b）中磁路的总磁阻 R_{m} 的计算式为

$$R_{\mathrm{m}} = \sum \frac{l_{\mathrm{i}}}{\mu_{\mathrm{i}} S_{\mathrm{i}}} + \frac{2\delta}{\mu_0 S} \tag{3-10}$$

式中，l_{i}、μ_{i}、S_{i} 分别是铁心磁路上第 i 段的长度、磁导率和截面积；S 为通磁气隙面积；μ_0 为空气的磁导率；δ 为空气隙厚度。

因为一般导磁体的磁阻比空气的磁阻小得多，计算时可以忽略，则电感量为

$$L \approx \frac{W^2 \mu_0 S}{2\delta} \tag{3-11}$$

由式（3-11）可以看出，电感量与空气隙厚度 δ 成反比，与通磁气隙面积 S 成正比。因

此，改变空气隙厚度 δ 或改变通磁气隙面积 S 均能使电感量发生变化。用改变空气隙厚度而使电感量发生变化的原理制成的传感器，称为气隙式电感传感器，如图 3-18（a）所示；用改变通磁气隙面积而使电感量发生变化的原理制成的传感器，称为截面式电感传感器，如图 3-18（b）所示。图 3-18（c）所示为螺管式电感传感器，图中部件 1 是线圈，2 是与测杆相连的衔铁，当衔铁向左或向右移动时，电感量发生变化。

气隙式电感传感器灵敏度最高，且其灵敏度随气隙的增大而减小，非线性误差大，故只能用于微小位移的测量。截面式电感传感器灵敏度比变间隙型低，理论灵敏度为常数，因而线性好，量程比气隙式大。螺管式电感传感器在三种结构中量程最大，可达几十毫米，灵敏度较低，但结构简单，因而应用比较广泛。

上述三种形式传感器中，无论哪一种形式，在实践中均做成差动式（即传感器有上、下两线圈，其感应信号均接入放大电路）。这样可改善环境温度与电源电压波动对测量准确度的响应，以及改善测杆的位移与电感量的非线性关系。

2. 电容式

电容式位移传感器可将被测的位移转换成电容器电容量的变化。它以各种类型的电容器作为转换元件，在大多数情况下，采用的是由两平行极板组成的以空气为介质的电容器，有时电容器也可由两平行圆筒或其他形状平行面组成。因此，电容式位移传感器工作原理可用平行板电容器来说明，如图 3-19 所示。当不考虑边缘电场影响时，其电容为

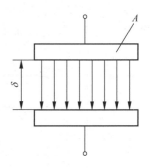

图 3-19　平行板电容器

$$C = \frac{\varepsilon A}{\delta} \qquad (3-12)$$

式中，C 为电容量；ε 为极板间介质的介电系数；A 为平行极板相互覆盖的有效面积；δ 为两平行极板之间的距离。

由式（3-12）可知，平行板电容器的电容量是 ε、δ、A 的函数，即 $C = f（\varepsilon，\delta，A）$。如果保持其中两个参数不变，而只改变一个参数，那么被测量参数的改变就可由电容量 C 的改变反映出来。如将上极板固定，下极板与被测运动物体相连，当被测运动物体上下移动（δ 变化）或左右移动（A 变化）时，电容将发生变化，通过一定的测量线路可将这种电容变化转变成电压、电流、频率等信号输出，根据输出信号的大小，即可测定运动物体位移的大小。

电容式位移传感器的结构按工作原理的不同，可分为变间隙式（δ 变化）、变面积式（A 变化）和变介电系数式（ε 变化）三种；按极板形状不同，则有平板形和圆柱形两种。

图 3-20 所示为电容式位移传感器的结构原理，其电容变化是由于活动极板的位移而引起的。

图 3-20（a）、（b）所示为线位移传感器，图 3-20（c）、（d）所示为角位移传感器；图 3-20（a）所示为变间隙式，图 3-20（h）、（c）、（d）所示为变面积式；图 3-20（i）~（l）所示为变介电系数式；图 3-20（i）、（j）中电容变化是由于固体或液体介质在极板之间运动而引起的，图 3-20（k）、（l）中电容变化主要是由于介质的温度、密度等发生变化而引起的；图 3-20（e）~（h）为差动电容式位移传感器，是由两个结构完全相同的电容式位移传感器构成的，它们共有一个活动电极。当活动电极处于起始中间位置时，两个传感器的电容相

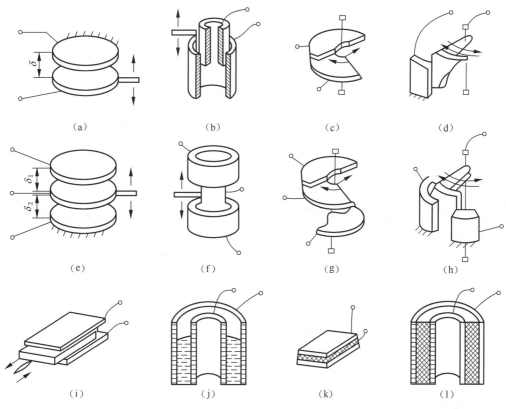

图 3-20　电容式位移传感器的结构原理

等，当活动电极偏离中间位置时，一个电容增加，另一个电容减少。与单一电容式相比，差动电容式位移传感器灵敏度可以提高一倍，非线性由此得到改善，并且能补偿温度引起的误差。

电涡流式传感器的基本原理见电子资源 3-8。

电子资源 3-8：电涡流式传感器原理

3.5.4　光电变换式测量仪器

光电式量仪先利用光学方法进行放大或瞄准，再通过光电元件将几何量转换为电量进行检测，以实现几何量的测量。这类仪器有光栅尺、激光测长机等。

1. 光栅式

光栅式量仪是利用光栅所产生的莫尔条纹和光电效应，将测量位移所得的光信号转换为电信号，对直线位移或角位移进行精密测量的。

光栅的种类很多，常用的有物理光栅和计量光栅。物理光栅按材料分为玻璃光栅和金属光栅，也就是透射光栅和反射光栅。玻璃光栅是由很多间距相等的不透光的刻线和刻线间的透光缝隙构成的。计量光栅又分为长光栅和圆光栅两种，前者用于测量直线位移，后者用于测量角度位移。

将两块栅距相同的长光栅叠放在一起,使两光栅线纹间保持 0.01~0.1 mm 的间距,并使两块光栅的线纹相交一个很小角度,可得到图 3-21 所示的莫尔条纹。从几何的观点来看,莫尔条纹就是同类(明的或暗的)线纹交点的连线。

根据图 3-21 所示的几何关系可得光栅栅距(线纹间距)W,莫尔条纹宽度 B 和两光栅线纹变角 θ 之间的关系为

$$\tan \theta = \frac{W}{B} \tag{3-13}$$

当交角很小时,有

$$\theta = \frac{W}{B} \tag{3-14}$$

由于 θ 是弧度值,是一个较小的小数,因而 $1/\theta$ 是一个较大的数。这样测量莫尔条纹宽度比测量光栅线纹宽度容易得多,由此可知莫尔条纹具有放大作用。如图 3-21 所示,当两光栅尺沿 X 方向产生相对移动时,莫尔条纹也在大约与 X 相垂直的 Y 方向上产生移动,光栅移动一个栅距,莫尔条纹随之移动一个条纹间距。

光栅计数装置种类很多,图 3-22 所示为一种简单的光栅示意图。光源 4 发出的光经过标尺光栅 1 和指示光栅 2 刻线不重合处透射出去,形成清晰的明暗相间的莫尔条纹,硅光电池 3 将莫尔条纹转换为电信号输出。

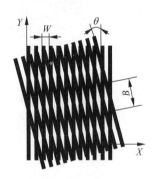

图 3-21 莫尔条纹

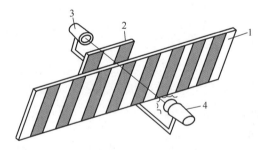

图 3-22 光栅示意图

2. 激光式

激光在长度测量中的应用越来越广,如干涉法测量线位移,用双频激光干涉法测量线位移和小角度,用环形激光测量圆周分度,用激光运行时间测量大距离等。下面主要介绍应用较广的激光三角法。

激光三角法位移测量的原理是:用一束激光以某一角度聚焦在被测物体表面,然后从另一角度对物体表面上的激光光斑进行成像,物体表面激光照射点的位置高度不同,所接受散射或反射光线的角度也不同,用 CCD 光电探测器测出光斑像的位置,就可以计算出主光线的角度,从而计算出物体表面激光照射点的位置高度;当物体沿激光线方向发生移动时,测量结果就将发生改变,从而实现用激光测量物体的位移。具体原理如图 3-23 所示,半导体激光器 1 被镜片 2 聚焦到被测物体 6、7 上,反射光被镜片 3 收集,投射到线性 CCD 阵列 4 上;信号处理器 5 通过三角函数计算线性 CCD 阵列 4 上的光点位置得到被测物体到仪器的距离。

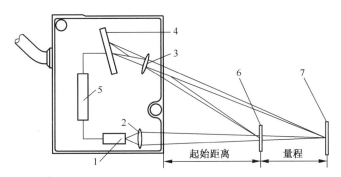

图 3-23   激光三角法位移测量原理

1—半导体激光器；2、3—镜片；4—线阵 CCD；5—信号处理器；6—被测物体 a；7—被测物体 b

3. 视觉检测式

视觉检测技术是精密测试技术领域内最具有发展潜力的新技术，它综合运用了电子学、光电探测、图像处理和计算机技术，将机器视觉引入工业检测中，实现对物体（产品或零件）三维尺寸或位置的快速测量，具有非接触、速度快、柔性好等突出优点，在现代制造业中有着重要的应用前景。基于视觉检测的视觉定位、机器学习与深度学习、视觉跟踪、三维重建、高光谱成像等技术发展得很快。

一个典型的工业机器视觉系统包括光源、镜头、CCD 照相机、图像处理单元（或图像捕获卡）、图像处理软件、监视器、通信及输入/输出单元等。

机器视觉系统采用 CCD 照相机将被检测的目标转换成图像信号，传送给专用的图像处理系统，根据像素分布和亮度、颜色等信息，转变成数字化信号，图像处理系统对这些信号进行各种运算来抽取目标的特征，如面积、数量、位置、长度，再根据预设的允许度和其他条件输出结果，包括尺寸、角度、个数、合格/不合格、有/无等，实现自动识别功能。图 3-24 所示为在轴承装配线上利用视觉系统检查轴承中滚珠是否脱落。

图 3-24   视觉系统用于轴承检测

此外，气动变换式测量仪器也有很多应用，其测量原理见电子资源 3-9。

电子资源 3-9：气动变换式测量仪器

3.6 三坐标测量机

三坐标测量机（Coordinate Measuring Machine，CMM）是 20 世纪 60 年代发展起来的一种高效率的精密测量仪器，被广泛地应用于机械制造、电子、汽车和航空航天等工业中。它可以进行零、部件的尺寸、形状、位置、方向误差的检测，配合高性能的计算机软件，可以进行箱体、导轨、涡轮、叶片、缸体、凸轮、齿轮、螺纹等空间形面的测量，并利用扫描功能对连续曲面进行扫描。利用计算机直接控制功能，可以编制测量程序，通过执行程序实现自动测量，这给大批量生产的零、部件的检测带来了很大的方便。其优点还表现在：①通用性强，可实现空间坐标点的测量，方便地测量出各种零、部件的三维轮廓尺寸和几何误差；②测量结果的重复性好，不论生产型还是计量型的 CMM，都可以实现很高的测量重复性；③可方便地进行数据处理和程序控制，可以和加工中心等生产设备方便地进行数据交换，能满足逆向工程的需要；④既有用于检测实验室内的高精度的计量型 CMM，又有能用于车间现场且具有较高精度的生产型 CMM。

更重要的是，CMM 是符合新一代 GPS 标准的测量要求，且能按照新标准的严格定义测量实际尺寸、局部尺寸和几何误差等几何参数的主要测量仪器。借助功能强大的软件，CMM 能够实现要素的分离、提取、滤波、拟合、组合、构建及重构操作，能够实现评估和一致性评价。CMM 也是能严格地按照包容要求、最大实体要求、最小实体要求（将在第 4 章介绍），根据从被测要素上提取的足够多的坐标点的信息，判断局部尺寸是否超越最小实体尺寸和最大实体尺寸，提取组成要素是否超越最大实体边界、最大实体实效边界、最小实体实效边界的测量仪器。

CMM 的生产厂家很多，如德国 Zeiss、德国 Wenzel、意大利 DEA、美国 Brown & Sharp、美国 Leader、日本 Mitutoyo、日本东京精密 Accretech 和我国的青岛海克斯康、爱德华、思瑞等公司。CMM 种类繁多、形式各异、性能多样，按结构型式可分为移动桥式、固定桥式、龙门式、悬臂式、水平臂式、坐标镗式、卧镗式、仪器台式等；按测量范围可分为小型 CMM、中型 CMM、大型 CMM；按测量精度分为低精度、中等精度、高精度，或分为生产型、计量型。随着计算机和软件技术的发展，现在大多数在用的 CMM 都属于 CNC 型。近年来，还出现了纳米测量精度的 CMM。

CMM 可分为主机、测头、电气系统、软件系统等部分。主机包括框架结构、标尺系统、导轨、驱动装置、平衡部件、转台及附件等。电气系统包括电气控制系统、计算机硬件部分等。三维测头是三维测量的传感器，可以在三个方向感受瞄准信号和微小位移，实现瞄准和测微功能。测量机的测头有硬测头、电气测头、光学测头等。测头有接触式和非接触式两种。非接触式测头（non-contact probe）是指不需与待测表面发生实体接触的探测系统，如光学探测系统、激光扫描探测系统、X 射线探测系统。按输出的信号分，测头有用于发信号的触发式测头和用于扫描的瞄准式、测微式测头等。

作为一种坐标测量仪器，CMM 主要用于比较被测量与标准量，并将比较结果用数值表示出来。CMM 需要三个方向的标准器（标尺），利用导轨实现沿相应方向的运动，还需要三维测头对被测量进行探测和瞄准。此外，具有强大的数据处理功能、编程和自动检测功能以及各种功能的计算机软件是坐标测量机应用越来越广泛的主要原因。

图 3-25 所示为德国 ZEISS 的 PRISMO ultra 桥式测量机，采用了高精度固定台面陶瓷桥式机体设计，根据其 X、Y、Z 轴测量范围，有从 700 mm×1000 mm×500 mm ～ 1600 mm×3000 mm×1000 mm 共 7 种规格。以最小的 700 mm×1000 mm×500 mm 测量机为例，其主要技术参数为：扫描速度达 350 mm/s，长度测量误差 MPE 为 $(0.5 + L/500)$ μm（L 为测量长度，单位为 mm），重复性为 0.4 μm，扫描误差 MPE 为 0.9 μm，测量 50 mm 环规圆度的测量误差 MPE 为 0.5 μm，单探针形状探测误差 MPE 为 0.5 μm，多探针形状探测误差 MPE 为 1.9 μm，多探针尺寸探测误差 MPE 为 0.6 μm，多探针位置探测误差 MPE 为 1.2 μm。

图 3-26 所示为 Leitz Infinity 测量机，以型号 12.10.7 为例，其测量范围为 1200 mm×1000 mm×700 mm，空间范围的测量误差 MPE 为 $(0.3 + L/1000)$ μm（L 为测量长度，单位为 mm），重复性可达 0.1 μm，其能进行直齿轮、锥齿轮、滚刀、拉刀、成型刀具、剃齿刀等的测量。

用三坐标测量机测量箱体、齿轮和用测量机器人扫描汽车的视频见电子资源 3-10、电子资源 3-11、电子资源 3-12。

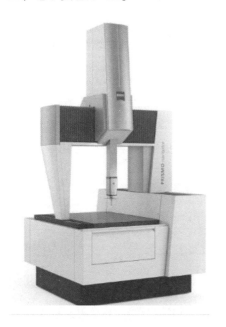

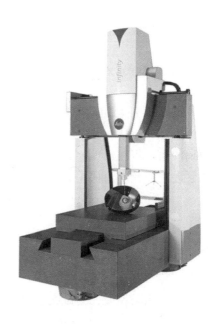

图 3-25　ZEISS 的 PRISMO ultra 桥式测量机　　　　图 3-26　Leitz Infinity 测量机

电子资源 3-10：三坐标测量机测量箱体视频
电子资源 3-11：三坐标测量机测量齿轮视频
电子资源 3-12：测量机器人扫描汽车视频

我国发布了 GB/T 16857《产品几何量技术规范（GPS）　坐标测量机的验收检测和复检检测》，已发布了 7 个部分。相关的国家标准和 ISO 标准现状见电子资源 3-13。

电子资源 3-13：三坐标测量机方面的国家标准和 ISO 标准目录

3.7 误差理论和数据处理

3.7.1 测量误差的基本概念

由于受到测量仪器和测量条件的影响，在任何测量过程中都不可避免地会产生测量误差。测量误差（measurement error）是指测得的量值减去参考量值。

$$\delta = x - Q \qquad (3-15)$$

式中，δ 为测量误差；x 为测得的量值；Q 为参考量值。

在大多数场合的测量中，包括制造业的生产现场和精密测量实验室，参考量值一般是未知的。计量部门进行量具校准或检定时给出的计量标准的参考量值，以及某些科学研究部门，如国际科学协会科学技术数据委员会（CODATA）发布的基本物理常数等属于带有测量不确定度的、约定的参考量值，可以看成是已知的。由于测得的量值 x 可能大于或小于参考量值 Q，因此测量误差可以是正值或负值。若不计其符号正负，则其可用绝对值表示，即

$$|\delta| = |x - Q| \qquad (3-16)$$

于是，参考量值 Q 有时可用下式表示，即

$$Q = x \pm \delta \qquad (3-17)$$

式（3-16）表明，可用测量误差来说明测量准确度。测量误差的绝对值越小，说明测得值越接近于被测量真值，测量准确度也越高；反之，测量准确度就越低。比较不同尺寸的测量准确度时，可应用相对误差的概念。

相对误差 ε 是指绝对误差的绝对值 $|\delta|$ 与对应的参考量值之比，即

$$\varepsilon = \frac{|\delta|}{Q} \approx \frac{|\delta|}{x} \times 100\% \qquad (3-18)$$

相对误差是一个无量纲的数值，通常用百分数（%）表示。

3.7.2 测量误差的分类

按误差的特点与性质，测量误差包括系统测量误差和随机测量误差两类不同性质的误差。

1. 系统测量误差（systematic measurement error）

系统测量误差简称系统误差，是在重复测量中保持不变或按可预见方式变化的测量误差的分量。

系统误差按照数值是否变化可分为绝对值和符号始终保持不变的系统误差（可称为定值系统误差，如在相对测量中标准器的误差等）和按某种规律变化（如线性变化、周期性变化和复杂规律变化）的系统误差（可称为变值系统误差，如表盘安装偏心所造成的示值误差等）。如某量块的标称尺寸为 10 mm，实际尺寸为 10.0008 mm，若按标称尺寸使用（即按级使用），量块就会存在-0.0008 mm 的系统误差。

从在重复性测量条件下测得的一系列测量值中无法发现定值系统误差，但采用残余误差观测法、残余误差校核法、不同公式计算标准偏差比较法、计算数据比较法、秩和检验法、t 检验法等方法可以发现变值系统误差是否存在。

系统误差按照对误差变化规律掌握的程度可分为已定系统误差和未定系统误差。对已定系统误差，由于其规律是确定的，因而可以设法消除或在测量结果中加以修正，但对未定系统误差，由于其变化规律未掌握，往往无法消除，而按随机误差处理。

系统误差及其来源可以是已知的或未知的。对已知系统误差可采用修正补偿。对已知的来源，如果可能，可以从测量方法上采取各种措施予以减小或消除。例如，对测长机的阿贝误差可以采取对称布置的棱镜和物镜系统而基本上得到补偿。

2. 随机测量误差（random measurement error）

随机测量误差简称随机误差，也称偶然误差，是在重复测量中按不可预见方式变化的测量误差的分量。在多次重复测量一个被测量时，随机误差的绝对值和符号以不可预计的方式变化。随机误差是由许许多多微小的随机因素所造成的，如在测量过程中温度的微量变化、地面的微小震动、机械间隙和摩擦力的变化等。对于任何一次测量，随机误差都是不可避免的，不能消除，但通常可以通过增加观测次数来减小。

测量误差不应与测量中产生的错误和过失相混淆。测量中的过错常称为"粗大误差"或"过失误差"，它不属于定义的测量误差的范畴。

总之，测量误差包括系统误差和随机误差，由于误差的不确定性，不可能通过测量得到被测量的准确值。

3.7.3　测量准确度、正确度和精密度

传统上，经常使用"测量误差""制造误差"和"测量精度""制造精度"等术语，把误差和精度作为一对相对的概念。经常用误差的大小来表示精度的高低，即误差越小，精度越高。

但 JJF 1001—2011 并没有给出"测量精度"术语，只给出了"测量准确度""测量正确度""测量精密度"术语。这是由于误差可分为系统误差与随机误差，因此笼统的精度概念已不能反映上述误差的差异。

1. 测量精密度（measurement precision）

测量精密度是指在规定条件下，对同一或类似被测对象重复测量所得示值或测得值之间的一致程度。测量精密度反映随机误差影响的程度。随机误差越大，测量精密度就越低。

所谓规定条件，可以是诸如重复性测量条件、期间精密度条件或复现性测量条件等。故测量精密度用来定义测量重复性、期间测量精密度和测量复现性。测量精密度通常用不精密程度以数字形式表示，如在规定条件下的标准偏差、方差或变差系数。测量精密度有时被错误地称为测量准确度。

测量重复性（measurement repeatability）是在一组重复性测量条件下的测量精密度。重复性测量条件为包括相同的测量程序、相同操作者、相同测量系统、相同的系统操作条件和相同地点，以及在短时间内对同一或类似被测对象重复测量在内的一组测量条件。在很多情况下，测量结果是在按重复性测量条件得到的一系列观测值的基础上确定的。重复观测中的变

化是由于影响测量结果的影响量不能完全保持恒定而引起的。

测量复现性（measurement reproducibility）是在复现性测量条件下的测量精密度。复现性测量条件为包括不同地点、不同操作者、不同测量系统，以及对同一或类似被测对象重复测量在内的一组测量条件。测量复现性也称再现性，在大多数场合，如测量系统分析（MSA）中，通过 3~5 个操作者各进行多次测量，用再现性来评价操作者的测量水平。

2. 测量正确度（measurement trueness）

测量正确度是无穷多次重复测量所得量值的平均值与一个参考量值间的一致程度。测量正确度与系统测量误差有关。但测量正确度不是一个量，不能用数值表示。只是定性地说，系统误差大，测量正确度就低。

测量准确度与测量正确度、测量精密度有关，但只是一个定性的概念。

以射击打靶为例，说明系统误差和随机误差的关系，如图 3-27 所示。图 3-27 中小圆圈代表靶心，小黑点代表弹孔。图 3-27（a）表明系统误差小而随机误差大，即测量正确度高，测量精密度低，因为这时弹孔很分散，但其平均值靠近靶心。图 3-27（b）表明系统误差大而随机误差小，即测量正确度低，测量精密度高，因为这时弹孔比较集中，但其平均值距靶心远。图 3-27（c）表明系统误差和随机误差均小，因为这时弹孔较集中，其平均值距靶心最近。所以，测量正确度、测量精密度都高，也可以说测量准确度最高。

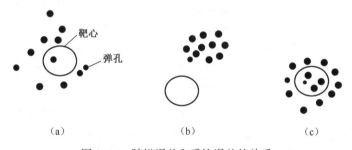

（a）　　　　　　　　　（b）　　　　　　　　　（c）

图 3-27　随机误差和系统误差的关系

■ 3.7.4　测量误差的来源

测量误差对于任何测量过程都是不可避免的，测量误差的来源主要包括以下几个方面。

1. 基准件误差

任何基准件，如光波波长、线纹尺、量块等，都包含误差，这种误差将直接影响测量结果。进行测量时，首先必须选择满足测量精度要求的测量基准件，一般要求其误差为总的测量误差的 1/5~1/3。

2. 测量仪器误差

测量仪器误差是指测量仪器本身在设计、制造和使用过程中造成的各项误差，如原理误差、测量力引起的误差及校正零位用的标准器误差等。

3. 测量方法误差

测量方法误差是指由于测量方法不完善而引起的误差，如采用近似的测量方法或间接测量法等造成的误差。

4. 环境误差

环境误差是指由于外界环境如温度、湿度、振动、灰尘等影响而产生的误差。

5. 测量人员导致的误差

这类误差是指由测量人员主观因素和操作技术所引起的误差，如读数误差和疏忽大意造成的误差等。

3.7.5　测量误差及数据处理

测量数据处理的目的，是寻求被测量最可信赖的数值和评定这一数值所包含的误差。在测量数据中，可能同时存在系统误差、随机误差和粗大误差。下面就对测量数据误差所进行的处理进行分析。

1. 随机误差的特性

下面讨论的一个测量实验是对某一零件在相同条件下进行 150 次（即：$N = 150$）重复测量，得到 150 个测得值，可作出该测量数据的直方图。

先将测得值进行分组，每隔 0.01mm 为一组，分为 11 组，各组的组中值为测得值为 x_i，第 i 组的上、下限分别为 $x_i - 0.005$、$x_i + 0.005$，各组测得值范围、组中值及出现次数、相对出现次数如表 3-2 所列。

表 3-2　测得值及出现次数

各组测得值范围	组中值 x_i	出现次数 n_i	相对出现次数 n_i/N
7.305~7.315	$x_1 = 7.31$	$n_1 = 1$	0.007
7.315~7.325	$x_2 = 7.32$	$n_2 = 3$	0.020
7.325~7.335	$x_3 = 7.33$	$n_3 = 8$	0.053
7.335~7.345	$x_4 = 7.34$	$n_4 = 18$	0.120
7.345~7.355	$x_5 = 7.35$	$n_5 = 28$	0.187
7.355~7.365	$x_6 = 7.36$	$n_6 = 34$	0.227
7.365~7.375	$x_7 = 7.37$	$n_7 = 29$	0.193
7.375~7.385	$x_8 = 7.38$	$n_8 = 17$	0.113
7.385~7.395	$x_9 = 7.39$	$n_9 = 9$	0.060
7.395~7.405	$x_{10} = 7.40$	$n_{10} = 2$	0.013
7.405~7.415	$x_{11} = 7.41$	$n_{11} = 1$	0.007

若以横坐标表示测得值 x，纵坐标表示相对出现次数 n_i/N（n_i 为测得值在第 i 组出现的次数），则得如图 3-28（a）所示的图形，称为频率直方图或直方图。图中每个小方块的宽度为 0.01mm，中点为组中值 x_i，高度为 n_i/N。连接每个小方块的上部中点可得一折线，该折线称为实际分布曲线。该曲线的高度将受分组间隔 Δx 的影响。当 Δx 变大，图形变高，反之变低。用纵坐标 $\dfrac{n_i}{N\Delta x}$ 代替纵坐标 n_i/N，此时图形的高度将不受 Δx 的影响。如果 N 很大（$N \to \infty$），而间隔 Δx 分得很细（$\Delta x \to 0$），以 δ 代替 x，则可得到如图 3-28（b）所示的光滑曲

线，即随机误差的正态分布曲线。

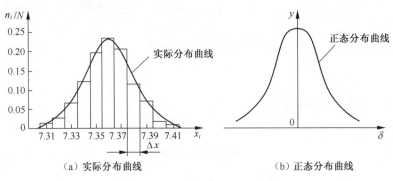

（a）实际分布曲线　　　　　　　　（b）正态分布曲线

图 3-28　随机误差的分布曲线

从上述测量结果中可以看出，服从正态分布规律的随机误差具有下列四大特性：

（1）对称性　绝对值相等的正误差与负误差出现的概率相等。

（2）单峰性　绝对值小的误差出现的概率比绝对值大的误差出现的概率大。

（3）有界性　在一定的测量条件下，误差的绝对值不会超过一定的界限。

（4）抵偿性　在相同条件下，进行重复测量时各误差的算术平均值随测量次数的增加而趋于零。

根据概率论原理可知，正态分布曲线可用下列数学公式表示，即

$$y = \frac{1}{\sigma\sqrt{2\pi}}e^{-\frac{\delta^2}{2\sigma^2}} \tag{3-19}$$

式中，y 为概率密度；δ 为随机误差；e 为自然对数的底（e=2.71828）；σ 为标准偏差，即

$$\sigma = \sqrt{\frac{1}{n}(\delta_1^2 + \delta_2^2 + \cdots + \delta_n^2)} = \sqrt{\frac{1}{n}\sum_{i=1}^{n}\delta_i^2} \tag{3-20}$$

可见，σ 越小，则 δ_1，δ_2，$\cdots$，δ_n 也越小，即随机误差的分布范围也越小，说明测量精密度比较高。因此标准偏差 σ 的大小反映了随机误差的分散特性和测量精密度的高低。通过计算，随机误差在±3σ 范围内出现的概率为 99.73%，即在 370 次测量中只有 1 次测量的误差不在此范围内，所以一般以±3σ 为随机误差的极限误差。

由于被测量的真值是未知量，在实际应用中常常进行多次测量，当测量次数 n 足够大时，可以用测量列 x_1，x_2，$\cdots$，x_n 的算术平均值 $\bar{x}$ 作为最近测量值，即

$$\bar{x} = \frac{1}{n}(x_1 + x_2 + \cdots + x_n) = \frac{1}{n}\sum_{i=1}^{n}x_i \tag{3-21}$$

测量列中各测量值与测量列的算术平均值的代数差称为残余误差，即

$$v_i = x_i - \bar{x} \tag{3-22}$$

通过推导，得到单次测量值的实验标准偏差

$$\hat{\sigma} = S = \sqrt{\frac{1}{n-1}(v_1^2 + v_2^2 + \cdots + v_n^2)} = \sqrt{\frac{1}{n-1}\sum_{i=1}^{n}v_i^2} \tag{3-23}$$

2. 测量误差的合成

一般情况下，测量结果总误差可分为总的系统误差 $\delta_{总系}$ 和总的极限误差 $\delta_{总lim}$ 两大部分，

可将有关的各项误差分别按以下规律合成。

（1）系统误差的合成　设间接被测量 y 与 n 个直接测量量 x_1，x_2，$\cdots$，x_n 之间的函数关系为

$$y = f(x_1,\ x_2,\ \cdots,\ x_n) \tag{3-24}$$

对上式全微分，可得 y 的系统误差与各分量的系统误差的关系为

$$\Delta y = \frac{\partial f}{\partial x_1}\Delta x_1 + \frac{\partial f}{\partial x_2}\Delta x_2 + \cdots + \frac{\partial f}{\partial x_n}\Delta x_n \tag{3-25}$$

式中，Δy 为间接被测量 y 的系统误差；Δx_1，Δx_2，$\cdots$，Δx_n 为直接测量分量的系统误差；$\frac{\partial f}{\partial x_i}$ 为误差传递函数，设 $\frac{\partial f}{\partial x_i} = a_i$。

若 y 与 x_1，x_2，$\cdots$，x_n 的函数关系为线性关系，即

$$y = a_1 x_1 + a_2 x_2 + \cdots + a_n x_n$$

则有

$$\Delta y = a_1 \Delta x_1 + a_2 \Delta x_2 + \cdots + a_n \Delta x_n$$

（2）随机误差的合成　设直接测量各分量 x_i 为随机变量，且相互独立，则 y 的方差与各分量的方差有以下关系

$$\sigma_y^2 = \left(\frac{\partial f}{\partial x_1}\sigma_{x_1}\right)^2 + \left(\frac{\partial f}{\partial x_2}\sigma_{x_2}\right)^2 + \cdots + \left(\frac{\partial f}{\partial x_n}\sigma_{x_n}\right)^2 \tag{3-26}$$

若各分量均为正态分布，在包含概率为 99.73% 的条件下，各分量的测量极限误差为 $\Delta_{\lim x_i} = \pm 3\sigma_{x_i}$，则 y 的测量极限误差（包含概率为 99.73%）为

$$\Delta_{\lim y} = \pm 3\sigma_y = \pm 3\sqrt{\left(\frac{\partial f}{\partial x_1}\sigma_{x_1}\right)^2 + \left(\frac{\partial f}{\partial x_2}\sigma_{x_2}\right)^2 + \cdots + \left(\frac{\partial f}{\partial x_n}\sigma_{x_n}\right)^2}$$

$$= \pm\sqrt{\left(\frac{\partial f}{\partial x_1}\Delta_{\lim x_1}\right)^2 + \left(\frac{\partial f}{\partial x_2}\Delta_{\lim x_2}\right)^2 + \cdots + \left(\frac{\partial f}{\partial x_n}\Delta_{\lim x_n}\right)^2} \tag{3-27}$$

若 $y = a_1 x_1 + a_2 x_2 + \cdots + a_n x_n$，则有

$$\Delta_{\lim y} = \pm\sqrt{(a_1 \Delta_{\lim x_1})^2 + (a_2 \Delta_{\lim x_2})^2 + \cdots + (a_n \Delta_{\lim x_n})^2}$$

系统误差应在测量结果中消去，因此最终测量结果可表达为

测量结果 = 消去总系统误差后的测量值 ± 测量极限误差

如用千分尺测量某零件，量得直径为 21.175 mm。经误差分析发现由千分尺不对零等因素引起的系统误差为 +5 μm，由于量具本身和测量方法等因素引起的极限误差为 ±4 μm，则

测量结果 = (21.175 − 0.005) ± 0.004 = (20.170 ± 0.004) mm

函数的实验标准偏差一般可表示为

$$s_y = \sqrt{\left(\frac{\partial f}{\partial x_1}\right)^2 s_{x_1}^2 + \left(\frac{\partial f}{\partial x_2}\right)^2 s_{x_2}^2 + \cdots + \left(\frac{\partial f}{\partial x_n}\right)^2 s_{x_n}^2} \tag{3-28}$$

例 3-2　设有一厚度为 1 mm 的圆弧样板，如图 3-29 所示。在万能工具显微镜上测得 $s = 23.664$ mm，$\Delta s = -0.004$ mm，$h = 10.000$ mm，$\Delta h = +0.002$ mm。已知在万能工具显微镜上用影像法测量平面工件时的测量极限误差公式为

纵向：$\Delta_{\lim} = \pm\left(3 + \dfrac{L}{30} + \dfrac{HL}{4000}\right)$ μm，式中 H、L 以 mm 为单位；

横向：$\Delta_{\lim} = \pm\left(3 + \dfrac{L}{50} + \dfrac{HL}{2500}\right)$ μm。

式中，L 为被测长度；H 为工件上表面到玻璃台面的距离。求 R 的测量结果。

解：

1）计算系统误差。R 与 s、h 的函数关系为

$$R = \frac{s^2}{8h} + \frac{h}{2}$$

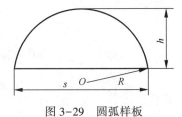

图 3-29 圆弧样板

对 R 进行全微分得

$$\Delta R = \frac{s}{4h}\Delta s - \left(\frac{s^2}{8h^2} - \frac{1}{2}\right)\Delta h$$

即有

$$\frac{\partial R}{\partial S} = \frac{s}{4h} = \frac{23.664}{4 \times 10} = 0.5915$$

$$\frac{\partial R}{\partial h} = -\left(\frac{S^2}{8h^2} - \frac{1}{2}\right) = -0.1995$$

已知 $\Delta s = -0.004$ mm，$\Delta h = +0.002$ mm，将 $\dfrac{\partial R}{\partial S}$、$\dfrac{\partial R}{\partial h}$、$\Delta s$、$\Delta h$ 代入上式，得 R 的系统误差为

$$\Delta R = 0.5915 \times (-0.004) - 0.1995 \times 0.002 = -0.0028 \text{ mm}$$

2）估计随机误差。计算 s、h 的测量极限误差

$$\Delta_{\lim s} = \pm\left(3 + \frac{23.664}{30} + \frac{1 \times 23.664}{4000}\right) \approx \pm 3.8 \text{ μm}$$

$$\Delta_{\lim h} = \pm\left(3 + \frac{10}{50} + \frac{1 \times 10}{2500}\right) \approx \pm 3.2 \text{ μm}$$

$$\Delta_{\lim R} = \sqrt{\left(\frac{\partial R}{\partial s}\right)^2 \Delta_{\lim S}^2 + \left(\frac{\partial R}{\partial h}\right)^2 \Delta_{\lim h}^2} \approx \pm 0.0023 \text{ mm}$$

3）测量结果表达。将 $s = 23.664$ mm，$h = 10.000$ mm 代入 R 计算式，得

$$R = \frac{23.664^2}{8 \times 10.000} + \frac{10.000}{2} = 11.9998 \text{ mm}$$

R 的测量结果可表示为

$$R = (11.9998 + 0.0028) \pm 0.0023 = 12.003 \pm 0.0023 \text{ mm}$$

例 3-3 求算术平均值的标准偏差。

解： 在相同条件下，对某一量进行 n 次重复测量，获得测量列 x_1，x_2，$\cdots$，x_n。

$$\text{算术平均值 } \bar{x} = \frac{1}{n}(x_1 + x_2 + \cdots + x_n) = \frac{x_1}{n} + \frac{x_2}{n} + \cdots + \frac{x_n}{n}$$

将上式看作各测得值的函数值，由函数的实验标准偏差公式（3-26）得

$$s_{\bar{x}} = \sqrt{\left(\frac{1}{n}\right)^2 s_{x_1}^2 + \left(\frac{1}{n}\right)^2 s_{x_2}^2 + \cdots + \left(\frac{1}{n}\right)^2 s_{x_n}^2}$$

由于是重复性条件下的测量，则

$$s_{x_1} = s_{x_2} = \cdots = s_{x_n} = s$$

所以

$$s_{\bar{x}} = \frac{s}{\sqrt{n}}$$

3. 重复性测量条件下测量结果的处理

在重复性测量条件下，对某一量进行 n 次重复测量，获得测量列 x_1，x_2，$\cdots$，x_n。

在这些测得值中，可能同时包含有系统误差、随机误差，可能有的测得值属于离群值（异常值）。按 GB/T 4883—2008《数据的统计处理和解释　正态样本离群值的判断和处理》，所谓离群值（outlier）就是样本中的一个或几个观测值，它们离其他观测值较远，暗示它们可能来自不同的总体。按显著性的程度，离群值可分为岐离值和统计离群值。统计离群值是在剔除水平（为检出离群值是否高度离群而指定的统计检验的显著性水平，通常为 0. 01）下统计检验为显著的离群值。岐离值是在检出水平（为检出离群值而指定的统计检验的显著性水平，通常为 0. 05）下显著，但在剔除水平下不显著的离群值。离群值往往是因为测量人员的主观原因（如读数错误或记录错误）、环境条件突变（如机械冲击、外界震动）等原因带来的，或者是因混杂有其他分布的数据而产生的。以往称其为包含了粗大误差的数据，需要将包含粗大误差的原始数据从测量系列值中删除掉，然后重新计算。对离群值的判定通常可根据技术上或物理上的理由直接进行，如测量者知道测量仪器发生了问题，或测量偏离了规定的测量方法或步骤等。当上述理由不明确时，可采用 GB/T 4883—2008 规定的处理方法。

为了获得可靠的测量结果，应将测量数据按上述误差分析原理进行处理。现将其处理步骤通过以下的例子加以说明。

例 3-4　在批量生产图 2-2 所示的输出轴时，从生产线抽取了一根输出轴，采用立式光学比较仪和标称尺寸为 50 mm 的 2 级量块测量该输出轴齿轮安装部位的尺寸，对该部位进行了 10 次重复测量，测量读数（单位：μm）分别为 49. 1，50. 1，48. 2，50. 4，47. 9，52. 3，48. 3，50. 2，49. 0，49. 5，试求其测量结果。

解：

（1）计算算术平均值

$$\bar{L} = \frac{1}{n} \sum_{i=1}^{n} l_i = \frac{1}{10}(49.1 + 47.9 + \cdots + 49.4) = 49.5 \text{ μm}$$

（2）判断有无按某种规律变化的系统误差

先计算残余误差 v_i，由 $v_i = l_i - \bar{L}$ 可计算得残余误差（单位：μm）为

　　　　　　－0. 4，0. 6，－1. 3，0. 9，－1. 6，2. 8，－1. 2，0. 7，－0. 5，0

残余误差正负相间，可以认为该测量列中没有明显的按某种规律变化的系统误差。

系统误差判别的残余误差校核法、不同公式计算标准偏差比较法、计算数据比较法、秩和检验法、t 检验法等见电子资源 3-14。

电子资源3-14：系统误差的判别

（3）估算单次系列测量值的标准偏差。由于总体标准偏差 σ 未知，故用系列测量值估计单次系列测量值的标准偏差

$$\hat{\sigma} = s = \sqrt{\frac{\sum_{i=1}^{n} v_i^2}{n-1}} \approx 1.3\ \mu m$$

（4）粗大误差的判别。为简便起见，通常采用 3σ 准则（简称拉伊达准则）。但 3σ 准则没有考虑测量次数对粗大误差判定结果的影响，也没有考虑判断错误的概率。GB/T 4883—2008《数据的统计处理和解释 正态样本离群值的判断和处理》规定的用于判断离群值的格拉布斯（Grubbs）准则和狄克逊准则（Dixon）也是判断粗大误差的准则，避免了 3σ 准则的缺点，详见电子资源3-15。

电子资源3-15：粗大误差的判别方法

显然，这里的残余误差均满足：$|v_i| < 3\hat{\sigma}$，因此不存在粗大误差。

（5）估计算术平均值的标准偏差

$$\hat{\sigma}_{\bar{L}} = \frac{\hat{\sigma}}{\sqrt{n}} = \frac{1.3}{\sqrt{10}} \approx 0.41\ \mu m$$

（6）测量结果的表达。该工件的测量结果可表示为

$$L = \bar{L} \pm 3\hat{\sigma}_{\bar{L}} = (50.0495 \pm 0.0012)\ mm$$

假设本次测量使用的量块为 4 等量块，该量块的检定证书上给出的量值为（50 - 0.0006）mm，并假设测量读数不变，则测量结果可表达为

$$L = \bar{L} \pm 3\hat{\sigma}_{\bar{L}} = (50 - 0.0006 + 0.0495 \pm 0.0012 = (50.0489 \pm 0.0012)mm$$

3.8 测量不确定度

3.7.5 节介绍了通过系列测量值的算术平均值及其测量极限误差来表达测量结果的方法，但现在国际上对测量结果大都采用测量不确定度来表示。与此有关的标准、指南有：

• ISO/IEC Guide 98—3：2008 *Uncertainty of Measurement—Part 3：Guide to the Expression of Uncertainty in Measurement*（简称 GUM）。

• JJF 1059.1—2012 、GB/T 27418—2017《测量不确定度评定与表示》均修改采用 ISO/IEC Guide 98-3：2008。

• GB/T 27411—2012《检测实验室中常用不确定度评定方法和表示》。

• JJF 1059.2—2018《用蒙特卡洛法评定测量不确定度》。

- GB/Z 22553—2010《利用重复性、再现性和正确度的估计值评估测量不确定度的指南》。
- GB/T 18779.2—2004《产品几何量技术规范（GPS）工件与测量设备的测量检验　第 2 部分：测量设备校准和产品检验中 GPS 测量的不确定度评定指南》。
- GB/T 18779.3—2009《产品几何技术规范（GPS）工件与测量设备的测量检验　第 3 部分：关于对测量不确定度的表述达成共识的指南》。
- GB/T 18779.5—2020《产品几何量技术规范（GPS）工件与测量设备的检验　第 5 部分：指示式测量仪器的检验不确定度》。

▌3.8.1　测量不确定度的相关术语

1. 测量不确定度（measurement uncertainty）

测量不确定度是指利用可获得的信息，表征赋予被测量量值分散性的非负参数。

为了表征测量值的分散性，测量不确定度用标准偏差表示。当然，为了定量描述，实际上采用标准偏差的估计值来表示测量不确定度。有关注意事项如下。

（1）此参数可以是诸如标准偏差或其倍数，或说明了包含概率的区间半宽度。也就是说，测量不确定度需要用以下两个数来表示：一个是测量不确定度的大小，即包含区间，是基于可获得的信息确定的包含被测量一组值的区间，被测量以一定概率落在该区间内。包含区间不一定以所选的测得值为中心，不应把包含区间称为置信区间，以免与统计学概念混淆。包含区间由扩展测量不确定度导出；另一个是包含概率，它是在规定的包含区间内包含被测量的一组值的概率。包含概率代替了曾经使用过的置信水准，但为了避免与统计学概念混淆，不应把包含概率称为置信水平。

（2）测量不确定度一般由若干分量组成，其中的一些分量可根据一系列测量值的统计分布，按测量不确定度的 A 类评定进行评定，并用标准偏差表征。而另一些分量则可根据基于经验或其他信息所获得的概率密度函数，按测量不确定度的 B 类评定进行评定，也可用标准偏差表征。

（3）测量结果应理解为被测量的最佳估计，而所有的不确定度分量均导致测量结果产生了分散性，包括那些由系统效应引起的（如与修正值和参考测量标准有关的）分量。

（4）不确定度恒为正值，当由方差得出时，取其正平方根。

（5）不确定度一词指可疑程度。

在精密测量中（如计量器具的校准），测量结果通常表示为单个测量值和一个测量不确定度。如果认为测量不确定度可以忽略不计，则测量结果可以表示为单个测得的量值，如车间现场经常采用这种方式。

就广义而言，测量不确定度为对测量结果正确性的可疑程度。不带形容词的不确定度用于一般概念，当需要明确某一测量结果的不确定度时，要适当采用一个形容词，如合成标准不确定度或扩展不确定度。但不要用"随机不确定度"和"系统不确定度"这两个术语，必要时可用"随机效应导致的不确定度"和"系统效应导致的不确定度"表述。

在新一代 GPS 标准中，不确定度的概念更具有一般性（见图 1-3），不再仅仅指测量不确定度，而是包括总不确定度、相关不确定度、符合不确定度、规范不确定度、测量不确定度、方法不确定度、执行不确定度等多种形式。

2. 标准测量不确定度 (standard measurement uncertainty)

标准测量不确定度简称标准不确定度，是以标准偏差表示的测量不确定度。

标准不确定度用符号 u 表示。它不是由测量标准引起的不确定度，而是采用标准偏差的估计值表示，表征测量值的分散性。

测量结果的不确定度往往由许多原因引起，对每个不确定度来源评定的标准偏差，称为不确定度分量，用 u_i 表示。

标准不确定度分量有两类评定方法：A 类评定和 B 类评定。

（1）A 类标准不确定度 用对一系列测量值进行统计分析的方法进行不确定度评定（即 A 类评定）得到的标准不确定度称为 A 类标准不确定度，用符号 u_A 表示。

（2）B 类标准不确定度 用不同于对一系列测量值进行统计分析的方法进行不确定度评定（即 B 类评定）得到的标准不确定度称为 B 类标准不确定度，用符号 u_B 表示。

A 类和 B 类分类的目的只是指出评定不确定度分量的两种不同方法，并且只是为了讨论的方便。这种分类不是指这两类分量本身性质上的区别，它们都基于概率分布，并且由两类评定得到的不确定度分量都是用方差或标准偏差定量表示。

3. 合成标准不确定度 (combined standard measurement uncertainty)

测量不确定度的来源很多，往往每一个来源都有一个不确定度分量，为此，往往需要通过测量模型，把不确定度分量合成为一个标准不确定度，称为合成标准不确定度，它是由在一个测量模型中各输入量的标准不确定度获得的输出量的标准不确定度。当测量结果由若干个其他量的值求得时，合成标准不确定度是这些量的方差和协方差的加权和的正平方根值。合成标准不确定度用符号 u_c 表示。下标 c 是 "combined"（合成）的第一个字母。

合成标准不确定度仍然是标准偏差，它是测量结果标准偏差的估计值，表征了测量结果的分散性。

4. 扩展测量不确定度 (expanded measurement uncertainty)

扩展测量不确定度简称扩展不确定度，它是合成标准不确定度与一个大于 1 的数字因子的乘积。该因子称为包含因子，取决于测量模型中输出量的概率分布类型及所选取的包含概率。扩展不确定度用符号 U 表示，它是将合成标准不确定度扩展到 k 倍得到的，即 $U = ku_c$。

为正确理解测量不确定度，应明确下列几种情况不是测量不确定度。

（1）测量误差不是测量不确定度。测量误差与测量不确定度的主要区别如表 3–3 所列。

表 3–3 测量误差与测量不确定度的主要区别

序号	测 量 误 差	测量不确定度
1	测量结果减去被测量的真值，是具有正号和负号的量值	用标准偏差或其倍数的半宽度（包含区间）表示，并需要说明包含概率。无符号参数（或取正号）
2	表明测量结果偏离被测量真值	说明合理地赋予被测量之值（最佳估计值）的分散性
3	客观存在，不以人的认识程度而改变	与评定人员对被测量、影响量及测量过程的认识密切相关
4	不能准确得到真值，而是用约定真值代替真值，此时只能得到真值的估计值	通过实验、资料，根据评定人员的理论和实践经验进行评定，可以定量给出

续表

序号	测　量　误　差	测量不确定度
5	按性质可分为随机误差和系统误差两大类，都是无穷多次测量下的理想概念	不必区分性质，必要时可表述为"随机效应或系统效应引起的不确定度分量"。可将评定方法分为 A 类或 B 类标准不确定度评定方法
6	已知系统误差的估计值，可对测量结果进行修正，得到已修正的测量结果	不能用来修正测量结果

（2）操作人员失误不是不确定度。这一类不应计入对不确定度的贡献，应当并可以通过仔细工作和核查来避免发生。

（3）允许误差不是不确定度。允许误差是对工艺、产品或仪器所选定的允许极限值，在校准规范或检定规程中往往用最大允许误差 MPE 表示。

（4）技术条件不是不确定度。技术条件规定的是对产品或仪器的期望值。技术条件包含的内容往往是"非技术"的质量项目，如外观。

（5）准确度（更确切地说，应叫不准确度）不是不确定度。确切地说，"准确度"是一个定性的术语，如人们可能说，测量是"准确"的或"不准确"的。JJF 1001—2011《通用计量术语及定义》中也没有给出"准确度"术语。

（6）统计分析不是不确定度分析。统计学可以用来得出各类结论，而这些结论本身并不反映任何关于不确定度的信息。不确定度分析只是统计学的一种应用。

■3.8.2　测量不确定度的来源

GB/T 18779.2—2004 给出了测量不确定度的来源，如图 3-30 所示。

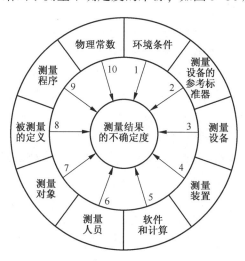

图 3-30　测量中的不确定度贡献因素

通常测量不确定度来源可以从以下方面考虑：

（1）对被测量的定义不完整或不完善。

（2）实现被测量定义的方法不理想。

（3）取样的代表性不够，即被测量的样本可能不能完全代表所定义的被测量。

（4）对测量过程受环境条件的影响认识不足，或对环境条件的测量与控制不完善，其中，环境温度是测量不确定度的主要贡献因素。

（5）模拟指示仪器的读数存在人为偏差（偏移）。

（6）测量仪器计量性能（如灵敏度、鉴别力、分辨力、稳定性及死区等）的局限性。

（7）赋予测量标准的值或标准物质的值不准确。

（8）引用的常数或其他参数的不准确。

（9）测量方法、测量程序和测量系统的近似、假设和不完善。

（10）在相同条件下被测量在重复观测中的随机变化等。

这些来源不一定是相互独立的。未识别的系统影响不可能在测量结果的不确定度评定中考虑到，但其对误差有贡献。

3.8.3 测量不确定度评定步骤

在评定测量不确定度前应确定被测量和测量方法，包括测量原理、环境条件、所用仪器设备、不确定度的各种来源、测量程序和数据处理等。测量不确定度的评定包括以下步骤。

1. 建立数学模型

确定被测量 Y 与各输入量 X_i 之间的函数关系：$Y = f(X_1, X_2, \cdots, X_N)$。函数 f 应当包含每一个对测量结果有显著影响的分量，包括所有的修正值和修正因子。如果对被测量不确定度有贡献的分量未包括在数学模型中，应特别加以说明，如环境因素的影响。由数学模型对各输入量求偏导数从而确定灵敏系数。

2. 求被测量的最佳估计值

不确定度评定是对测量结果的不确定度的评定，而测量结果应理解为被测量的最佳估计值。既可基于一系列观察值的统计分析，也可用其他方法确定输入量 X_i 的估计值 x_i。

3. 确定各输入量的标准不确定度

评定每个输入量的估计值 x_i 的标准不确定度 $u(x_i)$。对由一系列观测值的统计分析获得的输入量的估计值，其标准不确定度 $u(x_i)$ 采用 A 类评定。对由其他方法得到的输入量的估计值，其标准不确定度 $u(x_i)$ 采用 B 类评定。

4. 评定各输入量的协方差和相关系数

对任何相关的输入量，要评定它们的协方差 $u(x_i, x_j)$ 和相关系数 $r(x_i, x_j)$。

$$r(x_i, x_j) = u(x_i, x_j)/[u(x_i)u(x_j)] \tag{3-29}$$

5. 计算被测量 Y 的估计值 y

计算测量结果，即用步骤 2 所得到的输入量 X_i 的估计值 x_i，通过函数关系式计算得到被测量 Y 的估计值 y。

$$y = f(x_1, x_2, \cdots, x_N) \tag{3-30}$$

6. 求合成标准不确定度 $u_c(y)$

求合成标准不确定度需确定各个输入分量的标准不确定度对被测量的估计值 y 的标准不确定度的贡献，即在求出各个输入量的标准不确定度分量 $u(x_i)$ 之后，还需要计算传播系数（灵敏系数）c_i。由输入量的估计值的标准不确定度和协方差、灵敏系数，确定测量

结果 y 的合成标准不确定度 $u_c(y)$。如果测量过程同时确定一个以上输出量，要计算它们的协方差。

$$u_c(y) = \sqrt{\sum_{i=1}^{N} \left(\frac{\partial f}{\partial x_i}\right)^2 u^2(x_i) + 2\sum_{i=1}^{N-1}\sum_{j=i+1}^{N} \frac{\partial f}{\partial x_i}\frac{\partial f}{\partial x_j}r(x_i, x_j)u(x_i)u(x_j)} \qquad (3-31)$$

式中，$\dfrac{\partial f}{\partial x_i}$ 为被测量 Y 与有关的输入量 X_i 之间的函数对于输入量的估计值 x_i 的偏导数，称为灵敏系数。其表征输入量的估计值 x_i 的单位变化引起的输出量的估计值 y 的变化量（即不确定度的传播作用）。

式（3-31）称为不确定度传播律，是计算合成标准不确定度的通用公式，当输入量相关时，需要考虑它们的协方差。当各输入量间均不相关时，相关系数为零。被测量的估计值 y 的合成标准不确定度 $u_c(y)$ 为

$$u_c(y) = \sqrt{\sum_{i=1}^{N} \left(\frac{\partial f}{\partial x_i}\right)^2 u^2(x_i)} \qquad (3-32)$$

由此引起的被测量的估计值 y 的标准不确定度分量为

$$u_i(y) = |c_i|u(x_i) = \left|\frac{\partial f}{\partial x_i}\right|u(x_i) \qquad (3-33)$$

7. 求扩展不确定度

如果有必要给出扩展不确定度 U，以便提供一个区间 $[y-U, y+U]$，可期望该区间包含了能合理赋予被测量 Y 的值的分布的大部分，则应根据被测量的概率分布和所需的包含概率，确定包含因子，由合成标准不确定度 $u_c(y)$ 乘以包含因子 k 得到

$$U = ku_c(y) \qquad (3-34)$$

通常 k 的值一般为 $2\sim3$。根据区间要求的包含概率选择 k。但 GB/T 18779.2—2004（等同采用 ISO/TS 14253—2：1999）和 ISO 14253—2：2011 中均规定："除非另有规定，在 GPS 测量中包含因子 $k=2$。"

8. 报告测量结果及其不确定度

报告测量结果时应给出其不确定度，即合成标准不确定度或扩展不确定度；对扩展不确定度应说明包含因子。不确定度的有效数字一般取 1 或 2 位。

3.8.4 评定不确定度的两种方法

1. 标准不确定度的 A 类评定

A 类评定的基本方法是计算单次测量结果实验标准偏差与平均值实验标准偏差。

对一个或一组相同的样品在相同条件下做若干次重复测量，其测得结果未必是相同的。由于诸如电噪声、振动等各种各样因素的变化，测量值彼此之间会有区别而且分布在其平均值周围。如果这种随机影响相对于其他不确定度分量是明显的，则必须对它进行定量分析，且分析结果还必须计入合成标准不确定度内。例如，在重复性测量条件下得出 n 个观测结果 x_1，x_2，$\cdots$，x_n，则 n 次独立观测结果的算术平均值就是被测量的最佳估计值，其标准偏差 s 即表示被测量分散性的一个量。

表 3-4 给出了平均值和标准偏差的估算步骤，即标准不确定度 A 类评定的步骤。

表 3-4 标准不确定度 A 类评定

序号	运 算 说 明	数 学 公 式
1	对被测量 X 进行 n 次独立观察，得到一系列测得值 x_i	$x_i\ (i=1,\ 2,\ \cdots,\ n)$
2	计算被测量的最佳估计值 $\bar{x}$	$\bar{x}=\sum\limits_{i=1}^{n}\dfrac{x_i}{n}$
3	计算单个测得值的实验标准偏差 $s(x_k)$，以表征测得值 x_k 的重复性	$s(x_k)=\sqrt{\sum\limits_{i=1}^{n}\dfrac{(x_i-\bar{x})^2}{n-1}}$
4	求单次测量的标准不确定度	$u(x)=s(x)$
5	求平均值 $\bar{x}$ 的标准偏差，被测量估计值的 A 类标准不确定度 $u(\bar{x})$	$s(\bar{x})=s(x)/\sqrt{n}$ $u(\bar{x})=s(\bar{x})$

例 3-5 某实验室事先对某一长度量进行了 $n=10$ 次重复测量，测量值列于表 3-5。按表 3-4 的计算步骤得到单次测量的估计标准偏差 $s(x)=0.074$ mm。

（1）在同一系统中随后做了单次（$n'=1$）测量，测量值 $x=46.3$ mm，求这次测量的标准不确定度 $u(x)$。

（2）在同一系统中做了 3 次（$n'=3$）测量，$\bar{x}=\dfrac{45.4+45.3+45.5}{3}=45.4$ mm，求这 3 次测量的标准不确定度 $u(\bar{x})$。

表 3-5 对某一长度量进行 $n=10$ 次重复测量的测量值

次数 i	1	2	3	4	5	6	7	8	9	10
测量值/mm	46.4	46.5	46.4	46.3	46.5	46.3	46.3	46.4	46.4	46.4
平均值					46.39 mm					
单次测量的标准偏差 $s(x)$					0.074 mm					

解：

（1）对于单次测量，其标准不确定度等于 1 倍单次测量的标准偏差，即

$$x=46.3\ \text{mm},\ u(x)=s(x)=0.074\ \text{mm}$$

（2）对于 $n'=3$ 测量，其测量结果为

$$\bar{x}=\frac{45.4+45.3+45.5}{3}=45.4\ \text{mm}$$

$\bar{x}$ 的标准不确定度为

$$u(\bar{x})=\frac{s(x)}{\sqrt{n'}}=\frac{0.074}{\sqrt{3}}\approx0.043\ \text{mm}$$

若取 $k=2$，即包含概率为 0.9546，则表 3-5 测量结果的扩展不确定度可以表示为

$$U=ku(x)=2\times0.074=0.148\ \text{mm}$$

2. 标准不确定度的 B 类评定

B 类评定是用不同于对观察列进行统计分析的方法来评定标准不确定度。可根据其他信

息的标准不确定度进行估计。这些信息可能来自过去的经验、校准证书、生产厂的技术说明书、手册、出版物、常识等。

B 类评定是根据经验和资料及假设的概率分布估计标准偏差表征，会有主观鉴别的成分，也就是说其原始数据并非基于观测列的数据处理，而是基于实验或其他信息估计的。B 类标准不确定度的信息和来源一般有：

（1）以前的观测数据。

（2）对有关技术资料和测量仪器特性的了解和经验。

（3）生产厂提供的技术说明文件。

（4）校准证书（检定证书）或其他文件提供的数据、准确度的等级或级别，包括目前仍在使用的极限误差、最大允许误差等。

（5）手册或某些资料给出的参考数据及其不确定度。

（6）规定试验方法的国家标准或类似技术文件中给出的重复性限或复现性限。

（7）测量仪器的示值不够准确。

（8）标准物质的标准值不够准确。

（9）引用的数据或其他参量的不够准确。

（10）取样的代表性不够，即被测样本不能完全代表所定义的被测量。

（11）化学分析中的基体效应、分析空白、干扰影响、回收率及反应效率等系统影响。

（12）测量方法和测量程序的近似和假设。

（13）其他因素。

已知 X_i 估计值 x_i 分散区间的半宽度为 a，且落在 $-a \sim +a$ 的概率 p 为 100%，通过对分布的估计，可以得出 x_i 的标准不确定度为

$$u(x_i) = a/k \tag{3-35}$$

例 3-6　用于测量的某台设备的校准证书中说明，在它的校准范围内的测量不确定度 $U(x) = 0.3\ \mu m$，包含概率 $p = 90\%$，求由该设备引起的标准不确定度。

解：包含概率为 90%，可以假定等效于包含因子 $k = 1.64$。因此，在其校准范围内，由该设备引起的标准不确定度 $u(x)$ 为

$$u(x) = \frac{U(x)}{k} = \frac{0.3}{1.64} = 0.18\ \mu m$$

测量不确定度的计算示例见电子资源 3-16、电子资源 3-17。

电子资源 3-16：不确定度计算示例

电子资源 3-17：测长机检定用四等大尺寸量块测量不确定度分析

本 章 小 结

本章的目的是掌握测量过程四要素，了解长度量值传递体系及量块的等和级，了解常见的长度测量仪器及与测量方法、测量仪器有关的基本术语（如分度值、量程、测量范围、分

辨力、示值误差、测量不确定度等），理解测量误差的分类及特点，掌握等精度测量结果的数据处理方法，表达测量结果。主要内容如图 3-31 所示。

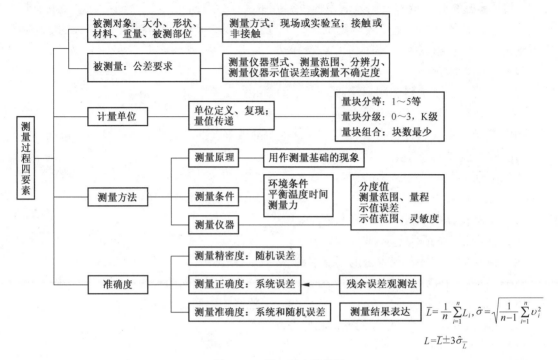

图 3-31　第 3 章内容简图

思考题及习题 3

3-1　仪器读数在 30 mm 处的示值误差为 +0.003 mm，当用它测量工件时，读数正好是 30 mm，问工件的实际尺寸是多少？

3-2　从 83 块一套的量块中选择量块，组成下列尺寸（mm）：

（1）28.785；（2）58.275；（3）30.155。

3-3　产生测量误差的因素有哪些？测量误差分几类？各有何特点？

3-4　现测量得到 $\phi50$ mm 孔的直径为 50.015 mm，$\phi200$ mm 孔的直径为 199.988 mm。假设已知 $\delta_1 = 0.003$ mm，$\delta_2 = 0.005$ mm。试比较两者的测量精度。

3-5　在相同条件下，在立式光学比较仪上，对某轴的直径进行 10 次重复测量，按测量顺序记录测得值（单位为 mm）分别为 30.454，30.459，30.454，30.459，30.458，30.459，30.456，30.458，30.458，30.455，求表示测量系列值的标准偏差和最后测量结果。

3-6　用游标卡尺测量箱体孔的中心距（见图 3-32），有以下三种测量方案：①测量孔径 d_1、d_2 和孔边距 L_1；②测量孔径 d_1、d_2 和孔边距 L_2；③测量孔边距 L_1 和孔边距 L_2。若已知它们的测量不确定度 $U_{d_1} = U_{d_2} = 40$ μm，$U_{L_1} = 60$ μm，$U_{L_2} = 70$ μm。试计算三种测量方案的测量不确定度，并确定应采用哪种测量方案。

3-7　测量 $\phi20H6$ 和 $\phi30H7$ 的值分别为 20.015 mm、30.016 mm，并已知测量误差分别为 0.002 mm、0.005 mm。试比较两者的测量精度高低。

3-8　用弦高法测量工件的直径。设弦长 S、弓高 H 的测得值、系统误差和测量极限误差分别为：$S = 200$ mm，$H = 22$ mm，$\Delta S = 40$ μm，$\Delta H = 5$ μm，$\Delta_{\text{lim}S} = \pm 2$ μm，$\Delta_{\text{lim}H} = \pm 1$ μm。求直径 D 的测量结果。

3-9　图 3-33 所示为测量范围为 ± 1 mm 的电子数显半径规，用来测量一公称直径为 $\phi500$ mm 的轴的直径，设两固定测点距离为 100 mm，试从 83 块一套的量块中选择量块组合用来调整测头零点的尺寸。

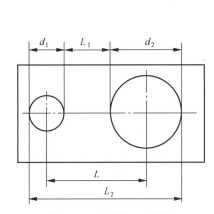

图 3-32　习题 3-6 附图

图 3-33　习题 3-9 附图

3-10　已知某仪器测量的标准偏差为 0.5 μm。

（1）若在该仪器上对某一轴径测量一次，测得值为 30.1022 mm，试写出测量结果；

（2）若重复测量 10 次，测得值（单位为 mm）为 30.1025、30.1028、30.1028、30.1025、30.1026、30.1022、30.1023、30.1025、30.1026、30.1022，试写出测量结果；

（3）若手头无该测量仪器的标准偏差的资料，使用（2）中 10 次重复测量的测量值，写出上述（1）、（2）的测量结果。

3-11　如图 3-34（a）所示样板，图样设计要求为角度 $\alpha = 15°30' \pm 20''$，尺寸 $S = (20 \pm 0.009)$ mm。现采用图 3-34（b）所示的方法间接测量 S 的值，首先准确地测出角度 α 和圆柱直径 d，再测出精密圆柱上方素线至平板距离 H，最后通过计算求出 S 的值。

已知各参数实际测得值、系统误差和测量极限误差分别为

$$\alpha = 15°30'，\Delta\alpha = +15''(\approx 0.000072 \text{ rad})，\Delta_{\text{lim}\alpha} = \pm 7''$$

$$d = 4.0050 \text{ mm}，\Delta d = +0.0030 \text{ mm}，\Delta_{\text{lim}d} = \pm 0.0005 \text{ mm}$$

$$H = 36.7300 \text{ mm}，\Delta H = +0.0015 \text{ mm}，\Delta_{\text{lim}H} = \pm 0.0007 \text{ mm}$$

试求：S 的实际值及其测量极限误差 $\delta_{\text{lim}S}$，并判断该被测样板是否合格。

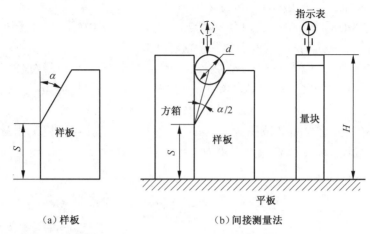

（a）样板　　　　　　　　（b）间接测量法

图 3-34　间接测量法测量距离 S 的示例

3-12　如图 3-35 所示，已知被测件为 M3 莫氏锥度规，其圆锥角的公称值 $\alpha_0 =$ $2°52'32''$。正弦规两圆柱中心距 $L = (100 \pm 0.002)$ mm；量块为 5 等。千分表的分度值为 1 μm，示值稳定性不大于 0.5 μm，平板为 1 级。a、b 点读数如表 3-6 所列。l 直接用钢直尺测量，$l = (50 \pm 0.3)$ mm。在不垫量块的情况下，直接将正弦规的两圆柱放在平板上，检验正弦规工作面对平板的平行度，用千分表重复测量 3 次，结果是垫量块的一侧平均高出 1 μm。试分析用正弦规间接测量莫氏锥度规的误差，并对测量结果进行处理。

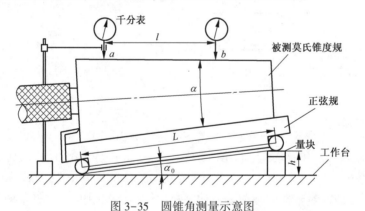

图 3-35　圆锥角测量示意图

表 3-6　间接测量莫氏锥度规的测量数据

测量顺序	a_i	b_i	$\Delta_i = a_i - b_i$	$(\Delta_i - \overline{\Delta})^2$
1	0	-2.5	+2.5	0.25
2	0	-3.0	+3.0	0
3	-0.5	-3.5	+3.0	0
4	-0.5	-4.0	+3.5	0.25
5	0	-3.0	+3.0	0
Σ	-	-	15	0.50

第4章

几何公差及误差检测

图 4-1、图 4-2 分别是某一级减速器输出轴和箱体零件图，可以看到图上不仅有尺寸公差，还有几何公差。

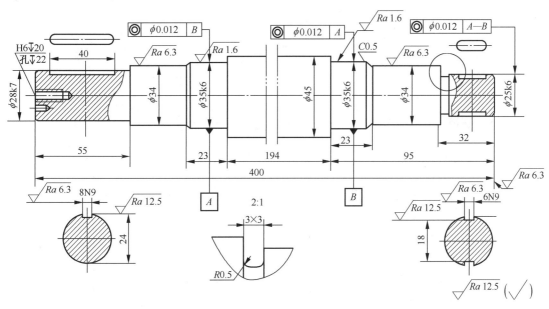

图 4-1 减速器输出轴

由此可以提出很多问题，如：

(1) 为什么要规定几何公差？几何误差有什么影响？

(2) 几何公差有哪些项目？几何公差项目的含义是什么？

(3) 几何公差依据的标准主要有哪些？

(4) 什么时候需要几何公差？

(5) 标注几何公差和不标注几何公差有什么区别？

(6) 几何公差项目之间有哪些关系？

(7) 标注不同的几何公差项目有什么区别？

(8) 被测要素标注了几何公差后，限制了哪些变动？

(9) 几何公差带与尺寸公差带有何不同？

(10) 同一个被测要素或两个相关的要素的几何公差和尺寸公差有什么关系？

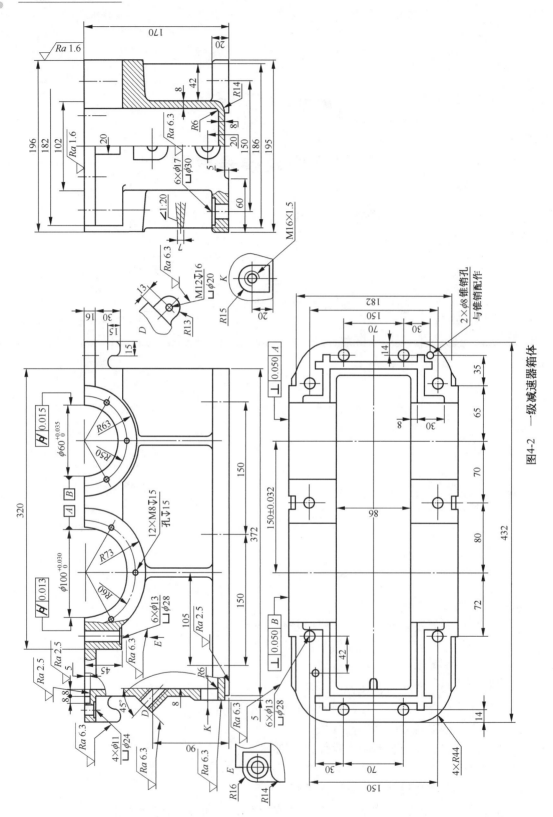

图4-2 一级减速器箱体

（11）如何选择几何公差项目和几何公差值？

（12）如何测量标注了几何公差项目的实际零件的几何误差？

（13）如何评定几何误差？

（14）如何在测量中体现基准？

4.1　概　　述

4.1.1　几何误差的产生及其影响——为什么要规定几何公差

从图样到形成零件，必须经过加工过程。无论采取何种加工工艺、采用何种精度的加工设备，无论操作工人的技术有多高，要使加工所得零件的实际几何参数完全达到理想的要求是不可能的，也是不必要的。加工误差体现在完工零件上，造成零件实际几何参数的不确定性，其结果就是同一批零件同一部位的实际尺寸都不相同，即存在尺寸误差；同一零件同一几何参数，或相关几何参数（相对位置、方向、跳动等）在各处都不同，即构成形状、位置、方向、跳动误差（统称为几何误差）。如图 4-3 所示的零件由直径为 ϕd_1、ϕd_2 的两段圆柱面组成，图 4-3（a）所示为其理想的形状和相应的几何公差要求，由于加工过程中存在的机床本身传动链、主轴、导轨的误差，以及刀具的几何误差和磨损，加工中的受力变形和热变形等各种因素的影响，实际加工出来的零件如图 4-3（b）（为便于观察，将零件的误差夸张化）所示存在着误差，包括尺寸偏差 、形状误差 、位置误差、方向误差、跳动误差等。

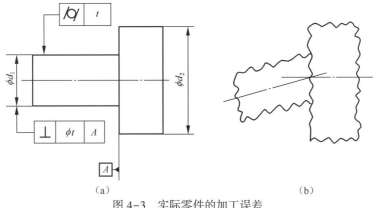

（a）　　　　　　　　　　　　　　　　　（b）

图 4-3　实际零件的加工误差

几何误差对零件的使用功能有较大影响。

（1）影响零、部件的功能要求　如机床导轨表面的直线度、平面度误差会影响机床刀架的运动精度。齿轮箱上各轴承孔的位置误差、齿轮两个轴的平行度误差会影响齿轮的啮合精度。形状误差对配合的密封性有很大影响，如发动机的气缸盖底面的平面度误差过大，即使拧紧缸盖螺栓后，仍不能保证燃烧室有足够的密封性，以致造成漏气、降压，使发动机功率降低。又如凸轮、冲模、锻模等的工作表面，其形状误差会直接影响其工作精度或被加工工件的几何精度。

（2）影响配合零件的配合要求　如圆柱面的形状误差，在间隙配合中会使间隙大小分布不均匀，加快零件磨损，使得配合间隙越来越大，影响使用要求，以致降低零件的使用寿命。

（3）影响零件的自由装配性　当零件存在形状误差和方向误差、位置误差时，其装配和拆卸往往难以进行。

总之，零件的形状、位置、方向和跳动误差对产品的工作精度、寿命、装配都有直接影响，特别是对在高速、高压、高温、重载条件下工作的机器和精密测量仪器的影响更大。因此，为保证零件的互换性和制造的经济性，需要限制其几何误差。

■4.1.2　几何公差及相关标准

几何公差是用来限制几何误差的，我国 GPS 标准体系中与几何公差有关的标准主要有：

● GB/T 1182—2018《产品几何技术规范（GPS）几何公差　形状、方向、位置和跳动公差标注》；

● GB/T 1184—1996《形状和位置公差　未注公差值》；

● GB/T 1958—2017《产品几何技术规范（GPS）几何公差　检测与验证》；

● GB/T 4249—2018《产品几何技术规范（GPS）基础　概念、原则和规则》；

● GB/T 16671—2018《产品几何技术规范（GPS）几何公差　最大实体要求（MMR）、最小实体要求（LMR）和可逆要求（RPR）》；

● GB/T 13319—2020《产品几何技术规范（GPS）几何公差　成组（要素）与组合几何规范》；

● GB/T 24637.1—2020《产品几何技术规范（GPS）通用概念　第 1 部分：几何规范和检验的模型》；

● GB/T 24637.2—2020《产品几何技术规范（GPS）通用概念　第 2 部分：基本原则、规范、操作集和不确定度》；

● GB/T 24637.3—2020《产品几何技术规范（GPS）通用概念　第 3 部分：被测要素》；

● GB/T 24637.4—2020《产品几何技术规范（GPS）通用概念　第 4 部分：几何特征的 GPS 偏差量化》；

● GB/T 38760—2020《产品几何技术规范（GPS）　规范和检验中使用的要素》；

● GB/T 38761—2020《产品几何技术规范（GPS）　特征和条件　定义》；

● GB/ T 17852—2018《产品几何量技术规范（GPS）几何公差　轮廓度公差标注》；

● GB/T 17851—2010《产品几何量技术规范（GPS）几何公差　基准和基准体系》；

● GB/T 18780.1—2002《产品几何量技术规范（GPS）几何要素　第 1 部分：基本术语和定义》；

● GB/T 18780.2—2003《产品几何量技术规范（GPS）几何要素　第 2 部分：圆柱面和圆锥面的提取中心线、平行平面的提取中心面、提取要素的局部尺寸》。

需要说明的是，GB/T 18780.1、GB/T 18780.2 等同采用自 ISO 14660-1：1999、ISO 14660-2：1999，而 ISO 14660 的这两个部分已分别被 ISO 1745-1：2011 和 ISO 17450-3：2016 代替。而 ISO 17450 的这两个部分已被修改采用为 GB/T 24637.1—2020、GB/T 24637.3—2020。GB/T 24637 作为一项 GPS 的基础标准，适用于 GPS 标准体系矩阵模型的所有几何特征和所有链环，意味着 GB/T 18780 实际上已被 GB/T 24637 取代，GB/T 18780 所规

定的工件几何要素和提取要素的基本术语发生了变化，如两平行提取表面的拟合中心面的方法。

4.1.3 几何公差项目及其特征符号

几何公差分为形状公差、方向公差、位置公差和跳动公差，相应的几何特征项目名称及符号如表 4-1 所列。与 GB/T 1182—2008 不同的是，GB/T 1182—2018 增加了三维标注。

表 4-1 几何特征符号

公差类型	几何特征	符 号	有无基准
形状公差	直线度	—	无
	平面度	▱	无
	圆度	○	无
	圆柱度	⌭	无
	线轮廓度	⌒	无
	面轮廓度	⌓	无
方向公差	平行度	//	有
	垂直度	⊥	有
	倾斜度	∠	有
	线轮廓度	⌒	有
	面轮廓度	⌓	有
位置公差	位置度	⊕	有或无
	同心度 （用于中心点）	◎	有
	同轴度 （用于轴线）	◎	有
	对称度	═	有
	线轮廓度	⌒	有
	面轮廓度	⌓	有
跳动公差	圆跳动	↗	有
	全跳动	↗↗	有

几何公差是针对几何要素规定的，当某几何要素被规定了几何公差时，就对该要素的几何形状、大小、方向、位置进行了定量的规定。如果某几何要素没有标注几何公差，则属于 GB/T 1184—1996 规定的没有单独标注几何公差、在车间普通工艺条件下可以保证精度的情况。

4.1.4 几何要素及其分类

几何要素是指点、线、面、体或它们的集合。

几何要素是对零件规定几何公差的具体对象。无论多么复杂的零件，都是由若干要素构成的。GPS将工件的几何形体划分为7个恒定类,所有的理想要素都属于这7个恒定类。

图4-4所示以圆柱面为例,反映了各几何要素之间的关系。当考虑实际工件或非理想表面模型(而不是公称模型)时,图4-4中几何要素定义之间的关系可能会比较复杂。GPS标准的目的是在通过一个或几个几何要素来定义要评价的目标特征时做到歧义性最小化。在不同的模型或工件的实际表面,各种几何要素的限定符如表4-2所列。

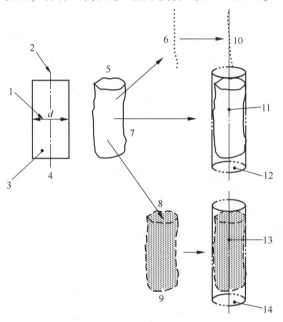

图4-4 几何要素之间的关系

1—尺寸要素的尺寸;2—公称中心要素;3—公称组成表面;4—公称表面模型;5—工件实际表面的非理想表面模型;
6—非理想中心要素;7—非理想组成表面;8—提取;9—非理想组成提取表面;10—间接拟合中心要素;
11、13—直接拟合中心要素;12、14—理想的直接拟合组成表面

表4-2 几何要素的类型和相关的限定符

来源	工件的实际表面	表面模型		
		公称模型	非理想表面模型	
图示				
组成要素	实际要素	公称组成要素	示例:提取组成要素	拟合组成要素
导出要素		公称导出要素	示例:提取导出要素	拟合导出要素
限定符	实际	公称	示例:提取、滤波和重构	拟合
几何要素类型	非理想	理想	非理想	理想

几何要素可以按图 2-3 所示分类，可以理解为几何要素存在于设计、制造、检验与评定范畴。

（1）设计的范畴　设计范畴指设计者对未来工件的设计意图的一些表述，包括公称组成要素、公称导出要素。

（2）工件的范畴　工件的范畴指实物的范畴，包括实际组成要素、工件实际表面。

（3）检验和评定的范畴　通过用计量器具进行检验，以提取足够多的点来代表实际工件，并经滤波、拟合、构建等操作后对照规范进行评定，包括提取组成要素、提取导出要素、拟合组成要素和拟合导出要素。

正确理解这三个范畴之间的关系非常重要。

GB/T 38760—2020《产品几何技术规范（GPS）规范和检验中使用的要素》定义了工件几何要素的通用术语和要素类型，给出了几何要素之间相互关系的"路线图"。如图 4-5 所示为几何要素的属性与要素的类型。按其是否组合，要素可分为单一要素和组合要素。单一要素是一个单点、一条单线或者一个单面。组合要素是几个单一要素组合的几何要素。单一要素、组合要素可以没有、有一个或多个本质特征。例如，平面是单一要素，没有本质特征；圆柱有一个本质特征，即直径；圆环有 2 个本质特征。例如，两平行平面组是组合要素，有一个本质特征；由两平行圆柱面组成的表面集是组合要素。构成组合要素的要素个数可以是有限个（可数的），也可以是无限个（连续的）。要素还可以分无限要素和限定要素、完整要素和部分要素。组成要素、导出要素可以是理想要素或非理想要素，滤波要素是非理想要素，拟合要素、使能要素是理想要素。这些术语的具体定义详见 GB/T 38760—2020。

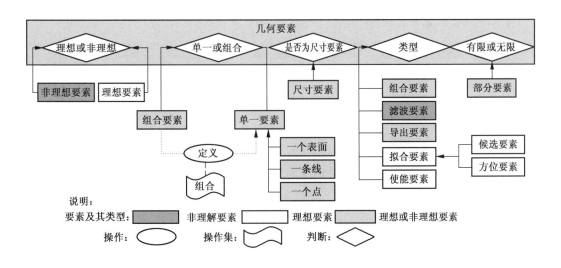

图 4-5　几何要素的属性与要素的类型

按检测关系，要素可分为被测要素和基准要素。被测要素是图样上给出了几何公差要求，需要研究和测量的要素；基准要素是图样上规定用来确定被测要素的方向或位置的要素。在图 4-3 中，ϕd_1 圆柱面及其轴线为被测要素，ϕd_2 左端面为基准要素。

4.1.5 提取中心线和提取中心面

中心线和中心面都是导出要素，在使用坐标测量仪器测量时，测头直接与被测零件的轮廓接触（非接触式测头采用光点扫描，不接触），得到一个个的坐标点，从而得到提取圆柱面、提取圆锥面和提取平面，由这些提取组成要素才能计算出提取导出要素。

1. 圆柱（锥）面的提取中心线

圆柱（锥）面的提取中心线［extracted median line of a cylinder（cone）］是指圆柱（锥）面的各横截面中心的轨迹，GB/T 18780.2—2003《产品几何量技术规范（GPS）几何要素 第2部分：圆柱面和圆锥面的提取中心线、平行平面的提取中心面、提取要素的局部尺寸》规定：

（1）横截面的中心是拟合圆的圆心。

（2）横截面垂直于由提取表面得到的拟合圆柱面（其半径可能与公称半径不同）/拟合圆锥面（其角度可能与公称角度不同）的轴线。

用三坐标测量机测量圆柱（锥）时，测得的是一系列直角（或极）坐标点，用圆度仪测得的是一系列极坐标点。当轴线方向带有光栅等坐标时，得到的是圆柱坐标点。

除非另有规定，圆柱（锥）面的提取中心线应采用下列约定：

（1）拟合圆是最小二乘圆。

（2）拟合圆柱（锥）面是最小二乘圆柱（锥）面。

如图2-16所示，圆柱面的提取中心线是由提取圆柱面得到的，是有形状误差的中心线，是这些垂直于拟合圆柱面轴线的横截面的拟合圆圆心的连线。

如图4-6所示，圆锥面的提取中心线是通过提取圆锥面得到的，也是有形状误差的中心线。拟合圆锥面也是通过一系列的坐标点计算得到的最小二乘圆锥面。拟合圆锥面的轴线就是该拟合圆锥面的中心线，和拟合圆锥面一样是没有形状误差的。

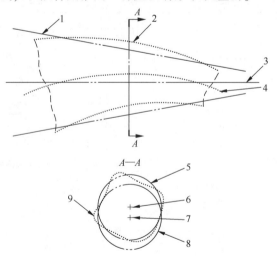

图4-6　圆锥面的提取中心线

1、8—拟合圆锥面；2—提取表面；3、7—拟合圆锥面轴线；4—提取中心线；
5—拟合圆；6—拟合圆圆心；9—提取线

2. 提取中心面

提取中心面（extracted median surface）是指两对应提取表面的所有对应点之间中点的轨迹，其中：

（1）所有对应点的连线均垂直于拟合中心平面。

（2）拟合中心平面是由两对应提取表面得到的两拟合平行平面的中心平面。

图 4-7 反映了提取表面、拟合平面、拟合中心平面、提取中心面之间的关系和区别。除非另有规定，两拟合平行平面由最小二乘法得到，没有形状误差，且两拟合平行平面之间的距离可能与公称距离不同。

3. 提取组成要素的局部尺寸（本小节指两点尺寸）

常见的提取要素的局部尺寸有提取圆柱面的局部尺寸（局部直径）和两平行提取表面的局部尺寸。前者在第 2 章已经介绍，两平行提取表面的局部尺寸是指两平行对应提取表面上两对应点之间的距离。图 4-7 所示为一般情况下两平行提取表面的局部尺寸的解释。

用三坐标测量机测量时，通过测量两个实际平面得到两个提取平面，然后按照一定的准则（通常也是最小二乘法）计算出拟合表面对，与 GB/T 18780.2—2003 不同的是，GB/T 24637.3—2020 对拟合表面对的两个平面之间没有平行约束，各自由提取平面进行拟合。通过该拟合表面对才能得到拟合表面对的中心面。作拟合中心面的垂线与两提取平面相交，两个交点间的距离是两平行提取表面的局部尺寸，一系列垂线中间点的轨迹构成了提取中心面。其具体的计算流程如图 4-8 所示。

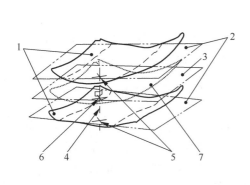

图 4-7　提取中心面

1—提取表面对；2—拟合平面对；3—拟合表面对的中心平面；
4—垂直于拟合表面对的中心面的直线；5—相对点对；6—中心；
7—提取中心面（中心的集合）

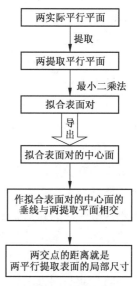

图 4-8　两平行提取表面的局部尺寸的计算

显然，和圆柱面的局部直径一样，准确的符合定义的两平行提取表面的局部尺寸也不是游标卡尺、千分尺等两点量具能测量的。故新标准涉及的局部尺寸对测量仪器提出了新要求，即测量时既要能根据被测对象和被测量的测量要求从实际组成要素上提取足够多的点，又要有计算机软件来进行计算，这样才能测出表 2-2 所示的各种局部尺寸、全局尺寸和本章介绍的各项几何误差。

■ 4.1.6 几何公差带的主要形状

公差带是由一个或两个理想的几何线要素或面要素所限定的、由一个或多个线性尺寸表示公差值的区域。尺寸公差带只有一种形状——两条平行直线之间的区域，而几何公差带根据几何公差项目和具体标注的不同，其形状也可能不同，其主要形状如下：

（1）一个圆内的区域。

（2）两同心圆之间的区域。

（3）在一个圆锥面上的两平行圆之间的区域。

（4）两个直径相同的平行圆之间的区域。

（5）两条等距曲线或两条平行直线之间的区域。

（6）两条不等距曲线或两条不平行直线之间的区域。

（7）一个圆柱面内的区域。

（8）两同轴圆柱面之间的区域。

（9）一个圆锥面内的区域。

（10）一个单一曲面内的区域。

（11）两个等距曲面或两个平行平面之间的区域。

（12）一个圆球面内的区域。

（13）两个不等距曲面或两个不平行平面之间的区域。

几何公差带限制了几何要素的变动，可在 CAD 模型中定义公差带。

因此，要理解图样上标注的几何公差必须先弄清该几何公差的公差带是什么形状。

除非有进一步的要求（如有附加性说明），被测要素在公差带内可以具有任意形状、方向和位置。除非另有规定，公差适用于整个被测要素。相对于基准给定的几何公差仅限制被测要素相对于基准的变动，不限制基准本身的几何误差，基准要素的几何公差可以根据零件的功能要求另行规定。

一个要素所标注的几何公差的公差带的形状首先与所限制的要素本身有关，其次与具体的标注有关。如一个平面的变动，只能用两种形状（两条平行直线之间的区域、两个平行平面之间的区域）的公差带去限制，不可能用两个圆、圆柱、曲线、曲面等去限制。一个圆的变动只能用两个同心圆去限制，不可能用两条直线去限制，因而其公差带只有两同心圆之间的区域这一种形状。平面直线的形状、方向只会在平面内变动，因此可以用两平行直线去限制。而对于空间直线，其变动可以是任意方向的，而不是一个平面内的，因此需要根据使用要求确定是限制它在某个方向的变动还是限制它在任意方向的变动。如果只需要限制该直线的某一个方向或相互垂直的两个方向的变动，其公差带就是两个平行平面之间的区域。如果要限制空间直线在任意方向的变动，就要用一个圆柱面去进行，其公差带就是圆柱面内的区域，那么在任意方向该直线所允许的变动是一样的。

■ 4.1.7　几类几何公差之间的关系

几何公差分形状公差、方向公差、位置公差、跳动公差。如果要保证零、部件的功能需要，可以对其规定一种或多种几何特征的公差以限定要素的几何误差。限定要素某种类型的几何误差，也能限制该要素其他类型的几何误差。例如：

要素的位置公差可以同时控制要素的位置误差、方向误差和形状误差。

要素的方向公差可以同时控制要素的方向误差和形状误差。

要素的跳动公差可以控制要素的形状误差，如果被测要素和基准要素的公称导出要素同轴，则还可以控制被测要素的轴线和基准的同轴度误差。

需要注意的是，要素的形状公差只能控制要素本身的形状误差。

4.2　形状公差与形状误差

■ 4.2.1　形状公差和形状误差概述

1. *形状公差*

单一实际要素的形状所允许的变动全量，称为形状公差。

2. *形状误差*

形状误差是指被测要素的提取要素对其理想要素的变动量。提取组成要素是在实际要素上提取足够多的点形成的，显然，确定理想要素的位置是评定形状误差的前提。理想要素的形状由其理论正确尺寸或/和参数化方程定义，理想要素的位置由对被测要素的提取要素进行拟合得到。拟合的方法有最小区域法 C（切比雪夫法）、最小二乘法 G、最小外接法 N 和最大内切法 X 等。如果工程图样上无相应的符号专门规定，获得理想要素位置的拟合方法一般缺省为最小区域法。各种评定几何误差的最小区域的具体判别方法详见 GB/T 1958—2017《产品几何技术规范（GPS）几何公差　检测与验证》附录 D。

3. *形状公差带*

限制实际要素变动的区域，零件实际要素在该区域内为合格，否则为不合格。形状公差的公差带形状因标注的形状公差项目不同而不同，形状公差带的大小由形状公差值确定。需要注意的是由提取要素确定的拟合要素可以和相应的公称要素的位置和方向不同，实质上意味着形状公差带的方向和位置都是浮动的。

4. *形状误差的评定和最小区域法*

形状误差的评定通过做被测要素的提取要素的包容区域来进行，包容区域的宽度或直径就是形状误差值。

最小区域法是采用切比雪夫法（Chebyshev）对被测要素的提取要素进行拟合得到理想要素位置的方法，即被测要素的提取要素相对于其理想要素的最大距离为最小。采用该理想要素包容被测要素的提取要素时，具有最小宽度 f 或直径 d 的包容区域称为最小包容区域（简称最小区域）。此时，对被测实际要素评定的误差值为最小。

最小二乘法是被测要素的提取要素相对于其理想要素的距离平方和为最小。

对一个被测要素的提取要素来说，其理想要素可以有很多，但显然符合最小区域条件、最小二乘条件、最小外接条件（一般指外要素）或最大内切条件（一般指内要素）的理想要素分别只有一个。

最小区域法和最小二乘法根据约束条件不同分为三种情况：无约束（符号为 C 和 G）、实体外约束（符号为 CE 和 GE）和实体内约束（符号 CI 和 GI）。

形状误差评定时可用的参数有：峰谷参数 T、峰高参数 P、谷深参数 V 和均方根参数 Q，其中峰谷参数为缺省的评估参数。图 4-9 给出了 3 种不同的圆度标注示例及其解释。

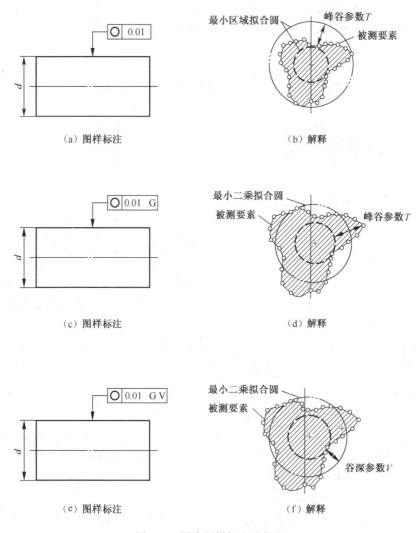

图 4-9　圆度图样标注及解释

在图 4-9（a）中，理想要素位置的获得方法和形状误差值的评估参数均采用了缺省标注，故规范要求采用最小区域法拟合确定理想要素的位置，采用峰谷参数 T 作为评估参数。图 4-9（c）中，符号 G 表示获得理想要素位置的拟合方法采用最小二乘法（Gaussian 法），形状误差值的评估参数采用了缺省标注，评估参数为峰谷参数 T。图 4-9（e）中，符号 G 表示获得理想要素位置的拟合方法采用最小二乘法，符号 V 表示形状误差的评估参数为谷深参数。

图 4-10 表示了不同约束情况下的最小区域法：无约束的最小区域法（C）、实体外约束的最小区域法（CE）和实体内约束的最小区域法（CI）。从图 4-10 可见，对同一个被测要素，由于约束的不同，拟合得到的理想要素的位置不同。

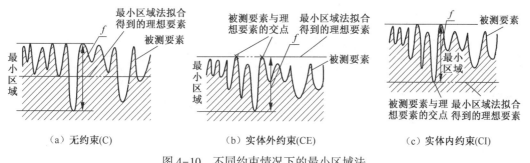

（a）无约束(C)　　　　（b）实体外约束(CE)　　　　（c）实体内约束(CI)

图 4-10　不同约束情况下的最小区域法

最小区域的宽度 f 等于被测要素上最高的峰点到理想要素的距离值（峰高参数 P）与被测要素上最低的谷点到理想要素的距离值（谷深参数 V）之和（峰谷参数 T）；最小区域的直径 d 等于被测要素上的点到理想要素的最大距离值的 2 倍（见图 4-11）。

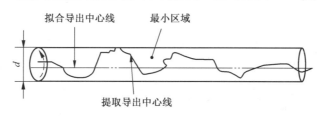

图 4-11　形状误差值为最小包容区域的直径

一般情况下，各形状误差项目的包容区域（包括最小区域）的形状分别与各自的公差带形状一致，但宽度（或直径）由被测要素的提取要素和理想要素的拟合方法决定。

形状误差的评定方法应根据图样标注来确定，缺省状态下，均采用最小区域法。此时评定的形状误差值最小。在满足功能要求的前提下，允许采用近似方法来评定形状误差。

■ 4.2.2　直线度

直线度（straightness）公差用于限制平面内的直线或空间直线的形状误差。被测要素可以是组成要素或导出要素。其公称被测要素的属性与形状为明确给定的直线或一组直线要素，属于线要素。

直线度公差带有以下三种作用：

（1）用于控制平面内的被测直线的形状精度。

（2）用于控制被测空间直线给定方向上的形状精度。

（3）用于控制被测空间直线任意方向上的形状精度。

1. 标注与公差带

（1）给定平面内、给定方向的直线度　如图 4-12 所示，公差带是在平行于（相交平面框格给定的）基准 A 的给定平面内与给定方向上、间距为公差值 0.1 mm 的两平行直线所限定的区域。

图 4-12 中的符号 ⟨‖|A| 表示相交平面框格。

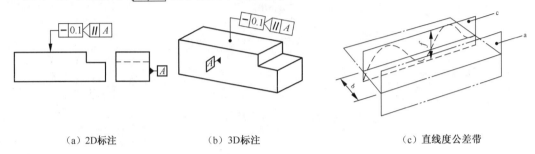

（a）2D标注　　　　（b）3D标注　　　　（c）直线度公差带

图 4-12　给定平面内的直线度公差

ᵃ基准 A；ᵇ 任意距离；ᶜ 平行于基准 A 的相交平面

所谓相交平面（intersection plane）是由工件的提取要素建立的平面，用于标识提取面上的线要素（组成要素或中心要素）或标识提取线上的点要素，如在平面上线要素的直线度、线轮廓度、要素的线素（line element）的方向。⟨‖|A|、⟨⊥|A|、⟨∠|A|、⟨≡|A| 分别表示与基准 A 平行、垂直、保持给定的角度、对称（包含）。图 4-12 的相交平面标注限制了测量该上表面直线度时的随意性，要求在测量直线度时，被测直线应是平行于基准面 A 且与上表面相交的直线。使用相交平面可不依赖于视图来定义被测要素。对于区域性的表面结构，可使用相交平面来定义评价该区域的方向。在标注时，相交平面使用相交平面框格规定，并且作为几何公差框格的延伸部分标注在其右侧。

图 4-12 中理想要素位置的获取方法和形状误差的评估参数均采用了缺省标注，表示要求采用最小区域法确定理想要素的位置，采用峰谷参数 T 作为评估参数。

（2）圆柱表面棱边（素线）的直线度　如图 4-13 所示，公差带：间距等于公差值 0.1 mm 的两平行直线所限定的区域。圆柱表面的提取（实际）的棱边应限定在间距等于 0.1 mm 的两平行直线之间，超出这个范围，就意味着该零件不合格。

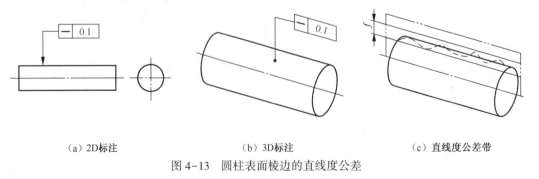

（a）2D标注　　　　（b）3D标注　　　　（c）直线度公差带

图 4-13　圆柱表面棱边的直线度公差

（3）轴线的直线度　如图 4-14 所示，由于公差值前加注了符号 φ，公差带为直径等于公差值 0.08 mm 的圆柱面所限定的区域，即外圆柱面的提取（实际）中心线应限定在直径等于 $\phi 0.08$ 的圆柱面内。

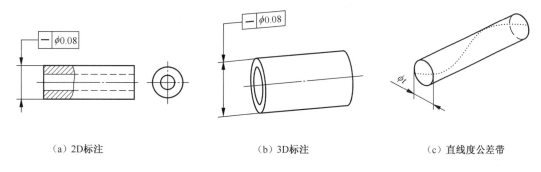

（a）2D标注　　　　　　　　　（b）3D标注　　　　　　　　（c）直线度公差带

图 4-14　轴线的直线度公差

2. 直线度误差的测量

GB/T 1958—2017 中 C. 2 给出了直线度误差的检测与验证方案，GB/T 11336—2004《直线度误差检测》规定了直线度误差检测的术语、定义、判定方法、检测方法和数据处理方法，适用于机械产品中零件要素的直线度误差检测，是对 GB/T 1958 中直线度误差检测的具体规定，它将直线度误差测量的方法分为直接测量法、间接测量法、组合测量法三种。

直接测量法就是通过测量可直接获得被测直线各点坐标值或直接评定直线度误差的方法，包括间隙法、指示器法、干涉法、光轴法、钢丝法、三坐标测量机测量法等。

图 4-15 所示为指示器法（也称打表法，见电子资源 4-1），是用带指示器的测量装置测出被测直线相对于测量基线的偏离量，进而评定直线度误差的方法，适用于中、小平面及圆柱、圆锥面素线或轴线的直线度误差测量。测量时，先将被测零件支承在平板上，调整支架使被测直线的两端基本等高，并在零件上按事先确定的间距标记好测量点。然后沿平板移动表架，测量被测要素上的各测量点，记下各点读数值，最后做误差曲线进行评定。该

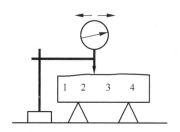

图 4-15　用打表法测量直线度误差

方法的缺点是测量精度与平板精度有关，平板本身的制造误差会被带入到测量结果之中，且被测件不宜过大。

电子资源 4-1：用打表法测量直线度误差实验视频

三坐标测量机测量组成要素的直线度误差时是先从被测直线上测量一系列点的坐标值，然后通过三坐标测量机的软件计算出被测直线的直线度误差。测量轴线的直线度误差也是先测量一系列圆柱面上的点的坐标，然后通过计算机软件来评定。

间接测量法是通过测量不能直接获得被测直线各点坐标值时，需经过数据处理获得各点坐标值的方法，包括自准直仪法、水平仪法、跨步仪法、表桥法、平晶法等。图 4-16 所示为自准直仪和水平仪测量直线度的示意图。其测量见电子资源 4-2。

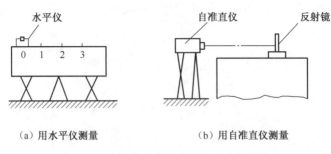

(a) 用水平仪测量　　　　　　　　(b) 用自准直仪测量

图 4-16　水平仪和自准直仪测量直线度误差

电子资源 4-2：用合像水平仪测量直线度误差实验视频

规范操作是仅用数学表达式、几何图形、算法或其综合来明确表达的操作。规范操作是一个理论概念，应用在机械工程的几何领域时，作为规范操作集的一部分来规定产品的要求，如轴的直径规范标注为 $\phi30\pm0.1GN$，表示采用最小外接圆柱拟合；表面结构规范中，采用高斯滤波器滤波。

所谓规范操作集就是一组有序的规范操作。规范操作集是根据 GPS 标准，在产品技术文件中规定的 GPS 规范的完整、综合描述。完整的规范操作集是一组有序的、充分的和具有明确定义的规范操作。一个完整的规范操作集是准确无误的，所以它不存在规范不确定度。如图 2-17 所示，局部直径的规范定义了哪两个点被提取、如何进行拟合操作（定义两点间距离）。规范操作集可能是不完整的，此时称为不完整规范操作集，是缺失一个或多个规范操作、不完整定义、无序的规范操作集。如台阶尺寸 $\phi30\pm0.1$ mm，规范未指定拟合方法。在这种情况下，会导致规范不确定度。例如，规范操作集定义圆柱直径，并不定义通用概念上的直径，而是定义特定的直径（如第 2 章所述的线性尺寸的规范修饰符定义直径，有两点直径、最小外接圆直径、最大内切圆直径、最小二乘圆直径等）。

检验操作集是一组有序的检验操作，而检验操作是实际规范操作所规定的测量过程和/或测量仪器的实施过程的操作。

采用水平仪测量图 4-12 所示零件的直线度误差的检验操作集如下。

（1）预备工作　将固定有水平仪的桥板（或正弦规）放置在被测零件上，调整被测零件至水平位置。

（2）被测要素的测量与评估。

1）分离：确定被测要素的测量方向及其测量界限。

2）提取：水平仪按节距 l 沿与基准 A 平行的被测直线方向移动，同时记录水平仪的读数，获得提取线。

3）拟合：采用最小区域法对提取线进行拟合，得到拟合直线。

4）评估：误差值为提取线上的最高峰点、最低谷点到拟合直线之间的距离值之和。

（3）符合性比较　将得到的误差值与图样上给定的公差值进行比较，判定被测要素的直线度是否合格。

在自准直仪法、水平仪法中，准直光线或水平面是测量基准，所测得的数据是工件上与桥板或正弦规接触的两点的连线与水平面的夹角，由该夹角和两点间的间距可以算出此两点间的高度差。评定时先将这些测量数据转换为高度差，再通过累加统一换算为相对于起始点的坐标值，然后进行作图或计算，从而求出直线度误差值。当然，也可以用角度值为单位进行累加再做误差曲线，求出包容区域的宽度后，再将其换算为长度单位。

组合测量法是通过两次测量，利用误差分离技术，消除测量基线本身的直线度误差，从而提高测量精度的方法，包括反向消差法、移位消差法、多测头消差法，该方法适用于高精度零件的直线度误差测量。

有时，直线度误差还可以用直线度量规进行检验，以判断被测零件是否超越最大实体实效边界，该方法适用于检验轴线直线度公差遵守最大实体要求的零件（见本章 4.5 节）。具体的检验直线度误差的方法可参考 GB/T 1958—2017、GB/T 11336—2004。

直线度误差的测量方法示例，如表桥法、跨步仪法、自准直仪法、干涉法、多测头法等，见电子资源 4-3~电子资源 4-7。

电子资源 4-3：表桥法测量直线度误差示例

电子资源 4-4：跨步仪法测量直线度误差示例

电子资源 4-5：用光电自准直仪测量导轨直线度误差实验视频

电子资源 4-6：干涉法测量直线度误差示例

电子资源 4-7：多测头法测量直线度误差示例

3. 直线度误差的评定

2009 年我国将 2003 年版的直线度、平面度、圆柱度、圆度规范 ISO/TS 12780、ISO/TS 12781、ISO/TS 12181、ISO/TS 12180 转化为 GB/T 24630、GB/T 24631、GB/T 24632、GB/T 24633。这些 ISO 技术规范已于 2011 年发布为 ISO 标准，目前还未转化为国家标准。表 4-3 所列是这些技术规范规定的直线度、平面度、圆度、圆柱度的评定参数和规范操作集，但由于其规范操作方法涉及的数学知识较深，与其配套的测量设备及评定软件很少，故这种评定方法在我国的广泛运用还需要很长时间，因此本章仍主要介绍传统的直线度、平面度、圆度、圆柱度的评定方法，即针对峰谷参数的评定。

表 4-3 直线度、平面度、圆度、圆柱度的评定参数和规范操作集

几何公差项目	直线度	平面度	圆度	圆柱度
评定参数依据标准	GB/T 24631.1—2009	GB/T 24630.1—2009	GB/T 24632.1—2009	GB/T 24633.1—2009
峰谷参数 T	峰-谷直线度误差	峰-谷平面度误差	峰-谷圆度误差	峰-谷圆柱度误差
峰谷参数的评定基准	最小区域评定基线 最小二乘评定基线	最小区域评定基面 最小二乘评定基面	最小区域评定基圆 最大内切评定基圆 最小外接评定基圆 最小二乘评定基圆	最小区域基圆柱 最大内切基圆柱 最小外接基圆柱 最小二乘基圆柱
峰高参数 P 谷深参数 V 均方根参数 Q	峰-基直线度偏差 基-谷直线度偏差 均方根直线度误差	峰-基平面度偏差 基-谷平面度偏差 均方根平面度误差	峰-基圆度偏差 基-谷圆度偏差 均方根圆度误差	峰-基圆柱度偏差 基-谷圆柱度偏差 均方根圆柱度误差
峰高、谷深、均方根参数的评定基准	最小二乘评定基线	最小二乘评定基面	最小二乘评定基圆	最小二乘基圆柱

几何公差项目	直线度	平面度	圆度	圆柱度
规范操作集标准	GB/T 24631.2—2009	GB/T 24630.2—2009	GB/T 24632.2—2009	GB/T 24633.2—2009
规范操作 1	带球形针尖的接触式探测系统，针尖的理论正确几何形状为球形等，测量力为 0 N			
规范操作 2			低通和高通滤波器为相位修正滤波器，选定的设置是 UPR 值、最小采样点数、评定基圆/测头半径的最小比值	

对于平面内的直线度，当单一被测要素处于距离小于或等于给定公差值的两平行直线之间时，其是合格的。这两条直线的方向应满足它们之间的最大距离为尽可能小的值，直线度误差的评定关键是确定这两条直线的方向，也就是包容区域的方向。

（1）用最小区域法评定平面内的直线度误差　最小区域法评定就是要找出一条理想直线，使被测要素的提取要素相对于该理想要素的最大距离为最小。在理想要素位置的确定方法缺省时，均应采用最小区域法。这条直线通过两个高（低）点，然后作另一条直线通过低（高）点且平行于两高（低）点连线。这两条平行直线间的区域包容了被测要素的提取要素，就是最小包容区域。如图 4-17a 或 b 所示，两平行直线和误差曲线成高-低-高或低-高-低相间的三点接触，由此作出的包容区域就是最小包容区域，该区域的宽度就是被测直线的直线度误差。注意包容区域应包容所有测量点，并和实际直线（亦即误差曲线）外接。

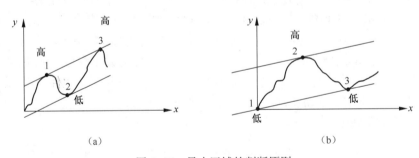

图 4-17　最小区域的判断原则

例 4-1　用图 4-15 所示的打表法，测得被测直线上相应于 0、1、2、3、4 点的读数（单位为 μm）为 0、3、2、-3、2。试评定该直线的直线度误差。

解:

1）作图 4-18 所示的坐标系，以测量点的序号作为横坐标值，以测量值作为纵坐标值，在坐标纸上打点。由于所有测量结果均为相对于同一基准的坐标值，评定时不需要进行累加，直接在坐标纸上打点作误差曲线图。

2）将相邻点用直线连起来，所得折线即是被测直线的提取直线的误差曲线。

3）从折线看，整个直线的走向是往右下的方向，观察该折线可知，第 1、4 两点是折线上的相对高点，第 3 点是相对低点。连接 1、4 两点作一条直线，然后过第 3 点，作平行于 1、4 两点连线的直线，由此作出的包容区域符合图 4-17（a）中的最小包容区域的判断原则。

4) 在图上沿纵轴方向量取包容区域的宽度得

$$f = [3 - 2 \times (3 - 2)/3] - (-3) = 5\frac{1}{3} \approx 5.3 \ \mu m$$

需要说明的是在作例 4-1 中的误差曲线时，横坐标代表点序号，两点间的距离一般以 mm 为单位，通常正弦规或桥板的跨距（即点距）为 100 mm、200 mm。为便于观察，纵轴是以 μm 为单位的，故横轴和纵轴的比例往往以万倍计，即误差曲线沿纵轴方向放大了上万倍，因而沿纵轴量取包容区域的宽度所带来的误差非常小，完全可以忽略，而且给计算带来了方便。这就是直线度误差评定中量取包容区域宽度时应遵循的"坐标方向不变"原则。

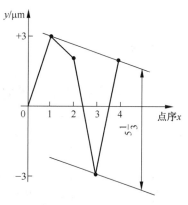

图 4-18　例 4-1 的直线度误差评定

例 4-2　某导轨直线度公差为 0.025 mm，用分度值为 0.02 mm/1000 mm 的水平仪按 6 个相等跨距（200 mm）测量机床导轨的直线度误差，各测点读数分别为 -5、-2、+1、-3、+6、-3（单位为格）。试判断该导轨合格与否。

解：

1) 选定起始点的坐标 $h_0 = 0$，将各测点的读数依次累计，即得各点相应的坐标值 h_i，如表 4-4 所列。

表 4-4　计算例 4-2 的坐标值

序号 i	0	1	2	3	4	5	6
测点读数 a_i/格	0	-5	-2	+1	-3	+6	-3
累积值（$h_i = h_{i-1} + a_i$）/格	0	-5	-7	-6	-9	-3	-6

2) 将 h_i 做在坐标图上，连接各点，其折线即是实际直线的误差曲线，如图 4-19 所示。

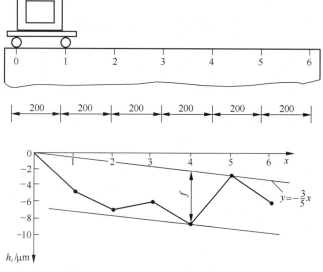

图 4-19　例 4-2 的直线度误差测量及其最小区域法评定

3）同例4-1，可以判断出第0、5两点为高点，第4点为低点，作出该包容区域，量取包容区域的宽度为

$$f = \left| -9 - \left(-\frac{3}{5} \times 4 \right) \right| \approx 6.6 \text{ 格}$$

4）由于测量中采用的是水平仪，需要将角度单位"格"转化为长度单位 mm，由分度值 0.02 mm/1000 mm，跨距 200 mm，得

$$1 \text{ 格} = \frac{0.02}{1000} \times 200 = 0.004 \text{ mm}$$

故直线度误差 f 为

$$f = 6.6 \times 0.004 = 0.0264 \text{ mm} > 0.025 \text{ mm}$$

显然导轨不合格。

（2）用两端点连线法评定直线度误差 有时为了简便起见，将起点和末点的连线作为拟合直线，作平行于拟合直线的包容区域。如图4-20所示，拟合直线过（0，0）、（6，-6）两点，故包容区域的宽度为

$$f = |\Delta_1| + |\Delta_2| = |-9 - (-4)| + |-5 - (-3)| = 5 + 2 = 7 \text{ 格}$$

$$f = 7 \times 0.004 = 0.028 \text{ mm} > 0.025 \text{ mm}$$

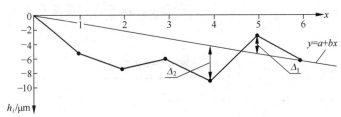

图4-20 例4-2的两端点连线法评定

由此可见，由两端点连线法评定出来的直线度误差比最小区域法要大，故评定时要尽可能采用最小区域法。

给定一个方向、给定相互垂直的两个方向、任意方向的直线度误差评定有所不同，可采取向某一个平面投影后进行评定的近似方法。

（3）用最小二乘法评定直线度误差 给定平面内的直线度误差与给定方向的直线度误差的最小二乘法评定有比较大的区别，给定平面内直线的直线度误差的最小二乘法评定的步骤简介如下。

1）根据各测得点的坐标值，按式（4-1）、式（4-2）求出图4-21所示的最小二乘直线 l_{LS} 的方程系数 a、q，即

$$a = \frac{\sum\limits_{i=0}^{n} Z_i \sum\limits_{i=0}^{n} X_i^2 - \sum\limits_{i=0}^{n} X_i \sum\limits_{i=0}^{n} X_i Z_i}{(n+1)\sum\limits_{i=0}^{n} X_i^2 - \left(\sum\limits_{i=0}^{n} X_i\right)^2} \qquad (4-1)$$

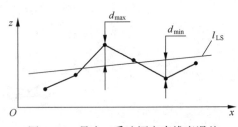

图4-21 最小二乘法评定直线度误差

$$q = \frac{(n+1)\sum_{i=0}^{n} X_i Z_i - \sum_{i=0}^{n} X_i \sum_{i=0}^{n} Z_i}{(n+1)\sum_{i=0}^{n} X_i^2 - (\sum_{i=0}^{n} X_i)^2} \tag{4-2}$$

式中，n 为测量分段数；X_i 为各测得点的横坐标值 $(i=0, 1, 2, \cdots, n)$；Z_i 为各测得点的纵坐标值 $(i=0, 1, 2, \cdots, n)$。

2）将各测得点的坐标值 Z_i，按式（4-3）变换为新的坐标值，即

$$d_i = Z_i - a - qX_i \tag{4-3}$$

3）求出 d_i 的最大值、最小值之差，该差值为直线度误差值，即

$$f = d_{max} - d_{min} \tag{4-4}$$

例 4-3 用最小二乘法评定例 4-2 的直线度误差。

解： 由表 4-4 的坐标值，可得表 4-5 中第 1~4 行的数据。

表 4-5 例 4-3 的中间计算

点序 X	0	1	2	3	4	5	6	$\sum$
Z_i/格	0	−5	−7	−6	−9	−3	−6	−36
X_i^2	0	1	4	9	16	25	36	91
$X_i Z_i$	0	−5	−14	−18	−36	−15	−36	−124
d_i/格	3.4286	−1	−2.4286	−0.8572	−3.2858	3.2856	0.857	

$$a = \frac{\sum_{i=0}^{n} Z_i \sum_{i=0}^{n} X_i^2 - \sum_{i=0}^{n} X_i \sum_{i=0}^{n} X_i Z_i}{(n+1)\sum_{i=0}^{n} X_i^2 - (\sum_{i=0}^{n} X_i)^2} = \frac{-36 \times 91 - 21 \times (-124)}{(6+1) \times 91 - 21^2} \approx -3.4286$$

$$q = \frac{(n+1)\sum_{i=0}^{n} X_i Z_i - \sum_{i=0}^{n} X_i \sum_{i=0}^{n} Z_i}{(n+1)\sum_{i=0}^{n} X_i^2 - (\sum_{i=0}^{n} X_i)^2} = \frac{7 \times (-124) - 21 \times (-36)}{(6+1) \times 91 - 21^2} \approx -0.5714$$

按式（4-3）计算 d_i，将计算结果列入表 4-5。

$f = d_{max} - d_{min} = 3.4286 - (-3.2858) = 6.7144$ 格 $= 6.7144 \times 0.004 \approx 0.027$ mm

由以上计算可见，本例采用最小区域法、最小二乘法、两端点连线法的评定结果分别为 0.026 mm、0.027 mm、0.028 mm，依此判定导轨均不合格。显然最小区域法能让工件最大限度地通过检验。

4.2.3 平面度

平面度（flatness）公差用来控制平面的形状误差。被测要素可以是组成要素或导出要素，其公称被测要素的属性与形状为明确给定的平表面，属面要素。平面度公差是一项综合的形状公差项目，它既可以限制平面度误差，又可以限制被测实际平面上任一方向的直线度误差。

1. 平面度公差带

图 4-22 所示平面度公差，其公差带如图 4-23 所示，为距离为公差值 t 的两平行平面所

限定的区域，提取（实际）表面应限制在间距等于公差值 0.08 mm 的两平行平面之间。

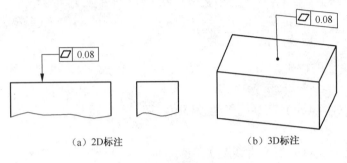
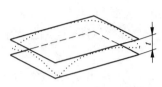

（a）2D标注　　　　　　（b）3D标注

图 4-22　平面度公差标注

图 4-23　平面度公差带

2. 平面度误差的测量

可以说凡是能测量直线度误差的方法都可以用来测量平面度误差。例如，用水平仪测量平面度误差（示例及视频见电子资源 4-8、电子资源 4-9）时，先将被测表面大致调成水平，然后根据被测对象和测量要求，按照网格布点、对角线布点或圆形布点的方式逐点测量，记录读数，并换算成长度值。图 4-24（a）所示的网格布点形式适用于公差等级较高的平面，图 4-24（b）所示的网格布点形式适用于公差等级较低的平面。布点方案、测量示例及视频见电子资源 4-8~电子资源 4-10。

电子资源 4-8：用合像水平仪测量平面度误差示例
电子资源 4-9：用合像水平仪测量平面度误差实验视频
电子资源 4-10：平面度误差测量的提取方案

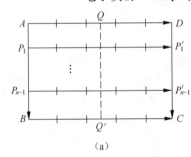
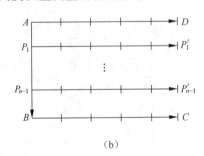

（a）　　　　　　　　　　　（b）

图 4-24　网格布点形式

图 4-24（a）所示的测量顺序为
A—D—C；
A—B—C；
P_1—P_1'；
⋮
P_i—P_i'；
⋮
P_{n-1}—P_{n-1}'。
图 4-25 所示为对角线布点方式。

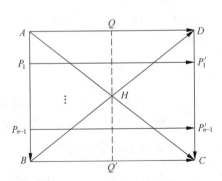

图 4-25　对角线布点形式

对有的平面，可能要采用圆环形平面布点的方式。

图 4-24（b）、图 4-25 所示及其他测量平面度时的布点方式、测量顺序和坐标转换方法可参考 GB/T 11337—2004《平面度误差检测》。

3. 平面度误差的评定

用平板和带指示表的表架等方法测量平面的平面度误差时，平板是测量基准，所测得的数据是工件上各点相对于基准的绝对偏差，可直接利用这些数据计算出平面度误差。用自准直仪、水平仪测量平面度误差时，水平面或准直光线是测量基准，所测得的数据是角度。如将合像水平仪放在正弦规上测量工件平面度时，水平仪读数是正弦规的两个圆柱体与平面接触的两点的连线和水平面的夹角，由正弦规跨距和读得的角度值可以计算出两点间的相对高度差，应将这些数据换算成相对于选定基准平面的坐标值，然后计算出平面度误差。

平面度误差评定的关键是确定理想平面（实际上也是评定基准面），从而确定包容被测平面的提取平面的包容区域。评定的方法包括最小区域法、三远点法、对角线法，也就是三种不同的确定理想平面的方法。平面度公差带的方向和位置是浮动的，因此，对提取平面进行旋转和平移不影响平面度误差的评定结果。通过将平面上各点的坐标值进行适当的平移和旋转找出符合相应判断准则要求的理想平面，这种转换和平移的标志是将用来确定理想平面的 3 个（或 2 个）点的坐标转换为相等，然后将相对于这个理想平面的高点和低点的坐标值相减，所得的差值就是该被测平面的提取平面相对于此理想平面的平面度误差。

（1）最小区域法　用最小区域法评定平面度误差，应使提取（实际）平面全部包容在两平行平面之间，而且还应符合图 4-26 所示的三种情况之一。

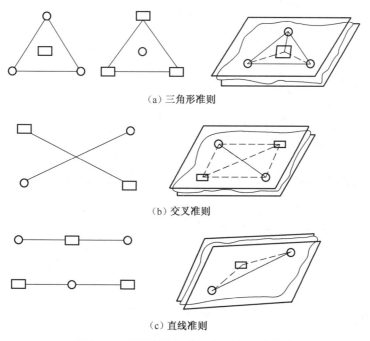

（a）三角形准则

（b）交叉准则

（c）直线准则

图 4-26　平面度误差的最小区域判别准则

1）三角形准则：提取平面与两平行平面的接触点，投影在一个面上呈三角形，且三个等值的最高点所包围的区域内含有一个最低点；或者三个等值的最低点所包围的区域内含有一个最高点，如图 4-26（a）所示。

2）交叉准则：提取平面与两平行平面的接触点，投影在一个面上呈两线段交叉形，即两个等值的最高点的连线与两个等值的最低点的连线交叉，如图 4-26（b）所示。

3）直线准则：提取平面与两平行平面的接触点，投影在一个面上呈一直线形，即两个等值的最高点的连线上有一个最低点，或两个等值的最低点的连线上有一个最高点，如图 4-26（c）所示。显然，直线准则可以看成是交叉准则甚至是三角形准则的特例。

用最小区域法评定平面度误差的关键是确定符合最小区域判定准则的理想平面，理想平面一旦确定，最小包容区域的宽度即两平行平面间的距离就是平面度误差值。理想平面的确定一般采用上述的基面旋转法。一般来说，采用三角形准则、交叉准则、直线准则中哪一种准则应根据被测平面的大致走势来判断。如果从整个平面走势看，大致是中间低、四周高（或中间高、四周低）则拟采用三角形准则；如果整个平面呈扭曲的形状，某一个方向比较高，与之相交的另一个方向比较低，则拟采用交叉准则；如果在某条测量线上中间比较高、两端比较低（或中间比较低、两端比较高）则拟采用直线准则。评定平面度误差时要通过旋转和平移使 3 个（或 2 个）高点（或低点）的坐标转换为相等。

坐标变换的基面旋转法如图 4-27 所示，其步骤如下。

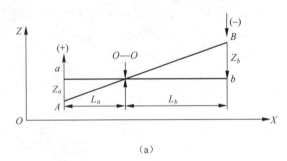

(a)

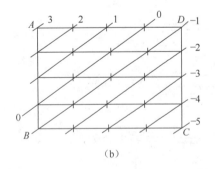

(b)

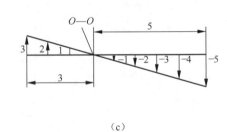

(c)

图 4-27 面的旋转变换

1）确定旋转轴 O—O 后，按式（4-5）算出旋转系数 K，即

$$K = \frac{|Z_a| + |Z_b|}{L_a + L_b} \qquad (4-5)$$

式中，$|Z_a|$、$|Z_b|$ 分别为 a、b 点变换前后的坐标差的绝对值；L_a、L_b 分别为 a、b 点至转轴

O—O 的距离。

2）按式（4-6）求出各测点的旋转量（升高者为正号，降低者为负号），即

$$Q_K = \pm KL_K \qquad (4-6)$$

式中，L_K 为各旋转点至转轴的距离。

3）按式（4-7）求出各点旋转变换后的坐标值：

$$Z'_{ij} = Z_{ij} + Q_K \qquad (4-7)$$

式中，Z_{ij}、Z'_{ij} 分别为各测点旋转变换前后的坐标值。

从图 4-27b、c 可以看出，转轴上的点的 $L_K = 0$，即旋转时转轴上的坐标不变。通过旋转后，转轴一侧的坐标变小，另一侧的增大。

例 4-4　测量某平面的平面度误差，将原始测量数据转换为相对于某基准面的坐标值（单位为 μm），如图 4-28 所示，试用最小区域法评定该平面的平面度误差。

-2	-1	-1
+2	+3	-1
+4	-1	+1

图 4-28　例 4-4 的数据

解： 从该平面数据可以看出，高点为+4、+3，低点为-2、-1，有 4 个点的坐标值为-1，先按交叉原则进行图 4-29 所示的转换。即要将圈中的低点-2、-1 变为相等，高点+4、+3 变为相等。

首先，将+4、+3 两点的坐标变为相等，故以图 4-29 中带圆圈的+4、-1 两点的连线为转轴，此时，旋转系数为 1。

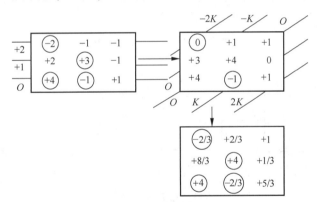

图 4-29　按交叉准则评定平面度误差

其次，将图 4-29 中带圆圈的两点 0、-1 变为相等，以+4、+4 两点连线为转轴。故

$$K = \frac{|Z_a| + |Z_b|}{L_a + L_b} = \frac{0 + |-1|}{2 + 1} = \frac{1}{3}$$

对各测点坐标按式（4-7）进行计算。计算完毕后，可以看出两高点坐标均转换为+4，两低点坐标均转换为-2/3，且所有点的坐标均在 [-2/3，+4] 的区间内，故所选定的高、低点是正确的，符合交叉准则的判断条件。故该平面的平面度误差为

$$f = +4 - (-2/3) = 14/3 \approx 4.7 \ \mu m$$

这里，理想平面是过两高点（或低点）连线、平行于两低点（或高点）连线的平面。

（2）对角线法　理想平面通过被测实际面的一条对角线，且平行于另一条对角线，提取平面上距该基准面的最高点与最低点的代数差为平面度误差。

如图 4-30 所示，对角线法就是要通过基面旋转法将两条对角线上的两端点的坐标分别转换为相等。

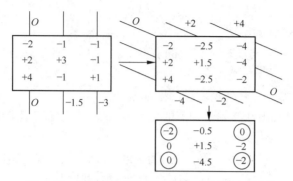

图 4-30　采用对角线法评定例 4-4 的平面度误差

$$f = +1.5 - (-4.5) = 6 \ \mu m$$

（3）三远点法　基准平面通过被测实际面上相距最远且不在一条直线上的三点（通常为 3 个角点），提取平面上距此基准平面的最高点与最低点的代数差即为平面度误差。

按图 4-31 中方法①确定的三远点做理想平面，有

$$f = + 2 - (-3.5) = 5.5 \ \mu m$$

按图 4-31 中方法②确定的三远点做理想平面，有

$$f = - 0.5 - (- 7.5) = 7 \ \mu m$$

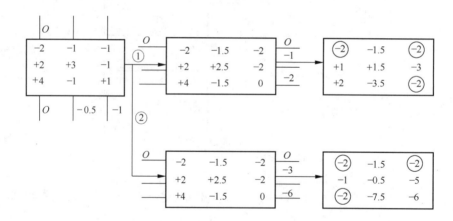

图 4-31　采用三远点法评定例 4-4 的平面度误差

　　显然，由于采用的三远点不同（本题可以有四种常见的三远点），计算出的平面度误差不一样，即误差值不唯一。从三种方法评定的结果看，只有采用最小区域法得出的结果是最小的，故评定时应尽可能采用最小区域法。用最小区域法进行评定时，具体采用哪种准则要根据被测面测得的实际数据确定。显然，对平面进行旋转和平移不影响平面度评定结果。需要注意的是经过旋转后，原始数据的高点、低点不一定还是高点、低点。

　　GB/T 24630.2—2009《产品几何技术规范（GPS）平面度　第 2 部分：规范操作集》规

定了测量平面度误差的点的提取方案（extraction strategy），分别是矩形栅格（rectangular grid）、极坐标栅格（polar grid）、特定栅格［即三角形栅格（triangular grid）］、米字形（union jack）、平行线（parallel）、布点（points）提取方案。每种提取方案各有优缺点，具体测量时按需要确定。当采用上述任何一种提取方案时，仅仅考虑了平面度要素的少量采样点。出于这个原因和由于不同的仪器设计以及不同方案的具体实施，测量结果可能会有差异，除非精心选择一组足以代表平面度要素的、满足特定目的的采样点。

完整的平面度误差的数据处理见电子资源 4-11。

电子资源 4-11：平面度误差测量数据处理示例

4.2.4　圆度

圆度的被测要素是组成要素，其公称被测要素的属性与形状为明确给定的圆周线或一组圆周线，属线要素。圆柱要素的圆度要求可以应用在与被测要素轴线垂直的横截面上。球形要素的圆度要求可以应用在包含球心的横截面上。圆度公差用于控制实际圆在回转轴径向截面（即垂直于轴线的截面）内的形状误差。非圆柱体或球体的回转体表面应标注方向要素。

1. 圆度公差带

图 4-32 所示圆度公差，其公差带如图 4-33 所示，圆度公差带是在给定横截面内、半径差等于公差值 t 的两同心圆所限定的区域。

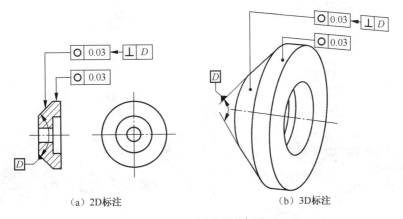

（a）2D标注　　　　　（b）3D标注

图 4-32　圆度公差标注

图 4-32（a）中，在圆柱面和圆锥面的任一横截面内，提取（实际）圆周应限定在半径差为 0.03 mm 的两共面同心圆之间。对于圆锥表面使用方向要素框格 ◄⊥|D 或 ◄∕|D 进行标注。方向要素（direction feature）是由工件的提取要素建立的理想要素，用于标识公差带宽度（局部偏差）的方向。方向要素可以是平面、圆柱面或圆锥面。使用方向要素可以改变在面要素上的线要素的公差带宽度的方向。当公差值适用在规定的方向，而非规定的几何形状的法线方向时，可使用方向要素。图 4-32 标注的是 ◄∕|D 表示公差带是在垂直于基准轴线 D 的横截面内；如果标注 ◄⊥|D 则公差带在被测圆锥面母线的法线方向。

2. 圆度误差的测量

圆度误差可以用圆度仪（见电子资源 4-12）、三坐标测量机测量，也可以用光学分度头、V 形块和带指示器的表架（见电子资源 4-13）测量。首先对被测零件的若干个正截面进行测量，评定各个截面的圆度误差，取其最大的误差值作为该零件的圆度误差。

电子资源 4-12：用圆度仪测量圆度误差实验视频
电子资源 4-13：用 V 形块测量圆度误差实验视频

3. 圆度误差的评定

用分度头、圆度仪等测量圆度误差，测得的数据都是外圆或内圆对回转中心的半径变动量，然后进行评定。图 4-34 所示为转轴式和转台式圆度仪，前者适合比较大的工件，后者适合比较小和轻的工件。圆度仪的主要技术指标是最大可测量直径、最大可测量高度、放大倍率、主轴径向公差和轴向公差、Z 轴直线度、传感器量程和分辨力等。

用三坐标测量机测量圆度误差时，测得的数据是测点的坐标值，如图 4-35 所示，圆度误差的评定方法有最小区域法、最小外接圆法、最大内切圆法、最小二乘圆法。

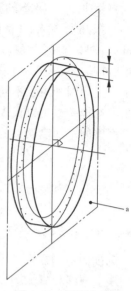

图 4-33　圆度公差带
[a]任意相交平面（任意横截面）

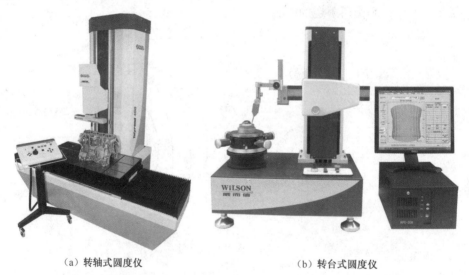

（a）转轴式圆度仪　　　　　　　　　（b）转台式圆度仪

图 4-34　圆度仪

最小二乘圆是指从实际轮廓上各点到该圆的距离平方和为最小的圆，即

$$\sum_{i=1}^{n} (r_i - R)^2 = \min (i = 1, 2, \cdots, n) \tag{4-8}$$

式中，r_i 为实际轮廓上第 i 点到最小二乘圆圆心的距离。

最小二乘圆的圆心坐标 (a, b) 及半径 R 分别为

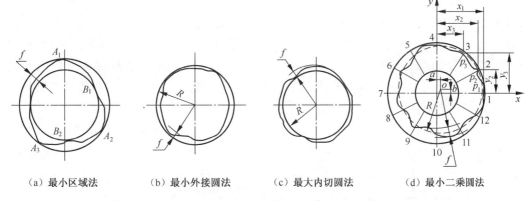

（a）最小区域法　　　　（b）最小外接圆法　　　　（c）最大内切圆法　　　　（d）最小二乘圆法

图 4-35　圆度的评定

$$
\begin{cases}
a = \dfrac{2}{n} \displaystyle\sum_{i=1}^{n} x_i \\[2mm]
b = \dfrac{2}{n} \displaystyle\sum_{i=1}^{n} y_i \\[2mm]
R = \dfrac{1}{n} \displaystyle\sum_{i=1}^{n} r_i
\end{cases}
\tag{4-9}
$$

以最小二乘圆的圆心分别作与提取圆外接和内切的外接圆和内切圆，外接圆和内切圆的半径差就是圆度误差。

4.2.5　圆柱度

圆柱度（cylindricity）公差是指单一实际圆柱所允许的变动全量，用于控制圆柱表面的形状误差。

1. 公差带

图 4-36 所示为圆柱度公差的标注，如图 4-37 所示，圆柱度公差带是半径差等于公差值 t 的两同轴圆柱面所限定的区域，提取（实际）圆柱面应限定在半径差为公差值 t 的两同轴圆柱面之间。

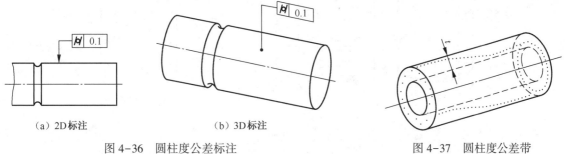

（a）2D标注　　　　　　　（b）3D标注

图 4-36　圆柱度公差标注　　　　　　　　　图 4-37　圆柱度公差带

2. 圆柱度误差的测量和评定

圆柱度误差可以采用圆度仪和三坐标测量机测量。如图 4-38 所示，在生产现场，也可以用指示表、V 形块，或用平板、带指示表的表架、直角座测量。图 4-38（a）所示是将被测零件放在 V 形块内，适用于测量外表面为奇数棱的形状误差；图 4-38（b）所示是将被测零件放在平板上，紧靠直角座，适用于测量外表面为偶数棱的形状误差。具体的测量方法是：在被测零件回转一周的过程中，测量一个横截面的最大值和最小值；连续测量若干个横截面，然后取各横截面所测得的所有示值中最大值与最小值的差值的一半，作为该零件的圆柱度误差。显然这是一个近似的测量方法。

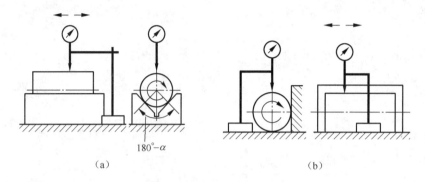

（a）　　　　　　　　　　　　　（b）

图 4-38　用指示表测量圆粒度误差

圆柱要素的其他参数有：提取中线的直线度偏差（straightness deviation of the extracted median line）、局部素线的直线度偏差（local generatrix straightness deviation）、素线直线度偏差、局部圆柱锥度（local cylinder taper）、圆柱锥度、圆柱半径峰-谷值（cylinder radii peak-to-valley）、圆柱锥角（cylinder taper angle）等。

GB/ T 24633.2—2009《产品几何技术规范（GPS）圆柱度　第 2 部分：规范操作集》给出了四种测量圆柱的点的提取方案（extraction strategy）：鸟笼（bird-cage）、圆周线（roundness profile）、素线（generatrix）、布点（points）提取方案，分别如图 4-39（a）、（b）、（c）、（d）所示。

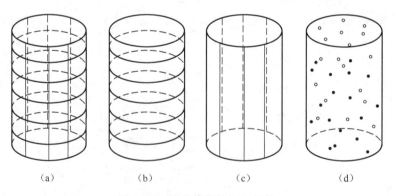

（a）　　　　　　（b）　　　　　　（c）　　　　　　（d）

图 4-39　圆柱特征的提取方案

鸟笼提取方案的主要特征是沿两正交轮廓［在圆周（横截面轮廓）和素线方向］的提取点密度均较高。该方案尽管不能实现对圆柱要素完整的高密度覆盖，却可以评定与形状有关的圆周和素线两个方向的谐波成分。如需要评价整个圆柱要素，建议采取此方案。圆周线提取方案的主要特征是在横截面上的提取点密度较高，而素线方向上的提取点较稀。如果对圆周信息（如圆度）比较关注，推荐采用这种方案。素线提取方案的主要特征是在素线方向上的提取点密度较高，而在圆周方向上的提取点较稀，如果对素线方向信息（如素线直线度）比较关注，则采用此方案。采用布点提取方案测量时提取点密度显然不如前三种方案，如果不是要求对圆柱参数进行近似评估，最好不采用此种方法。

4.2.6　线轮廓度

线轮廓度（profile any line）公差和面轮廓度公差是比较特殊的几何公差，被测要素是组成要素或导出要素。当图样标注的线轮廓度公差、面轮廓度公差没有基准时，它们属于形状公差，公差带的方向和位置是浮动的。当图样标注的线轮廓度公差、面轮廓度公差有基准时，它们属于位置公差或方向公差。当属于方向公差时，其公差带的方向是确定的，位置是浮动的。当属于位置公差时，其公差带的方向和位置都是确定的。

线轮廓度公差是指实际轮廓线所允许的变动全量，用于控制平面曲线或曲面轮廓的形状，有基准时，还可以控制实际轮廓相对于基准的方向或位置。

1. 与基准不相关的线轮廓度公差

图 4-40 所示为与基准不相关的线轮廓度公差，此时线轮廓度公差是形状公差，如图 4-41 所示，公差带是直径等于公差值 t、圆心位于被测要素理论正确几何形状上的一系列圆的两包络线所限定的区域。在任一平行于图 4-41 所示投影面的截面内，提取（实际）轮廓线应限定在直径等于公差值、圆心位于被测要素理论正确几何形状上的一系列圆的两包络线之间。公差带是浮动的。图中 UF 表示联合要素，是由连续的或不连续的组成要素组合而成的要素，并可视为一个单一要素。图中的 UF $D \leftrightarrow E$ 表示联合要素由从 D 到 E 的 3 段圆弧组成，可看成一个完整的单一要素。相交平面框格 $\boxed{// \mid A}$ 表示该联合要素应由平行于基准 A 的相交平面确定。

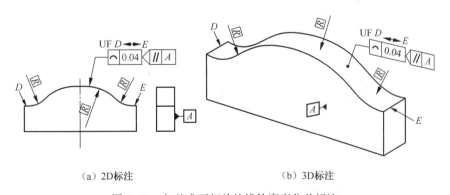

(a) 2D标注　　　　　　　　　　(b) 3D标注

图 4-40　与基准不相关的线轮廓度公差标注

图 4-40 中带方框的尺寸为理论正确尺寸（Theoretically Exact Dimension，TED），是在 GPS 操作中用于定义要素的理论正确几何形状、范围、位置与方向的线性或角度尺寸，仅表达设计时对该要素的理想要求，故该尺寸不带公差，而该要素的形状、方向和位置由给定的几何公差来控制。

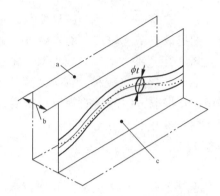

图4-41　与基准不相关的线轮廓度公差带
[a]基准平面 A；[b] 任意距离；[c] 平行于基准平面 A 的平面

2. 相对于基准体系的线轮廓度公差

图4-42 所示为相对于基准体系的线轮廓度公差。如图4-43 所示，公差带是直径等于公差值 t、圆心位于由基准平面 A 和基准平面 B 确定的被测要素理论正确几何形状上的一系列圆的两包络线所限定的区域。在任一平行于图4-43 所示投影面的截面内，提取（实际）轮廓线应限定在公差带内。相对于基准体系时，线轮廓度公差是方向或位置公差。相对于基准 B 的理论正确尺寸用来确定理想要素的位置，故公差带是固定的。

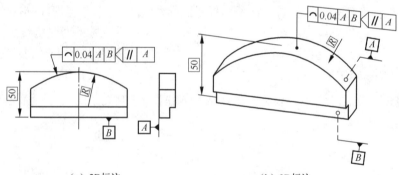

（a）2D标注　　　　　　　　　　　（b）3D标注
图4-42　相对于基准体系的线轮廓度公差标注
注：部分 TED 未标注，可能会导致公称几何形状定义模型

当组合公差带应用于若干个独立的要素时，要求为组合公差带标注符号 CZ。如图4-44 所示，全周（轮廓）符号与 CZ（组合公差带）组合使用，表示图样上标注的要求作为组合公差带，适用于所有横截面 a、b、c、d 中的线。

线轮廓度的评定见电子资源4-14。

电子资源4-14：线轮廓度示例

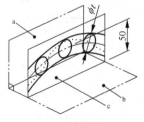

图4-43　相对于基准体系
的线轮廓度公差带
[a]基准 A；[b] 基准 B；
[c]平行于基准 A 的平面

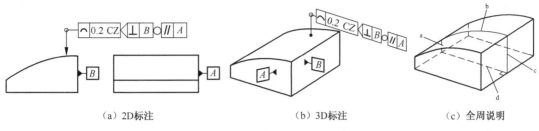

（a）2D标注　　　　　　　（b）3D标注　　　　　　（c）全周说明

图 4-44　全周图样标注与线轮廓度公差

4.2.7　面轮廓度

面轮廓度（profile any surface）公差是指实际轮廓曲面所允许的变动全量。被测要素可以是组成要素或导出要素。有基准时，还控制其相对于基准的方向或位置误差。

1. 与基准不相关的面轮廓度公差

如图 4-45 所示，公差带是直径等于公差值 t、球心位于理论正确几何形状上的一系列圆球的两包络面所限定的区域。提取（实际）轮廓面应限定在公差带内。此时，面轮廓度公差用于控制实际曲面的形状误差，面轮廓度公差带的位置、方向是浮动的，评定面轮廓度误差时的包容区域同样是浮动的。

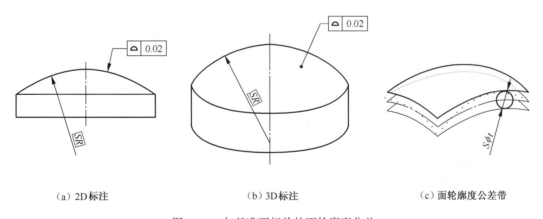

（a）2D标注　　　　　　　（b）3D标注　　　　　　（c）面轮廓度公差带

图 4-45　与基准不相关的面轮廓度公差

2. 相对于基准的面轮廓度公差

如图 4-46 所示，公差带是直径等于公差值 t、球心位于由基准平面 A 确定的被测要素理论正确几何形状上的一系列圆球的两包络面所限定的区域。提取（实际）轮廓面应限定在此公差带内。此时，面轮廓度公差是方向或位置公差，公差带的方向和位置由基准 A 和理论正确尺寸确定，诸球球心在固定的理论正确位置上，公差带不能浮动，评定面轮廓度误差的包容区域也是固定的。

如图 4-47 所示，公差值框格中的符号 SZ 表示这是一组独立要素的面轮廓度公差，

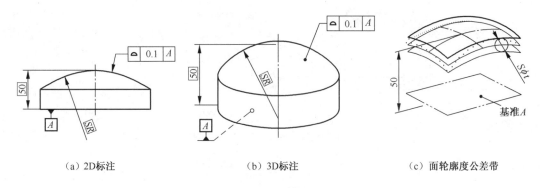

（a）2D标注 　　　　　（b）3D标注 　　　　　（c）面轮廓度公差带

图 4-46　相对于基准的面轮廓度公差

是全周（轮廓）符号，是组合平面框格。组合平面（collection plane）是由工件上的要素建立的平面，用于定义封闭的组合连续要素。组合连续要素是由多个单一要素无缝组合在一起的单一要素。图 4-47 中由底面、R40、R20 和右侧面 4 个单一要素构成了一个组合连续要素。如图 4-47（c）所示，每个单一要素的面轮廓度公差都是 0.2 mm。当标注全周符号时，应使用组合平面。

如图 4-48 所示，是全表面（轮廓）符号，适用于所有的面要素 a～h，并将其视为一个联合要素（UF），即面要素 a、b、c、d、e、f、g、h 的面轮廓度公差均为 0.3 mm。

如果将几何公差规范作为单独的要求应用到横截面的轮廓上，或将其作为单独的要求应用到封闭的轮廓所要求的所有要素上，应使用全周符号标注，如图 4-47 所示，全周符号放置在几何公差框格的指引线与参考线的交点上。如图 4-48 所示，如果将几何公差规范作为单独的要求应用到工件的所有组成要素上，应使用全表面符号标注。除非基准参照系可锁定所有未受约束的自由度，否则"全周"或"全表面"符号应与 SZ（独立公差带）、CZ（组合公差带）或 UF（联合要素）组合使用。如果"全周"或"全表面"符号与 SZ 组合使用，则该特征应作为单独的要求应用到所标注的要素上。

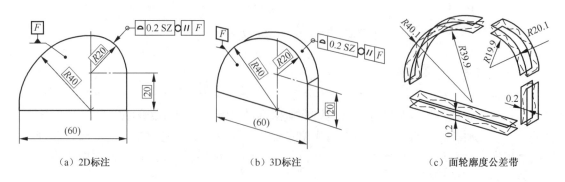

（a）2D标注 　　　　　（b）3D标注 　　　　　（c）面轮廓度公差带

图 4-47　一组独立要素的面轮廓度规范与全周（轮廓）

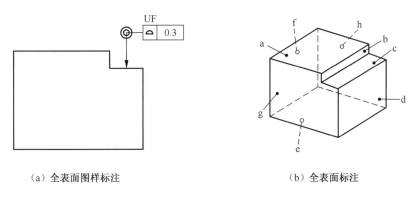

（a）全表面图样标注　　　　　　　　（b）全表面标注

图 4-48　面轮廓度规范与全表面（轮廓）

4.3　方向、位置和跳动公差

4.3.1　方向公差

方向公差限制关联实际要素对基准的方向变动。被测要素可以是组成要素或导出要素。方向公差的公差带的方向是固定的，由基准确定，其位置可以在尺寸公差带内浮动。方向误差是被测要素的提取要素对一具有确定方向的拟合要素（理想要素）的变动量，理想要素的方向由基准（和理论正确尺寸）确定。当方向公差值后带有最小区域 $Ⓒ$、最小外接 $Ⓝ$、最大内切 $Ⓧ$、贴切 $Ⓣ$、最小二乘 $Ⓖ$ 时，表示的是对被测要素的拟合要素的方向公差要求，否则，是指对被测要素本身的方向公差要求。方向误差值用定向最小包容区域的宽度或直径表示。包容方向误差的定向最小包容区域是指用由基准和理论正确尺寸确定方向的理想要素包容被测要素的提取要素时，具有最小宽度 f 或直径 d 的包容区域。定向最小包容区域的形状和其公差带的形状一致，但宽度或直径由被测要素的提取要素本身决定。

方向公差包括平行度、垂直度、倾斜度及相对于基准的线轮廓度、面轮廓度。由于被测要素有直线、曲线、平面和曲面，基准可以是基准线、基准面、基准体系（线和平面、平面和平面），故被测要素相对于基准的方向公差有直线对直线、直线对平面、直线对基准体系、曲线对直线、曲线对平面、平面对直线、平面对平面、曲面对直线、曲面对平面等多种情况。如被测要素是公称平面，且被测要素是平面上的一组直线，则标注相交平面框格（见图 4-52）。

1. 平行度

平行度是指关联实际要素对具有确定方向的理想要素所允许的变动全量，用于控制被测要素对基准在方向上的变动。理想要素的方向由基准及理论正确角度 0°确定。

平行度包括：线对基准体系（线和平面）的平行度公差、线对基准线的平行度公差、线对基准面的平行度公差、线对基准体系（平面和平面）的平行度公差、面对基准体系的平行度公差、面对基准平面的平行度公差等。

（1）相对于基准体系的中心线平行度公差　如图 4-49 所示，公差带为间距等于公差值 t、平行于两基准且沿规定方向的两平行平面所限定的区域。提取（实际）中心线应限定在该区域内。如图 4-50 所示，定向平面框格规定了 0.1 mm 宽的公差带的两个平行平面均平行于由定向平面框格规定的基准平面 B。

（2）相对于基准直线的中心线平行度公差　如图 4-51 所示，若公差值前加注了符号 ϕ，公差带为平行于基准轴线、直径等于公差值 ϕt 的圆柱面所限定的区域。

（3）相对于基准面的一组在表面上的线平行度公差　如图 4-52 所示，公差带为平行于基准平面、间距等于公差值 t 的两平行平面限定的区域。由于标注了相交平面框格，被测要素的公称状态为平表面上的一系列平行于辅助基准 B 的直线。

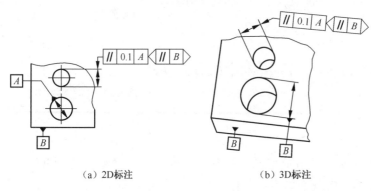

(a) 2D标注　　　　(b) 3D标注

图 4-49　相对于基准体系的中心线平行度公差标注

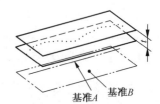

图 4-50　相对于基准体系的
中心线平行度公差带

定向平面（orientation plane）是由工件的提取要素建立的平面，用于标识公差带的方向。使用定向平面可以不依赖与理论正确尺寸 TED（位置）或基准（方向）定义限定公差带的平面或圆柱的方向。下列情况中应标注定向平面。

1）被测要素是中心点、中心线，且公差带的宽度是由两平行平面限定的，或

2）被测要素是中心点，公差带是由一个圆柱限定的，且

3）公差带要相对于其他要素定向，且该要素是基于工件的提取要素构建的，能够标识公差带的方向。

定向平面既能控制公差带构成平面的方向（见图 4-49，公差带要平行于基准 B），又能控制公差带宽度的方向（间接地与这些平面垂直，图 4-49 的公差带宽度方向垂直于基准 B），或能控制圆柱形公差带的轴线方向。只有回转形（圆环、圆锥）、圆柱形和平面形的面要素才可以用于构建定向平面。

2. 垂直度

垂直度（perpendicularity）用于控制被测要素对基准在方向上的变动，理想要素的方向由基准及角度为 90°的理论正确角度确定。

（1）相对于基准直线的中心线垂直度公差　如图 4-53 所示，公差带为间距等于公差值 t、垂直于基准轴线 A 的两平行平面所限定的区域。

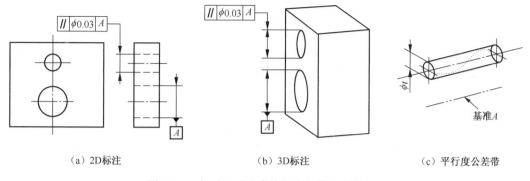

（a）2D标注　　　　（b）3D标注　　　　（c）平行度公差带

图 4-51　相对于基准直线的中心线平行度公差

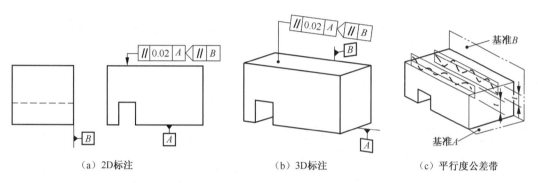

（a）2D标注　　　　（b）3D标注　　　　（c）平行度公差带

图 4-52　相对于基准面的一组在表面上的线平行度公差

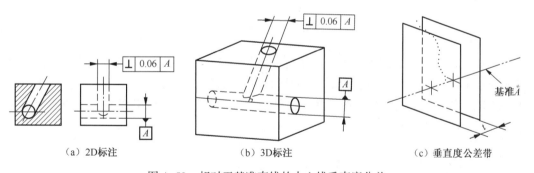

（a）2D标注　　　　（b）3D标注　　　　（c）垂直度公差带

图 4-53　相对于基准直线的中心线垂直度公差

（2）相对于基准体系的中心线垂直度公差　如图 4-54 所示，公差带为间距等于公差值 t 的两平行平面所限定的区域，该两平行平面垂直于基准平面 A 且平行于基准平面 B。

3. 倾斜度

倾斜度（angularity）用于控制被测要素相对于基准在方向上的变动，理想要素的方向由基准及在 0°~90° 范围内的任意角度的理论正确角度决定。

倾斜度公差主要有相对于基准直线的中心线倾斜度公差、相对于基准体系的中心线倾斜度公差、相对于基准直线的平面倾斜度公差、相对于基准面的平面倾斜度公差等。

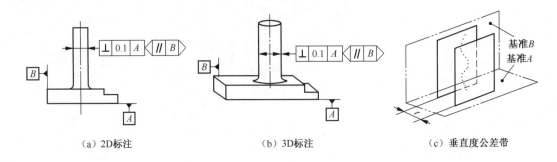

（a）2D标注　　　　　　　（b）3D标注　　　　　　　（c）垂直度公差带

图 4-54　相对于基准体系的中心线垂直度公差

（1）相对于基准直线的中心线倾斜度公差　如图 4-55 所示，公差带为直径等于公差值 $\phi0.08$ mm 的圆柱面所限定的区域。该圆柱面按理论正确角度 60° 倾斜于公共基准轴线 A—B。被测线与基准线在不同的平面内。

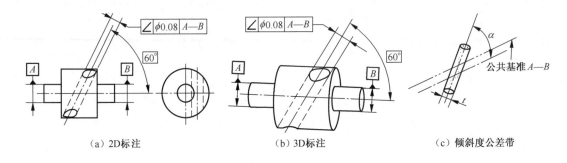

（a）2D标注　　　　　　　（b）3D标注　　　　　　　（c）倾斜度公差带

图 4-55　相对于基准直线的中心线倾斜度公差

（2）相对于基准面的平面倾斜度公差　如图 4-56 所示，公差带为间距等于公差值 0.08 mm 的两平行平面所限定的区域，该两平行平面按规定的理论正确角度 40° 倾斜于基准平面 A。提取（实际）表面应限定在该两平行平面之间。该标注未定义绕基准面法向的公差带旋转要求，只规定了方向。

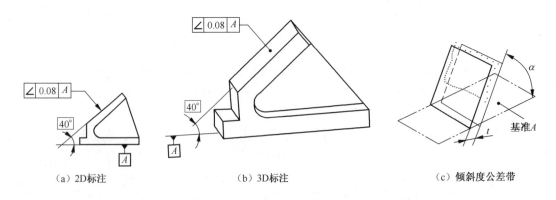

（a）2D标注　　　　　　　（b）3D标注　　　　　　　（c）倾斜度公差带

图 4-56　相对于基准面的平面倾斜度公差

4.3.2　位置公差

位置公差是指限制关联实际要素对基准的位置变动的量，包括同心度公差、同轴度公差、位置度公差、对称度公差和有基准时的线轮廓度公差、面轮廓度公差。一般来说，位置公差带的方向和位置都是固定的。但有时依据具体的图样标注要求，位置公差带也可以是浮动的。

位置误差是指被测要素的提取要素对一具有确定位置的理想要素的变动量，理想要素的位置由基准和理论正确尺寸确定。对于同轴度和对称度，理论正确尺寸为零。位置误差值用定位最小包容区域的宽度或直径表示，如图 4-57 所示，定位最小包容区域是指用由基准和理论正确尺寸确定位置的理想要素包容被测要素的提取要素时，具有最小宽度 f 或直径 d 的包容区域。

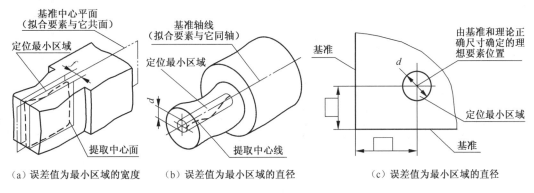

（a）误差值为最小区域的宽度　　（b）误差值为最小区域的直径　　（c）误差值为最小区域的直径

图 4-57　定位最小包容区域

1. 同心度（concentricity）和同轴度（coaxiality）

同心度和同轴度的被测要素可以是导出要素，其公称被测要素的属性与形状是点要素、一组点要素或直线要素。当所标注的要素的公称状态为直线，且被测要素为一组点时，应标注 "ACS" 表示任一横截面。此时，每个点的基准也是同一横截面上的一个点。

（1）点的同心度公差　同心度公差用来控制一个圆心点相对于同一平面上另一个点的变动。如图 4-58 所示，内圆圆心的公差带为直径等于公差值 ϕt 的圆周所限定的区域，该圆周公差带的圆心与基准点重合。在任意横截面内，内圆的提取（实际）圆心应限定在该圆周内。

（2）轴线的同轴度公差　同轴度公差是一种位置公差，用来控制被测要素对基准的同轴性变动。如图 4-59 所示，其公差带是直径为公差值 $\phi0.08$、以公共基准轴线 $A—B$ 为轴线的圆柱面内区域。

2. 对称度（symmetry）

对称度的被测要素可以是组成要素或导出要素，其公称被测要素的形状与属性可以是点要素、一组点要素、直线、一组直线或平面。当所标注的要素的公称状态为平面，且被测要素为该表面上的一组直线时，应标注相交平面框格。当所标注的要素的公称状态为直线，且被测要素为线要素上的一组点要素时，应标注 ACS。

如图 4-60 所示，对称度公差带为间距等于公差值 0.08 mm、对称于公共基准中心平面

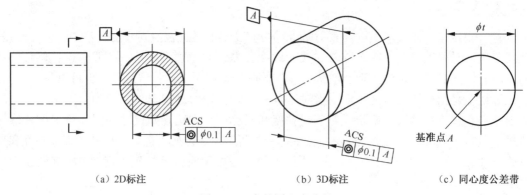

（a）2D标注　　　　　　　（b）3D标注　　　　　　　（c）同心度公差带

图 4-58　点的同心度公差

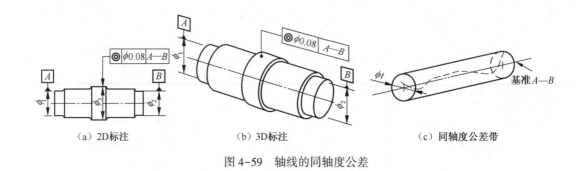

（a）2D标注　　　　　　　（b）3D标注　　　　　　　（c）同轴度公差带

图 4-59　轴线的同轴度公差

A—B 的两平行平面所限定的区域，提取（实际）中心面应限定在此两平行平面之间。

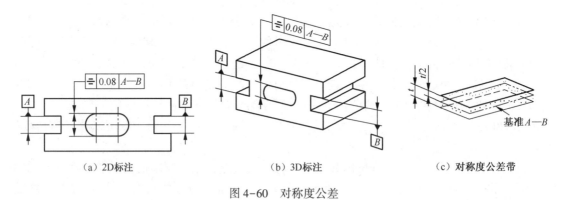

（a）2D标注　　　　　　　（b）3D标注　　　　　　　（c）对称度公差带

图 4-60　对称度公差

3. 位置度（position）

位置度的被测要素可以是组成要素或导出要素，其公称被测要素的属性为一个组成要素或导出的点、直线或平面，或为导出曲线或导出曲面。位置度公差可以有基准，也可以无基准。

（1）导出点的位置度公差　如图 4-61 所示，公差值前加注 $S\phi$，该点的位置度公差带为直径等于公差值 $S\phi0.3$ 的圆球面所限定的区域。该圆球面的中心位置由相对于基准 *A*、*B*、*C*

的理论正确尺寸确定。

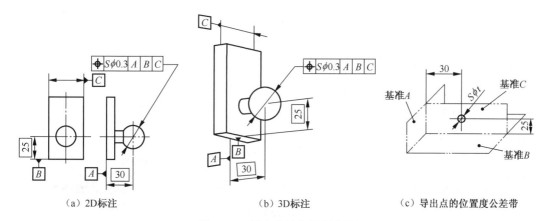

（a）2D标注　　　　　　　　（b）3D标注　　　　　　（c）导出点的位置度公差带

图 4-61　导出点的位置度公差

（2）中心线的位置度公差　如图 4-62 所示，中心线的位置度公差带是直径为公差值 ϕ0.08 mm 的圆柱面所限定的区域，该圆柱面的轴线应处于由基准 C、A、B 与被测孔所确定的理论正确位置。提取（实际）中心线应各自限定在该圆柱面内。

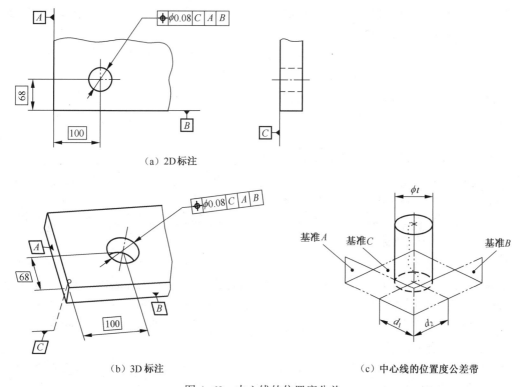

（a）2D标注

（b）3D标注　　　　　　　　（c）中心线的位置度公差带

图 4-62　中心线的位置度公差

（3）平表面的位置度公差　如图 4-63 所示，提取（实际）表面应限定在间距等于 0.05 mm、对称布置于被测面的理论正确位置的两平行表面之间。公差带为间距等于公差值

0.05 mm 的两平行平面所限定的区域，该两平行平面对称于由相对于基准 *A*、*B* 的理论正确尺寸 15 mm、105°所确定的理论正确位置。

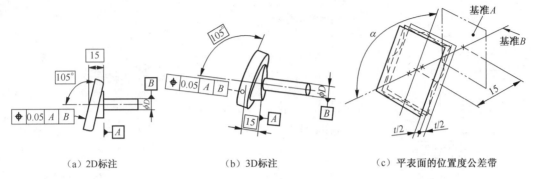

(a) 2D标注   (b) 3D标注   (c) 平表面的位置度公差带

图 4-63 平表面的位置度公差

(4) 孔组的位置度公差 GB/T 13319—2020《产品几何技术规范 (GPS) 几何公差 成组 (要素) 与组合几何规范》代替了原 GB/T 13319—2003《产品几何量技术规范 (GPS) 几何公差 位置度公差注法》，建立了 GB/T 1182 的补充规则。

成组规范是使用几何规范标注的，且具有成组公差带控制的组合要求。成组规范控制的几何要素可以是组合要素组 (标注 CZ)、联合要素组 (标注 UF) 或单一要素组，这些要素可以是尺寸要素 (线性或角度尺寸)。成组要素属于成组规范控制的单一要素组之一的几何要素。成组公差带是有方位 (方向或位置) 或方向约束的多个公差带组合，相互之间无优先级顺序。成组公差带可以由公称几何形状不同的公差带组成。

为避免几何规范产生歧义，当位置度特征符号适用于多个几何要素时，应在公差部分标注修饰符 SZ 或 CZ。当几何规范适用于多个要素或至少有一个未受约束的自由度未受基准体系限定时，这样的标注尤其重要。

如图 4-64 (a)、(b) 所示的孔组属于成组规范，被测要素是 2 根 (2×) 提取中心线的集合，每根公称中心线都是直线。公差带是成组公差带 (修饰符 CZ 表示组合公差带)，由 2 个 (2×) 直径 0.2 mm 的圆柱形公差带组成，内约束为其轴线在方向上相互平行 (缺省 TED 为 0°) 且在位置上距离 50 mm (2 个明确的 TED 为 25 mm 且对称布置)，另外，外约束为公差带在位置上相对于基准距离为 25mm。

如图 4-64 (c) 所示，图 4-64 (a) 公差值框格里的 CZ 改为 SZ，因为 SZ 表示独立公差带，则该规范不是成组规范，每个单独公差带应相互独立，且不组成成组公差带。每个公差带为直径 0.2 mm 的圆柱形公差带，外约束为其轴线在方向上与基准 *A* 平行 (缺省 TED 为 0°) 且在位置上相对于基准 *A* 距离 25 mm。两个被测要素的公差带相互独立并无互相约束。距离 50 mm (25+25) 不视为公差带之间的内约束。

当多组成组公差带同时使用时，需要注意标注的方法，以明确定义。如图 4-65 所示，4 个 φ15 孔和 4 个 φ8 孔的轴线的位置度公差带分别均匀分布在 φ80mm、φ40mm 的同轴的圆上，且使用了组合公差带 (CZ) 各自作为一个整体来控制。故两个成组公差带之间没有同时变动的要求 (即形成了两个几何图框)。而图 4-65 (b) 的两组成组公差带不仅有同轴的要求，还有同时变动的要求 (即 8 个孔公差带同时构成一个几何图框)。为避免产生歧义，在两个位置度公差带后标注了 SIM。

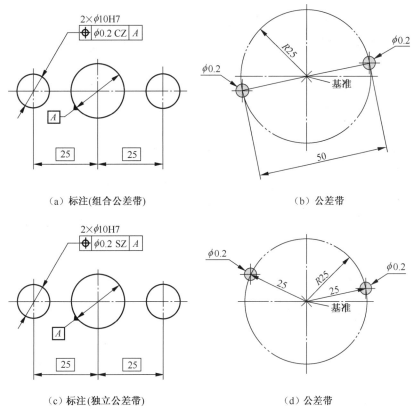

（a）标注(组合公差带) （b）公差带

（c）标注(独立公差带) （d）公差带

图 4-64 孔组的位置度公差

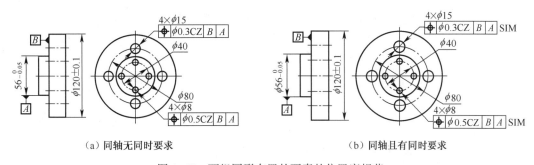

（a）同轴无同时要求 （b）同轴且有同时要求

图 4-65 两组圆形布置的要素的位置度规范

4.3.3 跳动公差

跳动公差是一项综合公差项目，根据被测要素是线要素或是面要素分为圆跳动公差和全跳动公差。跳动公差是以特定的检测方式为依据而给定的公差项目，用于综合控制被测要素的形状误差和位置误差，能将某些几何误差综合反映在测量结果中，有一定的综合控制功能。

一般情况下，测量时测头的方向要求始终垂直于被测要素，即除特殊规定外，其测量方向是被测面的法线方向。

1. 圆跳动（circular run-out）

圆跳动公差是任一被测要素的提取要素绕基准轴线无轴向移动地相对回转一周时，测头在给定方向上测得的最大与最小示值之差。被测要素是组成要素，其公称被测要素的属性与形状由圆环线或一组圆环线明确给定，属线要素。圆跳动又可分为径向圆跳动、轴向圆跳动、斜向圆跳动。

（1）径向圆跳动公差　如图 4-66 所示，在任一平行于基准平面 *B*、垂直于基准轴线 *A* 的横截面上，提取（实际）圆应限定在半径差等于公差值 0.1 mm、圆心在基准轴线 *A* 上的两共面同心圆之间。

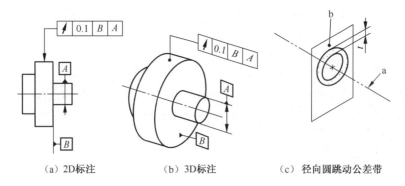

（a）2D标注　　　　　（b）3D标注　　　　　（c）径向圆跳动公差带

图 4-66　径向圆跳动公差

[a] 垂直于基准 *B* 的第二基准 *A*；[b] 平行于基准 *B* 的横截面

（2）轴向圆跳动公差　轴向圆跳动公差用于控制端面上任一测量直径处在轴向上的跳动量，一般只用来确定环状零件的公差，因为它不能反映整个端面的几何公差。

如图 4-67 所示，轴向圆跳动的公差带为与基准轴线同轴的任一半径的圆柱截面上、间距等于公差值 0.1 mm 的两圆所限定的圆柱面区域，即当零件绕基准轴线做无轴向移动的回转时，在右端面任一测量直径处的轴向跳动量均不得大于公差值 0.1 mm。

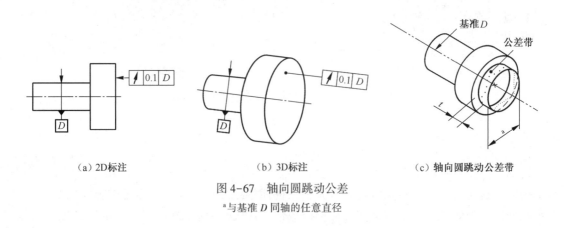

（a）2D标注　　　　　　　（b）3D标注　　　　　　（c）轴向圆跳动公差带

图 4-67　轴向圆跳动公差

[a] 与基准 *D* 同轴的任意直径

（3）斜向圆跳动公差　如图 4-68 所示，在与基准轴线 C 同轴的任一圆锥截面上，提取（实际）线应限定在素线方向间距等于公差值 0.1 mm 的两不等圆之间，并且截面的锥角与被测要素垂直。

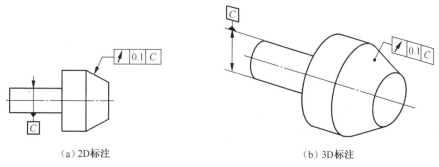

（a）2D标注　　　　　　　　　　　（b）3D标注

图 4-68　斜向圆跳动公差

（4）给定方向的圆跳动公差　如图 4-69 所示，公差带为在轴线与基准同轴的、具有给定锥角的任一圆锥截面上，间距等于公差值 0.1 mm 的两不等圆所限定的区域。

◄∠C为方向要素框格。当被测要素是组成要素且公差带宽度的方向与面要素不垂直时，应使用方向要素确定公差带宽度的方向。

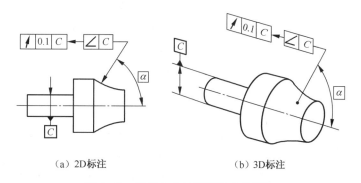

（a）2D标注　　　　　　　　　　　（b）3D标注

图 4-69　给定方向的圆跳动公差标注

如图 4-70 所示，一系列无数的直线段定义了公差带的宽度，其方向受方向要素框格中的方向标注约束。这些直线段的长度等于公差值且其中点默认位于公差带的理想正确几何形状上。即测量该圆跳动时，测头始终应与基准 C 成理想正确角度 α。

2. 全跳动（total run-out）

全跳动公差是在被测要素的提取要素绕基准轴线做无轴向移动的连续回转，同时测头沿给定方向的理想直线连续移动过程中（或在被测提取要素每回转一周，指示表沿给定方向的理想直线做间断移动过程中），由测头在给定方向测得的最大与最小示值之差。被测要素是组成要素，公称要素的属性与形状为平面或回转体表面。公差带保持被测要素的公称形状，但对于回转体表面不约束径向尺寸。全跳动公差控制的是整个被测要素相对于基准要素的跳动总量。

根据测量方向与基准轴线的相对位置，全跳动公差可分为径向全跳动公差和轴向全跳动

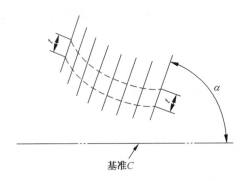

图 4-70 方向要素和给定方向的圆跳动公差带

公差。

（1）径向全跳动公差 如图 4-71 所示，公差带为半径等于公差值 0.1 mm、与基准 A—B 同轴的两圆柱表面所限定的区域。提取（实际）表面应限定在该区域内。

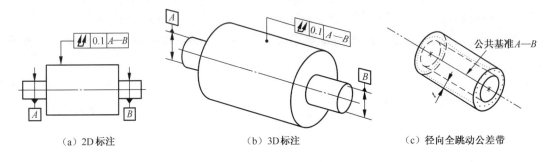

（a）2D 标注 　　　　（b）3D 标注 　　　　（c）径向全跳动公差带

图 4-71 径向全跳动公差

（2）轴向全跳动公差 如图 4-72 所示，轴线全跳动的公差带是间距等于公差值 0.1 mm、垂直于基准轴线的两平行平面所限定的区域。该标注的含义是在端面绕基准轴线做无轴向移动的连续回转，同时测量指示表的测头垂直于基准轴线移动过程中，由测头测得的最大与最小示值之差不得大于 0.1 mm。图中的轴向全跳动公差可控制右端面的平面度误差和该端面对基准 D 的垂直度误差。

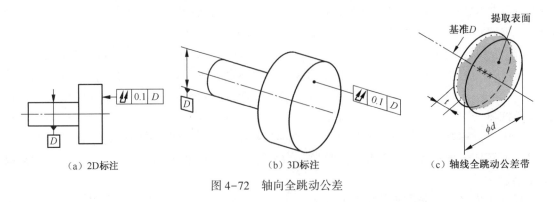

（a）2D 标注 　　　　（b）3D 标注 　　　　（c）轴线全跳动公差带

图 4-72 轴向全跳动公差

圆跳动误差和全跳动误差的测量可参见电子资源 4-15。

电子资源 4-15：用偏摆仪测量曲轴几何误差实验视频

4.4　GPS 的概念、原则和规则

GB/T 4249—2009《产品几何技术规范（GPS）公差原则》规定了尺寸（线性尺寸和角度尺寸）公差和几何公差之间关系的原则，而修订后的 GB/T 4249—2018《产品几何技术规范（GPS）基础　概念、原则和规则》（修改采用 ISO 8014：2011）在名称和技术内容上发生了很大的变化，规定了对创建、解释和应用所有与产品尺寸、几何技术规范和检验相关的标准、技术规范、技术文件均有效的基本概念、原则和规则。

GB/T 24637.2—2020《产品几何技术规范（GPS）通用概念　第 2 部分：基本原则、规范、操作集和不确定度》给出了 GPS 标准体系的基本原则，同时讨论了不确定度在这些原则中的影响，分析了它们在 GPS 应用中的规范和检验过程。

■ 4.4.1　GB/T 4249—2018 规定的 GPS 的概念、原则和规则

1. 图样上读取规范的基本假设

以下针对公差限解释的假设是 GPS 标准体系中所有规则的基础。图样上注明的一般规范和单独规范均缺省遵守以下假设：

（1）功能限（functional limits）　假设功能限的解释已经做过充分的实践和/或理论的研究，因此认为不存在功能限不确定度。

（2）公差限　假设公差限的解释与功能限完全一致。

（3）工件功能水平　假设工件在公差限内 100% 满足功能，在公差限外不满足功能。实际上，当超出公差限时，工件的功能水平是逐渐减小的。

2. 基本原则

（1）采用原则　一旦在机械工程产品文件中采用了 ISO GPS 标准体系的一部分，就相当于采用了 ISO/TC 213 发布的整个 ISO GPS 标准体系，除非文件中另有说明，如引用了区域标准、企业标准、国家标准。

（2）GPS 标准的层级原则　ISO GPS 标准体系是有层级的，其标准种类按层级包括 GPS 基础标准、通用标准、补充标准（注：新版的 ISO 14638：2015 删除了综合标准）。

层级较高的标准所给出的规则适用于所有情况，除非在层级较低的标准中明确地给出了其他规则。如 GB/T 24637—2020 的 4 个部分适用于所有几何特征的所有链环。

（3）明确图样原则　图样标注应明确。图样上所有规范都应使用 GPS 符号（无论有无规范修饰符）明确标注出来。因此，图样上没有规定的要求不能强制执行。

一份图样所含的规范可能与产品完工所需的多个阶段有关。除最终阶段外，应注明各标注所对应的阶段。除最终阶段外，应注明各标注所对应的阶段。如在尺寸规范加注数字旗

注。例:

$$[10\pm0.1]\ \textcircled{\tiny 1} — [10\pm0.2]\ \textcircled{\tiny 2}$$

其中,①指热处理前,②指热处理后。

(4) 要素原则 一个工件可以被认为由多个用自然边界界定的要素组成。缺省情况下,一个要素的每个 GPS 规范适用于整个要素。

表达多个要素间关系的每个 GPS 规范,适用于多个要素。有些标注适用于多个要素。如图 4-44 标注的 CZ (组合公差带)。每个 GPS 规范仅适用于一个要素或要素间的一种关系。

(5) 独立原则 缺省情况下,每个要素的 GPS 规范或要素间的 GPS 规范与其他规范之间相互独立,应分别满足,除非产品的实际规范中有其他标准或特殊标注,如最大实体要求、组合公差带、包容要求等修饰符。

一般地,如果图样上没有这些特殊的标注和标准,尺寸公差和几何公差相互独立,缺省时尺寸公差控制局部尺寸 (两点尺寸) 的变动,几何公差控制几何误差。在检验时,分别根据局部尺寸是否在上极限尺寸和下极限尺寸之间、几何误差是否小于或等于几何公差来确定工件是否可以接收。如图 4-73 所示,图样上没有特殊的标注,因此圆度公差控制横截面的形状,轴线直线度公差控制轴线的直线度误差,尺寸公差控制圆柱体的两点直径,三者相互独立。确定理想圆/理想轴线的位置采用最小区域法,评定圆度和直线度误差的参数均为峰谷参数。

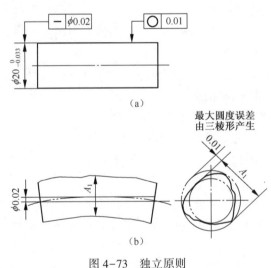

图 4-73 独立原则

(6) 小数点原则 公称尺寸和公差值后未注明的数值均为 0。这个原则适用于图样,也适用于 GPS 标准。

(7) 缺省原则 一个完整的规范操作集可采用 ISO 基本规范来标明。ISO 基本规范标明的规范要求基于缺省的规范操作集。

例如,φ30H6 隐含着应用 GB/T 38762.1—2020 中的缺省规范操作集 (两点尺寸)。

(8) 参考条件原则 缺省情况下,所有 GPS 规范在参考条件下应用,这些条件包括如标准参考温度为 20℃、工件应清洁。如有任何额外的适用条件（如湿度条件），应在图样中明确注明。

（9）刚性工件原则　缺省情况下，工件的刚性被视为无限大。所有 GPS 规范适用于在自由状态下、未受任何外力（包括重力）产生形变的工件。对工件应用的任何额外的或其他条件，如 GB/T 16892—1997《形状和位置公差 非刚性零件注法》所针对的金属薄壁件、橡胶件、塑料件等非刚性零件，应在图样中明确注明。按 GB/T 16892—1997 或 ISO 10579：2010，在几何公差值标准Ⓕ。

（10）对偶性原则　GPS 规范所规定的 GPS 规范操作集与任何测量程序或测量器具无关；实现 GPS 规范操作集的检验操作集和 GPS 规范本身无关，但其与 GPS 规范操作集成镜像对应关系。

GPS 标准不规定什么样的检验操作集是可以接受的，检验操作集的可接受性通过测量不确定度和规范不确定度来进行评价。

（11）功能控制原则　每个工件的功能由功能操作集来表述，并且能够由一系列规范操作集进行模拟，这些规范操作集再次定义了一系列被测量和相关公差。

当工件的所有功能要求都已表述清楚并由 GPS 规范控制时，这样的规范是完整的。大多数情况下，由于某些功能表述/控制得不完善，所以规范可能是不完整的。因此，功能和一系列 GPS 规范之间的相关性可能有优有劣。

任何功能要求和 GPS 规范要求之间的相关性缺失都会导致功能表述的不确定性。

（12）一般规范原则　对于具有相同类型且没有明确注明 GPS 规范的每个要素和要素间关系的各个特征，一般 GPS 规范将分别适用，如用于线性和角度尺寸的一般公差标准 GB/T 1804、用于几何公差的 GB/T 1184。一般规范被认为是一组规范，分别适用于每个要素和要素间关系的各个特征。

（13）归责原则　功能描述的不确定性和规范的不确定性共同描述了规范操作集和功能操作集的一致性程度。这些不确定性由设计人员负责控制。测量不确定度量化了检验操作集和规范操作集的符合度，提交合格证明的一方同时负责提供测量不确定度。

GB/T 4249—2018 还规定了缺省规范操作集的标注规则、特殊规范操作集的标注规则和括号中表述的规则，详细规定可参见该标准。

■ 4.4.2　GB/T 24637.2—2020 规定的基本原则

GPS 基本原理的基础，可由下述 4 个 GPS 基本原则表述。

1）在产品技术文件中有可能采用一个或多个 GPS 规范有效地控制工件或要素的功能。

工件或要素的功能与采用的 GPS 规范之间的相关性有优有劣，换句话说，对于预期的功能，功能描述不确定度有大有小。当要素所有的设计功能都由 GPS 特征表达和控制时，GPS 规范就是完整的。在多数情况下，GPS 规范是不完整的，这是因为一些功能没有完整地表达或控制，甚至根本没有表达或控制。因此，要素/要素功能和采用的 GPS 规范之间的相关程度不同。

功能描述不确定度指的是控制的不理想，而规范不确定度指的是控制的缺失。例如，一个具有很小的功能描述不确定度和规范不确定度的规范能够完整地描述和控制几何特征，而这些几何特征严格地控制设计功能。这两个不确定度组合的结果如表 4-6 所列。

表 4-6   功能描述不确定度和规范不确定度的组合

组合情况	规范不确定度小	规范不确定度大
功能描述不确定度小	描述了所有的几何特征，严格地控制了设计功能	描述和控制的几何特征达到了设计功能要求，但是规范是不完整的
功能描述不确定度大	没有准确描述所有的几何特征，但是严格控制了设计功能	既没有准确描述也没有严格控制设计功能所需的几何特征

2）在产品技术文件中应针对 GPS 特征规定 GPS 规范。

当该规范得到满足时，应当认为工件或要素是可接受的或良好的。显然，在产品技术文件中应充分考虑其要求。在产品技术文件中规定的实际 GPS 规范应明确被测量。在产品技术文件中的 GPS 规范可能是理想的、完整的，也可能是非理想的、不完整的。因此，规范不确定度可能是从零到非常大之间的任何数值。

3）GPS 规范的实施不依赖 GPS 规范本身。

GPS 规范在一个检验操作集中实现。GPS 规范没有规定哪个检验操作集是可接受的。检验操作集的可接受性用测量不确定度评定，有些情况下，用规范不确定度评定。

方法不确定度是由实际规范操作集和实际检验操作集之间的差异产生的不确定度，它忽略了实际检验操作集的计量特性偏差。其值的大小反映了所选择的实际检验操作集对理想检验操作集的偏离程度。测量不确定度等于方法不确定度与测量设备的测量不确定度之和，是 GPS 检验方法每次实际的（和不理想的）执行结果。当实施的程序忠实地模拟理论规定时，存在小的测量不确定度。当功能描述不确定度或规范不确定度或两者都很大时，一个具有较小测量不确定度的测量几乎没有价值。表 4-7 归纳了方法不确定度和测量设备的测量不确定度组合的结果。

表 4-7   方法不确定度和测量设备的测量不确定度的组合

组合情况	测量设备的测量不确定度小	测量设备的测量不确定度大
方法不确定度小	测量过程严格遵守规范，且执行时测量设备的计量特性与理想计量特性之间几乎没有偏差	测量过程严格遵守规范，但执行时测量设备的计量特性与理想计量特性之间存在明显偏差
方法不确定度大	测量过程不严格遵守规范，但执行时测量设备的计量特性与理想计量特性之间几乎没有偏差	测量过程不严格遵守规范，且执行时测量设备的计量特性与理想计量特性之间存在明显偏差

注：在方法不确定度和测量设备的测量不确定度中，很难讲是前者大后者小，还是前者小后者大会造成较大的测量不确定度。方法不确定度小而测量设备的测量不确定度大通常被认为会造成较大的测量不确定度，因为测量设备的测量不确定度比方法不确定度的影响相对更显而易见。

4）GPS 标准的检验规则和定义提供了理论上理想的手段来证明工件/要素与一个 GPS 规范符合或不符合。

由于检验是通过实际测量设备实现 GPS 规范的，测量设备的制造总是不完美的，所以检验总是不完美的，包含有测量设备的测量不确定度。即使是使用最理想的测量设备，也不可能将测量不确定度降到方法不确定度之下。

4.5　包容要求、最大实体要求、最小实体要求和可逆要求

尺寸公差用于控制零件的尺寸变动，保证零件的尺寸精度要求；几何公差用于控制零件的几何误差，保证零件的几何精度要求。尺寸精度和几何精度是影响零件质量的两个关键要素。一般地，在一个零件的图样上同时存在着这两种规范要求。大多数情况下，同一个要素的尺寸公差和几何公差是相互独立的，但有时根据零件的使用要求，尺寸公差、几何公差也可能相互影响、相互补偿。为了保证设计要求，正确地判断零件是否合格，需要明确尺寸公差和几何公差的这种内在联系，包容要求、最大实体要求（MMR）、最小实体要求（LMR）、可逆要求（RR）正是解决这种联系的方法。

最大实体要求、最小实体要求可用于一组由一个或多个被测要素与/或基准组成的尺寸要素。这些要求可规定尺寸要素的尺寸及其导出要素几何要求（形状、方向或位置）之间的组合要求。当使用了最大实体要求或最小实体要求时，这两个规范（尺寸规范和几何规范）即转变为一个共同的要求规范，这个共同规范仅关注组成要素，即与尺寸要素的面要素相关。

GB/T 16671—2018 规定，当被测要素未采用修饰符 Ⓜ、Ⓛ 和 Ⓡ 时，采用 GB/T 38762.2—2020 和 GB/T 18780.2—2003《产品几何量技术规范（GPS）几何要素　第 2 部分：圆柱面和圆锥面的提取中心线、平行平面的提取中心面、提取要素的局部尺寸》中对提取要素的尺寸定义。考虑到 ISO 标准的变化，实际上应采用 GB/T 24637.3—2020 中给出的关于提取要素的规定。

当基准未采用修饰符 Ⓜ、Ⓛ 和 Ⓡ 时，采用 ISO 5459：2011《几何产品规范　几何公差　基准和基准体系》（GB/T 17851—2010 修改采用了 ISO 5459：1981）中对提取要素的尺寸定义。最大实体要求满足零件可装配性，最小实体要求保证最小壁厚，但也适用于其他功能要求。

当采用 MMR、LMR、RR 时，独立原则不再适用。

▌4.5.1　基本概念

1. 最大实体状态、最大实体尺寸

（1）最大实体状态（Maximum Material Condition，MMC）　当尺寸要素的提取组成要素的局部尺寸处处位于极限尺寸且使其具有材料量最多（实体最大）时的状态。在 GB/T 16671—2018 中，最大实体状态是在理想或公称要素层面需要关注要求的极限，即要素的理想形状状态。

（2）最大实体尺寸（Maximum Material Size，MMS，孔、轴的最大实体尺寸分别用 D_M、d_M 表示）　确定要素最大实体状态的尺寸，即外尺寸要素的上极限尺寸，内尺寸要素的下极限尺寸。对切削加工来说，最大实体尺寸是零件开始合格的极限。

图 4-74（a）所示为直径为 $\phi 20^{+0.05}_{0}$ 的孔，其最大实体尺寸为下极限尺寸 $\phi 20$。图 4-74（b）所示的孔没有形状误差，直径为最大实体尺寸 $\phi 20$，此时孔处于最大实体状态。

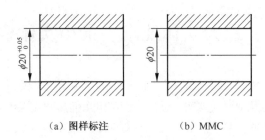

（a）图样标注　　　　　　（b）MMC

图 4-74　内尺寸要素的最大实体状态和最大实体尺寸

注：$MMS = D_M = D_{low} = \phi 20$

图 4-75（a）所示为直径为 $\phi 20_{-0.05}^{\ 0}$ 的轴，其最大实体尺寸为上极限尺寸 $\phi 20$。图 4-75b 所示的轴没有形状误差，直径为最大实体尺寸 $\phi 20$，此时轴处于最大实体状态。

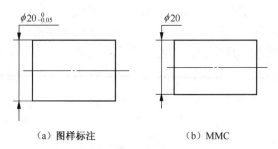

（a）图样标注　　　　　　（b）MMC

图 4-75　外尺寸要素的最大实体状态和最大实体尺寸

注：$MMS = d_M = d_{up} = \phi 20$

如图 4-76 所示，孔遵守最大实体要求，垂直度公差为 0，被测要素的提取组成要素不得超出直径为 $\phi 20$、垂直于基准平面 A 的理想圆柱面。

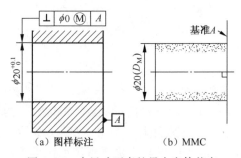

（a）图样标注　　　　　　（b）MMC

图 4-76　内尺寸要素的最大实体状态

2. 最小实体状态、最小实体尺寸

（1）最小实体状态（Least Material Condition，LMC）　假定提取组成要素的局部尺寸处处位于极限尺寸且使其具有材料量最少（实体最小）时的状态。在 GB/T 16671—2018 中，最小实体状态是在理想或公称要素层面需要关注要求的极限，即要素的理想形状状态。

（2）最小实体尺寸（Least Material Size，LMS，孔、轴的最小实体尺寸分别用 D_L、d_L 表

示）　确定要素最小实体状态的尺寸，即外尺寸要素的下极限尺寸，内尺寸要素的上极限尺寸。对切削加工来说，最小实体尺寸是零件合格的终极限，超过这个尺寸，零件开始不合格。

图 4-77（a）所示为直径为 $\phi 20^{+0.05}_{0}$ 的孔，其最小实体尺寸为上极限尺寸 $\phi 20.05$。图 4-77（b）所示的孔没有形状误差，直径为最小实体尺寸 $\phi 20.05$，此时孔处于最小实体状态；图 4-77（c）所示的孔的局部直径处处为 $\phi 20.05$，但有形状误差，故孔不处于最小实体状态。

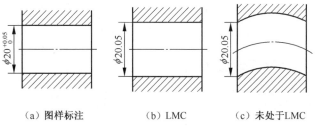

（a）图样标注　　　　　（b）LMC　　　　　（c）未处于LMC

图 4-77　内尺寸要素的最小实体状态和最小实体尺寸

注：$\text{LMS} = D_L = D_{up} = \phi 20.05$

图 4-78（a）所示直径为 $\phi 20^{0}_{-0.05}$ 的轴，其最小实体尺寸为下极限尺寸 $\phi 19.95$。图 4-78（b）所示的轴没有形状误差，直径为最小实体尺寸 $\phi 19.95$，此时轴处于最小实体状态；图 4-78（c）所示的轴的局部直径处处为 $\phi 19.95$，但其有形状误差，故轴不处于最小实体状态。

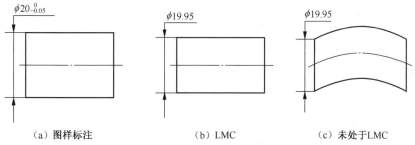

（a）图样标注　　　　　（b）LMC　　　　　（c）未处于LMC

图 4-78　外尺寸要素的最小实体状态和最小实体尺寸

注：$\text{LMS} = d_L = d_{low} = \phi 19.95$

如图 4-79 所示，孔遵守最小实体要求，直线度公差为 0，被测要素的提取组成要素不得超越直径为 $\phi 30.1$、具有理想形状的圆柱面。

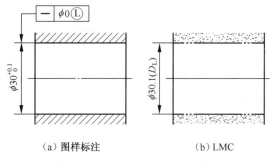

（a）图样标注　　　　　（b）LMC

图 4-79　内尺寸要素的最小实体状态（Ⅰ）

如图 4-80 所示，孔遵守最小实体要求，位置度公差为 0，被测要素的提取组成要素不得超越直径为 $\phi40.05$、轴线与基准平面 A 的距离为理论正确尺寸 50 mm 的理想圆柱面。

如图 4-81 所示，轴遵守最小实体要求，垂直度公差为 0，被测要素的提取组成要素不得超越直径为 $\phi29.95$、轴线与基准平面 A 垂直的理想圆柱面。

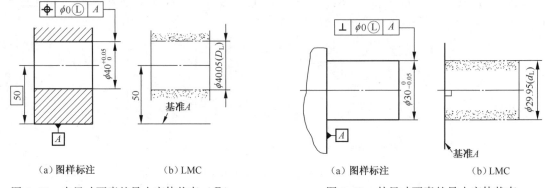

图 4-80　内尺寸要素的最小实体状态（Ⅱ）　　　图 4-81　外尺寸要素的最小实体状态

3. 最大实体实效状态、最大实体实效尺寸、最大实体实效边界

（1）最大实体实效尺寸（Maximum Material Virtual Size，MMVS）　尺寸要素的最大实体尺寸与其导出要素的几何公差（形状、方向或位置）共同作用产生的尺寸。

对于外尺寸要素，最大实体实效尺寸 MMVS＝最大实体尺寸＋几何公差。

如图 4-82（a）所示，MMVS＝$\phi35+\phi0.1=\phi35.1$。

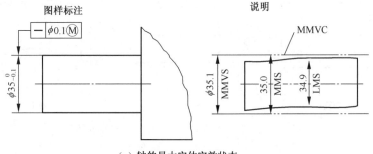

（a）轴的最大实体实效状态

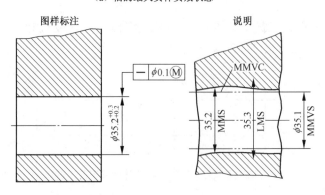

（b）孔的最大实体实效状态

图 4-82　最大实体实效状态和最大实体实效尺寸

对于内尺寸要素，最大实体实效尺寸 MMVS=最大实体尺寸-几何公差。

如图 4-82（b）所示，MMVS=ϕ35.2-ϕ0.1=ϕ35.1。

（2）最大实体实效状态（MMVC）　拟合要素的尺寸为其最大实体实效尺寸 MMVS 时的状态。最大实体实效状态是要素的理想形状状态。

最大实体实效尺寸是尺寸参数，可用作与最大实体实效状态关联的数值。

（3）最大实体实效边界（Maximum Material Virtual Boundary，MMVB）　是和被测尺寸要素具有相同类型和理想形状的几何要素的极限状态，该极限状态的尺寸是 MMVS。

4. 最小实体实效状态、最小实体实效尺寸、最小实体实效边界

（1）最小实体实效尺寸（Least Material Virtual Size，LMVS）　尺寸要素的最小实体尺寸与其导出要素的几何公差（形状、方向或位置）共同作用产生的尺寸。

对于外尺寸要素，最小实体实效尺寸 LMVS=最小实体尺寸-几何公差。

如图 4-83（a）所示，LMVS=ϕ29.95-ϕ0.05=ϕ29.9。

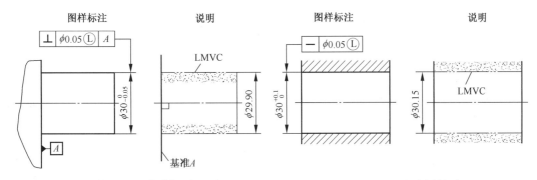

（a）轴的最小实体实效状态　　　　　（b）孔的最小实体实效状态

图 4-83　最小实体实效状态和最小实体实效尺寸

对于内尺寸要素，最小实体实效尺寸 LMVS=最小实体尺寸+几何公差。

如图 4-83（b）所示，LMVS=ϕ30.1+ϕ0.05=ϕ30.15。

（2）最小实体实效状态（Least Material Virtual Condition，LMVC）　拟合要素的尺寸为其最小实体实效尺寸 LMVS 时的状态。最小实体实效状态是要素的理想形状状态。

（3）最小实体实效边界（Least Material Virtual Boundary，LMVB）　是和被测尺寸要素具有相同类型和理想形状的几何要素的极限状态，该极限状态的尺寸是 LMVS。

当几何公差是方向公差时，最大/最小实体实效状态受拟合要素的方向约束（见图 4-76 和图 4-83）；当几何公差是位置公差时，最大/最小实体实效状态受拟合要素的位置约束（见图 4-80 和图 4-86）。

4.5.2　包容要求

包容要求（envelope requirement）以前被称为泰勒原则，GB/T 38762.1—2020《产品几何技术规范（GPS）尺寸公差　第 1 部分：线性尺寸》对包容要求进行了规定。

包容要求是一种简化标注，适用于圆柱表面或两平行对应面的要求，表达了线性尺寸要素的局部尺寸的两个特定规范操作集，用于最小实体尺寸的两点尺寸和用于最大实体尺寸的

最小外接尺寸与最大内切尺寸的组合，即最小实体尺寸控制两点尺寸，同时最大实体尺寸控制最小外接尺寸或最大内切尺寸。如图4-84、图4-85分别是外尺寸要素和内尺寸要素应用包容要求的示例。

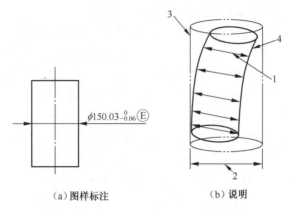

（a）图样标注　　　　　（b）说明

图4-84　外尺寸要素应用包容要求示例

1—两点尺寸（要求大于或等于149.97 mm）；2—包容圆柱的直径（等于150.03 mm）；
3—包含4的包容圆柱；4—提取组成要素

包容要求 Ⓔ 相当于表述了2个单独的要求：一是对于上极限尺寸和下极限尺寸，通过从公差的最大实体一侧对内尺寸要素使用修饰符 ⒼⓍ（最大内切拟合准则）或对外尺寸要素使用修饰符 ⒼⓃ（最小外接拟合准则）；二是从公差的另一侧（即最小实体一侧）使用修饰符 ⓁⓅ（两点尺寸），对于内尺寸要素（如孔），两点尺寸 ⓁⓅ 应用于上极限尺寸。对于外尺寸要素（如轴），两点尺寸 ⓁⓅ 应用于下极限尺寸（最小实体尺寸）。

例4-5　解释图4-84和图4-85应用包容要求的含义。

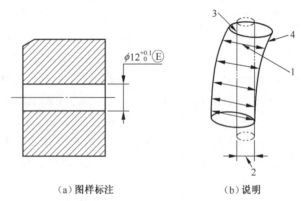

（a）图样标注　　　　　（b）说明

图4-85　内尺寸要素应用包容要求示例

1—两点尺寸（要求小于或等于12.1 mm）；2—包容圆柱的直径（等于12 mm）；
3—包含在4内的包容圆柱；4—提取组成要素

解：如图4-84、图4-85所示，采用包容要求的尺寸要素应在其尺寸的极限偏差或公差带代号之后加注符号 Ⓔ。

图 4-84 所示为外尺寸要素应用包容要求，显然，最小外接尺寸不得大于最大实体尺寸 MMS=ϕ150.03（也就包括了两点尺寸不大于 ϕ150.03）。由于最小外接尺寸是从提取组成要素中获得的直接全局尺寸，实质上，就限制了提取组成要素不超出直径为 ϕ150.03 的理想圆柱面，一定程度上限制了被测要素 ϕ150 圆柱面的形状误差。两点尺寸（局部尺寸）应大于或等于最小实体尺寸 ϕ149.97。

如图 4-85 所示为内尺寸要素应用包容要求，最大内切尺寸不得小于最大实体尺寸 ϕ12。由于最大内切尺寸是从提取组成要素中获得的直接全局尺寸，实质上，就限制了提取组成要素不超出直径为 ϕ12 的理想圆柱面，一定程度上限制了被测要素 ϕ12 圆柱面的形状误差。两点尺寸应小于或等于最小实体尺寸 ϕ12.1。

4.5.3　最大实体要求

最大实体要求（Maximum Material Requirement，MMR）是尺寸要素的非理想要素不得违反其最大实体实效状态（MMVC）的一种尺寸要素要求，亦即尺寸要素的非理想要素不得超越其最大实体实效边界（MMVB）的一种尺寸要素要求。

最大实体要求用于导出要素，是从材料外对非理想要素进行限制，使用的目的主要是保证可装配性。当最大实体要求用于被测要素时，应在图样上将符号 Ⓜ 标注在导出要素的几何公差值之后。当应用于基准要素时，应在图样上将符号 Ⓜ 标注在基准字母之后。

1. 最大实体要求用于被测要素

当最大实体要求应用于被测要素时，要素的几何公差值是在该要素处于最大实体状态时给出的。当提取组成要素偏离其最大实体状态，即拟合要素的尺寸偏离其最大实体尺寸时，几何误差值可以超出在最大实体状态下给出的几何公差值，实质上相当于几何公差值可以得到补偿。

最大实体要求应用于被测要素时，对尺寸要素的面要素规定了以下规则。

（1）规则 A 和规则 B　被测要素的提取局部尺寸应限制在最大实体尺寸 MMS 和最小实体尺寸 LMS（即上极限尺寸和下极限尺寸）之间。

（2）规则 C　被测要素的提取组成要素不得违反其最大实体实效状态（MMVC）或超越其最大实体实效边界（MMVB）。

当几何公差为形状公差时，标注 0 Ⓜ 和标注 Ⓔ 意义相同。使用包容要求 Ⓔ 通常会导致对要素功能（可装配性）的过多约束，使用这种约束和尺寸定义会降低最大实体要求在技术和经济上的好处。

（3）规则 D　当几何规范是相对于（第一）基准或基准体系的方向或位置要求时，被测要素的最大实体实效状态（MMVC）根据 GB/T 1182—2018 和 ISO 5459：2011，应相对于基准体系处于理论正确方向或位置。另外，当几个被测要素用同一公差标注时（除了相对于基准可能的约束以外），其最大实体实效状态相互之间应处于理论正确方向和位置。

例 4-6　图 4-86（a）所示的零件的预期功能是两销柱要与图 4-86（b）所示的一个具有两个相距 25 mm、公称尺寸为 10 mm 的孔的板类零件装配，且要与平面 A 相垂直。试解释

图 4-86 中标注的含义。

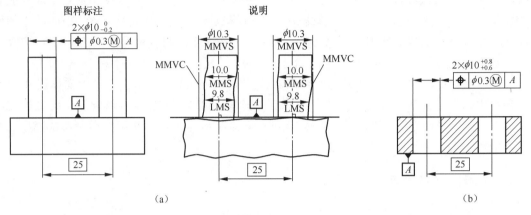

图 4-86　例 4-6 附图

解:

根据最大实体要求,本例图 4-86 (a) 中标注的含义如下。

1) 两销柱的提取组成要素不得超越直径为 $\phi10.3$ 的最大实体实效边界。

2) 两销柱的提取组成要素各处的局部直径均应大于最小实体尺寸 LMS=$\phi9.8$,且均应小于最大实体尺寸 MMS=$\phi10$。

3) 按照规则 D,两个销柱的最大实体实效状态的位置处于其轴线彼此相距理论正确尺寸 25 mm 的位置,且与基准 A 保持理论正确垂直(方向)。

4) 图 4-86 (a) 中两销柱的轴线位置度公差是在这两个销柱均处于最大实体状态下给定的;若这两个销柱均为其最小实体状态,其轴线位置度误差允许达到的最大值为给定的轴线位置度公差 $\phi0.3$ 与销柱的尺寸公差 0.2 mm 之和 $\phi0.5$。当两销柱各自处于最大实体状态和最小实体状态之间时,其轴线的位置度公差可以在 $\phi0.3 \sim \phi0.5$ 变化,其具体的数值依赖于尺寸相对于最大实体尺寸的偏差值。

图 4-86 (b) 的两孔的提取组成要素不得超越直径为 $\phi10.3$ ($\phi10.6-\phi0.3=\phi10.3$) 的最大实体实效边界。图 4-86 (b) 的最大实体实效边界等于图 4-86 (a) 的最大实体实效边界,且均垂直于基准 A、间距为理论正确尺寸 25 mm,因此,按图 4-86 (a)、图 4-86 (b) 制造且检验合格的零件能保证其顺利地装配。

实质上就是要求内尺寸要素的最大实体实效边界大于或等于外尺寸要素的最大实体实效边界才能保证可装配性。如果内尺寸要素和外尺寸要素对基准有方向和位置要求,则其最大实体实效边界要对基准保持相同的方向和位置关系。

例 4-7　图 4-87 (a) 所示零件的预期功能是与图 4-87 (b) 所示的零件装配,而且要求两基准平面 A 相接触,两基准平面 B 双方同时与另一零件(图中未画出)的平面相接触。试解释图中标注的含义。

解:

根据最大实体要求,本例标注的含义如下。

1) 轴的提取组成要素不得违反其最大实体实效状态,其直径为 MMVS=$\phi35.1$。

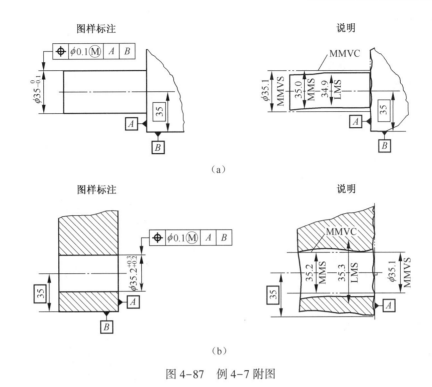

图 4-87　例 4-7 附图

2）轴的提取组成要素各处的局部直径应大于 LMS＝ϕ34.9，且应小于 MMS＝ϕ35.0。

3）按照规则 D，图 4-87（a）的最大实体实效状态（MMVC，或最大实体实效边界）的方向与基准 A 垂直，并且其位置在与基准 B 相距 35 mm 的理论正确位置上。

4）图 4-87（a）中轴线的位置度公差（ϕ0.1）是在该轴处于最大实体状态下给定的；当该轴为其最小实体状态时，其轴线位置度误差允许达到的最大值为给定的轴线位置度公差（ϕ0.1）与该轴的尺寸公差（0.1 mm）之和 ϕ0.2。当该轴处于最大实体状态和最小实体状态之间时，其轴线的位置度公差在 ϕ0.1~ϕ0.2 变化。

5）从图 4-87（b）可以看出，孔的提取组成要素不得违反其最大实体实效状态（MMVC），其直径为 MMVS＝ϕ35.1。故图 4-87（a）和图 4-87（b）的最大实体实效边界的尺寸相等，其轴线垂直于同一基准 A 且与基准 B 的距离均由理论正确尺寸 35 mm 确定，因而能保证合格的孔和轴都能同时与另外一个零件的平面接触。

6）因此，分别按图 4-87（b）和图 4-87（a）制造且检验合格的工件，它们分别不会超出其各自直径为 ϕ35.1 的最大实体实效边界（MMVB），就能确保它们能够顺利地装配。

2. 最大实体要求用于关联基准要素

当最大实体要求用于关联基准要素时，对基准要素的表面规定了以下规则。

（1）规则 E　基准要素的提取组成要素不得违反关联基准要素的最大实体实效状态（MMVC）或超越关联基准要素的最大实体实效边界（MMVB）。

（2）规则 F　当关联基准要素没有标注几何规范，或者注有几何规范但其后没有符号 Ⓜ 时，或者没有标注符合规则 G 的几何规范时，关联基准要素的最大实体实效状态（MMVS）尺寸为最大实体尺寸 MMS。

例 4-8 图 4-88 所示为最大实体要求用于基准要素的情况，试解释其含义。

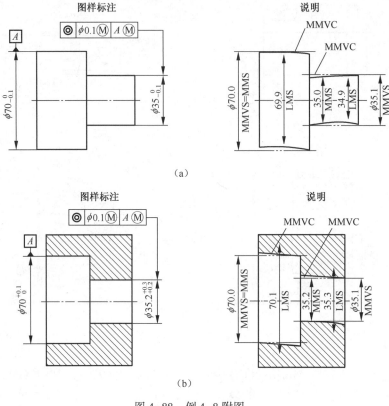

图 4-88 例 4-8 附图

解：

对于图 4-88（a）：

1）外尺寸要素 $\phi 35$ 的提取要素不得违反其最大实体实效状态（MMVC），其直径为 MMVS＝$\phi 35.1$（见规则 C）。

2）外尺寸要素 $\phi 35$ 的提取组成要素各处的局部直径应大于 LMS＝$\phi 34.9$（见规则 B）。

3）MMVC 的位置和基准要素的 MMVC 同轴（见规则 D）。

4）基准要素的提取组成要素不得违反其最大实体实效状态（MMVC）（见规则 E）；基准要素注有尺寸公差，但当关联基准要素没有标注几何公差要求时，其直径为 MMVS＝MMS＝$\phi 70$（见规则 F）。

5）基准要素的提取要素各处的局部直径应大于 LMS＝$\phi 69.9$（见规则 B）。

对于图 4-88（b）：

1）内尺寸要素的提取要素不得违反其最大实体实效状态（MMVC），其直径为 MMVS＝$\phi 35.1$（见规则 C）。

2）内尺寸要素的提取组成要素各处的局部直径应大于 MMS＝$\phi 35.2$（见规则 B）。

3）MMVC 的位置和基准要素的 MMVC 同轴（见规则 D）。

4）基准要素的提取组成要素不得违反其最大实体实效状态（MMVC）（见规则 E）；基

准要素注有尺寸公差，但当关联基准要素没有标注几何公差要求时，其直径为 MMVS＝MMS＝$\phi70$（见规则 F）。

5）基准要素的提取要素各处的局部直径应小于 LMS＝$\phi70.0$（见规则 B）。

（3）规则 G 当基准要素由有下列属性的几何规范控制时，关联基准要素的最大实体实效状态（MMVC）的尺寸为最大实体尺寸 MMS 加上（对于外尺寸要素）或减去（对于内尺寸要素）几何公差，其公差值后面有符号 Ⓜ，且：

1）这是形状规范而且关联基准属于几何公差框格中的第一基准，同时在基准字母后面标有 Ⓜ 符号，如图 4-89（a）、（b）所示。

2）这是方向/位置规范，其基准或基准体系所包含的基准及其顺序和几何公差框格中的前一个关联基准完全一致，且在基准字母后面标有 Ⓜ 符号。

在规则 G 的情况下，基准要素方格应与控制基准要素的最大实体实效状态几何公差框格直接相连，如图 4-89（a）、（b）所示。基准要素 A 的方框和控制基准 A 的最大实体实效状态的 $\phi70$ 轴线的直线度公差框格直线相连。

可见，在规则 F、G 两种情况下，基准要素的最大实体实效尺寸是不同的。

例 4-9 图 4-89（a）所示零件的预期功能是与图 4-89（b）所示零件装配。这是最大实体要求用于基准要素的情况。试分析图 4-89（a）和图 4-89（b）的标注是否能保证批量生产的合格零件自由装配。

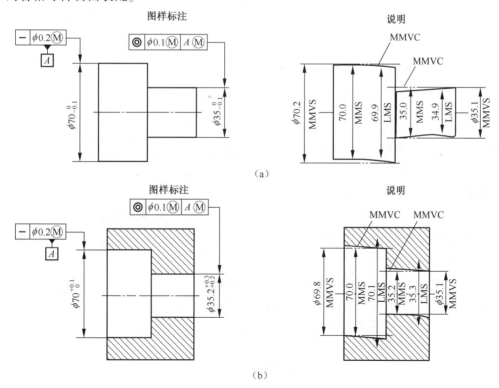

图 4-89 例 4-9 附图

解：

如图 4-89（a），基准外尺寸要素的最大实体实效边界为 ϕ70.2，被测要素的最大实体实效边界为 ϕ35.1；

如图 4-89（b），基准内尺寸要素的最大实体实效边界为 ϕ69.8，被测要素的最大实体实效边界为 ϕ35.1。

显然，由于基准内尺寸要素的最大实体实效边界 ϕ69.8 小于基准外尺寸要素 ϕ70.2 的最大实体实效边界，因此不能保证合格的零件自由装配。

4.5.4 最小实体要求

最小实体要求（Least Material Requirement，LMR）也是一种相关要求，是尺寸要素的非理想要素不得违反其最小实体实效状态（LMVC）的一种尺寸要素要求，亦即尺寸要素的非理想要素不得超越其最小实体实效边界（LMVB）的一种尺寸要素要求。

最小实体要求用于导出要素，是从材料内对非理想要素进行限制，使用的目的主要是保证最小壁厚，确保连接的强度。

1. 最小实体要求用于被测要素

当最小实体要求用于被测要素时，应在图样上的几何公差框格里将符号 Ⓛ 标注在尺寸要素（被测要素）的导出要素的几何公差值之后。当最小实体要求应用于被测要素时，要素的几何公差值是在该要素处于最小实体状态时给出的。当提取组成要素偏离其最小实体状态，即拟合要素的尺寸偏离其最小实体尺寸时，几何误差值可以超出在最小实体状态下给出的几何公差值，实质上相当于几何公差值可以得到补偿。

最小实体要求应用于被测要素时，对尺寸要素的表面规定了以下规则：

（1）规则 H 和规则 I　被测要素的提取局部尺寸要位于最大实体尺寸 MMS 和最小实体尺寸 LMS 之间（也就是位于上极限尺寸和下极限尺寸之间）。

（2）规则 J　被测要素的提取组成要素不得违反其最小实体实效状态（LMVC）或超越其最小实体实效边界（LMVB）。

（3）规则 K　当几何规范是相对于（第一）基准或基准体系的方向或位置要求时，被测要素的最小实体实效状态（LMVC）根据 GB/T 1182—2018 和 ISO 5459：2011，应相对于基准或基准体系处于理论正确方向或位置。

另外，当几个被测要素用同一公差标注时（除了相对于基准可能的约束以外），其最小实体实效状态相互之间应处于理论正确方向和位置。

使用包容要求 Ⓔ 通常会导致对要素功能（最小壁厚）的过多约束。使用这种约束和尺寸定义会降低最小实体要求在技术上和经济上的好处。

例 4-10　如图 4-90 所示，最小实体要求用于被测要素。图中所示零件的预期功能是承受内压并防止崩裂。试解释其含义。

解：

按照最小实体要求给出的规则，本例解释如下。

1）按规则 J，外尺寸要素的提取要素不得违反其最小实体实效状态，其直径为 LMVS $=\phi$69.8。

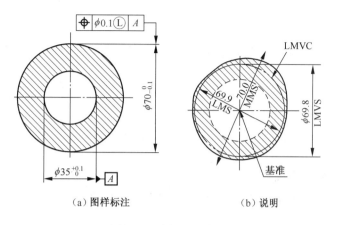

（a）图样标注　　　　　（b）说明

图 4-90　例 4-10 附图

2）按规则 I 和规则 H，外尺寸要素的提取要素各处的局部直径应小于 MMS＝ϕ70.0，且大于 LMS＝ϕ69.9。

3）内尺寸要素的提取要素不得违反其最小实体状态，其直径为 LMS＝ϕ35.1。

4）内尺寸要素的提取要素各处的局部直径应大于 MMS＝ϕ35，且小于 LMS＝ϕ35.1。

5）LMVC 的方向和基准 A 相平行，并且其位置在与基准 A 同轴的理论正确位置上。

6）当外尺寸要素处于最小实体状态时，其允许的最大位置度误差为 ϕ0.1；当外尺寸要素处于最大实体状态时，其允许的最大位置度误差为 ϕ0.1＋0.1＝ϕ0.2。当外尺寸要素处于最小实体状态和最大实体状态之间时，其允许的最大位置度误差为 ϕ0.1～ϕ0.2。

例 4-11　与例 4-10 类似，图 4-91 所示零件的预期功能是承受内压并防止崩裂。试解释其含义。

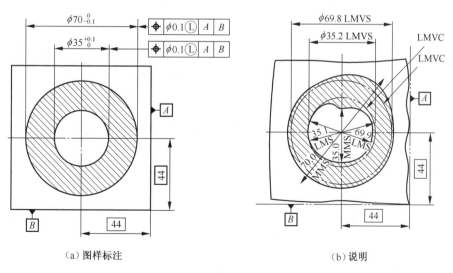

（a）图样标注　　　　　（b）说明

图 4-91　例 4-11 附图

解：

与例4-10有区别的是内尺寸要素也使用了最小实体要求，按最小实体要求，可以类似地对本例进行解释。

1）外尺寸要素的提取要素不得违反其最小实体实效状态（LMVC），其直径为 LMVS = ϕ69.8。

2）外尺寸要素的提取要素各处的局部直径应小于 MMS = ϕ70.0，且大于 LMS = ϕ69.9。

3）内尺寸要素的提取要素不得违反其最小实体实效状态（LMVC），其直径为 LMVS = ϕ35.2。

4）内尺寸要素的提取要素各处的局部直径应大于 MMS=ϕ35.0，且小于 LMS=ϕ35.1。

5）内、外尺寸要素的最小实体实效状态（LMVC）的理论正确方向和位置应处于距基准体系 A、B 各为 44 mm。

2. 最小实体要求应用于关联基准要素

当最小实体要求用于基准要素时，应在图样上将符号 Ⓛ 标注在基准字母之后。只有当基准取自于尺寸要素时，才可在基准字母之后使用符号 Ⓛ。

对基准要素的表面规定了以下规则：

（1）规则 L　基准要素的提取组成要素不得违反关联基准要素的最小实体实效状态（LMVC）或超越关联基准要素的最小实体实效边界（LMVB）。

（2）规则 M　当关联基准要素的导出要素没有标注几何规范，或者注有几何公差但其后没有符号 Ⓛ 时，或者没有标注规则 N 的几何规范时，关联基准要素的最小实体实效状态（LMVC）的尺寸为最小实体尺寸 LMS。

（3）规则 N　当基准要素由有下列属性的几何规范控制时，关联基准要素的最小实体实效状态（LMVC）的尺寸为最小实体尺寸 MMS 减去（对于外尺寸要素）或加上（对于内尺寸要素）几何公差，其差称值后面有符号 Ⓛ，且：

1）这是形状规范而且关联基准属于几何公差框格中的第一基准，同时在基准字母后面标有 Ⓛ 符号；或

2）这是方向/位置规范，其基准或基准体系所包含的基准及其顺序和几何公差框格中的前一个关联基准完全一致，且在基准字母后面标有 Ⓛ 符号。

在规则 N 的情况下，基准要素框格应与控制基准要素的最小实体实效状态（LMVC）几何公差框格直接相连，如图4-93所示。

可见，在规则 M、N 两种情况下，关联基准要素的最小实体实效尺寸是不同的。

例4-12　图4-92所示零件的预期功能也是承受内压并防止崩裂。与例4-10不同的是基准采用了最小实体要求。试解释其含义。

解：

按最小实体要求，可以类似地对本例进行解释。

1）外尺寸要素的提取要素不得违反其最小实体实效状态（LMVC），其直径为 LMVS =

$\phi69.8$。

2）外尺寸要素的提取要素各处的局部直径应小于 MMS = 70.0，且大于 LMS = $\phi69.9$。

3）因为基准本身没有标注几何规范，故内尺寸要素（基准要素）的提取要素不得违反其最小实体实效状态（LMVC），其直径为 LMVS = LMS = $\phi35.1$。

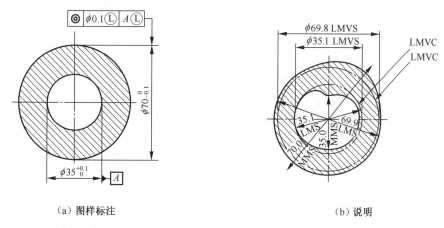

（a）图样标注　　　　　　　　　　　　　　（b）说明

图 4-92　例 4-12 附图

4）内尺寸要素（基准要素）的提取要素各处的局部直径应大于 MMS = $\phi35.0$，且小于 LMS = $\phi35.1$。

5）外尺寸要素的最小实体实效状态（LMVC）位于内尺寸要素（基准要素）轴线的理论正确位置。

例 4-13　如图 4-93 所示，基准采用了最小实体要求。基准本身标注了尺寸公差和位置度公差。试说明其边界要求。

解：

1）这是规则 N 的第二种情况。基准 D 为 $\phi30$ 轴线，其标注与图 4-89 一样，基准要素框格应与控制基准要素的最小实体实效状态（LMVC）几何公差框格直接相连。

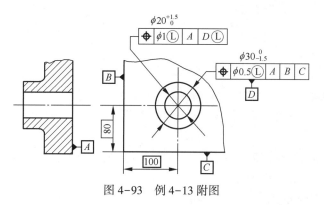

图 4-93　例 4-13 附图

2）关联基准要素 D 的最小实体实效状态（LMVC）的尺寸为最小实体尺寸 MMS 减去几何公差，即 LMVS = $\phi30 - \phi1.5 - \phi0.5 = \phi28$。

3）按最小实体要求的规则，被测要素的导出要素和基准要素同时标注了位置公差，其最小实体实效边界要与各自基准的理论正确位置相一致。

4.5.5 可逆要求

可逆要求（reciprocity requirement，RPR）是最大实体要求和最小实体要求的附加要求。在图样上将符号Ⓡ标注在导出要素的几何公差值和符号Ⓜ、Ⓛ后。可逆要求是一种反补偿要求，仅用于被测要素。在最大实体要求或最小实体要求附加了可逆要求后，改变了尺寸要素的尺寸公差。用可逆要求可以充分地利用最大实体实效状态和最小实体实效状态的尺寸，在制造可能性的基础上，可逆要求允许尺寸和几何公差之间相互补偿。

1. 可逆要求用于最大实体要求

可逆要求用于最大实体要求时，将改变尺寸要素的面要素的最大实体要求，规则 A 失效，即当几何误差小于几何公差时，尺寸在最大实体尺寸一侧可以突破，但规则 B、C、D 仍然有效。

例 4-14 类似于例 4-6 的图 4-86，图 4-94 所示零件的预期功能是两销柱要与一个具有两个相距25 mm、公称尺寸为 $\phi10$ 的孔的板类零件装配，且要与平面 A 相垂直。试解释图 4-94 中标注的含义。

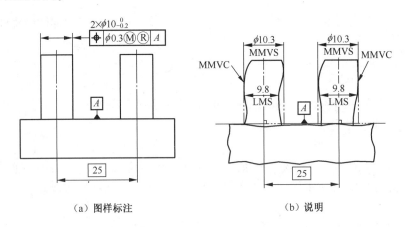

（a）图样标注   （b）说明

图 4-94　例 4-14 附图

解：
根据最大实体要求和可逆要求，本例标注的解释如下。

1）两销柱的提取要素不得违反其最大实体实效状态（MMVC），其直径为 MMVS = $\phi10.3$。

2）两销柱的提取要素各处的局部直径均应大于 LMS = $\phi9.8$，可逆要求（RPR）允许其局部直径从 MMS = $\phi10$ 增大至 MMVS = $\phi10.3$。

3）两个最大实体实效状态（MMVC）的位置处于其轴线彼此相距理论正确尺寸 25 mm 的位置，且与基准平面 A 保持理论正确垂直。

4）两销柱的轴线的位置度公差（$\phi0.3$）是在这两销柱均为最大实体状态下给定的。若这两销柱均为其最小实体状态，其轴线的位置度误差允许达到的最大值为轴线的位置度公差（φ0.3）与销柱的尺寸公差（0.2 mm）之和 φ0.5；当两销柱各自处于最大实体状态和最小实体状态之间时，其轴线位置度公差在 φ0.3~φ0.5 变化。

5）如果两销柱的轴线位置度误差小于给定的公差（φ0.3），两销柱的尺寸公差允许大于0.2，即其提取要素各处的局部直径均可大于它们的最大实体尺寸（MMS＝φ10）；如果两销柱的位置度误差为零，则两销柱的尺寸允许增大至 MMVS＝φ10.3。

2. 可逆要求用于最小实体要求

可逆要求用于最小实体要求时，将改变尺寸要素的面要素的最小实体要求，规则 H 失效，即当几何误差小于几何公差时，尺寸在最小实体尺寸一侧可以突破，但规则 I、J、K 仍然有效。

例 4-15　如图 4-95 所示，可逆要求应用于最小实体要求。试解释其含义。

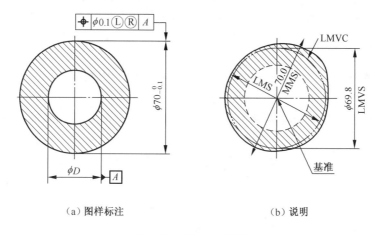

（a）图样标注　　　　　　　　（b）说明

图 4-95　例 4-15 附图

解：

根据最小实体要求和可逆要求，本例解释如下。

1）外尺寸要素的提取要素不得违反其最小实体状态（LMVC），其直径为 LMVS＝φ69.8。

2）外尺寸要素的提取要素各处的局部直径应小于 MMS＝φ70.0，可逆要求允许其局部直径在几何误差小于几何公差时从 LMS＝φ69.9 减小至 LMVS＝φ69.8。

3）轴线的位置度公差（φ0.1）是在该外尺寸要素为最小实体状态（LMC）时给定的。若该外尺寸要素为其最大实体状态（MMC），其轴线的位置度误差允许达到的最大值可为给定的轴线位置度公差（φ0.1）与该外尺寸要素尺寸公差（0.1 mm）之和 φ0.2；若该外尺寸要素处于最小实体状态与最大实体状态之间，其轴线位置度公差在 φ0.1~φ0.2 变化。

4）如果轴线位置度误差小于给定的公差（φ0.1），该外尺寸要素的尺寸公差允许大于0.1 mm，即其提取要素各处的局部直径均可小于它的最小实体尺寸（φ69.9）；如果其轴线的位置度误差为零，则其局部直径允许减小至 φ69.8。

在测量时，传统的量具也面临着与前述包容要求、最大实体要求同样的问题。与最大实体要求和包容要求不同的是，最小实体要求要控制提取组成要素不超出最小实体实效边界，对合格的工件来说，该边界在材料体内，故无法用光滑极限量规和功能量规进行检验，只能由计算机的软件判断提取组成要素、局部尺寸是否分别超出最小实体实效边界、最大实体尺寸。因而，要严格地按新标准来检验遵守最小实体要求的零件，就需要采用计算机化的坐标测量设备，对要素进行分离、提取、滤波、拟合、组合、构建、评估等操作，然后才能对测量结果和规范特征的一致性做出评价，即判断工件是否合格。

4.6　几何公差的选择

零件的几何误差对机器、仪器的正常工作有很大的影响，因此正确地选择几何公差项目和公差值，对保证机器、仪器的功能要求，提高经济性非常重要。

■4.6.1　几何公差项目的选用

几何公差项目选择的依据是要素的几何特征，零件的工作性能要求，零件在加工过程中产生几何误差的可能性，检验的可实现性与便捷性、经济性等。

几何公差项目主要是按照几何形状特征制定的，因此，要素的几何形状特征是选择单一要素的基本依据。而方向、位置和跳动公差是按要素几何方位关系制定的，往往与该零件和其他零件的装配关系有关，所以关联要素的公差项目选择应以它和基准间的几何方位关系为基本依据。然后，按照使用要求、结构特点和检测的方便性来选择。

例如，要素为一圆柱时，圆柱度是理想的项目，因为它包括了圆柱的素线直线度、轴线直线度和圆度，但圆柱度检测不方便，故也可选择圆度、素线直线度、轴线直线度、素线平行度，或者选择径向全跳动，因为径向全跳动测量方便。除了控制圆柱度外，对阶梯轴来说，还可选择对基准轴线的同轴度。但如果对圆柱的形状要求较高，应该标注圆柱度公差，如印刷机的滚筒。一般地：

1）对机床导轨应规定导轨直线度或平面度公差要求，以保证工作台运动平稳和具有较高的运动精度。

2）对轴承座、与轴承相配合的轴颈，应规定圆柱度公差和轴肩的轴向圆跳动公差，以保证轴承的装配和旋转精度。

3）对齿轮箱体上的两个理论上应用轴、用于安装与齿轮轴配合的轴承的轴承孔，应规定同轴度公差，以控制在对箱体镗孔加工时容易出现的孔的同轴度误差和位置度误差。

在选择几何公差项目时还应考虑：

（1）注意位置、方向及跳动公差与形状公差之间的关系　位置、方向及跳动公差不仅能控制被测要素对基准的方向、位置和跳动，还能控制被测要素本身的形状。故对同一个要素既需要标注形状公差，又需要标注该要素对基准的方向、位置、跳动公差，要注意前者要小于后者才有意义。

（2）注意各项几何公差项目之间的关系。

1）圆柱度与圆度、素线直线度、轴线直线度的关系：圆柱度公差是反映圆柱表面径向与轴向截面形状要求的综合形状公差，单独注出的圆度公差应小于圆柱度公差，以表达设计上对径向形状误差提出的进一步要求。

2）径向圆跳动、径向全跳动与圆度、同轴度、圆柱度、直线度的关系：对轴类零件规定径向圆跳动或全跳动公差，既可控制零件的圆度或圆柱度误差，又可控制同轴度误差，检测方便。

3）轴向全跳动、轴向圆跳动与端面对轴线的垂直度、平面度的关系：轴向圆跳动、全跳动公差在忽略平面度误差时，可代替端面对跳动公差基准轴线垂直度的要求。

4）面轮廓度与线轮廓度的关系：当曲面比较小时，可以标注线轮廓度公差；当曲面比较大时，如果要控制该曲面的形状，需要标注面轮廓度公差。

5）圆柱度与圆度、平行度的关系：平行度公差属于定向公差，但对于圆柱表面，可用来控制两相对的素线的平行度误差，再加注符号"（+）、（−）、（<）、（>）"来达到控制圆柱度误差的目的，实际上起到了形状公差的作用。因圆柱度公差是综合形状公差，故此时两素线平行度公差值应小于圆柱度公差值。

6）位置度与垂直度、直线度等的关系：位置度公差为一项综合公差。在零件图中，两孔轴线的直线度误差及两孔轴线对基准面的垂直度误差都可由对同一基准要素的位置度公差综合控制，故不必重复标注。

■ 4.6.2　基准的选择

1. 基准要素的选择

从装配角度考虑，应选用零件相互配合、相互接触、定位的结合面作为基准部位，如箱体的底平面和侧面、盘类零件的轴线、回转零件的支承轴颈或支承孔等。

基准要素应具有足够的大小和刚度，以保证定位稳定可靠。例如，用两条或两条以上相距较远的轴线组合成的公共基准轴线比一条基准轴线要稳定。

选用加工比较精确的表面作为基准部位。

从加工工艺和测量的角度考虑，通常选择在夹具、量具中定位的要素作为基准，以使设计、加工、装配和检测基准统一。这样，既可以消除因基准不统一而产生的误差；也可以简化夹具、量具的设计与制造，测量方便。

2. 基准数量的确定

一般来说，应根据公差项目的定向、定位功能要求来确定基准的数量。方向公差大都只需要一个基准，而位置公差则需要一个或多个基准。例如，对于平行度、垂直度、同轴度公差项目，一般只用一个平面或一条轴线做基准要素；对于位置度公差项目，需要确定孔系的位置精度，就可能要用到两个或三个基准要素。

3. 基准顺序的安排

当选用两个以上基准要素时，就要明确基准要素的次序，并按第一、第二、第三的顺序写在几何公差框格中，第一基准要素是主要的，第二基准要素次之。在基准要素的拟合中，首先是第一基准的拟合，而第二基准的拟合要素以第一基准为基础，即受到第一基准的约束。第三基准的拟合要素又受到第一、第二基准的约束。

■ 4.6.3 包容要求、最大实体要求、最小实体要求、可逆要求和独立原则的选用

1）独立原则是处理几何公差和尺寸公差关系的基本原则，应用较为普遍。

2）对重要的配合常采用包容要求。

3）当仅需保证零件的可装配性时，为了便于零件的加工制造，可以采用最大实体要求和可逆要求等。

4）为保证最小壁厚、强度可选用最小实体要求。

5）对导出要素，当使用最大实体要求和最小实体要求时，可以考虑将这些要求和可逆要求联用，以充分利用其在技术上和经济上的好处。

表 4-8 以单一要素为例，说明了各要求和独立原则的含义的区别。需要说明的是，最小实体要求的例子仅说明最小实体要求和其他要求的区别，实际工作中一般不会有这种轴类零件使用最小实体要求的情况。

表 4-8 单一要素应用公差原则的比较

图样标注	公差原则	设计要求		允许的最大的直线度误差
		局部尺寸（两点直径）	边界	
(a) $\phi30^{~0}_{-0.5}$ ［— $\phi0.1$］	独立原则	$d_L = \phi29.5 \leq d_a \leq d_M = \phi30$	—	$\phi0.1$
(b) $\phi30^{~0}_{-0.5}$ Ⓔ	包容要求	两点直径 $d_a \geq \phi29.5$ 最大实体尺寸 $\phi30$ 控制了被测要素的提取组成要素的最小外接尺寸时，也控制了两点直径 $\leq \phi30$	未提到最大实体边界，但实质上控制了被测要素的提取组成要素不能超出 $\phi30$ 的理想圆柱面	当被测要素的提取要素各处的局部直径为最大实体尺寸 MMS = $\phi30$ 时，不允许有直线度误差；当各处局部直径为最小实体尺寸 LMS = $\phi29.5$ 时，允许的直线度误差为 $\phi0.5$
(c) $\phi30^{~0}_{-0.5}$ ［— $\phi0.1$Ⓜ］	最大实体要求	$d_L = \phi29.5 \leq d_a \leq d_M = \phi30$	最大实体实效边界；直径为 $\phi30.1$ 的理想圆柱面	当被测要素的提取要素各处的局部直径为最小实体尺寸 LMS = $\phi29.5$ 时，允许的直线度误差为 $\phi0.6$，当各处局部直径为最大实体尺寸 MMS = $\phi30.0$ 时，允许的直线度误差为 $\phi0.1$
(d) $\phi30^{~0}_{-0.5}$ ［— $\phi0.1$Ⓛ］	最小实体要求	$\phi29.5 \leq d_a \leq \phi30$	最小实体实效边界；直径为 $\phi29.4$ 的理想圆柱面	当被测要素的提取要素各处的局部直径为最小实体尺寸 LMS = $\phi29.5$ 时，允许的直线度误差为 0.1，当各处局部直径为最大实体尺寸 MMS = $\phi30.0$ 时，允许的直线度误差为 $\phi0.6$

4.6.4 几何公差值的选用

当几何公差的未注公差不能满足零件的功能要求时，应在图样上单独标注几何公差项目及其公差值。选择几何公差值的原则仍然是在满足零件功能要求的前提下选取最经济的公差值。

GB/T 1184—1996 将几何公差值分为 1~12 级，为了适应精密零件的需要，圆度、圆柱度公差增加了 0 级。确定几何公差值的方法有类比法、计算法，类比法主要是参考现有手册和资料，参照经过验证的类似产品的零、部件，通过对比分析，确定其公差值。常见的各种机械加工方法能达到的直线度和平面度、圆度和圆柱度、平行度和垂直度、同轴度和圆跳动公差等级分别如表 4-9~表 4-12 所列。

表 4-9 常见的加工方法能达到的直线度和平面度公差等级

加工方法		直线度、平面度公差等级												（公称尺寸 5~100 mm）精度范围/μm
		1	2	3	4	5	6	7	8	9	10	11	12	
车	粗											◆	◆	30~200
	细									◆	◆			12~60
	精					◆	◆	◆	◆					2~25
铣	粗											◆	◆	30~200
	细									◆	◆			12~60
	精						◆	◆	◆					3~40
刨	粗											◆	◆	30~200
	细									◆	◆			12~60
	精							◆	◆					5~40
磨	粗									◆	◆	◆		12~30
	细							◆	◆					5~12
	精		◆	◆	◆	◆								0.2~10
研磨	粗				◆	◆								1.2~6
	细			◆										0.8~2.5
	精	◆	◆											0.2~1.2
刮磨	粗						◆	◆						3~15
	细				◆	◆								1.2~6
	精	◆	◆	◆										0.2~2.5

表 4-10 常见的加工方法能达到的圆度和圆柱度公差等级

加工方法			圆度、圆柱度公差等级												(公称尺寸 5~100 mm) 精度范围/μm
			1	2	3	4	5	6	7	8	9	10	11	12	
轴	精密车削				◆	◆	◆								0.6~4
	普通车削						◆	◆	◆	◆					1.5~35
	普通立车	粗					◆	◆	◆						1.5~10
		细						◆	◆		◆	◆			2.5~35
	自动半自动车	粗								◆	◆				5~22
		细							◆	◆					4~15
		精						◆	◆						2.5~10
	外圆磨	粗					◆	◆							1.5~10
		细			◆	◆	◆								0.6~4
		精	◆	◆	◆										0.2~1.5
	无心磨	粗						◆	◆						2.5~10
		细		◆	◆		◆								0.4~4
	研磨			◆	◆	◆									0.4~4
	精磨						◆	◆							1~4
	钻								◆	◆	◆	◆	◆	◆	4~87
孔	镗	普通镗 粗							◆	◆	◆	◆			4~35
		普通镗 细						◆	◆	◆					1.5~15
		普通镗 精				◆	◆								1.5~4
		金刚石镗 细			◆	◆									0.6~2.5
		金刚石镗 精	◆	◆	◆										0.2~1.5
	铰孔							◆	◆	◆					1.5~10
	扩孔							◆	◆	◆					1.5~10
	内圆磨	细					◆	◆							0.6~4
		精				◆	◆								0.6~2.5
	研磨	细					◆	◆	◆						1.5~6
		精	◆	◆	◆	◆									0.2~2.5
	珩磨							◆	◆	◆					1.5~10

表 4-11 常见的加工方法能达到的平行度和垂直度公差等级

加工方法			平行度、垂直度公差等级												（公称尺寸 5~100 mm）精度范围/μm
			1	2	3	4	5	6	7	8	9	10	11	12	
面对面	研磨		●	●	●	●									0.4~10
	刮		●	●	●	●	●	●							0.4~25
	磨	粗					●	●	●	●					5~60
		细				●	●	●							3~25
		精		●	●	●									0.8~10
	铣							●	●	●	●	●			8~250
	刨								●	●	●				12~250
	拉								●	●	●				12~100
	插								●	●					12~60
轴线对轴线或平面	磨	粗							●						3~40
		细				●	●	●	●						3~40
	镗	粗								●	●	●			20~150
		细							●						12~60
		精						●	●						8~40
	金刚石镗					●	●	●							3~25
	车	粗										●	●		50~250
		细							●	●					12~150
	铣							●	●	●	●	●			8~150
	钻										●	●	●	●	30~400

表 4-12 常见的加工方法能达到的同轴度和圆跳动公差等级

加工方法			同轴度、圆跳动公差等级												（公称尺寸 5~100 mm）精度范围/μm
			1	2	3	4	5	6	7	8	9	10	11	12	
车、镗	孔					●	●	●	●	●	●				2~80
	轴				●	●	●	●	●	●					1.2~40
铰								●	●	●					3~25
磨	孔			●	●	●	●	●	●						0.8~25
	轴		●	●	●	●	●								0.5~15
珩磨					●	●	●								0.8~6
研磨			●	●	●										0.5~4

各几何公差项目的公差值如表 4-13~表 4-16 所列。根据零件的功能要求并考虑加工的

经济性和零件的结构刚性等情况，几何公差值一般按照这些表格中的值选取，位置度公差值按表 4-17 选取（n 为正整数），并考虑下列情况。

表 4-13　直线度、平面度

主参数 L/mm	公差等级											
	1	2	3	4	5	6	7	8	9	10	11	12
	公差值/μm											
≤10	0.2	0.4	0.8	1.2	2	3	5	8	12	20	30	60
>10~16	0.25	0.5	1	1.5	2.5	4	6	10	15	25	40	80
>16~25	0.3	0.6	1.2	2	3	5	8	12	20	30	50	100
>25~40	0.4	0.8	1.5	2.5	4	6	10	15	25	40	60	120
>40~63	0.5	1	2	3	5	8	12	20	30	50	80	150
>63~100	0.6	1.2	2.5	4	6	10	15	25	40	60	100	200
>100~160	0.8	1.5	3	5	8	12	20	30	50	80	120	250
>160~250	1	2	4	6	10	15	25	40	60	100	150	300
>250~400	1.2	2.5	5	8	12	20	30	50	80	120	200	400
>400~630	1.5	3	6	10	15	25	40	60	100	150	250	500
>630~1000	2	4	8	12	20	30	50	80	120	200	300	600
>1000~1600	2.5	5	10	15	25	40	60	100	150	250	400	800
>1600~2500	3	6	12	20	30	50	80	120	200	300	500	1000
>2500~4000	4	8	15	25	40	60	100	150	250	400	600	1200
>4000~6300	5	10	20	30	50	80	120	200	300	500	800	1500
>6300~10000	6	12	25	40	60	100	150	250	400	600	1000	2000

主参数 L 图例：

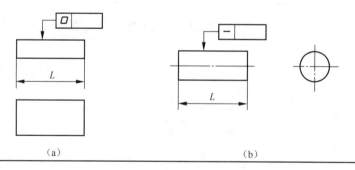

（a）　　　　　　　　　　　　　　　　（b）

表 4-14　圆度、圆柱度

主参数 d (D) /mm	公差等级												
	0	1	2	3	4	5	6	7	8	9	10	11	12
	公差值/μm												

续表

主参数	公 差 等 级												
d (D) /mm	0	1	2	3	4	5	6	7	8	9	10	11	12
	公差值/μm												
≤3	0.1	0.2	0.3	0.5	0.8	1.2	2	3	4	6	10	14	25
>3~6	0.1	0.2	0.4	0.6	1	1.5	2.5	4	5	8	12	18	30
>5~10	0.12	0.25	0.4	0.6	1	1.5	2.5	4	6	9	15	22	36
>10~18	0.15	0.25	0.5	0.8	1.2	2	3	5	8	11	18	27	43
>18~30	0.2	0.3	0.6	1	1.5	2.5	4	6	9	13	21	33	52
>30~50	0.25	0.4	0.6	1	1.5	2.5	4	7	11	16	25	39	62
>50~80	0.3	0.5	0.8	1.2	2	3	5	8	13	19	30	46	74
>80~120	0.4	0.6	1	1.5	2.5	4	6	10	16	22	35	54	87
>120~180	0.6	1	1.2	2	3.5	5	8	12	18	25	40	63	100
>180~250	0.8	1.2	2	3	4.5	7	10	14	20	29	46	72	115
>250~315	1.0	1.6	2.5	4	6	8	12	16	23	32	52	81	130
>315~400	1.2	2	3	5	7	9	13	18	25	36	57	89	140
>400~500	1.5	2.5	4	6	8	10	15	20	27	40	63	97	155

主参数d (D)图例 ：

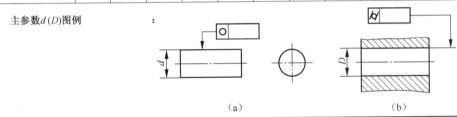

（a）　　　　　　　　　　　　　（b）

表 4-15 平行度、垂直度、倾斜度

主参数	公 差 等 级											
L、d (D) /mm	1	2	3	4	5	6	7	8	9	10	11	12
	公差值/μm											
≤10	0.4	0.8	1.5	3	5	8	12	20	30	50	80	120
>10~16	0.5	1	2	4	6	10	15	25	40	60	100	150
>16~25	0.6	1.2	2.6	5	8	12	20	30	50	80	120	200
>25~40	0.8	1.5	3	6	10	15	25	40	60	100	150	250
>40~63	1	2	4	8	12	20	30	50	80	120	200	300
>63~100	1.2	2.5	5	10	15	25	40	60	100	150	250	400
>100~160	1.5	3	6	12	20	30	50	80	120	200	300	500
>160~250	2	4	8	15	25	40	60	100	150	250	400	600
>250~400	2.5	5	10	20	30	50	80	120	200	300	500	800
>400~630	3	6	12	25	40	60	100	150	250	400	600	1000

续表

主参数 L、d (D) /mm	公差等级											
	1	2	3	4	5	6	7	8	9	10	11	12
	公差值/μm											
>630~1000	4	8	15	30	50	80	120	200	300	500	800	1200
>1000~1600	5	10	20	40	60	100	150	250	400	600	1000	1500
>1600~2500	6	12	25	50	80	120	200	300	500	800	1200	2000
>2500~4000	8	15	30	60	100	150	250	400	600	1000	1500	2500
>4000~6300	10	20	40	80	120	200	300	500	800	1200	2000	3000
>6300~10000	12	25	50	100	150	250	400	600	1000	1500	2500	4000

主参数 L、d (D)图例：

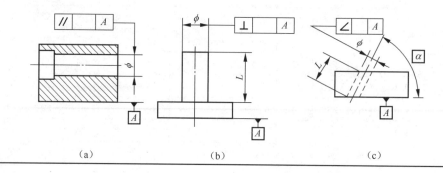

(a)　　　　　　　　　(b)　　　　　　　　　(c)

表 4-16　同轴度、对称度、圆跳动、全跳动

主参数 d (D)、B、L/mm	公差等级											
	1	2	3	4	5	6	7	8	9	10	11	12
	公差值/μm											
≤1	0.4	0.6	1.0	1.5	2.5	4	6	10	15	25	40	60
>1~3	0.4	0.6	1.0	1.5	2.5	4	6	10	20	40	60	120
>3~6	0.5	0.8	1.2	2		5	8	12	25	50	80	150
>6~10	0.6	1	1.6	2.5	4	6	10	15	30	60	100	200
>10~18	0.8	1.2	2	3	5	8	12	20	40	80	120	250
>18~30	1	1.5	2.5	4	6	10	15	25	50	100	150	300
>30~50	1.2	2	3	5	8	12	20	30	60	120	200	400
>50~120	1.5	2.5	4	6	10	15	25	40	80	150	250	500
>120~250	2	3	5	8	12	20	30	50	100	200	300	600
>250~500	2.5	4	6	10	15	25	40	60	120	250	400	800
>500~800	3	5	8	12	20	30	50	80	150	300	500	1000
>800~1250	4	6	10	15	25	40	60	100	200	400	600	1200
>1250~2000	5	8	12	20	30	50	80	120	250	500	800	1500

主参数 d（D）、B、L/mm	公差等级											
	1	2	3	4	5	6	7	8	9	10	11	12
	公差值/μm											
>2000~3150	6	10	15	25	40	60	100	150	300	600	1000	2000
>3150~5000	8	12	20	30	50	80	120	200	400	800	1200	2500
>5000~8000	10	15	25	40	60	100	150	250	500	1000	1500	3000
>8000~10000	12	20	30	50	80	120	200	300	600	1200	2000	4000

主参数 d（D），B，L 图例：

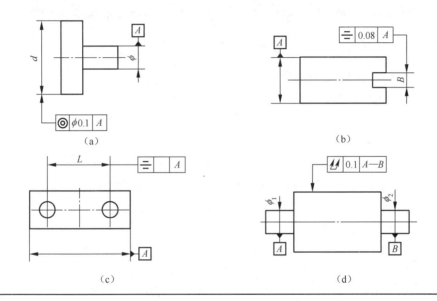

（a）　　　　　　　　　　　　　（b）

（c）　　　　　　　　　　　　　（d）

表 4-17　位置度公差值数系

数系	1	1.2	1.5	2	2.5	3	4	5	6	8
公差值/μm	$1×10^n$	$1.2×10^n$	$1.5×10^n$	$2×10^n$	$2.5×10^n$	$3×10^n$	$4×10^n$	$5×10^n$	$6×10^n$	$8×10^n$

　　1）根据几何公差带的特征和几何误差的定义，在同一要素上给出的形状公差值应小于位置公差、方向公差、跳动公差值，方向公差要小于位置公差，如要求平行的两个表面，其平面度公差值应小于平行度公差值。

　　2）除轴线的直线度外，圆柱形零件的形状公差值一般情况下应小于其尺寸公差值。

　　3）同一要素的方向公差值应小于其位置公差值。

　　4）考虑表面粗糙度的要求，对单一平面的形状公差，目前多按它与表面粗糙度的关系来选取。从加工平面的实际经验看，通常表面粗糙度占形状公差值（如直线度、平面度等）的 20%~25%。因此中等尺寸和中等精度零件的这类形状公差可按此关系确定公差值。

　　对于下列情况考虑加工的难易程度和除主参数外其他参数的影响，在满足零件功能的要求下应适当降低等级选用：

1）孔相对于轴。

2）细长比较大的轴或孔。

3）距离较大的轴或孔。

4）宽度较大（一般大于 1/2 长度）的零件表面。

5）线对线和线对面的平行度相对于面对面的平行度。

6）线对线和线对面的垂直度相对于面对面的垂直度。

▌4.6.5 未注几何公差的规定

图样上没有具体标注几何公差值的要求时，其几何精度要求由未注几何公差来控制。GB/T 1184—1996 对未注直线度、平面度、垂直度、对称度、圆跳动，规定了 H、K、L 三种公差等级，H 级最高，L 级最低，直线度、平面度的未注公差值如表 4-18 所列。

表 4-18　直线度和平面度的未注公差值　　　　单位：mm

公差等级	基本长度范围					
	≤10	>10~30	>30~100	>100~300	>300~1000	>1000~3000
H	0.02	0.05	0.1	0.2	0.3	0.4
K	0.05	0.1	0.2	0.4	0.6	0.8
L	0.1	0.2	0.4	0.8	1.2	1.6

表 4-18 中的基本长度，对于直线度是指其被测长度，对于平面度是指长边的长度。

公差等级为 H、K、L 的圆跳动的未注公差值分别为 0.1 mm、0.2 mm、0.5 mm。

圆度的未注公差值等于相应圆柱面的直径公差值，但不能大于圆跳动的未注公差值。

圆柱度的未注公差值由未注圆度、未注直线度和直径公差控制。

未注平行度公差等于尺寸公差值或等于平面度、直线度未注公差值中较大的相应公差值。

对同轴度未注公差值没有做出规定，在极限情况下，其可以与圆跳动的未注公差值相等，选两要素中较长者为基准，若两要素长度相等，任选一个要素作为基准。

线轮廓度、面轮廓度、倾斜度、位置度、全跳动均应由各要素的注出或未注几何公差、线性尺寸公差或角度公差控制。

在进行几何精度设计时，除了考虑 4.6.1~4.6.5 小节的规定外，还应注意 GB/T 1182—2018 中规定的 CZ、SZ、UF、相交平面框格、定向平面框格等附加符号的选择，以确保既满足功能要求、制造经济性和可装配性，又使图纸要求清晰、明确、无歧义。

例 4-16　图 4-96 所示为车床尾座，该尾座的平导轨和 V 形导轨需与床身导轨相配合并进行往复运动，尾座孔 φ9H6 必须与此两导轨保持正确的方向。试确定其几何公差。

解：

1）以平导轨面作为第一基准面 B，以 V 形导轨面的对称中心平面为第二基准面 A，两基准相互垂直形成一个基面体系。

2）平导轨面与 V 形导轨面都有较高的平面度公差要求，并只允许误差向中间凹入，以便于床身导轨贴合，故标为 0.02（-），并同时限制每个面上每 40 mm 长度内的平面度误差不得大于平面度公差 0.01 mm。

3）给出孔 $\phi9H6$ 相对于基面体系的两个相互垂直方向的平行度公差分别为 0.01 mm 和 0.02 mm。

4）给出孔 $\phi9H6$ 的圆柱度公差为 0.005 mm。

例 4-17　图 4-97 所示为一个一般机械中的轴承座，$\phi150$ 孔将与一滚动轴承形成配合，承受的载荷为固定的外圈载荷，属于正常载荷。轴承座 $\phi180$ 外圆表面将与箱体相配合，并通过 6 个螺钉装配到箱体上，定位面为 $\phi225$ 的右端面。试确定其主要的公差。

解：

1）根据载荷类型和负载状态及使用场合，选择与轴承外圈相配合的 $\phi150$ 孔的公差带为 H7，为保证配合性质，采用包容要求。

2）考虑轴承座和箱体的安装关系，以 $\phi225$ 的右端面为第一基准面 A，$\phi180$ 外圆柱面轴线为第二基准 B，组成基面体系。

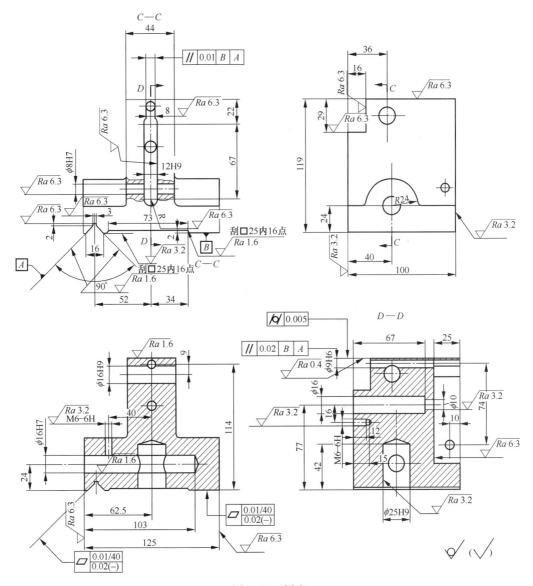

图 4-96　尾座

基准面 *A* 给出平面度公差 0.015 mm，基准 *B* 应垂直于基准面 *A*，给出垂直度公差并采用最大实体要求，标注的公差值为 0，遵守直径为 180 mm 的最大实体实效边界，要求在外圆处于最大实体状态时，轴线必须完全垂直于基准面 *A*。

3）ϕ150H7 孔的轴线对基准 *B* 的同轴度公差为 ϕ0.02 mm，且最大实体要求同时应用于被测要素和基准要素。

4）两处端面对基准 *A*、*B* 的轴向圆跳动公差分别为 0.04 mm 和 0.02 mm。

5）为保证与箱体的螺纹连接装配，6×12H9 孔组的轴线对基面体系的位置度公差采用最大实体要求，且最大实体要求也应用于基准要素 *B*，故此时基准代号标注在几何公差框格下方，基准要素遵守最大实体实效边界。

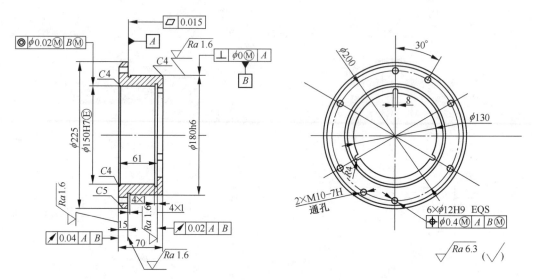

图 4-97　轴承座

例 4-18　选择图 2-2 的输出轴的几何公差。

解：

1）2×ϕ45k6 圆柱面：这两个圆柱面是该轴的支承轴颈，安装了圆锥滚子轴承，其轴线是该轴的装配基准，故应以该轴的公共轴线为设计基准。两个轴颈安装滚动轴承后，轴承的外圈将分别与减速器箱体的两孔配合，因此需要限制两轴颈的同轴度误差，以保证轴承外圈和箱体孔的安装精度。为了检测方便，可以用两个轴颈的径向圆跳动公差代替同轴度公差，考虑轴承等级，参照表 4-16 或表 7-5，确定 6 级径向圆跳动公差，即 12 μm。ϕ45k6 是与 P0 级轴承内圈相配合的重要表面，为了保证配合性质，故采用了包容要求。为了保证轴承的旋转精度，在遵守包容要求的前提下，还需要提出圆柱度公差的要求。参照表 7-5 确定为 4 μm（也是表 4-14 的 6 级）。

2）ϕ56 mm 处的轴肩：两个圆锥滚子轴承一个采用轴套轴向定位，另一个通过 ϕ56 轴肩轴向止推，并起到一定的定位作用。为了保证轴向定位精度，需要规定轴向圆跳动公差。查表 7-5，0 级（普通级）轴承要求轴肩相对于基准轴线的轴向圆跳动公差为 0.015 mm。

3）φ50r6、φ35n6 两个圆柱面：φ50r6 和 φ35n6 分别与齿轮和带轮配合，为保证配合性质，故采用包容要求。为了保证齿轮的正确啮合及运转平稳，对与齿轮配合的 φ50r6 圆柱给出了径向圆跳动公差，跳动公差取 7 级，公差值为 20 μm。

4）14N9 和 10N9 两个键槽：对 φ50r6 和 φ35n6 轴上的两个键槽 14N9 和 10N9 规定了对称度公差，以保证键槽的安装精度和安装后的受力状态，查表 4-16 取 8 级，对称度公差值分别为 20 μm、15 μm，对称度的基准为键槽所在轴颈的轴线。

4.7 几何误差的检测

4.7.1 几何误差检测的一般规定

几何误差是指被测提取要素对其拟合要素的变动量。提取组成要素是通过在实际要素上提取数量足够多的点形成的，而提取导出要素又是通过提取组成要素得到的。测量几何误差时，测量截面的布置、测量点的数目及布置方法，应根据被测要素的结构特征、功能要求和加工工艺等因素决定。

1. 几何误差的检测与验证过程

几何误差的检验操作主要体现在被测要素的获取过程和基准要素的体现过程（针对有基准要求的方向公差或位置公差）。在被测要素和基准要素的获取过程中需要采用分离、提取、滤波、拟合、组合、构建等操作。这些操作的定义已在第 1 章讲述。

除非另有规定（如图样标注专门规定的被测要素区域、类型），对被测要素和基准要素的分离操作，其对象为图样上所标注公差指向的整个要素。

几何误差的检测与验证过程主要包括：

- 确认工程图样和/或技术文件中的几何公差规范；
- 确定并实施检测与验证规范或检验操作集；
- 评估测量不确定度；
- 测量结果合格评定。

工程图样和/或技术文件是制定检验操作集的依据。若工程图样或技术文件未准确规范或规范检验操作内容不完整，检验方与送检方对工程图样或技术文件的解读（即应对措施）应达成共识。

依据规范操作集制定实际检验操作集，编制测量过程规范文件（即检测与验证规范），其测量过程的规范包括：测量方法、测量条件和测量程序。测量过程的规范文件可参考 GB/T 19022—2003《测量管理体系 测量过程和测量设备的要求》制定。

按实际检验操作集进行操作得到测量结果，测量结果应包括几何误差测得值和测量不确定度。按照测量结果与几何公差规范的符合性进行合格评定。

2. 几何误差的检测条件

几何误差的检测条件应在检测与验证规范中规定。实际操作中，所有偏离规定条件并影响测量结果的因素均应在测量不确定度评估时予以考虑。

几何误差检测与验证缺省的检测条件为：

标准温度为 20℃；

标准测量力为 0 N。

如果测量环境的洁净度、湿度、被测件的重力等因素影响测量结果，应在测量不确定度评估时予以考虑。

几何误差测量与验证时，除非另有规定，表面粗糙度、划痕、擦伤、塌边等外观缺陷的影响应排除在外。

3. 常见的要素提取操作方案

在对被测要素和基准要素进行提取操作时，要规定提取的点数、位置、分布方式（即提取操作方案），并对提取操作方案产生的不确定度予以考虑。如果图样未规定提取操作方案，则提取操作方案由检验方根据被测要素的功能要求、结构特点和提取操作设备的情况等合理选择。

常见的提取操作方案如图 4-98 所示。

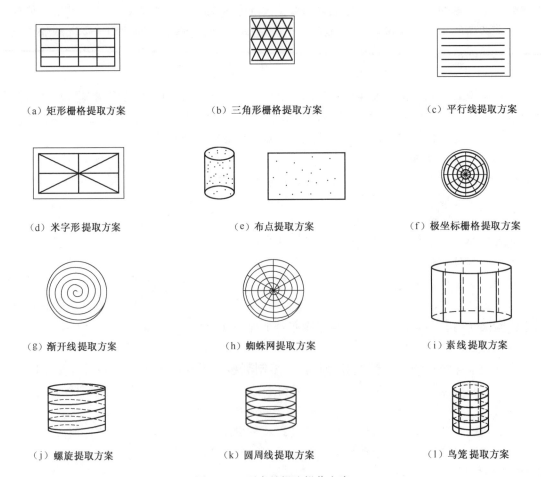

（a）矩形栅格提取方案 　　　（b）三角形栅格提取方案 　　　（c）平行线提取方案

（d）米字形提取方案 　　　（e）布点提取方案 　　　（f）极坐标栅格提取方案

（g）渐开线提取方案 　　　（h）蜘蛛网提取方案 　　　（i）素线提取方案

（j）螺旋提取方案 　　　（k）圆周线提取方案 　　　（l）鸟笼提取方案

图 4-98　要素的提取操作方案

圆柱面、圆锥面的中心线，两平行表面的中心面的提取导出规范见 GB/T 24637.3—2020

或 GB/T 18780.2—2003《产品几何量技术规范（GPS）　几何要素　第 2 部分：圆柱面和圆锥面的提取中心线、平行平面的提取中心面、提取要素的局部尺寸》，但应注意这两个现行国家标准的区别。圆球面的提取导出球心是对提取圆球面进行拟合得到的圆球面球心。

当被测要素是平面（或曲面）上的线，或圆柱面和圆锥面上的素线时，通过构建提取截面并将其与被测要素的组成要素相交来得到。

4. 滤波操作

滤波操作不是一个必选的要素操作，目前 ISO 相关标准尚未规定缺省的滤波器及其参数，因此，如果图样或其他技术文件中没有明确给出滤波器及其参数，那么就未要求滤波操作。如果规定了滤波器规范，那么按照规范规定的滤波器类型和滤波器指数进行滤波操作。

接触测量中的探针球形针尖、激光测量中的光斑，具有形态滤波器的作用。

除非图样上有专门规定，一般不对基准要素的提取要素进行滤波操作。

5. 拟合操作

对获取被测要素过程中的拟合操作缺省：如果图样上无相应的符号专门规定，一般缺省为最小二乘法。

对基准要素的拟合操作缺省：对基准要素拟合操作以获取基准或基准体系的拟合要素时，该拟合要素要按一定的拟合方法与实际组成要素相接触，且保证位于其实际组成要素的实体之外，可用的拟合方法有最小外接法、最大内切法、实体外约束的最小区域法和实体外约束的最小二乘法。除非图样上有专门规定，拟合方法一般缺省规定为最小外接法（对于被包容面）、最大内切法（对于包容面）或最小区域法（对于平面、曲面等）。缺省规定时也允许采用实体外约束的最小二乘法（对于包容面、被包容面、平面、曲面等），若有争议，则按一般缺省规定进行仲裁。

4.7.2　几何误差检验的操作示例

1. 任意方向的直线度检验的操作示例

例 4-19　检验图 4-14 所示轴线的直线度。

解：可采用精密分度装置和带指示表的表架进行测量，如图 4-99 所示，其检验操作集如表 4-19 所示。

表 4-19　任意方向的直线度的检验操作

检测与验证过程		说　　明
检验操作	图　示	
操作集 分离操作	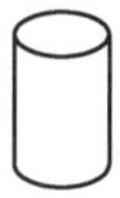	确定被测要素的组成要素及其测量界限
提取操作		采用等间距布点策略沿被测圆柱面的横截面圆圆周进行测量，在轴线方向等间距测量多个横截面，得到多个提取截面圆

续表

检测与验证过程			说　明
检验操作		图　示	
操作集	滤波操作		图样上未给出滤波操作规范，因此不进行滤波操作
	拟合操作		对各提取截面圆采用最小二乘法进行拟合，得到各提取截面圆的圆心
	组合操作		将各提取截面圆的圆心进行组合，得到被测圆柱面的提取导出要素（中心线）
	拟合操作	d_{max}	对提取导出要素采用最小区域法进行拟合，得到拟合导出要素（轴线）
	评估操作		误差值为提取导出要素上的点到拟合导出要素（轴线）的最大距离值的 2 倍
符合性比较			将得到的误差值与图样上给出的公差值进行比较，判定被测轴线的直线度是否合格

（1）预备工作　将被测件安装在精密分度装置的顶尖上，如图 4-99 所示。

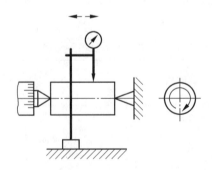

图 4-99　用精密分度装置和带指示表的表架测量直线度

（2）被测要素的测量与评估　其分离、提取、拟合、组合等见电子资源 4-16。

（3）符合性比较　判断合格与否。

用三坐标测量机等其他方法测量轴线直线度误差的检验操作集见电子资源 4-16。

电子资源 4-16：轴线直线度测量的检验操作集

2. 平行度误差检验的操作示例

平行度误差可以用平板和带指示表的表架、水平仪、自准直仪、三坐标测量机等测量。

图 4-100 所示，该平行度误差可采用平板、等高支承、心轴、带指示表的表架进行测量。基准轴线采用具有较高形状精度的可胀式（或与孔成无间隙配合）心轴模拟。

例 4-20　检验如图 4-100 所示的面对线的平行度。

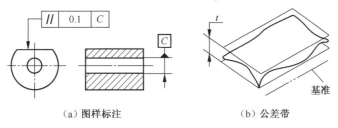

（a）图样标注　　　　　（b）公差带

图 4-100　面对线的平行度

解：

检验操作集如下。

（1）预备工作　基准要素用心轴模拟体现。安装心轴，且尽可能使心轴与基准孔之间的最大间隙为最小；将等高支承支承在心轴上，调整（转动）被测件使 $L_3 = L_4$，如图 4-101 所示。

（2）基准的体现　采用心轴（模拟基准要素）体现基准 C。

（3）被测要素测量与评估

1）分离：确定被测表面及其测量界限。

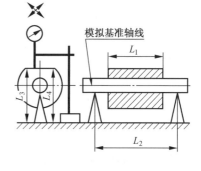

图 4-101　面对基准线的平行度误差的测量

2）提取：选取一定的提取方案对被测表面进行测量，获得提取表面。

3）拟合：在给定方向上保证与基准 C 平行的约束下，采用最小区域法对提取表面进行拟合，获得具有方位特征的拟合平行平面（即定向最小区域）。

4）评估：包容提取表面的两定向平行平面之间的距离，即为平行度误差值。

（4）符合性比较（判断合格与否）　将得到的误差值与图样上给出的公差值进行比较，判定被测轴线对基准的平行度是否合格。

用三坐标测量机等测量图 4-100 所示的平行度误差的方法见电子资源 4-17。

电子资源 4-17：平行度误差的检验操作集

3. 位置度误差检验的操作示例

位置度误差可以用三坐标测量机、位置度量规、平板和专用测量支架等方式进行检验。

例 4-21 用三坐标测量机检验图 4-102 所示的位置度，试述其检验操作集及检测与验证方案。

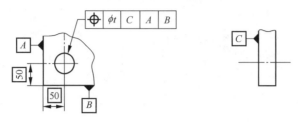

图 4-102　位置度误差

解：

在三坐标测量机（CMM）上测量轴线位置度误差的检验操作集为：

（1）预备工作　将被测件放在 CMM 工作台上。

（2）基准的体现。

1）分离：确定基准要素 A、B、C 及其测量界限。

2）提取：按米字线分别对表面 A、B、C 进行提取，得到其提取表面。

3）拟合：采用最小区域法对表面 C 进行拟合，得到其拟合平面，并以此平面体现基准 A。

在保证与基准要素 C 的拟合平面垂直的约束下，用最小区域法在实体外对基准要素 A 的提取表面进行拟合，得到其拟合平面，并以此平面体现基准 A。在保证与基准要素 C 的拟合平面垂直，然后又与基准要素 A 的拟合平面垂直的约束下，用最小区域法在实体外对基准要素 C 的提取表面进行拟合，得到其拟合平面，并以此平面体现基准 B。

（3）被测要素的测量与评估。

1）分离：确定被测要素上的组成要素及其测量界限。

2）提取：采用等间距布点策略沿被测圆柱面横截面圆周进行测量，在轴线方向等间距测量多个横截面，得到多个提取截面圆。

3）拟合：对各提取截面圆采用最小二乘法进行拟合，得到各提取截面圆的圆心。

4）组合：将各提取截面圆的圆心进行组合，得到被测圆柱面的提取导出要素（中心线）。

5）拟合：在基准 C、A、B 的约束下，以由理论正确尺寸确定的理想轴线的位置为轴线，采用最小区域法对提取导出要素进行拟合，得到包容提取导出要素的圆柱。

6）评估：误差值为包容提取导出要素的圆柱的直径值。

（4）符合性比较（判断合格与否）　对于多孔孔组的位置度误差的测量与评估，则按此方法逐孔测量和计算。

用三坐标测量机等测量位置度误差的方法还可见电子资源 4-18。

电子资源 4-18：位置度误差的检验操作集

GB/T 24637.1—2020《产品几何技术规范（GPS）　通用概念　第 1 部分：几何规范和检

验的模型》为几何规范提供了一种检验模型，也给出了与该模型相关概念的数学基础。

例 4-22　图 4-62（a）所示为一孔的位置度公差，说明其检验操作集。

解：

孔的轴线由基准 A、B、C 及理论正确尺寸 68 mm、100 mm 确定。被测孔需要分离、拟合、构建，基准面 A、B、C 都需要分离、拟合，具体的检验操作如下：

（1）圆柱轴线的获得。

1）分离操作：从非理想表面模型中分离出非理想圆柱面，如图 4-103（a）所示。

2）提取操作：按一定的提取方案对被测圆柱面进行提取，得到提取圆柱面。

3）拟合操作：采用最小二乘法对提取圆柱面进行拟合，得到拟合圆柱面，如图 4-103（b）所示。

4）构建和组合操作：采用垂直于拟合圆柱面轴线的平面构建出等间距的一组平面，如图 4-103（c）所示。

5）分离、提取和组合操作：构建平面与提取圆柱面相交，将其相交线从圆柱上分离出来，得到系列提取截面圆，如图 4-103（d）所示。

6）拟合操作：对各提取截面圆采用最小二乘法进行拟合，获得各提取截面圆的圆心，如图 4-103（e）所示。

7）组合操作：将各提取截面圆的圆心进行组合，得到被测圆柱面的提取导出要素（中心线），如图 4-103（f）所示。

（2）基准面 A、B、C 的获得

1）分离和提取操作：确定基准要素 C 及其测量界限；从规范表面模型中分离出一个与表面相对应的非理想平面，按一定的提取方案对基准要素 C 进行提取，得到基准要素 C 的提取表面，如图 4-103（g）所示。

2）拟合操作：采用最小区域法在实体外对基准要素 C 的提取表面进行拟合，得到其拟合平面，并以此拟合平面体现基准 C，如图 4-103（h）所示。

3）分离和提取操作：确定基准要素 A 及其测量界限，按一定的提取方案对基准要素 A 进行提取，得到基准要素 A 的提取表面，如图 4-103（i）所示。

4）拟合和构建操作：在保证与基准要素 C 的拟合平面垂直的约束下，采用最小区域法在实体外对基准要素 A 的提取表面进行拟合，得到其拟合平面，并以此拟合平面体现基准 A，如图 4-103（j）所示。

5）分离和提取操作：确定基准要素 B 及其测量界限，按一定的提取方案对基准要素 B 进行提取，得到基准要素 B 的提取表面，如图 4-103（k）所示。

6）拟合和构建操作：在保证与基准要素 C 的拟合平面垂直，然后又与基准要素 A 的拟合平面垂直的约束下，采用最小区域法在实体外对基准要素 B 的提取表面进行拟合，得到其拟合平面，并以此拟合平面体现基准 B，如图 4-103l 所示。

7）构建操作：通过构建理想要素获得公差区域的轴线，直线的方位要素被约束为：

- 垂直于基准 C；
- 与基准 A 距离 100 mm；
- 与基准 B 距离 80mm，如图 4-103（m）所示。

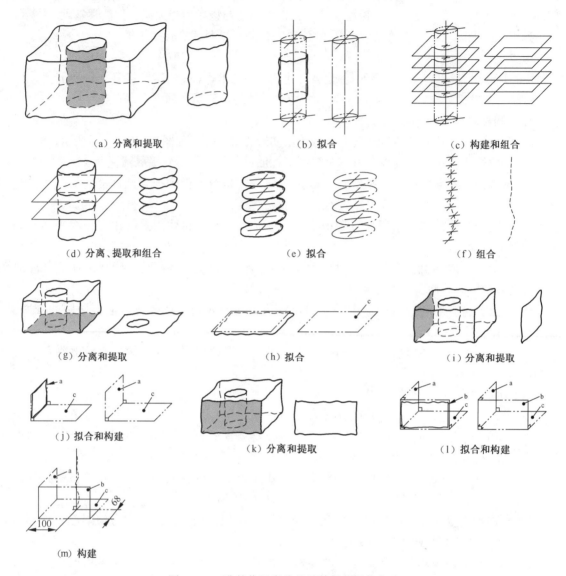

（a）分离和提取 （b）拟合 （c）构建和组合

（d）分离、提取和组合 （e）拟合 （f）组合

（g）分离和提取 （h）拟合 （i）分离和提取

（j）拟合和构建 （k）分离和提取 （l）拟合和构建

（m）构建

图 4-103　孔的位置度公差及其规范操作方法

[a]基准 *A*；[b] 基准 *B*；[c] 基准 *C*

在保证与基准要素 *C*、*A*、*B* 满足方位约束的前提下，采用最小区域法对提取导出要素（中心线）进行拟合，获得具有方位特征的拟合圆柱面（即定位最小区域）。

8）评估操作：误差值为该定位拟合圆柱面的直径。

（3）符合性比较（判断合格与否）　将得到的位置度误差值与图样上给出的公差值进行比较，判定被测件的位置度是否合格。

4. 全跳动的检测与验证方案

图 4-71 所示的全跳动误差，采用一对同轴导向套筒、平板、支承、带指示表的表架测量，如图 4-104 所示。

基准轴线 *A—B* 由两个同轴导向套筒模拟，将被测零件支承在两个同轴导向套筒内，并在轴向上固定，调整两个导向套筒，使其同轴且与测量平板平行。在被测零件相对于基准 *A—B* 连续回转、指示表同时沿基准 *A—B* 方向作直线运动的过程中，对被测要素进行测量，得到一系列测量值（指示表示值），取指示表示值最大差值，即为该零件的径向全跳动误差。

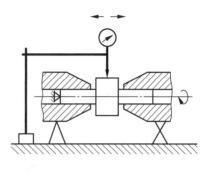

图 4-104　径向全跳动误差的测量

　　径向全跳动采用图 4-104 所示的方法测量时，基准轴线也可以用一对 V 形块或一对顶尖等简单工具来体现。

　　圆度误差、线轮廓度误差、对称度误差的检验操作集示例分别见电子资源 4-19、电子资源 4-20、电子资源 4-21。

　　电子资源 4-19：圆度误差的检验操作集

　　电子资源 4-20：线轮廓度误差的检验操作集

　　电子资源 4-21：对称度误差的检验操作集

本 章 小 结

　　本章的主要目的是能解释图样上标注的几何公差和公差原则的含义，能根据零、部件的使用要求，选择合理的几何公差项目和公差值，并根据具体情况决定是否需要给出相应的公差原则和附加符号；能根据图样标注的几何公差项目，确定大致的检测与验证方案和检验操作集，并能使用最小区域法等方法对直线度测量数据、平面度测量数据进行处理。

　　几何公差带四要素：大小、形状、方向、位置。

　　几何误差是被测提取要素对其拟合要素的变动量。

　　评定几何误差的包容区域具有与几何公差带一样的形状、方向和位置特征。

　　本章的主要内容如图 4-105 所示。

图 4-105　第 4 章内容简图

思考题及习题 4

4-1 什么是形状误差？它有哪些评定参数？在形状误差评定中如何确定理想要素的位置？

4-2 什么是最小二乘法？最小二乘评定基线和最小区域评定基线有什么区别？分别可以用作评定哪些直线度评定参数的基线？

4-3 什么是定向平面和相交平面，各有什么用途？

4-4 按表 4-20 中的内容，说明图 4-106 中的公差带代号的含义。

表 4-20 习题 4-4 附表

代 号	解释代号含义	公差带形状
◎ $\phi0.04$ B		
⟋ 0.05 B		
⊥ 0.02 B		
⊕ $\phi0.1SZ$ A B		

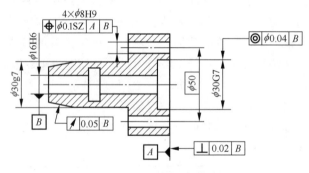

图 4-106 习题 4-4 附图

4-5 当被测要素为一封闭曲线（圆）时，如图 4-107 所示，采用圆度公差和线轮廓度公差两种不同标注有何不同？

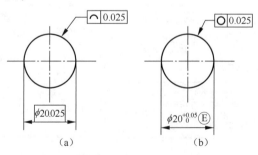

图 4-107 习题 4-5 附图

4-6　如图 4-108 所示，图 4-108（a）、(b）的公差带有何区别？测量有何区别？

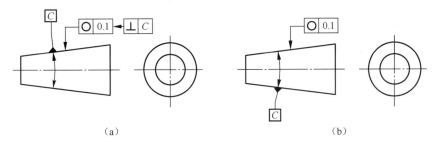

图 4-108　习题 4-6 附图

4-7　解释图 4-109（a）、(b）、(c）的含义，它们有什么区别？

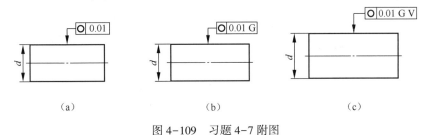

图 4-109　习题 4-7 附图

4-8　比较图 4-110 中垂直度与位置度公差标注的异同点。

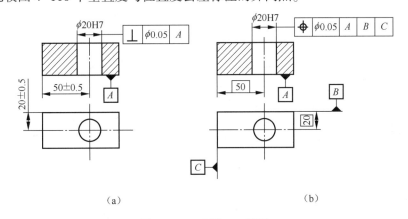

图 4-110　习题 4-8 附图

4-9　如图 4-111 所示，解释图 4-111（a）、(b）标注的含义，并从公差带、加工和测量上比较两图的区别。

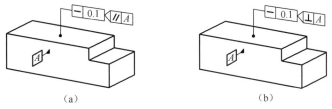

图 4-111　习题 4-9 附图

4-10 如图 4-112 所示，解释图 4-112（a）、（b）标注的含义，并从测量上比较两图的区别。

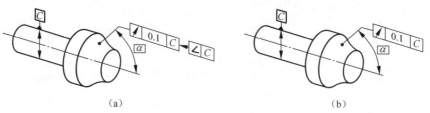

（a） （b）

图 4-112 习题 4-10 附图

4-11 解释图 4-113（a）、（b）标注的含义。

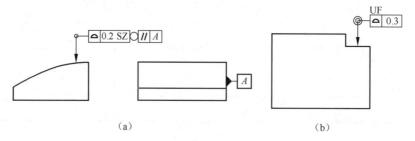

（a） （b）

图 4-113 习题 4-11 附图

4-12 试将图 4-114 的标注含义填入表 4-21 中。

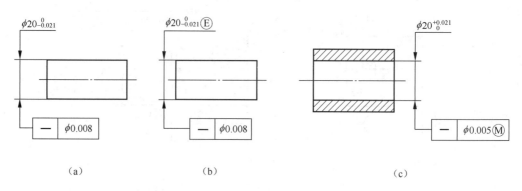

（a） （b） （c）

图 4-114 习题 4-12 附图

表 4-21 习题 4-12 附表

图 例	采用的公差原则	边界及边界尺寸	给定的几何公差值	可能允许的最大几何误差值
图 4-114（a）				
图 4-114（b）				
图 4-114（c）				

4-13 图 4-115 所示零件，标注的几何公差不同，它们所要控制的几何误差有何区别？试加以分析说明。

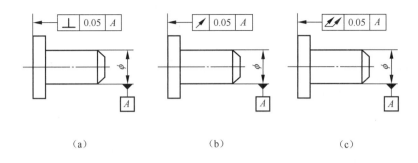

（a）　　　　　　　　　　（b）　　　　　　　　　　（c）

图 4-115 习题 4-13 附图

4-14 如图 4-116 所示，假定被测孔的形状正确。

1）测得其局部直径处处为 $\phi30.01$，而同轴度误差为 $\phi0.04$，求该零件的最大实体实效尺寸。

2）若测得其局部直径处处为 $\phi30.01$、$\phi20.01$，同轴度误差为 $\phi0.05$，问该零件是否合格？为什么？

3）可允许的最大同轴度误差值是多少？

4-15 若某零件的同轴度要求如图 4-117 所示，今测得实际轴线与基准轴线的最大距离为 +0.04 mm，最小距离为 -0.01 mm，求该零件的同轴度误差值，并判断是否合格。

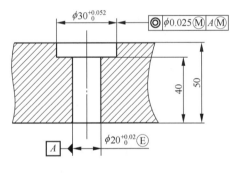

图 4-116 习题 4-14 附图

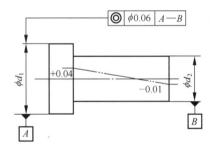

图 4-117 习题 4-15 附图

4-16 用分度值为 0.01 mm/1000 mm 的水平仪测量 400 mm×400 mm 平板的平面度误差，其测线、布点如图 4-118 所示，图中数据单位为格，桥板跨距为 200 mm。试分别用最小区域法、三远点法、对角线法评定其平面度误差。

4-17 用分度值为 0.02 mm/1000 mm 的水平仪测量一公差为 0.015 mm 的导轨的直线度误差，共测量五个节距六个测点，测得数据（单位为格）依次为 0、+1、+4.5、+2.5、-0.5、-1，节距长度为 300 mm，问该导轨合格与否？

4-18 从边界、允许的直线度误差和尺寸范围等方面，比较图 4-119 的标注的区别。

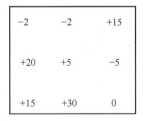

-2	-2	+15
+20	+5	-5
+15	+30	0

图 4-118 习题 4-16 附图

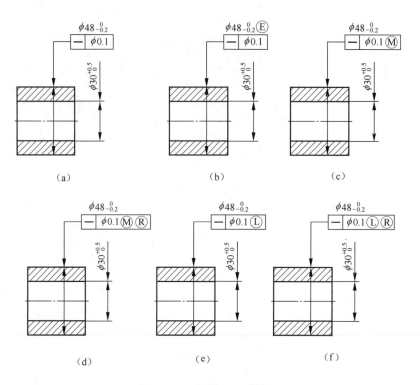

图 4-119 习题 4-18 附图

第 5 章

表面结构参数及其检测

5.1 概　述

以图 2-2 为例，除了规定了尺寸公差、几何公差外，该输出轴与滚动轴承配合的部位 $\phi45k6$、与齿轮配合的部位 $\phi50r6$、输出端 $\phi35n6$、轴上的两个平键键槽工作面等均规定了表面粗糙度要求。那么：

- 什么是表面粗糙度？
- 为何要规定表面粗糙度要求？
- 表面粗糙度有哪些评定参数？
- 表面粗糙度的参数及其大小如何选择？
- 除了表面粗糙度，还有哪些表面结构参数？
- 表面粗糙度如何测量和评定？

所谓表面结构（surface texture）是指出自几何表面的重复或偶然的偏差，这些偏差形成该表面的三维形貌。表面结构包括在有限区域上的表面粗糙度、表面波纹度、纹理方向、表面缺陷和形状误差。零件或工件的实际表面是物体与周围介质分离的表面，由加工形成的实际表面一般为非理想状态。

表面粗糙度是指加工表面所具有的较小间距和微小峰谷的一种微观几何形状误差。这种微观几何形状误差一般由零件的加工过程和（或）其他因素形成。因此，表面粗糙度仅仅是一种微观尺度上的表面结构参数。

表面波纹度是指由间距比粗糙度大得多的、随机的，或者接近周期形式的成分构成的表面不平度，通常包含在加工工件表面时由意外因素引起的那种不平度。例如，由一个工件或某一刀具的失控运动所引起的工件表面的纹理变化。

纹理方向是表面刀纹的方向，取决于表面形成所采用的机械加工方法，表面纹理的形状和刀纹方向对耐磨性也有影响，这是因为它能影响金属表面的实际接触面积和润滑液的存留情况。一般地，圆弧状、凹坑状表面纹理的耐磨性好，尖峰状的耐磨性差。在运动副中，轻载时，两相对运动零件的刀纹方向和相对运动方向一致时，耐磨性较好，磨损最小；两者的刀纹方向和相对运动方向垂直时，耐磨性最差，磨损最大。但是在重载情况下，由于压强、分子亲和力和润滑液的储存等因素的变化，其规律与上述有所不同。目前，还没有关于纹理方向的 GPS 标准。

表面缺陷（surface imperfection）是在加工、储存或使用期间，非故意或偶然生成的实际表面的单元体、成组的单元体、不规则体。这些单元体或不规则体的类型，明显区别于构成一个粗糙度表面的那些单元体或不规则体。在实际表面上存在缺陷并不表示该表面不可用。缺陷的可接受性取决于表面的用途或功能，并由适当的项目来确定，即长度、宽度、深度、高度、单位面积上的缺陷数等。GB/T 15757—2002《产品几何量技术规范（GPS） 表面缺陷 术语、定义及参数》规定了有关表面缺陷的术语、允许表面缺陷的程度及测量表面缺陷方法的技术规范等内容，但没有指出是否要进行表面缺陷的评定，这取决于具体的应用或表面的功能。

表面结构与机械零件的配合性质、耐磨性、工作准确度、耐腐蚀性、密封性、疲劳强度等有着密切的关系，它影响着机器或仪器的可靠性和使用寿命。合理地选择表面结构参数非常重要。因此，在进行了尺寸精度、几何精度设计后，还需要进行表面精度设计。

由于对 GPS 标准，尤其是新一代标准的不熟悉，传统上，在机械产品的精度设计中，往往选择的主要是表面粗糙度参数 Ra，而很少选择其他参数。

表面结构的参数主要有两大类：一类是在二维轮廓上进行评定的参数，由线轮廓法测量，生成反映微观起伏的二维图形或轮廓，测量数据可以用数学方法表示为高度函数 $Z(X)$。GB/T 3505—2009《产品几何技术规范（GPS）表面结构 轮廓法 术语、定义及表面结构参数》规定了用轮廓法确定的表面结构（表面粗糙度、表面波纹度和原始轮廓）参数；GB/T 18618—2009《产品几何技术规范（GPS）表面结构 轮廓法 图形参数》规定了表面结构的图形参数。另一类是在三维轮廓上进行评定的参数，由区域形貌法测量，生成表面的一个形貌图像，测量数据可以用数学方法表示为两个独立变量 $(X，Y)$ 的高度函数 $Z(X，Y)$。GB/T 33523.2—2017《产品几何技术规范（GPS）表面结构 区域法 第 2 部分：术语、定义及表面结构参数》规定了用区域法评定表面结构的参数。

5.2 基于二维轮廓的表面结构的术语、定义及参数

5.2.1 用轮廓法确定表面结构的术语、定义和参数

GB/T 3505—2009《产品几何技术规范（GPS） 表面结构 轮廓法 术语、定义及表面结构参数》等同采用了 ISO 4287：1997，规定了用轮廓法确定表面结构（表面粗糙度、表面波纹度和原始轮廓）的术语、定义和参数。ISO 4287：1997 即将被正在制定中的 ISO/DIS 21920-2《Geometrical Product Specifications（GPS）— Surface texture：Profile — Part 2：Terms，Definitions and Surface Texture Parameters》(表面结构：轮廓法 第 2 部分：术语、定义及表面结构参数) 代替。与该部分相关的另 2 个部分 ISO/DIS 21920-1《Geometrical Product Specifications（GPS）— Surface Texture：Profile — Part 1：Indication of Surface Texture》（表面结构：轮廓法 第 1 部分：表面结构的表示）、ISO /DIS 21920-3《Geometrical Product Specifications（GPS）— Surface Texture：Profile — Part 3：Specification Operators》(表面结构：轮廓法 第 3 部

分：规范操作集）也正在制定中。

1. 一般术语及定义

（1）轮廓滤波器（profile filter）　轮廓滤波器是把轮廓分成长波和短波成分的滤波器。

实际表面轮廓是由粗糙度轮廓、波纹度轮廓以及原始轮廓（或称形状轮廓）叠加而成的，如图 5-1 所示。这三种轮廓的相关参数分别称为 R 参数、W 参数和 P 参数。

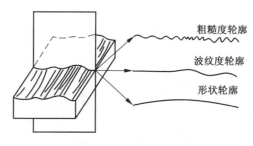

图 5-1　表面轮廓

在测量表面粗糙度、表面波纹度和原始轮廓的仪器中使用 λ_s、λ_c、λ_f 轮廓滤波器，如图 5-2 所示。它们具有标准规定的相同的传输特性，但截止波长不同。

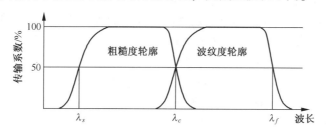

图 5-2　粗糙度和波纹度轮廓的传输特性

原始轮廓（primary profile）　在应用 λ_s 轮廓滤波器后的总轮廓。滤掉的是短波长的形状成分。原始轮廓是评定原始轮廓参数的基础。

粗糙度轮廓（roughness profile）　是对原始轮廓采用 λ_c 轮廓滤波器抑制长波成分以后形成的轮廓，是经过人为修正的轮廓。其传输频带是由 λ_s 和 λ_c 轮廓滤波器来限定的，λ_s 和 λ_c 的关系在 GB/T 6062—2009 中作了规定。粗糙度轮廓是评定粗糙度轮廓参数的基础。

波纹度轮廓（waviness profile）　是对原始轮廓连续应用 λ_f 和 λ_c 轮廓滤波器以后形成的轮廓。采用 λ_f 轮廓滤波器抑制长波成分，采用 λ_c 轮廓滤波器抑制短波成分。在应用 λ_f 轮廓滤波器分离波纹度轮廓前，应首先用最小二乘法的最佳拟合从总轮廓中提取标称的形状，并将形状成分从总轮廓参数中去除。波纹度轮廓是经过人为修正的轮廓，其传输频带是由 λ_f 和 λ_c 轮廓滤波器来限定的。波纹度轮廓是评定波纹度轮廓参数的基础。

（2）中线（mean lines）　中线是具有几何轮廓形状并划分轮廓的基准线。原始轮廓中线是在原始轮廓上按照标称形状用最小二乘法拟合确定的中线。粗糙度轮廓中线是用 λ_c 轮廓滤波器所抑制的长波轮廓成分对应的中线。

（3）坐标系（coordinate system）　坐标系是指确定表面结构参数的坐标体系。通常采用直角坐标体系，X 轴与中线方向一致，Y 轴也处于实际表面中，而 Z 轴则在从材料到周围介质的外延方向上。

（4）取样长度（sampling length）lr、lw、lp 取样长度是指在 X 轴方向判别被评定轮廓不规则特征的长度。在评定时，粗糙度轮廓和波纹度轮廓的取样长度 lr 和 lw 在数值上分别与 λ_c 和 λ_f 轮廓滤波器的截止波长相等。原始轮廓的取样长度 lp 等于评定长度。

（5）评定长度（evaluation length）ln 评定长度是指用于判别被评定轮廓的 X 轴方向上的长度。评定长度包含一个或几个取样长度。在测量时，一般取评定长度等于 5 个取样长度，此时不需说明；否则，应在有关技术文件中注明。

2. 表面轮廓参数术语及定义

表面轮廓参数由幅度参数、间距参数、混合参数等组成。GB/T 3505—2009 对表面结构规定了表面粗糙度参数、表面波纹度参数和原始轮廓参数，分别用 R、W、P 予以区分。

（1）幅度参数（峰和谷）

1）最大轮廓峰高（maximum profile peak height）Rp、Wp、Pp：轮廓峰（profile peak）是连接（轮廓与 X 轴）两相邻交点的向外（从材料到周围介质）的轮廓部分。轮廓峰高 Zp 为轮廓峰最高点距 X 轴的距离，如图 5-3 所示。

最大轮廓峰高是指在一个取样长度内，最大的轮廓峰高 Zp。

2）最大轮廓谷深（maximum profile valley depth）Rv、Wv、Pv：轮廓谷（profile valley）是连接轮廓和 X 轴两相邻交点的向内（从周围介质到材料）的轮廓部分。轮廓谷深 Zv 为 X 轴线与轮廓谷最低点之间的距离，如图 5-3 所示。

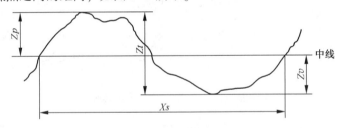

图 5-3　轮廓单元

最大轮廓谷深是指在一个取样长度内，最大的轮廓谷深 Zv。

3）轮廓的最大高度（maximum height of profile）Rz、Wz、Pz：轮廓的最大高度是指在一个取样长度内，最大轮廓峰高和最大轮廓谷深之和，如图 5-4 所示。粗糙度轮廓最大高度 Rz 的计算式为

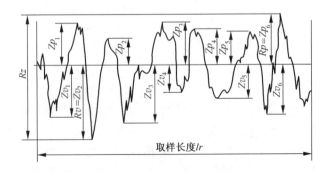

图 5-4　轮廓的最大高度（以粗糙度轮廓为例）

$$Rz = Rp + Rv \tag{5-1}$$

在旧标准中也有轮廓最大高度，其符号为 Ry。旧标准中微观不平度十点高度 Rz，在新标准中已取消。但是我国当前使用的一些测量仪器大都是测量旧标准中的 Rz 的（如双管显微镜），因此，当采用现行的技术文件和图样时必须注意它们的区别。

4）轮廓单元的平均高度（mean height of profile element）Rc、Wc、Pc：轮廓单元（profile element）是指轮廓峰和相邻轮廓谷的组合，如图 5-3 所示。轮廓单元高度 Zt 是指一个轮廓单元的峰高 Zp 和谷深 Zv 之和；轮廓单元宽度 Xs 是指 X 轴线与轮廓单元相交线的长度。

轮廓单元的平均高度是指在一个取样长度内，轮廓单元高度 Zt 的平均值。

5）轮廓的总高度（total height of profile）Rt、Wt、Pt：轮廓的总高度是指在评定长度内，最大轮廓峰高和最大轮廓谷深之和。

（2）幅度参数（纵坐标平均值）　由于峰谷高度参数本身的敏感性导致其无法描述某些表面特征，为便于质量控制，除了幅度参数（峰和谷）外，GB/T 3505—2009 还定义了以下幅度参数（纵坐标平均值）。

1）轮廓的算术平均偏差（arithmetical mean deviation of profile）Ra、Wa、Pa：轮廓的算术平均偏差是指在一个取样长度内纵坐标值 $Z(x)$ 绝对值的算术平均值（见图 5-5），其计算式为

$$Ra、Wa、Pa = \frac{1}{l} \int_0^l |Z(x)| \mathrm{d}x \tag{5-2}$$

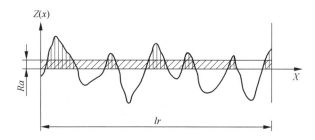

图 5-5　轮廓的算术平均偏差（以粗糙度轮廓为例）

需要说明的是，表面结构参数标注的写法已经改变，参数代号现在为大小写斜体（如 Ra 和 Rz），下角标如 R_a 和 R_z 不再使用。

2）轮廓的均方根偏差（root mean square deviation of profile）Rq、Wq、Pq：轮廓的均方根偏差是指在一个取样长度内纵坐标值 $Z(x)$ 的均方根值，其计算式为

$$Rq、Wq、Pq = \sqrt{\frac{1}{l} \int_0^l Z^2(x) \mathrm{d}x} \tag{5-3}$$

3）轮廓的偏斜度（skewness of profile）Rsk、Wsk、Psk：轮廓的偏斜度用来表征轮廓分布的对称性，是指在一个取样长度内纵坐标值 $Z(x)$ 的三次方的平均值分别与 Rq、Wq 或 Pq 的三次方的比值。Rsk 的计算式为

$$Rsk = \frac{1}{Rq^3} \left[\frac{1}{lr} \int_0^{lr} Z^3(x) \mathrm{d}x \right] \tag{5-4}$$

Wsk 和 *Psk* 用类似公式计算。

4）轮廓的陡度（kurtosis of profile）*Rku*、*Wku*、*Pku*：轮廓的陡度是指在一个取样长度内纵坐标值 $Z(x)$ 的四次方的平均值分别与 *Rq*、*Wq* 或 *Pq* 的四次方的比值，*Rku* 的计算式为

$$Rku = \frac{1}{Rq^4}\left[\frac{1}{lr}\int_0^{lr} Z^4(x)\,\mathrm{d}x\right] \tag{5-5}$$

Wku 和 *Pku* 用类似公式计算。

（3）间距参数　间距参数为轮廓单元的平均宽度（mean width of the profile elements）*Rsm*、*Wsm* 和 *Psm*，即在一个取样长度 *lr* 内轮廓单元宽度 *Xs* 的平均值（见图 5-6），其计算式为

$$Rsm、Wsm、Psm = \frac{1}{m}\sum_{i=1}^{m} Xs_i \tag{5-6}$$

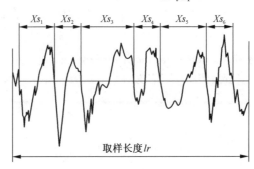

图 5-6　轮廓单元宽度

参数 *Rsm* 同旧标准中的轮廓微观不平度平均间距 S_m。在新标准中取消了旧标准中的轮廓单峰平均间距 S。

ISO/TR 23276：2020《产品几何技术规范（GPS）表面纹理：轮廓法—*PSm*、*RSm*、*WSm* 和 *Pc*、*Rc*、*Wc* 的流程图》给出了明确的计算轮廓单元的平均高度和平均宽度的流程，该流程分为四步，标准给出了每一步的计算流程，可以通过计算机软件实现这些参数的计算。

（4）混合参数　混合参数为轮廓的均方根斜率（root mean square slope of profile）*RΔq*、*WΔq*、*PΔq*，即在取样长度内纵坐标斜率 dz/dx 的均方根值。

（5）曲线和相关参数　曲线和相关参数包括轮廓支承长度率、轮廓支承长度率曲线、轮廓水平截面高度差、相对支承长度率、轮廓幅度分布曲线。

1）轮廓支承长度率（material ratio of profile）*Rmr(c)*、*Wmr(c)*、*Pmr(c)*：轮廓的支承长度率是指在给定水平截面高度 *c* 上轮廓的实体材料长度 *Ml(c)*（即在一个给定水平截面高度 *c* 上用一条平行于 *X* 轴的线与轮廓单元相截所获得的各段截线长度之和，见图 5-7），与评定长度 *ln* 的比率，其计算式为

$$Rmr(c)、Wmr(c)、Pmr(c) = \frac{\sum_{i=1}^{n} Ml_i}{ln} = \frac{Ml(c)}{ln} \tag{5-7}$$

在旧标准中也有轮廓支承长度率参数，但两者的定义和符号不同。

2）轮廓支承长度率曲线（material ratio curve of profile）*Rmc*：轮廓支承长度率曲线是表

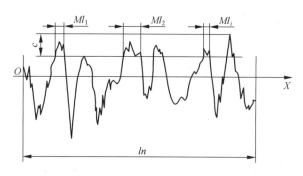

图 5-7　轮廓支承长度率

示轮廓支承长度率随水平截面高度 c 而变的关系曲线，如图 5-8 所示。

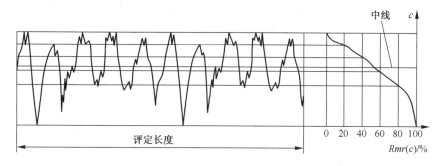

图 5-8　支承长度率曲线

5.2.2　用图形法确定的表面结构参数

现代的表面质量要求不仅表现为单一表面的形状误差、表面波纹度、表面粗糙度等传统要求，而且也包含对表面的峰、谷及其形成的沟、脉走向与分布等要求，因此，需要对与表面功能密切相关的表面纹理结构进行综合评定，故需扩展到较大的面积，综合测出表面的形状误差、表面波纹度和表面粗糙度。显然，GB/T 3505 采用的以二维参数为基础的表面形貌评定方法过于注重高度方向的信息，对高度方向的信息做平均化处理，水平方向的信息只有轮廓单元的平均宽度。这种方法几乎忽视了水平方向的属性，因而具有片面性，不能反映表面的真实形貌，也无法表达所反映表面的功能特征。

法国的 C. F. Fahl 提出了一种新的二维表面轮廓评定方法——图形法（motif 法）。该方法不采用任何轮廓滤波器，通过设定不同的阈值可以将表面波纹度和表面粗糙度分离开来，强调大的轮廓峰和谷对功能的影响，在评定中选取了重要的轮廓特征，而忽略了不重要的特征，其参数是基于图形的深度和间隔产生的，适用于二维表面粗糙度和表面波纹度的评定。该方法被引入法国汽车工业表面粗糙度和表面波纹度标准，并已在 1996 年制定为 ISO 12085。但该标准即将被制定中的 ISO/DIS 21920-2 代替。

GB/T 18618—2009《产品几何技术规范（GPS）　表面结构　轮廓法　图形参数》等同采用 ISO 12085：1996，规定了用图形法确定表面结构（表面粗糙度、表面波纹度和原始轮廓）的术语、定义和参数。它用 7 个图形参数和上包络线对表面性能进行评价，消除了传统的用中线制评定表面性能带来的误差，与目前通用的中线制对各参数的评定有较大的差别。

1. 一般定义

（1）图形（motif） 图形是指不一定相邻的两个单峰的最高点之间的原始轮廓部分。用以下参量来描述一个图形的特征（见图 5-9 和图 5-10）。

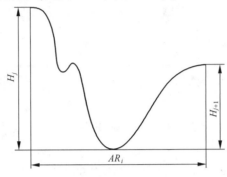

图 5-9 粗糙度图形

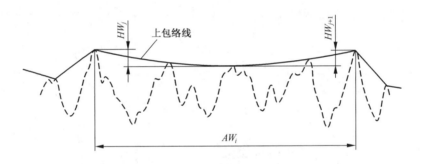

图 5-10 波纹度图形

● 长度 AR_i 或 AW_i，在平行于轮廓的总方向上测得；

● 两个深度 H_j 和 H_{j+1} 或 HW_j 和 HW_{j+1}，在垂直于原始轮廓的总方向上测得；

● T 型特征，两个深度中的最小深度。

图形分为粗糙度图形和波纹度图形。使用界限值 A 作为操作因子导出的图形为粗糙度图形，所以有 $AR_i \leqslant A$。

（2）粗糙度图形（roughness motif） 粗糙度图形是指通过采用具有界限值 A 的理想算法而得出的模式。依照此定义，一个粗糙度图形的长度 AR_i（见图 5-9）应小于或等于 A。通常取 $A = 0.5$ mm。

（3）波纹度图形（waviness motif） 波纹度图形是指通过采用具有界限值 B 的标准算法而得出的图形（见图 5-10）。通常取 $B = 2.5$ mm。

（4）原始轮廓（波纹度轮廓）的上包络线（upper envelope line of the primary profile） 原始轮廓（波纹度轮廓）的上包络线是经过对轮廓峰的常规鉴别后，连接原始轮廓各个峰的最高点的折线（见图 5-11）。

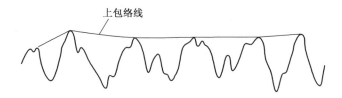

图 5-11　上包络线

使用界限值 B 作为理想的操作因子，在上包络线上求出的图形为波纹度图形。操作因子 A 的缺省值为 500 μm，波纹度操作因子 B 的缺省值为 2500 μm。这些值来自法国专家评价了大约 36000 幅铣、车、镗、磨、珩磨图形后得出的结论：表面粗糙度的自然水平限制到 500 μm，表面波纹度的自然水平限制到 2500 μm。

2. 图形参数

（1）粗糙度图形的平均间距（mean spacing of roughness motifs）AR　在评定长度内，粗糙度图形中各个长度 AR_i 的算术平均值（见图 5-12），即

$$AR = \frac{1}{n} \sum_{i=1}^{n} AR_i \qquad (5-8)$$

式中，n 为粗糙度图形的数量（与 AR_i 值的数量相等）。

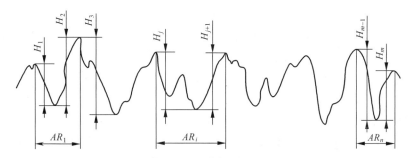

图 5-12　表面粗糙度参数

（2）粗糙度图形的平均深度（mean depth of roughness motifs）R　在评定长度内，粗糙度图形的各个深度 H_j 的算术平均值（见图 5-12），即

$$R = \frac{1}{m} \sum_{j=1}^{m} H_j \qquad (5-9)$$

式中，m 为 H_j 值的数量。H_j 值的数量是 AR_i 值数量的两倍（$m = 2n$）。

（3）轮廓微观不平度的最大深度（maximum depth of profile irregularity）R_x　在评定长度内 H_j 的最大值。例如，在图 5-12 中，$R_x = H_3$。

（4）波纹度图形的平均间距（mean spacing of waviness motifs）AW　波纹度图形的平均间距是指在评定长度内，波纹度图形中各个长度 AW_i 的算术平均值（见图 5-13），即

$$AW = \frac{1}{n} \sum_{i=1}^{n} AW_i \qquad (5-10)$$

式中，n 为波纹度图形的数量（与 AW_i 值的数量相等）。

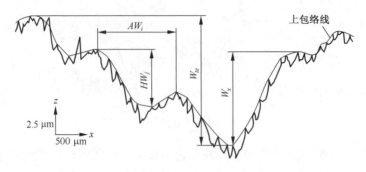

图 5-13 表面波纹度参数

(5) 波纹度图形的平均深度（mean depth of waviness motifs）W 波纹度图形的平均深度是指在评定长度内，波纹度图形各个深度 HW_j 的算术平均值（见图 5-13），即

$$W = \frac{1}{m}\sum_{j=1}^{m} HW_j \tag{5-11}$$

式中，m 为 HW_j 值的数量。HW_j 值的数量为 AW_i 值数量的两倍（$m = 2n$）。

(6) 波纹度的最大深度（maximum depth of waviness）W_x 波纹度的最大深度是指在评定长度内深度 HW_j 的最大值（见图 5-13）。

(7) 波纹度的总深度（total depth of waviness）W_{te} 波纹度的总深度是在与原始轮廓总的走向垂直的方向上，测得的位于原始轮廓上包络线的最高点和最低点之间的距离（见图 5-13）。

图形法将原始轮廓分成单个的几何偏差，不相干的轮廓不规则性在评价过程中被排除，因此它对单个轮廓特征较为敏感。参数 R 和 W 表示轮廓的垂直分量；参数 AR 和 AW 表示轮廓不规则性的水平间距。图形法没有丢失任何重要轮廓点的信息，能表示轮廓不规则性的水平和垂直的性能，尤其适合于：①在未知表面和过程上进行技术分析；②与表面的包络线（面）相关的性能研究；③辨识表面粗糙度和表面波纹度具有相当接近波长的轮廓。

随着图形参数为国际标准所采用，其应用将越来越普及，有利于工件表面结构的表面粗糙度和表面波纹度分析。

5.3 表面粗糙度评定参数值的选用

GB/T 1031—2009《产品几何技术规范（GPS） 表面结构 轮廓法 表面粗糙度参数及其数值》对评定表面粗糙度的参数及其数值系列做了规定。合理选取表面粗糙度参数值的大小，对零件的工作性能和加工成本具有重要意义。选用原则如下：

1）同一零件，工作表面的表面粗糙度参数值应比非工作表面小。

2）对于摩擦表面，相对运动速度高、单位面积压力大的表面，表面粗糙度参数值应小。

3）承受交变应力作用的零件，在容易产生应力集中的部位，如圆角、沟槽处，表面粗糙度参数值应小。

4）对于配合性质要求稳定的间隙较小的间隙配合和承受重载荷的过盈配合，它们的孔、轴表面粗糙度参数值应小。

5）要求耐腐蚀、密封性能好或外表美观的表面，表面粗糙度参数值应小。

6）凡有关标准已对表面粗糙度要求做出具体规定，则应按该标准的规定确定表面粗糙度参数值的大小。

在评定参数中，幅度参数 Ra 和 Rz 是主参数，间距参数 Rsm 和相关参数 $Rmr(c)$ 为附加参数，国家标准规定了它们的数值，如表 5-1～表 5-4 所示。标准规定，一般情况下只需从主参数 Ra 和 Rz 中任选一个，但在常用值范围内（Ra 为 0.025～6.3 μm，Rz 为 0.1～25 μm），推荐优先选用 Ra，因为通常采用电动轮廓仪测量零件表面 Ra 值的测量范围为 0.02～8 μm。Rz 用于某些表面很小或曲面，以及有疲劳强度要求的零件表面的评定。

表 5-1　Ra 的数值

单位：μm

0.012	0.2	3.2	50
0.025	0.4	6.3	100
0.05	0.8	12.5	
0.1	1.6	25	

表 5-2　Rz 的数值

单位：μm

0.025	0.4	6.3	100	1600
0.05	0.8	12.5	200	
0.1	1.6	25	400	
0.2	3.2	50	800	

表 5-3　Rsm 的数值

单位：μm

0.006	0.1	1.6
0.0125	0.2	3.2
0.025	0.4	6.3
0.05	0.8	12.5

表 5-4　$Rmr(c)$ 的数值

单位：%Rz

10	30	70
15	40	80
20	50	90
25	60	

Rsm 和 $Rmr(c)$，一般不能作为独立参数选用，只有少数零件的重要表面，有特殊功能要求时才附加选用。Rsm 主要用于评价涂漆性能及冲压成型时抗裂纹性、抗震性、耐腐蚀性，以及对减小流体流动摩擦阻力要求较高等场合。$Rmr(c)$ 主要用于耐磨性、接触刚度要求较高等场合，$Rmr(c)$ 的参数为 10%、15%、20%、25%、30%、40%、50%、60%、70%、80%、90%。当选用参数 $Rmr(c)$ 时必须给定轮廓水平截面高度 c 的值，它可用 μm 或 Rz 的百分数表示。Rz 的百分数系列为 10%、15%、20%、25%、30%、40%、50%、60%、70%、80%、90%。

国家标准规定的取样长度 lr 的数值（单位为 mm）有：0.08，0.25，0.8，2.5，8，25。Ra 和 Rz 与取样长度 lr、评定长度 ln 的对应关系如表 5-5、表 5-6 所示。

表 5-5　Ra 与 lr、ln 的对应关系

Ra/μm	≥0.008～0.02	>0.02～0.1	>0.1～2.0	>2.0～10.0	>10.0～80.0
lr/mm	0.08	0.25	0.8	2.5	8.0
ln/mm	0.4	1.25	4.0	12.5	40.0

表 5-6 *Rz* 与 *lr*、*ln* 的对应关系

Rz/μm	≥0.025~0.10	>0.10~0.50	>0.50~10.0	>10.0~50.0	>50.0~320
lr/mm	0.08	0.25	0.8	2.5	8.0
ln/mm	0.4	1.25	4.0	12.5	40.0

例 5-1 试确定图 2-2 所示单级圆柱齿轮减速器输出轴主要表面的表面粗糙度。

解:

1) 轴 ϕ45k6 与滚动轴承配合，是重要的配合表面，其相对运动速度比较高，又要承受交变应力，配合特性要求稳定，所以选用表面粗糙度值较小，按使用性能要求，通常通过磨削的加工方式，轴颈表面 *Ra* 可达到 0.8 μm。

2) 轴 ϕ35n6 与带轮（或凸轮）配合，是重要的配合表面，配合表面 *Ra* 选用 1.6 μm;

3) ϕ50r6 与 8 级精度的齿轮配合，配合特性要求稳定，选用表面粗糙度值较小，轴颈表面 *Ra* 选用 1.6 μm，ϕ56 轴肩的左端面是轴承的止推面，*Ra* 选用 3.2 μm。

4) 两个平键键槽的工作面 *Ra* 选用 3.2 μm，非工作面 *Ra* 选用 6.3 μm。

5) 其余未注的表面粗糙度要求不高，*Ra* 选用 12.5 μm。

5.4 基于区域形貌法的三维表面结构的评定参数

实验表明，在同一表面上，对来自不同轮廓的参数进行测量，其结果差异可能达 50%。只有当表面满足各向同性和均一性时，才能以任何位置和方向的轮廓表示表面。另一种情形下也可以用轮廓近似表示表面，即当表面在一个方向上具有均布的和确定性纹理时，轮廓测量在垂直于纹理的方向上进行。在机械工业中上述现象发生得相当频繁，这也是二维表征的理论基础。然而，从目前计算机技术、测量技术和超精密加工技术的发展看，对大多数工程表面，要想准确、合理地反映表面形貌，应在三维范围内评定。

三维表面结构参数的评定是通过区域法进行的。表面结构的区域形貌法的标准 ISO 25178《Geometrical Product Specifications（GPS）— Surface Texture：Areal》已经发布了第 1、2、3、6、600~607、70~73、701 共 17 个部分。如：ISO 25178-1：2016 已转化为 GB/T 33523.1—2020《产品几何技术规范（GPS）表面结构 区域法 第 1 部分：表面结构的表示法》，规定了在技术图样上区域表面结构的表述规则；ISO 25178-2：2012 已转化为 GB/T 33523.2—2017《产品几何技术规范（GPS）表面结构 区域法 第 2 部分：术语、定义及表面结构参数》。

▌5.4.1 区域法的相关术语

二维表面结构的评定参数是针对轮廓的，而三维表面结构的评定参数是针对区域表面的。与轮廓法一样，区域法也要对表面结构使用表面滤波器。

1. 原始表面（primary surface）

原始表面是具有指定嵌套指数的基本数学模型表达的部分表面。所谓部分表面是被分离的组成表面的一部分。部分表面和一个理想平面的交线就形成了表面轮廓。

与旧 GPS 标准的最大区别之一是新一代 GPS 标准是基于计量数学的，ISO 16610《滤波》

包括线性轮廓滤波器、稳健轮廓滤波器、形态学滤波器等一系列滤波器的标准。通过滤波可把数据中感兴趣的特征从其他特征中分离出来。不论是对二维轮廓，还是对区域形貌，均需要使用滤波器，才能得到计算表面结构参数的相应的轮廓或表面。

嵌套指数（nesting index）是表示一特定基本数学模型相对嵌套水平的数或数列。例如，筛选粒子——采用不同尺寸的筛孔，可以将土壤粒子分成不同规格大小。嵌套指数就是特征分离所依据的临界尺寸，相当于筛孔的尺寸。更准确而言，滤波首要的是定义系列嵌套数学表达式，以对真实表面建模。嵌套越详尽，模型越能平滑地表达真实表面。嵌套指数是一个用来表达模型的嵌套/平滑水平的数值，嵌套指数越大，则表达表面的模型越平滑。高斯滤波器的截止波长是一个嵌套指数的例子。对形态学滤波器而言，嵌套指数是构造元素的大小（如圆盘的半径），其不同于截止波长中的波长概念。给定嵌套指数的模型，指数较低的包含较多的表面信息，而指数较高的包含较少的表面信息。当嵌套指数接近零时，存在一个基本数学模型，能以任意给定的接近程度，近似表达工件的真实表面。

2. 表面滤波器（surface filter）

表面滤波器是应用于表面的滤波操作集。GB/T 33523.2 规定的表面滤波器包括 S-滤波器、F-操作、L-滤波器。

S-滤波器是从表面去除小尺度横向成分以获取原始表面的表面滤波器。

F-操作是从原始表面去除形状成分的操作。该操作后得到的表面为 S-F 表面。一些 F-操作（如拟合操作）有别于滤波。可以限制大尺寸横向成分但存在失真。许多 L-滤波器对形状敏感，需要在应用 L-滤波器前进行 F-操作。

L-滤波器是从原始表面或 S-F 表面去除大尺度横向成分的表面滤波器。对 S-F 表面应用 L-滤波器后得到的表面就是 S-L 表面。

尺度限定表面（scale-limited surface）即是 S-F 表面和 S-L 表面。

在某种程度上，S-滤波器、L-滤波器、F-操作类似于本章第 1 节所述的 λ_s、λ_c、λ_f 轮廓滤波器。S-滤波器、F-滤波器、F-操作、S-F 和 S-L 表面的关系如图 5-14 所示。

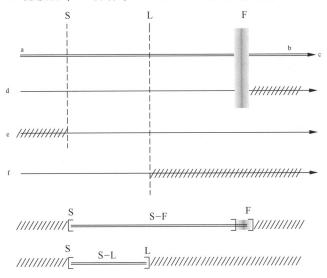

图 5-14　S-滤波器、L-滤波器、F-操作、S-F 和 S-L 表面的关系

[a] 小尺度；[b] 大尺度；[c] 尺度轴；[d] F—操作；[e] S—滤波器；[f] L—滤波器

5.4.2 表面结构的区域法评定参数

GB/T 33523.2—2017 将区域法的参数分为五种：高度参数、空间参数、混合参数、功能和相关参数、其他参数。

1. 高度参数

高度参数在二维参数基础上进行了扩展，考虑了表面高度的统计特性、极值特性和高度分布的形状，包括 7 个参数。

（1）尺度限定表面的均方根高度（root mean square height）S_q S_q 是一个统计幅度参数，是一个定义区域 A 内的均方根值。

$$S_q = \sqrt{\frac{1}{A} \iint\limits_A z^2(x,\ y)\,\mathrm{d}x\mathrm{d}y} \qquad (5-12)$$

（2）尺度限定表面的偏斜度（skewness）S_{sk} 偏斜度是表面偏差相对于基准表面的对称性的度量，是一个定义区域 A 内坐标值的三次方的平均值与 S_q 三次方的比值。

$$S_{sk} = \frac{1}{S_q^3} \left[\frac{1}{A} \iint\limits_A z^3(x,\ y)\,\mathrm{d}x\mathrm{d}y \right] \qquad (5-13)$$

（3）尺度限定表面的陡峭度（kurtosis）S_{ku} 这个参数是与偏斜度相关地提出来的，描述形貌高度分布的形状，是形貌高度分布的峰度和峭度的度量，用公式表示为

$$S_{ku} = \frac{1}{S_q^4} \left[\frac{1}{A} \iint\limits_A z^4(x,\ y)\,\mathrm{d}x\mathrm{d}y \right] \qquad (5-14)$$

（4）算术平均高度 S_a 一个定义区域 A 内各点高度绝对值的算术平均值

$$S_a = \frac{1}{A} \iint\limits_A |z(x,\ y)|\,\mathrm{d}x\mathrm{d}y \qquad (5-15)$$

最大峰高 S_p、最大谷深 S_v、尺度限定表面的最大高度 S_z 分别是一个定义区域内最大的峰高值、最大的谷深值、最大峰高和最大谷深之和。

2. 空间参数

（1）自相关长度（autocorrelation length）S_{al} 自相关函数 $f_{ACF}(t_x,\ t_y)$ 衰减到一个规定值 $s(0 \leqslant s \leqslant 1)$ 的最短距离。

$$S_{al} = \min_{t_x,\ t_y \in R} \sqrt{t_x^2 + t_y^2} \qquad (5-16)$$

式中，$R = \{(t_x,\ t_y) : f_{ACF}(t_x,\ t_y) \leqslant s\}$。

（2）结构方位比（texture aspect ratio）S_{tr} 自相关函数 $f_{ACF}(t_x,\ t_y)$ 衰减到一个规定值 $s(0 \leqslant s \leqslant 1)$ 的最短与最长距离的比值。

$$S_{tr} = \frac{\displaystyle\min_{t_x,\ t_y \in R} \sqrt{t_x^2 + t_y^2}}{\displaystyle\max_{t_x,\ t_y \in Q} \sqrt{t_x^2 + t_y^2}} \qquad (5-17)$$

式中，$Q = \{(t_x,\ t_y)\,|\,f_{ACF}(t_x,\ t_y)\geqslant s$ 和 ＊＊ $\}$，＊＊为点 $(t_x,\ t_y)$ 与原点的连线上 $f_{ACF}\geqslant s$ 的集合条件。

3. 混合参数

（1）尺度限定表面的均方根梯度（root mean square gradient）S_{dq}

$$S_{dq} = \sqrt{\frac{1}{A}\iint_A\left[\left(\frac{\partial z(x,\ y)}{\partial x}\right)^2 + \left(\frac{\partial z(x,\ y)}{\partial y}\right)^2\right]\mathrm{d}x\mathrm{d}y} \qquad (5\text{-}18)$$

（2）尺度限定表面的展开表面面积比（developed interfacial area ratio）S_{dr}

$$S_{dr} = \sqrt{\frac{1}{A}\iint_A\left[\sqrt{1 + \left(\frac{\partial z(x,\ y)}{\partial x}\right)^2 + \left(\frac{\partial z(x,\ y)}{\partial y}\right)^2} - 1\right]\mathrm{d}x\mathrm{d}y} \qquad (5\text{-}19)$$

4. 功能和相关参数

包括尺度限定表面的支承面积函数、支承面积率 $S_{mr}(c)$、逆支承面积率 $S_{mc}(mr)$、复合加工表面的区域参数、空体积、支承体积等。

尺度限定表面的支承面积率 $S_{mr}(c)$ 是在一个特定高度 c 上的支承面积与评定区域的比值。通常表示为百分数，高度 c 为相对于参考平面的高度，如图 5-15 所示。

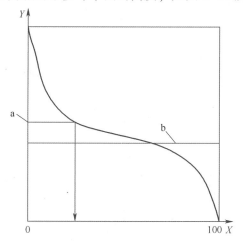

图 5-15　支承面积率

X—百分数形式的支承面积率 $S_{mr}(c)$；Y—高度；[a] 特定高度 c；[b] 参考平面

其余参数的定义详见 GB/T 33523.2—2017。

5. 其他参数

只规定了尺度限定表面的纹理方向（texture direction）S_{td}，是相对于规定方向 θ，角度谱绝对值最大时的角度。

5.4.3　区域法表面结构的表示方法

GB/T 33523.1—2020《产品几何技术规范（GPS）表面结构　区域法　第 1 部分：表面结构的表示法》规定了产品技术文件（如图纸、规范、合同和报告）中利用图形符号表示区域表面结构的规则。同轮廓法表面结构标准一样，在产品技术文件中对表面结构的要求可以用不同的图形符号表示。为了识别其为区域表面结构的要求，在轮廓法标注符号的基础上增加了一个菱形，如图5-16所示为区域法表面结构要求的完整图形符号。

类似于GB/T 131—2006《产品几何技术规范（GPS）技术产品文件中表面结构的表示法》对轮廓法表面结构的标注，图5-16是表示用去除材料的方式进行加工的表面结构的扩展图形符号，图中表面结构的各项要求分别注写以下内容。

（1）位置a 注写单一表面结构要求。标注规范限值的类型（上限U、下限L，代号为U时可以省略）、尺度限定表面的类型（S-F表面、S-L表面）及其嵌套指数、区域表面结构参数代号及其极限值以及按此顺序的其他非默认值。

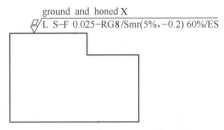

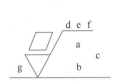

图5-16 区域法表面结构要求的完整图形符号 　　图5-17 区域法表面结构标注示例

（2）位置a和b 注写两个或更多个表面结构要求。评定区域方向和纹理方向由图纸上图形符号的位置确定。表面加工纹理方向的表示详见GB/T 33523.1—2020。

（3）位置c 注写指示评定区域方向的相交平面。如果对注释的清晰表达有帮助，可以为评定区域方向标注相交平面。相交平面的标注方法类似第4章几何公差中的相交平面的标注。如果纹理方向与评定区域方向相同，则该相交平面指示符可兼顾表示两者。

（4）位置d 注写加工要求。注写加工方法、表面处理、涂层或其他加工工艺等，如车、磨、镀等加工表面。

（5）位置e 注写表面纹理。在位置e注写所需的表面纹理符号，如"="" X "" M "。如符号"="表示纹理平行于视图所在的投影面，"M"表示纹理呈多方向。

（6）位置f 注写用于指示表面纹理方向的相交平面指示符。如果表面纹理方向与表面结构符号方向不同，可以使用相交平面指示符进行标注。

（7）位置g 注写加工余量。以mm为单位给出加工余量数值。

图5-17是一个标注具有两个非默认要求的区域法表面结构的示例。其具体含义如下。

（1）表面具有加工要求（磨削和珩磨/研磨）和表面纹理要求，偏差下限，S-F表面，S滤波器嵌套指数为0.025 mm，非默认F运算符是嵌套指数为8 mm的稳健高斯滤波器，选定的S参数是尺度限定表面的支承面积率$S_{mr}(c)$，支撑率最小极限值为c等级0.2 μm＝60%，并且从支承率＝5%给出的参考平面测量到下表面。ES表示提取表面的非默认规范是光学表面（即不使用接触法测量）。"X"表示纹理呈两斜向交叉且与视图所在投影面相交。

（2）该标注中隐含的默认值是评定区域等于定义区域，是边长为8 mm的正方形。S滤波器缺省，即S滤波器是区域高斯滤波器，滤波器波长值为0.025 mm，最大采样间隔（Maximum Sampling Distance）为0.008 mm，最大水平周期（Maximum Lateral Period）为0.025 mm。

支承率参数通常用于确保表面上部具有较高的材料含量，以获得良好的承载和磨损性能而且不出现润滑丧失。这样的表面通常采用多步制造，结果具有偏态材料分布。在这样的表面上使用标准高斯滤波器可能会导致支承率曲线发生扭曲，因此建议采用规定稳健滤波器（如 ISO 16610-71：2014 规定的用于区域法的稳健高斯滤波器）。

5.5　表面结构的测量

5.5.1　表面结构测量方法的分类

如图 5-18 所示，GB/T 33523.6—2017《产品几何技术规范（GPS）表面结构　区域法　第 6 部分：表面结构测量方法的分类》将测量表面结构的方法分为三大类：线轮廓法、区域形貌法、区域整体法。

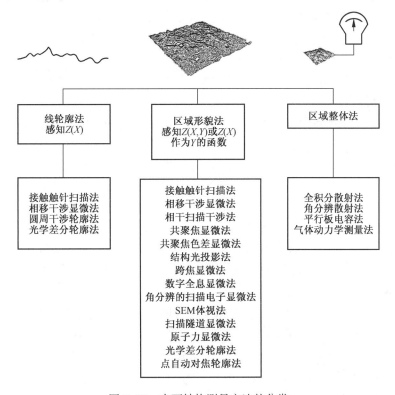

图 5-18　表面结构测量方法的分类

线轮廓法（line-profiling method）是一种表面测量方法，它生成反映微观起伏的二维图形或轮廓，测量数据可以用数学方法表示为高度函数 $Z(X)$。已经采用线轮廓法测量的仪器有接触触针扫描仪、早期的相移干涉仪和光学差分轮廓仪。还有一种方法是采用旋转扫描法在柱坐标系中测量圆周轮廓，此时 Z 值是角度 θ 的函数，如圆周干涉轮廓仪。

区域形貌法（area-topography method）是一种表面测量方法，它生成表面的一个形貌图像，测量数据可以用数学方法表示为两个独立变量 $(X，Y)$ 的高度函数 $Z(X，Y)$。已经采用区域形貌法测量的仪器包括接触触针扫描仪、相移干涉显微镜、相干扫描干涉仪、共聚焦显微镜、共聚焦色差显微镜、结构光投影仪（包括三角法）、跨焦显微镜、光学差分轮廓仪、数字全息显微镜、点自动对焦轮廓仪、角分辨的扫描电子显微镜（SEM）、SEM 体视显微镜、扫描隧道显微镜和原子力显微镜等。这些方法的区域测量能力通常来自一系列平行轮廓的顺序扫描或显微照相机中手动扫描操作所取得的二维图像。所有这些方法也可用来生成线轮廓法测量结果。使用有序列的轮廓生成形貌图像应注意轮廓之间的高度差，如用一系列平行的轮廓 $Z(X)$ 生成表面的形貌图像 $Z(X，Y)$，应确保沿 Y 轴的 $Z(Y)$ 的测量精度。尽管 $Z(X，Y)$ 的形貌图像可以用区域轮廓法显示，但有时此方法对 $Z(Y)$ 的变化不敏感，或 $Z(Y)$ 的轮廓精度受到仪器漂移的限制。

区域整体法（area-integrating method）是一种表面测量方法，它测量表面上一个有代表性的区域并生成其整体特性的数值结果。该方法不产生线轮廓 $Z(X)$ 或区域形貌图像 $Z(X，Y)$。已经采用区域整体法测量的仪器包括使用全积分光散射、角分辨光散射、平行板电容和其他动力学（流量）测量技术的仪器。区域整体法与校准的表面粗糙度比较样块或校准的标准样块（作为比较器）联合使用，用来判别相似加工方法制造的工件表面结构特征或反复进行表面结构评定。

线轮廓法产生形貌轮廓 $Z(X)$，区域形貌法产生形貌图像 $Z(X，Y)$。通常将一系列平行的轮廓并列排列起来就得到了高度函数 $Z(X，Y)$。高度函数通常表示为被测形貌与中心表面之间逐点偏差。形貌数据可用来计算各种表面结构参数，然而，测得的参数值受所采用的测量方法细节的影响。只要每次测量在每个方向上都提供空间分辨力和取样长度（或替换成取样区域），区域形貌法就可以用于测量表面结构参数。另外，确定测量坐标 X、Y、Z 的不确定度是非常重要的。一个重要的问题是仪器是否能够检测到沿 Y 方向轮廓之间的高度差。如果轮廓之间没有高度差，可能是因为仪器滤掉了这些高度差。另一个问题在于任意方向扫描系统的准确度是否能保证得到的 X 坐标轴或 Y 坐标轴的准确度。

这些方法在横向和纵向都受仪器测量范围和分辨力的限制，测量范围和分辨力是区域形貌法测量仪器的重要特性。对使用者来说，了解所用仪器的测量范围和分辨力是很重要的。一般来说，横向（空间，一般指 X、Y 轴）分辨力通常受传感器的空间分辨力的限制。如光学显微镜的衍射极限，接触式机械轮廓仪探头针尖的尺寸，短波截止波长，平滑滤波器的嵌套指数。在表面形貌分析中应用横向分辨力时，按照公认的规范进行，如 GB/Z 26958《产品几何技术规范（GPS） 滤波》。横向测量范围受轮廓长度或被测区域尺寸限制。纵向（一般指 Z 轴）分辨力通常受测量仪器的噪声限制，纵向测量范围受纵向的行程长度限制。因此，分辨力极限通常由相互作用传感器的性能决定，而测量范围通常由所用探头的纵向和横向位移装置的性能决定。

这些方法都涉及探头与表面的相互作用。因此，为了实现表面的准确测量，要求检测的表面具有均匀性，否则表面材料特性的变化将会导致表面形貌测量结果错误和产生明显的变化。光学方法会受到表面光学特性变化的影响。接触方法，如触针法和原子力显微法会受到弹性变化的影响。扫描隧道显微法会受到电导率变化的影响。因此，采用任何方法对表面形貌进行测量时，均需要考虑这些特性的影响。

对于陡峭表面，表面结构测量方法常常受限制。例如，触针法和原子力显微法均受到探头针尖角度的限制。对于几种光学显微法，陡峭表面的测量与物镜的数值孔径有关。

目前，在机械制造业和仪器制造业中，对表面结构参数的检测大都还停留在表面粗糙度的检测上，二维的线轮廓法测量仪器和三维的区域形貌法检测仪器还使用得不是很普遍。

表面粗糙度比较常用的检测方法是比较法、光切法、干涉法、触针法、印模法、光触针法及扫描隧道显微法等，其中触针法因为其测量迅速方便、测量精度较高、使用成本较低等良好特性而得到广泛使用。

5.5.2　二维表面结构参数的测量

目前，二维表面结构参数的测量主要是表面粗糙度参数的测量，而原始轮廓参数、表面波纹度参数的测量比较少。表面粗糙度参数的测量方法主要是比较法、光切法、干涉法、触针法、印模法等。测量表面粗糙度参数值时，应注意不要将零件的表面缺陷（如气孔、划痕和沟槽等）包括进去。当图样上注明了表面粗糙度参数值的测量方向时，应按规定方向测量。若没有指定测量方向，工件的安放应使其测量截面与得到粗糙度幅度参数（Ra、Rz）最大值的测量方向一致，该方向垂直于被测表面的加工纹理。如车削的轴、孔，测量方向一般是轴线方向。对无方向性的表面，如磨削的平面，测量截面的方向可以是任意的。

1. 比较法

比较法是车间常用的方法。将被测表面对照表面粗糙度比较样板，用肉眼判断或借助于放大镜、比较显微镜进行比较；也可用手摸，通过指甲划动的感觉来判断被加工表面的表面粗糙度。此法一般用于表面粗糙度参数较大的近似评定。

2. 光切法

光切法是利用光切原理来测量表面粗糙度（见图 5-19）。常用的仪器是光切显微镜（又称双管显微镜）。显微镜有两个光管，一个为照明管，另一个为观测管，两管轴线垂直。在照明管中，由光源 1 发出的光线经过聚光镜 2、窄缝 3 和透镜 4，以 45°角的方向投射到被测量表面上，形成窄细光带。光带边缘的形状即为光束与被测量表面相交的曲线，也就是在45°角的方向上被测量表面形状。此轮廓曲线经反射后通过观测管（装有透镜 5 和目镜 6）进行观察。将观测结果经过换算处理后可得到被测量表面的表面粗糙度参数值。

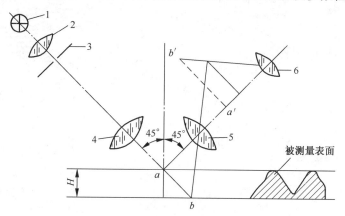

图 5-19　双管显微镜的测量原理

双管显微镜可测量旧标准的微观不平度十点高度 Rz 值，也可以近似地用来测量新标准的

轮廓最大高度 Rz 值等指标，但双管显微镜不能测量 Ra，也不具备 GB/T 3505—2009 要求的 λ_s、λ_c 轮廓滤波器功能，没有抑制长波和短波部分，也就不能获得新标准要求的粗糙度轮廓，因而采用双管显微镜测量的结果和具备 λ_s、λ_c 滤波功能的仪器测量的结果不同。双管显微镜主要用于车、铣、刨或其他类似加工的金属零件的平面和外圆表面。用双管显微镜测量微观不平度十点高度的方法见电子资源 5-1。

电子资源 5-1：用光切法测量表面粗糙度实验视频

3. 干涉法

干涉法是利用光波干涉原理来测量表面粗糙度。图 5-20 所示为干涉显微镜光学系统示意图。由光源 1 发出的光线经聚光镜 2、滤色片 3、光阑 4 及透镜 5 成平行光线，再经分光镜 7 后分为两束：一束通过补偿镜 8、物镜 9 到平面反射镜 10，被反射又回到分光镜 7，再由分光镜 7 经聚光镜 11 到反射镜 16，由反射镜 16 进入目镜 12 的视野；另一束光线向上经过物镜 6，投射到被测工件表面，反射回来后通过分光镜 7、聚光镜 11 到反射镜 16，由反射镜 16 反射而进入目镜 12 的视野。这样，在目镜 12 的视野内即可观察到这两束光线因光程差而形成的干涉图案。若被测表面粗糙不平，则干涉带呈弯曲形状（见图 5-21）。由测微目镜可读出相邻干涉带的距离 a 及干涉带弯曲高度 b。根据干涉原理可得被测表面相应部位的峰、谷高度差为

$$H = \frac{b}{a} \cdot \frac{\lambda}{2} \tag{5-20}$$

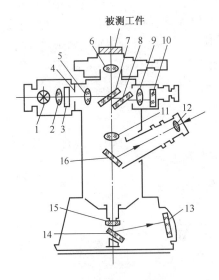

图 5-20　干涉显微镜光学系统示意图

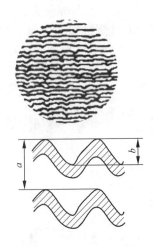

图 5-21　被测表面的干涉图

若将反射镜 16 移开，使光线通过物镜 15 及反射镜 14 照射到毛玻璃 13 上，在毛玻璃处可以拍摄干涉图像。

干涉显微镜可测量旧标准的 Rz 值，主要用于测量表面粗糙度要求较高的零件表面。

用干涉法测量表面粗糙度的方法见电子资源 5-2。

电子资源 5-2：用干涉显微镜测量表面粗糙度实验视频

4. 触针法

触针法是利用触针测量表面粗糙度 *Ra* 值。

当采用触针法对加工件表面进行表面粗糙度测量时，探测头上的触针在被测表面轻轻划过。由于被测加工件表面不可能绝对光滑，肯定存在轮廓峰谷的起伏，所以触针将在垂直于被测轮廓表面方向上产生上下起伏的移动。这种移动量虽然非常细微，但足以被敏感的电子装置捕捉并加以放大。放大之后的信息则通过指示表或其他输出装置以数据或图形的方式输出。这就是触针式表面粗糙度测量仪的工作方式。其中，按其传感器类型可以分为电感式、压电式、光电式等；按其指示方式又可分为积分式、连续移动式。

触针式表面粗糙度测量仪由传感器、驱动箱、指示表、记录器和工作台等主要部件组成，如图 5-22（a）所示。电感传感器是测量仪的主要部件之一，其工作原理如图 5-22（b）所示，传感器测杆一端装有触针（由于金刚石具有耐磨、硬度高的特点，触针多选用金刚石材质），触针的尖端要求曲率半径很小，以便于全面地反映表面情况。测量时将触针尖端搭在加工件的被测表面上，并使针尖与被测表面保持垂直接触，利用驱动装置以缓慢、均匀的速度拖动传感器触针。由于被测表面是一个有峰谷起伏的轮廓，所以当触针在被测表面上拖动滑行时，将随着被测表面的峰谷起伏而产生上下移动。基于杠杆原理，此运动经过支点传递给铁心，使它同步地在电感线圈中作反向上下运动，并将运动幅度放大，从而使包围在铁心外面的两个差动电感线圈的电感量发生变化，并将触针微小的垂直位移转换为同步成比例的电信号。

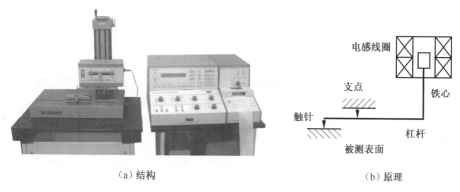

（a）结构　　　　　　（b）原理

图 5-22 触针式表面粗糙度测量仪

测量仪的工作原理如下：传感器的电感线圈与测量电路直接接入由后续装备组成的平衡电桥，电感线圈电感量的变化使电桥失去了平衡，于是就激发输出一个与触针上下位移量大小成比例的电量，此时这一电量比较微弱，不易被察觉，需要用电子装置将它放大，再经相敏检波后，获得能表示触针位移量大小和方向的信号。信号又可分为三路：一路加载在指示表上，以表示触针的位置；一路输送至直流功率放大器，放大后推动记录器进行记录；一路经滤波和平均表放大器放大之后，进入积分计算器，进行积分计算，由指示表直接读出表面粗糙度参数值。

这种仪器的测量范围通常为 0.025~5 μm（Ra 值），其中有少数型号的仪器还可以测定更小的参数值。仪器配有各种附件，以适应平面、内外圆柱面、圆锥面、球面、曲面、小孔、沟槽等形状的工件表面测量，测量迅速方便，且精度较高。

英国 Taylor-Hobson 公司的 Surtronic S-100 系列是一种适用于车间、工业和检测室的便携式表面粗糙度测量仪，如图 5-23 所示，通过测量能够提供 GB/T 3505—2009（等同采用 ISO 4287：1997）、GB/T 18778（等同采用 ISO 13565）、GB/T 18618—2009（等同采用 ISO 12085：1996）的二维表面轮廓参数，还能提供 ASME B46.1：2016《表面特征表面粗糙度、波纹度和纹理方向》的参数。以 S-116 为例，其量程有 10 μm、100 μm、200 μm 三档，对应的分辨力为 10 nm、20 nm、100 nm。

图 5-23 Surtronic S-100 便携式表面粗糙度测量仪

用触针式轮廓仪、便携式表面粗糙度测量仪测量表面粗糙度的方法，见电子资源 5-3、电子资源5-4。

电子资源 5-3：用手持式表面粗糙度测量仪测量表面粗糙度实验视频

电子资源 5-4：用二维轮廓仪测量粗糙度实验视频

5. 印模法

在实际测量中，有些表面不便于采用上述方法直接测量，如深孔、盲孔、凹槽、内螺纹及大型横梁等。这时可采用印模法将被测表面的轮廓复制成模，再使用非接触测量方法测量印模，从而间接评定被测表面的表面粗糙度。但要注意印模材料的收缩率的影响。

6. 光触针法和扫描隧道显微法

目前非接触型表面粗糙度测量技术中还有两种比较盛行的测量方法：光触针法和扫描隧道显微法。

1）光触针法是利用半导体激光器发出点激光束，一边对被测表面照射，一边对其进行扫描，再对收集到的数据进行处理后可直接获得被测工件的截面形状和相关数据。这种方法非常适合高倍率测量，具有测量范围大和高速响应性能，而且可以用于三维测量，很适合推广到加工过程的在线测量中去。

2）扫描隧道显微法的工作原理主要基于量子力学的隧道效应。因为该方法通过隧道电流的变化来测量被测物表面的凹凸情况，所以具有极高的分辨力，在垂直方向可达 0.001 nm，横向可达 0.01 nm，精密到可以用于微细形状测量和分子结构的表面研究。但此种测量方法对环境要求极高，少量尘埃即可影响测量结果。

5.5.3　三维表面结构参数的测量

如前所述，三维表面结构参数的标准 GB/T 33523.2—2017（等同采用 ISO 25178：2012）规定了三维表面结构的参数，其测量方法如图 5-18 所示。理论上，在增加带坐标计量的二维或三维运动机构后，线轮廓法测量的仪器均可以用于区域表面结构参数的测量。根据测量原理的不同，三维表面测量仪器基本上可划分为触针式测量仪、光学测量仪、扫描显微镜等。图 5-24 所示是由区域形貌法得到的表面形貌图像示例，是用一系列平行轮廓 $Z(X)$ 绘制。

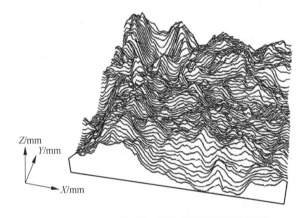

图 5-24　由区域形貌法得到的形貌图像示例

触针式测量仪直观可靠、操作简单、通用性强，但被测表面易被触针划伤而使测量数据失真，触针磨损也会引起横向分辨力降低从而使测量结果失真，且受触针尖端圆弧半径的影响，触针难以测出高质量表面的实际轮廓谷底，降低了测量精度。

光学测量方法有几何光学探针法、干涉法、投影法、光散射法和扫描近场光学显微镜法、影致留形法、线结构光法、光栅投影法、计算机断层扫描法等。光学测量仪不会划伤工件表面，但对被测表面的清洁度要求较高，对反射性较差或有较大倾斜度的表面会造成测量失真。

图 5-25 所示是 WKO 公司的 TOPO 系统的工作原理，将 Mirau 干涉显微镜中的参考板固定在一块筒状压电陶瓷上。由于被测表面上各点的微观高度差异，干涉场上相应点的干涉相位也有所不同。利用面阵 CCD 传感器探测干涉场上各点的光强，通过各点的相位关系就可获得被测表面形貌的高度分布数据。

共聚焦显微镜测量是基于光学探针的扫描测量方法的。如图 5-26 所示，根据共聚焦扫描测量原理，只有当被测样品处于测量系统焦平面位置时，光电探测器才能接收到最强的能量。通过确定光能量最强点的位置，就能得到被测样品的表面形貌。由于采用的是光学探针，共聚焦显微镜避免了传统物理探针的一些限制，具备很强的纵向深度分辨能力，而且在抗散射光方面也具备很大优势。但是共聚焦显微镜也存在一些不足，如对系统的光学对焦要求非常高，而且测量效率也不是很高。

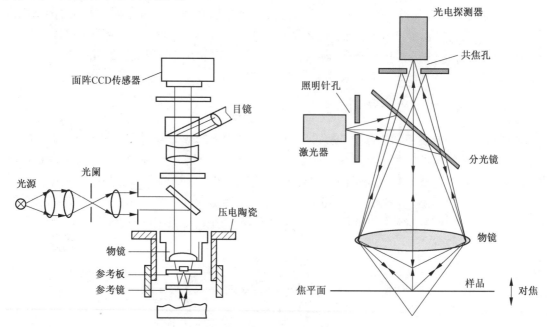

图 5-25 WKO 公司的 TOPO 系统工作原理   图 5-26 共聚焦显微镜工作原理示意图

图 5-27、图 5-28 所示分别是日本基恩士公司、德国徕卡公司的基于共聚焦原理的 3D 轮廓仪。其中，徕卡 DCM8 光学表面测量系统将高清共聚焦显微技术和干涉测量技术融合在一起，可实现最高达 140 nm 的横向分辨力以及最高达 2 nm 的垂直分辨力。根据样品形貌，可在三种干涉测量模式中进行选择：垂直扫描干涉测量术（VSI）［也称为白光干涉测量术（WLI）］，适用于光滑至表面粗糙度适中的表面；移相干涉测量术（PSI）适用于极度光滑的表面；扩展 PSI（ePSI）适用于扩展 Z 分析范围。共聚焦、PSI、ePSI、VSI 的垂直扫描范围分别为 40 mm、20 μm、100 μm、10 mm，其可以测量 GB/T 33523.2—2017 的区域表面结构参数（ISO 25178）和 GB/T 3505—2009 的线轮廓法（ISO 4287）表面结构参数。

图 5-27 基恩士公司 3D 轮廓仪   图 5-28 徕卡 DCM8 光学表面测量系统

图 5-29 所示是美国 ZYGO 的 NewView™ 9000 Series3D 光学轮廓仪，测量结果同样能遵循 ISO 25178 和 ISO 4287 标准，样品台行程为 150 mm，其声称的形貌测量重复性为 0.08 nm。

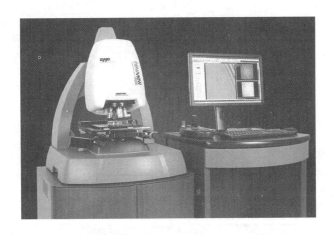

图 5-29　ZYGO 的 NewView™ 9000 Series3D 光学轮廓仪

非光学式扫描显微镜主要包括两种：一种是电子显微镜，包括扫描电子显微镜（SEM）、透射电子显微镜（TEM）、扫描透射电子显微镜（STEM）等；另一种是扫描探针显微镜，包括扫描隧道显微镜（STM）、原子力显微镜（AFM）等。扫描显微镜的测量系统的水平和垂直分辨力最高，但测量范围很小，其主要用于原子级或纳米级材料或生物表面的测量，而在工程表面测量中的应用受到限制。

用三维扫描仪可以扫描三维曲面，当点足够密集时，可以测量宏观表面形貌和表面波纹度，但难以测量表面粗糙度参数。见电子资源 5-5。

电子资源 5-5：用三维扫描仪扫描曲面实验视频

本 章 小 结

本章的主要目的是了解表面结构的主要参数，能阐述表面粗糙度的相关术语，并根据使用要求，选择表面粗糙度数值，确定工程实际中的实际零件需要采用的粗糙度测量方法。

在轮廓法中，通过 λ_s、λ_c、λ_f 轮廓滤波器得到原始轮廓、粗糙度轮廓、波纹度轮廓，如图 5-30 所示，分别对这三种轮廓进行评定，得到 P 参数、R 参数、W 参数。

在区域法中，通过表面滤波器 S-滤波器、F-操作和 L-滤波器，分别去除小尺度横向成分、形状成分、大尺度横向成分，以获得原始表面、S-F 表面、S-L 表面。S-F 表面或 S-L 表面称为尺度限定表面。如图 5-31 所示，表面结构评定参数分为高度参数、空间参数、混合参数、功能和相关参数、其他参数，其相关的计算比较复杂。

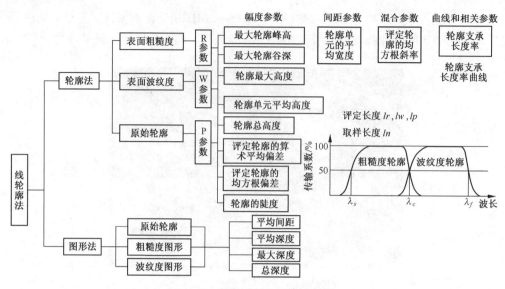

图 5-30　线轮廓法表面结构参数

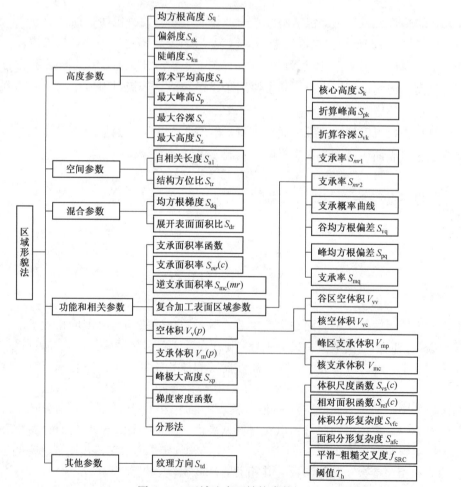

图 5-31　区域法表面结构参数

思考题及习题 5

5-1 表面粗糙度的含义是什么？对零件工作性能有什么影响？

5-2 什么是取样长度、评定长度？为什么要规定取样长度和评定长度？

5-3 评定表面粗糙度常用的参数有哪几个？分别论述其含义、代号和适用场合。

5-4 λ_s、λ_c、λ_f 轮廓滤波器有何区别？

5-5 选择表面粗糙度参数值时应考虑哪些因素？

5-6 常用的表面粗糙度测量方法有哪几种？

5-7 判断下列各对配合使用性能相同时，哪一个表面粗糙度的要求高？说明理由。

1）$\phi 20h7$ 和 $\phi 70h7$。

2）$\phi 20H7/e6$ 和 $\phi 20H7/r6$。

3）$\phi 40g6$ 和 $\phi 40G6$。

5-8 图 5-17 中的表面结构标注如果改为图 5-32 所示，分别解释其标注的含义（包括隐含的默认值）。

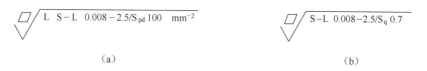

（a）   （b）

图 5-32　习题 5-8 附图

第 *6* 章

光滑工件的检验

所谓光滑工件，是相对于不光滑工件如螺纹、齿轮等而言的。即使是齿轮，就其齿面来说，可以认为是不光滑的，但其中心孔却又是光滑的。因此，光滑工件的被测几何参数一般是尺寸、几何误差、表面粗糙度，而齿轮、螺纹的测量属于工程参数测量。

如图 2-2 所示，输出轴标注了 9 个尺寸公差、5 个圆跳动公差、1 个圆柱度公差和从 *Ra* 0.8~*Ra* 6.3 的 14 个表面粗糙度要求。这对加工工艺制定、加工过程质量控制和质量检验提出了要求，生产出的零件是否满足要求需要通过检验才能确定。那么：

- 如何根据被测零件及被测量的要求选择测量仪器呢?
- 如何根据测得的几何参数，判定检验结论呢?
- 在大批量生产条件下和单件小批量生产条件下，如何对这么多的几何参数要求进行检验呢?
- 由于测量不确定度的存在，测量结果肯定会有判断错误的可能，如何估算误判概率呢?

6.1 工件和测量设备的测量检验的相关规则

在生产实践中存在着两种主要的按规范进行检验的形式，即工件的检验和测量设备的检验（即校准、检定）。新一代 GPS 标准体系中的 ISO 14253 分六个部分对工件与测量设备的测量检验进行了规定。我国据此制定的 GB/T 18779《产品几何量技术规范（GPS）工件与测量设备的测量检验》的各部分如下：

- GB/T 18779.1—2002 《产品几何量技术规范（GPS） 工件与测量设备的测量检验 第 1 部分：按规范检验合格或不合格的判定规则》（等同采用 ISO 14253-1：1998）；
- GB/T 18779.2—2004 《产品几何量技术规范（GPS） 工件与测量设备的测量检验 第 2 部分：测量设备校准和产品检验中 GPS 测量的不确定度评定指南》（等同采用 ISO/TS 14253-2：1999）；
- GB/T 18779.3—2009《产品几何量技术规范（GPS） 工件与测量设备的测量检验 第 3 部分：关于对测量不确定度的表述达成共识的指南》（等同采用 ISO/TS 14253-3：2002）；
- GB/T 18779.4—2020《产品几何技术规范（GPS） 工件与测量设备的测量检验 第 4 部分：判定规则中功能限与规范限的基础》（修改采用 ISO/TS 14253-4：2010）；
- GB/T 18779.5—2020《产品几何技术规范（GPS） 工件与测量设备的测量检验 第

5 部分：指示式测量仪器的检验不确定度》（修改采用 ISO 14253-5：2015）；

• GB/T 18779.6—2020《产品几何技术规范（GPS） 工件与测量设备的测量检验 第 6 部分：仪器和工件接受/拒收的通用判定规则》（修改采用 ISO/TR 14253-6：2012）。

需要说明的是 ISO 14253 的各部分现行版本分别为：ISO 14253-1：2017，ISO 14253-2：2011、ISO 14253-3：2011、ISO/TS 14253-4：2010、ISO 14253-5：2015、ISO/TR 14253-6：2012。

6.1.1 按规范检验工件的判定规则

以往在按旧 GPS 标准进行检验时，很少考虑测量不确定度对测量结果的影响，因此，检验的结论只有合格、不合格两种，GB/T 18779.1—2002 考虑了测量不确定度的影响，提出了合格区、不合格区、不确定区的概念，改变了原来的仅按规范区判定合格与否的方式，检验结论也分为合格、不合格、不确定三种。

1. 规范区（specification zone）

规范区指工件或测量设备的特性在规范限之间（含规范限）的一切变动值。规范区也称为规范范围（specification interval）。

对工件来说，规范限指工件特性的公差限，即上规范限 USL、下规范限 LSL。如图 6-1 所示，上、下规范限之间的区域 1 为规范区，C 线表示设计或给定规范阶段，D 线表示检验阶段。对尺寸要素来说，上极限尺寸、下极限尺寸就是上规范限、下规范限，往往在标准或图样中加以规定；对测量设备来说，规范限指测量设备特性的最大允许误差，往往在测量设备的检定规程、校准规范、国家标准中规定。如游标、带表和数显卡尺的示值最大允许误差在 GB/T 21389—2008《游标、带表和数显卡尺》、JJG 30—2012《通用卡尺》中均做了规定，其中测量范围上限为 300 mm 的卡尺的最大允许误差为±0.04 mm。

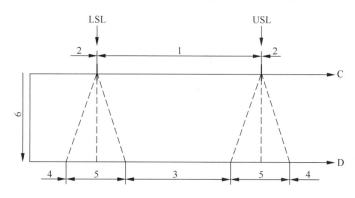

图 6-1 不确定区减小了合格区和不合格区

C—设计或给定规范阶段；D—检验阶段

1—规范区（规范内）；2—规范外；3—合格区；4—不合格区；5—不确定区；6—增大测量不确定度 U

由于检验中引入了测量不确定度，合格区和不合格区因不确定区的存在而减小。测量不确定度越大，合格区和不合格区也会变得越小。工件和测量设备的规范是在假设能遵守的条件下给出的，因此所有工件和测量设备均不能超越这些规范。在根据给定的规范进行合格或不合格判定的检验阶段，应考虑评定得到的测量不确定度。

如第 3 章所述，一个测量结果的完整表述 y' 为

$$y' = y \pm U \tag{6-1}$$

式中，y 为测量结果；U 为扩展不确定度，$U = ku_c$，k 为包含因子，当没有特别注明时，$k=2$，u_c 为合成标准不确定度。

2. 合格、合格区及按规范检验合格的判定规则

合格（conformance, conformity）是指满足要求。在有些场合，合格也称为符合。这里的要求不仅可以指标准、规范，也可以指图样、样品等，还可以指法律、法规和强制性标准的要求以及虽然没有明确表示但在行业内或对公众来说不言而喻的要求。显然，对同一个检验对象，由于需要满足的要求不同，得出的检验结论也可能不同。

合格区（conformance zone）是指被扩展不确定度 U 缩小的规范区。

如图 6-2 所示，测量不确定度的存在影响了合格的判断，因此，合格区比规范区要小。对机械零件来说，尺寸要求往往是双侧规范，即限定了上规范限和下规范限，实际零件的局部尺寸必须在这两个规范限之间；而形状误差、位置误差等几何误差的要求一般是规定上单侧规范限，即规定了上限，对下限不作规定。

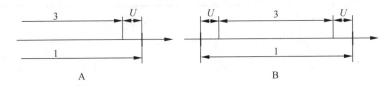

图 6-2　合格区和规范区的概念

A—单侧规范；B—双侧规范；1—规范区；3—合格区

如图 6-3 所示，当测量结果的完整表述 y' 在工件特性的公差区域或测量设备特性的最大允许误差之内时，有

$$\text{LSL} < y - U \quad \text{且} \quad y + U < \text{USL} \tag{6-2}$$

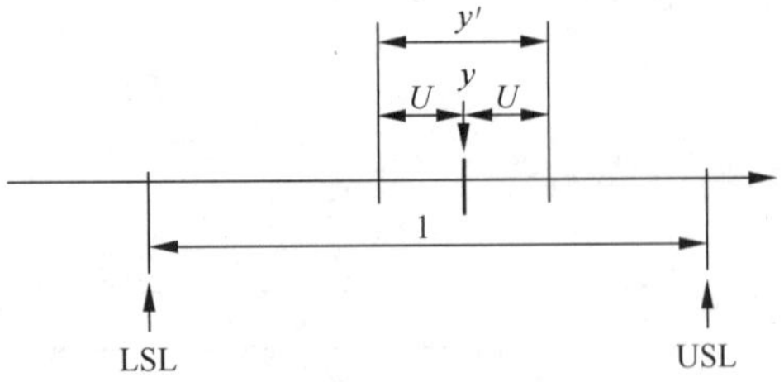

图 6-3　按规范检验合格

1—规范区

工件或测量设备按规范检验合格，应被接收。

换言之，当测量结果 y 在被扩展不确定度减小的公差区域或测量设备特性的最大允许误差之内（合格区）时，有

$$\text{LSL} + U < y < \text{USL} - U \tag{6-3}$$

工件或测量设备同样检验合格。

3. 不合格、不合格区及按规范检验不合格的判定规则

不合格（non-conformance, non-conformity）是指不满足要求。

不合格区（non-conformance zone）是指被扩展不确定度 U 延伸的规范区外的区域。

如图 6-4 所示，对上单侧规范限来说，由于测量不确定度的影响，不合格区是处于规范区外且由扩展不确定度 U 延伸后的区域。对双侧规范限来说，不合格区是在规范区外通过扩展不确定度 U 向两侧延伸后的区域。只有测量结果处于不确定区，才能判定被测对象不合格。

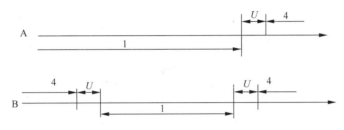

图 6-4　不合格区
A—单侧规范；B—双侧规范；1—规范区；4—不合格区

如图 6-5 所示，如果测量结果的完整表述 y′ 在工件特性的公差区之外或在测量设备特性的最大允许误差之外，即

$$y < LSL - U \quad 或 \quad USL + U < y \tag{6-4}$$

那么，工件或测量设备按规范检验不合格，应被拒收。

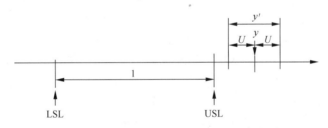

图 6-5　按规范检验不合格（USL < y−U）
1—规范区

4. 不确定、不确定区及按规范检验不确定的判定规则

不确定区（uncertainty range）是指规范限两侧计入测量不确定度的区域。

如图 6-6（a）所示，在合格区和不合格区间存在的一个宽度为 2U 的区域就是不确定区，如果测量结果处于这个区间，则测量结论为不确定，既不能确定其合格，也不能确定其不合格。显然，要减少这种不能判定的情况，就需要减小扩展不确定度。

如图 6-6（b）所示，如果测量结果的完整表述 y′ 包容工件的公差限或测量设备的最大允许误差的规范限 LSL 或 USL，即

$$y - U < LSL < y + U \quad 或 \quad y - U < USL < y + U \tag{6-5}$$

那么，按规范检验既不能判定合格也不能判定不合格，工件或测量设备不能被直接接收或拒收。考虑此种情况可能会出现，供需双方在签订合同时，应确定对此种情况的处理方式。

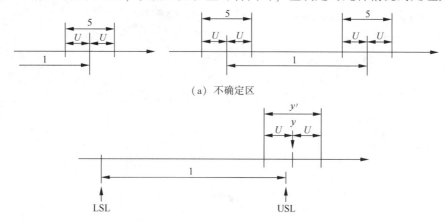

(a) 不确定区

(b) 按规范检验不能判定合格或不合格

1—规范区；5—不确定区

图 6-6　按规范检验不确定

例 6-1　设某零件的尺寸要求为 $\phi 50^{+0.039}_{0}$，用三坐标测量机测量该零件局部直径，设用该测量机测量该尺寸时的扩展不确定度为 0.0025 mm。设测量 6 个工件的局部直径的测量结果分别为 $\phi 49.997$、$\phi 49.998$、$\phi 50.005$、$\phi 50.035$、$\phi 50.038$、$\phi 50.042$，试按照标准判定这 6 个工件是否合格。

解：按照前述的判定工件合格或不合格的准则，需要考虑测量不确定度对测量结果判断的影响，故按照判定合格的准则，测量结果为 $\phi 50.005$、$\phi 50.035$ 的工件合格。按照判定不合格的准则，测量结果为 $\phi 49.997$、$\phi 50.042$ 的工件不合格。

测量结果为 $\phi 49.998$、$\phi 50.038$ 的工件既不能判定合格，也不能判定不合格。尽管按照规范要求，$\phi 50.038$ 在下规范限和上规范限之内，但不能判定其合格。同样，$\phi 49.998$ 虽然超出了规范限，但也不能判断其为不合格。

供需双方签订合同时，应事先确定解决此种情况的办法。

需要说明的是，虽然 GB/T 18779.1—2002 等效采用 ISO 14253-1：1998，但 ISO 14253-1 经过了 2013 年、2017 年的两次修订，现行的 2017 版的 ISO 14253-1 和 1998 版有非常大的差异。其中主要的变化用 95% 的合格概率（conformance probability）代替了缺省包含因子 $k=2$。对正态分布来说，95% 的概率对应着 $k=1.96$，和 $k=2$ 的区别不大。但有时产品质量特性分布不是正态分布，而是非对称分布，使用 $k=2$ 不是很合理。如图 6-7 所示，图 6-7（a）、图 6-7（b）引入了概率密度函数（probability density function，pdf）。图 6-7（a）是验证与规范的符合性（合格），当测量值落入接受区时，与规范的符合性得到验证。考虑到合格概率极限，接受区是被保护带减小的规范区。如果被测值的概率密度函数是一个具有远小于规范区大小的标准偏差的正态分布，缺省的 95% 的合格概率极限相应的保护带因子为 1.65，相当于保护带宽度为合成标准不确定度的 1.65 倍。图 6-7（b）是验证与规范的不符合性（不合格），当测量值落入拒绝区时，与规范的不符合得到验证。考虑到不合格概率极限，拒绝区是被保护带扩展的规范区外的区域。如果测量结果的概率密度函数是正态分布，缺省的95%的不合格概率极限相应的包含因子为1.65，相当于保护带宽度也是合成标准不确定度的1.65倍。如图6-7（c），如果测量值落入不确定区，例如在保护带g_{LR}或g_{UR}内，则工件要么在验证与规范的符合性时被拒绝，要么在验证与规范的不符合时被接受。

如果供应商和客户之前未达成任何协议，则 ISO 14253-1：2017 给出的规则适用。该标准的规则也适用于内部客户/供应商关系和再验证。在此规则背后的原则是：测量不确定度总是对验证符合性或不符合性并因此进行测量的一方不利。供应商应根据图6-7（a）、使用其估计的不确定度验证合格性。通常情况下，供应商应为交付的所有工件或测量设备提供符合规范的证明。顾客应根据图6-7（b）、使用其估计的测量不确定度验证不符合。

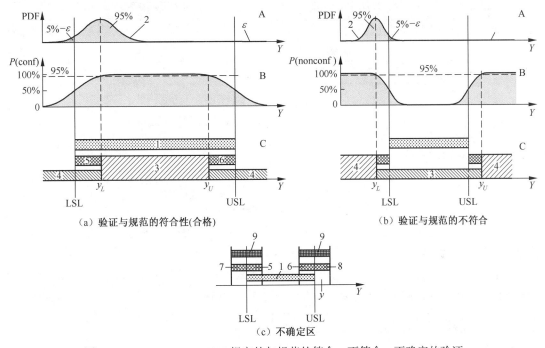

图6-7 ISO 14253-1：2017 规定的与规范的符合、不符合、不确定的验证

A—测量值 $y_L = LSL + g_{LA}$ 的 PDF［图6-7（a）］ A—测量值 $y_L = LSL - g_{LR}$ 的 PDF［图6-7（b）］

B—合格概率［图6-7（a）］B—不合格概率［图6-7（b）］

C—验证合格时的接受区［图6-7（a）］ C—验证不合格时的保护带［图6-7（b）］

1—规范区；2—测量值在 $LSL + g_{LA}$ 的概率密度函数［图6-7（a）］；2—测量值在 $LSL - g_{LR}$ 的概率密度函数［图6-7（b）］；

3—缺省接受区；4—缺省拒绝区；5—验证合格时下规范限的保护带 g_{LA}；6—验证合格时上规范限的保护带 g_{UA}；

7—验证不合格时下规范限的保护带 g_{LR}；8—验证不合格时上规范限的保护带 g_{UR}；9—不确定区

LSL—下规范限；USL—上规范限；Y—测量值；ε—无限小的残余值；

Y_L—合格能被验证的 LSL 上的最小测量值［图6-7（a）］；Y_L—不合格能被验证的 LSL 下的最大测量值［图6-7（b）］；

Y_U—合格能被验证的 USL 下的最大测量值［图6-7（a）］；Y_U—不合格能被验证的 USL 上的最小测量值［图6-7（b）］

6.1.2 判定规则中功能限和规范限的基础

GB/T 18779.1 给出的判定规则适用于确保工件和测量设备在规范范围内，并且可以避免对工件和测量设备在规范范围内的争议。GB/T 18779.1 的假设是规范限等于功能限，当工件的特定的特征值在规范区时，工件的功能为 100%，而当该值在规范区外时，工件的功能为 0。

实际上，工件功能水平（即评价由所考虑的工件和一组合格工件组成的产品功能的总体完善程度）并不是 GB/T 18779.1 的这种理想情况，而是图 6-8（a）所示的情况，当特定的特征值在功能水平为 100% 对应的区域之外时，工件功能逐渐退化，在区域的两端，退化的速率是不同的。因此，要使功能限有意义，有必要定义一个可接受的最低功能水平，如图 6-8（a）中的 $X\%$，功能限 LFL、UFL 即可由功能曲线退化至此值的点确定。一旦功能限被确定，规范限可以选择放在功能限之内，如图 6-8（b）所示。由于退化曲线在两端的退化速率不一定相同，因此，上规范限和上功能限的距离不一定要等于下规范限和下功能限之间的距离。

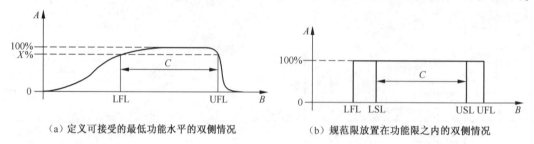

(a) 定义可接受的最低功能水平的双侧情况　　　(b) 规范限放置在功能限之内的双侧情况

图 6-8　双侧情况下的功能限与规范限

A—工件特征的功能水平；B—特征值；C—工件合格；

LFL—下功能限；UFL—上功能限；USL—上规范限；LSL—下规范限

功能限可以通过试验或理论研究、过去的经验、逆向工程、试错法等方法确定。通常规范限都放置在功能限内，放置在功能限之外是没有意义的。如果功能水平曲线的形状是已知的，且有明确的实施方针规定了规范限相对于功能限的位置，则从技术和经济的角度看，使用不同于 GB/T 18779.1 中定义的判定规则可能会更有优势。

6.1.3　仪器和工件接受/拒收的通用判定规则

GB/T 18779.1—2002 提供了一个缺省判定规则，按照该规则，如果测得值表征接受某产品，则具有很高的概率可以保证，该产品的相应被测量符合规范。但是因为不确定区的存在，该标准给出的缺省规则在经济方面可能不是最优的，此时可以采用 GB/T 18779.6—2020 的判定规则。

1. 几个术语

（1）测量能力指数（Measurement Capability Index）C_m　该指数等于公差除以 n 倍标准测量不确定度，其中标准测量不确定度与相应特性的测得值相关。

在 GB/T 18779.6—2020 中，取 $n = 4$。因此测量参量具有宽度为 T 的双侧公差带，则 $C_m = T/(4u_m)$，其中 u_m 是与相应参量测量相关的标准不确定度。

（2）接受带、拒收带、保护带

接受带（接受区间）：允许的测得值区间。acceptance 在本标准中译为"接受"，在一般情况下均使用术语"接收"。

拒收带（拒收区间）：不允许的测得值区间。

保护带（保护区间）：介于规范限与相应接受限之间的区间，如图 6-9 中的 g_L、g_U 接受限是允许的测得值上限或下限。对工件而言，接受限通常称为判定限。

（3）宽松接受、简单接受、严格接受

宽松接受：接受带变大的接受规则，此时接受带有部分在规范带（在 GB/T 18779.1 中称为规范区）外部，规范限向外附带了一个保护带的值。宽松接受使接受带的范围变大，从而导致接受产品是合格品的概率降低。

简单接受：接受带等于规范带的接受准则。

严格接受（保守接受）：接受带变小的接受准则，接受带全部在规范带内，规范限向内附带了一个保护带的值。如图 6-9 中的 b 即为严格接受带。

（4）宽松拒收、简单拒收、严格拒收

宽松拒收：拒收带变大的拒收规则，此时拒收带有部分在规范带内部，规范限向内附带了一个保护带的值。如图 6-9 中的 a 即为宽松拒收带。宽松拒收使拒收带增大，从而导致拒收产品是不合格品的概率降低。

简单拒收：拒收带等于规范带外所有区间的拒收准则。

严格拒收：拒收带变小拒收准则，拒收带全部在规范带外部，规范限向外附带了一个保护带的值。严格拒收会使拒收带的范围变小，从而提升了拒收产品是不合格品的概率。

2. 判定规则

所谓判定规则是阐述根据相应产品规范和测量结果，接受或拒收产品时，如何进行测量不确定度分配的书面规则。一个完整的判定规则应具有以下四个要素：

1）明确定义每个区间的范围。

2）明确分配每个区间对应的结果（如拒收产品或接受产品）。

3）重复测量的处理方法。

4）剔除数据（如异常值）的处理方法。

例如，如果一个测量结果恰好处于拒收带内，通常的做法是重复进行测量。如果第二次结果位于接受带内，则应作出决定——接受或者拒收该产品。对于重复测量，一个合理的做法是将两次测量结果取平均值，并根据平均值所在的区间进行判定。在判定规则中应规范重复测量的处理方法。在本例中，如果第二次测量结果恰好位于接受带内，但是平均值仍然处于拒收带内，操作人员就不会继续测量（并接着计算平均值），直到达到期望的结果。

同样，判定规则应有一个处理"异常值"的方法，不能仅仅因为测量结果产生了不希望的判断结果就将异常值删除。一个合理的做法是，要求文件记录删除数据的原因。例如，测量结果被剔除是因为卡车通过时产生的震动使测量结果包含了异常因素导致的波动。

3. 测量工件的严格接受带和宽松接受带

考虑判定规则的经济性影响时，存在着一个保护带（g），变化范围可以从非常严格（保守）的接受规则到非常宽松的接受规则。

如图 6-9 所示为测量工件的严格接受带。由于引入了保护带，使测量接受限（判定限）相对规范限发生了偏移。测量工件的严格接受带用下判定限 G_L 和上判定限 G_U 定义，而且 G_L、G_U 均位于规范限 T_L、T_U 以内。图中给出了两个宽松的拒收带。规范限和判定限之间的偏

移为保护带 g_U、g_L。严格接受判定规则降低了接受不合格工件的概率，增加了被接受产品符合规范的概率。GB/T 18779.1 缺省判定规则是一个保护带等于 100% 扩展不确定度的严格接受示例。

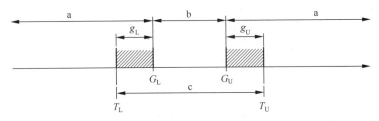

图 6-9　测量工件的严格接受带

ª 宽松拒收带；ᵇ 严格接受带；ᶜ 规范带

　　虽然许多保护带的设计目的是用于严格接受，但为了增加可接受产品的数量，可以使用图 6-10 所示的保护带，这种情况称为宽松接受带。如果接受一个不合格品的成本近似于其生产成本，那么采取宽松接受可以接受更多的产品，从而增加利润。如果一个产品规范已经被赋予了一个值，且超出了目前的计量技术水平，则可能会发生采用严格接受带将导致没有接受带，即可接受的产品为零。宽松接受意味着增加了接受区间，同时降低了被接受产品符合规范的置信度。

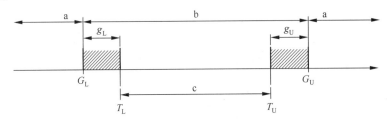

图 6-10　测量工件的宽松接受带

ª 严格拒收带；ᵇ 宽松接受带；ᶜ 规范带

　　最常见的接受规则是：接受测量结果不超过规范限的产品。这个规则（零保护带）称为简单接受，如图 6-11 所示。严格接受和宽松接受通过保护带来处理测量不确定度的分配问题，而简单接受的处理方式则是限制测量不确定度相当于规范带的大小。这是应用测量能力指数 C_m 来实现的。通常应用 4∶1 简单接受，这时不确定度区间（宽度为 2U）的宽度是规范带的 1/4，即 $C_m = 4$。图 6-11 中所示的测量结果 d 可判产品接受。

　　对于二态判定规则（即只有接受或拒收两种可能的判定规则），拒收带是接受带的对应。因此，在简单接受的情况下，简单拒收带涵盖所有超过规范限的测得值。宽松拒收带则扩展进入了规范区内部，它是严格接受的对应。宽松拒收意味着拒收带的范围扩大了，降低了被拒收的产品不符合规范的置信度。严格拒收带则开始在某种程度上超出规范限，它是宽松接受的对应，严格拒收意味着与简单拒收相比，拒收带的范围变小了，同时增加了被拒收的产品不符合规范的置信度。

　　例如，当一个工件的生产过程分布，如果被测量的真值形成正态分布，$C_p = 1$，$C_m = 4$，采用 GB/T 18779.1 的缺省规则（即图 6-2 的合格区），则接受一个不合格品的概率将只有

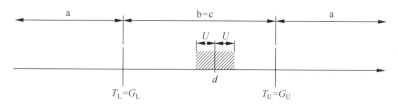

图 6-11 　运用 4∶1 比例的简单接受与简单拒收

[a] 简单拒收带；[b] 简单接受带；[c] 规范带；[d] 测量结果

0.00002。如果使用简单接受判定规则，允许达到规范限，则接受一个不合格品的概率为 0.00074，是 GB/T 18779.1 缺省情况下的 30 多倍。显然，在安全至关重要的情况下或缺陷产品会造成非常严重后果的情况下，GB/T 18779.1 缺省规则通常在经济上是合理的，减少了代价高昂的错误。但代价是将会有很大一部分合格产品不被接受，在本例中，GB/T 18779.1 的缺省规则将拒收 3.3% 的合格品，而简单接受则将拒收 0.3% 的合格品。

显然，采用严格接受、简单接受、宽松接受或严格拒收、简单拒收、宽松拒收，其拒收合格品和接受不合格品的概率是不同的，对生产方和使用方的风险是不同的。只要给定一个指定的过程能力指数 C_p、测量能力指数 C_m 以及特定的判定规则，就决定了与接受或拒收合格或不合格品相关的四种（接受合格品、接受不合格品、拒收合格品、拒收不合格品）概率。GB/T 18779.6 列出了 7 种不同的判定规则：$100\%U$、$75\%U$、$25\%U$ 的严格接受，$0\%U$ 的简单接受，$25\%U$、$75\%U$、$100\%U$ 的宽松接受，不检查。该标准给出了这八种在 $C_p = 2/3$，$C_m = 2$ 的情况下，接受或拒收一个合格或不合格品的结果，还给出了每个规则和示例的净利润。

通过示例可以发现：

1）当接受一个不合格品的成本就是其生产成本时，不检查规则是经济上最优的决策。

2）当接受一个不合格品的成本开始增加时，在经济上将倾向于宽松接受判定规则。

3）当接受一个不合格品的成本是其生产成本的 10 倍，此时，在经济上更加倾向于简单接受的判定规则。

4）当接受不合格品的成本变得相对较大（如 20 倍、50 倍），在经济上更倾向于严格接受的判定规则。

该标准还给出了这 7 种判定规则在 $C_p = 1$，$C_m = 4$ 的情况下的结果矩阵。判定规则的趋势与前面的示例相同。具体的结果详见 GB/T 18779.6。

在制定工件的检验方案时，可以根据 C_p、C_m 和生产成本、接受不合格品的成本，确定经济上最优的判定规则。

6.2 　用通用计量器具检验

通用计量器具是相对于光滑极限量规、功能量规、专用测量仪器等而言的，指带有刻度或数字/模拟显示装置的变值测量器具，如游标卡尺、千分尺、指示表、比较仪、投影仪、万能工具显微镜、三坐标测量机、干涉测长仪等测量仪器，第 2 章介绍的测量仪器基本上属于通用计量器具。

▌6.2.1 计量器具的选择原则

在机械制造中，计量器具的选择主要取决于计量器具的技术指标和经济指标，在选择这些指标时，主要考虑以下方面的内容。

1. 被测对象的大小、形状、材料、自重、生产批量及被测量的种类

几何量测量的对象是多种多样的，不同的测量对象和测量场合往往有不同的被测量。如孔和轴的主要被测量是直径、直线度、圆柱度、表面粗糙度等；箱体类零件的被测量有长、宽、高、直径及孔间距、平行度、位置度、同轴度等；螺纹零件的被测量有螺距、中径、牙型半角等。复杂的零件还有更多复合的被测量，如丝杠和滚刀的螺旋线误差，齿轮的径向综合偏差、径向跳动、齿距偏差、齿距累积偏差等。对不同的测量对象、不同的测量场合和不同的被测量需要选择不同的计量器具。

根据被测对象的大小、形状、自重等因素，一般中小尺寸的工件，可放在仪器上测量，而大尺寸工件就应考虑将量仪放在工件上进行测量，如机床导轨的直线度误差测量。通常用硬质材料如钢、铸铁、合金钢等制造的工件可以采用接触测量方法，而铜、铝、塑料等较软的材料或薄壁的硬质材料工件，一般需要采用非接触测量。根据被测工件的批量大小，小批量加工的可以采用通用计量器具进行测量，大批量加工的往往要采用光滑极限量规、功能量规、专用的测量仪器等进行测量。

2. 被测工件的被测部位和被测量的公差

被测的部位不同，对量具的要求不同。如零件表面的孔可用游标卡尺、内径千分尺测量，但深度较大、不在表面的孔，游标卡尺受量爪长度限制难以测量。

考虑计量器具的测量不确定度是测量不确定度的主要来源，会带入测量结果中，使合格区和不合格区减小，因此，选择的计量器具的最大允许误差应尽可能减小。但计量器具的最大允许误差越小，其购置成本和使用、维护成本越高，对测量环境和测量者的要求也越高。因此，在选择计量器具时，应将技术指标和经济指标、测量效率等统一进行考虑。

如图 6-12 所示，某轴的尺寸要求为 $\phi80js7(^{+0.015}_{-0.015})$，即其上规范限 USL=80.015 mm，下规范限 LSL=79.985 mm。假设在大批量生产中，其尺寸分布为正态分布，分布中心和规范中心重合，即分布中心在 $M=80.0$ mm 处，分布的标准偏差 $\sigma=0.005$ mm。通过查正态分布表可以得出，有 99.73%的产品落在双侧规范限内。假设扩展不确定度 $U=0.005$ mm，则该生产过程的产品有 95.44%落在合格区（79.990~80.010 mm）内，有 0.00634%的产品落在不合格区 [即<79.980 mm（$M-4\sigma$）或>80.020 mm（$M+4\sigma$）] 内，有 4.55366%的产品的检验结论属于不确定。显然，对此轴的检验，测量不确定度 0.005 mm 太大。

假设扩展不确定度为 0.003 mm，则合格区为 79.988~80.012 mm，类似地，通过计算可得落在合格区的产品的概率为 98.3604%，有 1.3696%的产品的检验结论属于不确定。显然，由于扩展不确定度的减小，使不确定区的概率大为减小。类似地，当扩展不确定度为被测量公差的 1/3，即扩展不确定度为 0.010 mm 时，合格区变为 79.995~80.005 mm，本应判为合格的 99.73%的产品只有 68.26%落在合格区，超过 30%以上的合格产品的检验结论为不

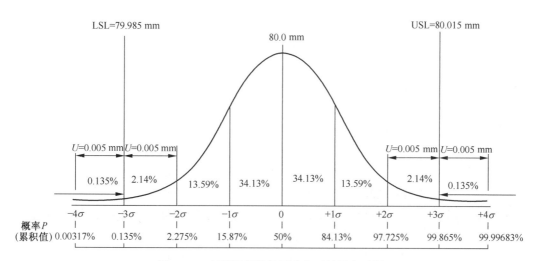

图 6-12 双侧规范限的不确定区的概率示例

合格。

可见，当过程分布中心与规范中心重合，被测公差为过程分布标准偏差的 6 倍（即 6σ），且当扩展不确定度为被测量公差的 1/10 时，其检验结论基本可以接受。但当扩展不确定度为被测量公差的 1/6 时，检验结论不确定的比例比较大，大多数检验结论都难以接受；而当扩展不确定度为被测量公差的 1/3 时，检验结论根本无法接受。

通常，车间现场的计量器具的选择可以按照 GB/T 3177—2009《产品几何技术规范（GPS）光滑工件尺寸的检验》和 GB/T 34634—2017《产品几何技术规范（GPS）光滑工件尺寸（500~10000 mm）测量 计量器具的选择》进行。GB/T 3177—2009 适用于公差等级为 IT6~IT8、公称尺寸至 500 mm 的光滑工件尺寸的检验，虽然考虑了测量不确定度的影响，但其目的是避免误收，从而提出了安全裕度和验收极限的概念，其检验结论还是分为合格和不合格两种，并在此基础上计算了不同分布和过程能力指数 C_p（见电子资源 6-1）的情况下的误收和误废的概率。测量不确定度 U 的 I、II、III 三档值分别为工件公差的 1/10、1/6、1/4，对于重要的场合和关键的尺寸等技术参数，均应选 I 档。

电子资源 6-1：过程能力指数解释

对于 GB/T 3177—2009、GB/T 34634—2017 标准规定的范围外且没有相关标准规定如何选择计量器具的情况，如果能知道计量器具的测量不确定度，则可以根据不确定度选择计量器具。计量器具的测量不确定度（用 U_1 表示）是测量不确定度（扩展不确定度用 U 表示，标准不确定度用 u 表示）的主要来源，但如 3.8 节所述，测量不确定度还有计量器具之外的其他来源。很多情况下（见 GB/T 3177—2009），为讨论方便起见，常假定 $U_1 = 0.9U$。但是常见的计量器具的检定或校准规范往往没有给出其测量不确定度，而只是给出最大允许误差 MPE。MPE 和测量不确定度不是同一概念，但文献［18-19］给出的常见计量器具的测量不确定度和检定规程中给出的最大允许误差值非常接近。

例 6-2 估算测量范围为 0~300 mm、分度值为 0.02 mm 的游标卡尺的测量不确定度。

解： 游标卡尺的测量不确定度来源很多，如各部分的相互作用、测量面的平面度和表面粗糙度、量爪的平行度、零值误差、示值误差等。准确评价其测量不确定度是个烦琐的过程。考虑由示值误差引起的测量不确定度是游标卡尺主要的测量不确定度来源，本例只估算游标卡尺示值误差引起的标准不确定度。

查 JJG 30—2012《通用卡尺》，测量范围为 0~300 mm、分度值为 0.02 mm 的游标卡尺，其示值的最大允许误差 MPE 为±0.040 mm。按文献［15］给出的估计方法，取均匀分布，该卡尺的标准不确定度可以近似估算为

$$u_1 = \text{MPE}/\sqrt{3} = 0.04/\sqrt{3} \approx 0.023 \text{ mm}$$

JJG 21—2008《千分尺检定规程》规定了千分尺的最大允许误差，其中测量范围为 50~100 mm 的千分尺的最大允许误差是±0.005 mm，类似地估算可以得到该千分尺的由示值误差引起的标准不确定度为 0.0029 mm。已废止的 JB/Z 181—1982《GB 3177—82 光滑工件尺寸的检验使用指南》给出的 50~100 mm 的测量不确定度为 0.005 mm，文献［20］给出的 75~100 mm 的千分尺的测量不确定度为 5.41 μm（该指南和文献［20］没有说明其是标准不确定度还是扩展不确定度，不过从数值看其应为扩展不确定度）。

显然，这里估算的游标卡尺和千分尺的示值误差引起的测量不确定度，只是游标卡尺、千分尺的测量不确定度来源之一，与文献给出的这两种量具的测量不确定度值差异很大，因此，按示值误差估计的测量不确定度不能作为选择量具的依据，只能大致参考。

根据前述分析，0~300 mm 的游标卡尺和 75~100 mm 的千分尺的测量不确定度过大，均不足以用来检验 $\phi80js7\binom{+0.015}{-0.015}$ 的轴。

6.2.2 光滑工件的检验

GB/T 3177—2009《产品几何技术规范（GPS） 光滑工件尺寸的检验》规定了光滑工件尺寸检验的验收原则、验收极限、检验尺寸、计量器具的测量不确定度允许值和计量器具的选用原则。该标准适用于采用车间现场的通用计量器具，对图样上标注的标准公差等级为 IT6~IT18、公称尺寸至 500 mm 的光滑工件尺寸的检验和一般公差尺寸的检验。GB/T 34634—2017《产品几何技术规范（GPS）光滑工件尺寸（500~10000 mm）测量 计量器具的选择》则规定了公称尺寸 500~1000 mm 的光滑工件尺寸的验收原则、验收极限、测量设备选用原则、测量设备的测量不确定度允许值，适用于标准公差等级为 IT1~IT18 的光滑工件尺寸的检验。

1. 验收极限方式的确定

验收极限是判断所检验工件尺寸合格与否的尺寸界限。由于计量器具和计量系统都存在内在误差，故任何测量都不能测出真值。为了保证零件满足互换性要求，即要求所使用的验收方法能保证只接收位于规定的尺寸极限之内的工件，国家标准规定，验收极限可以按照下列两种方式之一确定。

（1）内缩验收极限 验收极限从规定的最大实体尺寸 MMS 和最小实体尺寸 LMS 分别向工件公差带内移动一个安全裕度 A 来确定，从数值上，A＝扩展不确定度 U，如图 6-13 所示。A 值按工件公差 T 的 1/10 确定。其数值在表 6-1 中给出。

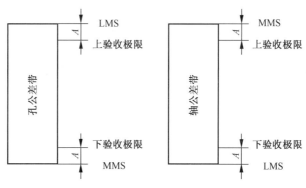

图 6-13　验收极限示意图

孔尺寸的验收极限：

$$上验收极限 = 最小实体尺寸\ LMS - 安全裕度\ A$$
$$下验收极限 = 最大实体尺寸\ MMS + 安全裕度\ A$$

轴尺寸的验收极限：

$$上验收极限 = 最大实体尺寸\ MMS - 安全裕度\ A$$
$$下验收极限 = 最小实体尺寸\ LMS + 安全裕度\ A$$

采用内缩验收极限的原因是：在车间实际情况下，工件合格与否，只按一次测量来判断。对温度、压陷效应等误差，以及计量器具和标准器的系统误差均不进行修正。考虑测量误差和形状误差的影响，采用内缩验收极限，可适当减少测量误差和形状误差对测量验收的影响，从而降低误收率。

（2）不内缩验收极限　验收极限等于规定的最大实体尺寸 MMS 和最小实体尺寸 LMS，即 A 值等于零。

2. 验收极限方式的选择

在进行尺寸检验时，首先面临的就是验收极限方式确定的问题。但对所有的尺寸均采用内缩验收极限，既不经济又不合理。验收极限方式的选择要结合尺寸功能要求及其重要程度、标准公差等级、测量不确定度和过程能力等因素综合考虑。

1）对于遵循包容要求的尺寸、标准公差等级高的尺寸，其验收极限按内缩验收极限确定。对于遵循包容要求的尺寸，其最理想的检验方法就是使用光滑极限量规来保证工件的配合性能和互换性要求。但在实际中对单件、小批量的工件大都采用通用计量器具。采用内缩验收极限，安全裕度 A 不但可以用于补偿测量误差带来的误收，而且可以减少由于二点法测量偏离包容要求而引起的误收。对于标准公差等级高的尺寸，由于计量器具精度的限制，其检测能力较低，应采用内缩验收极限，以补偿测量误差的影响。

2）当过程能力指数 $C_p \geqslant 1$ 时，其验收极限可以按不内缩验收极限确定；但对于遵循包容要求的尺寸，其最大实体尺寸一侧的验收极限仍应按内缩验收极限确定。对于 $C_p \geqslant 1$ 的工件，其实际尺寸出现在最大实体尺寸和最小实体尺寸附近的概率很小，几乎全部在公差带内，即使直接以极限尺寸作为验收极限，也不至于产生较大的误收概率，质量已经得到保证，没必要采用内缩的方式。对于遵循包容要求的尺寸，最大实体尺寸一侧的验收极限仍应内缩一个安全裕度 A，以减少形状误差的影响。

表6-1　安全裕度A与计量器具的测量不确定度允许值 U_1

单位：μm

公称尺寸/mm 大于	至	6 T	6 A	6 U_1 I	6 U_1 II	6 U_1 III	7 T	7 A	7 U_1 I	7 U_1 II	7 U_1 III	8 T	8 A	8 U_1 I	8 U_1 II	8 U_1 III	9 T	9 A	9 U_1 I	9 U_1 II	9 U_1 III	10 T	10 A	10 U_1 I	10 U_1 II	10 U_1 III	11 T	11 A	11 U_1 I	11 U_1 II	11 U_1 III
—	3	6	0.6	0.5	0.9	1.4	10	1.0	0.9	1.5	2.3	14	1.4	1.3	2.1	3.2	25	2.5	2.3	3.8	5.6	40	4.0	3.6	6.0	9.0	60	6.0	5.4	9.0	14
3	6	8	0.8	0.7	1.2	1.8	12	1.2	1.1	1.8	2.7	18	1.8	1.6	2.7	4.1	30	3.0	2.7	4.5	6.8	48	4.8	4.3	7.2	11	75	7.5	6.8	11	17
6	10	9	0.9	0.8	1.4	2.0	15	1.5	1.4	2.3	3.4	22	2.2	2.0	3.3	5.0	36	3.6	3.3	5.4	8.1	58	5.8	5.2	8.7	13	90	9.0	8.1	14	20
10	18	11	1.1	1.0	1.7	2.5	18	1.8	1.7	2.7	4.1	27	2.7	2.4	4.1	6.1	43	4.3	3.9	6.5	9.7	70	7.0	6.3	11	16	110	11	10	17	25
18	30	13	1.3	1.2	2.0	2.9	21	2.1	1.9	3.2	4.7	33	3.3	3.0	5.0	7.4	52	5.2	4.7	7.8	12	84	8.4	7.6	13	19	130	13	12	20	29
30	50	16	1.6	1.4	2.4	3.6	25	2.5	2.3	3.8	5.6	39	3.9	3.5	5.9	8.8	62	6.2	5.6	9.3	14	100	10	9.	15	23	160	16	14	24	36
50	80	19	1.9	1.7	2.9	4.3	30	3.0	2.7	4.5	6.8	46	4.6	4.1	6.9	10	74	7.4	6.7	11	17	120	12	11	18	27	190	19	17	29	43
80	120	22	2.2	2.0	3.3	5.0	35	3.5	3.2	5.3	7.9	54	5.4	4.9	8.1	12	87	8.7	7.8	13	20	140	14	13	21	32	220	22	20	33	50
120	180	25	2.5	2.3	3.8	5.6	40	4.0	3.6	6.0	9.0	63	6.3	5.7	9.5	14	100	10	9.0	15	23	160	16	15	24	36	250	25	23	38	56
180	250	29	2.9	2.6	4.4	6.5	46	4.6	4.1	6.9	10	72	7.2	6.5	11	16	115	12	10	17	26	185	18	17	28	42	290	29	26	44	65
250	315	32	3.2	2.9	4.8	7.2	52	5.2	4.7	7.8	12	81	8.1	7.3	12	18	130	13	12	19	29	210	21	19	32	47	320	32	29	48	72
315	400	36	3.6	3.2	5.4	8.1	57	5.7	5.1	8.4	13	89	8.9	8.0	13	20	140	14	13	21	32	230	23	21	35	52	360	36	32	54	81
400	500	40	4.0	3.6	6.0	9.0	63	6.3	5.7	9.5	14	97	9.7	8.7	15	22	155	16	14	23	35	250	25	23	38	56	400	40	36	60	90

注：标准公差等级 IT12～IT14 的安全裕度和测量不确定度参见 GB/T 3177—2009。

3）对于偏态分布的尺寸，其验收极限可以仅对尺寸偏向的一侧按内缩验收极限确定。由于偏向一侧的尺寸出现概率较大，另一侧尺寸出现概率较小，实际尺寸"超差"也多在尺寸偏向的一侧，因此可以只对偏向的一侧按内缩验收极限方式确定验收极限。

4）对于非配合和一般公差的尺寸，其验收极限按不内缩验收极限确定。由于要求不高，测量误差带来的误收一般不会对产品的性能质量产生影响，因此可采用不内缩验收极限方式确定验收极限。

3. 通用计量器具的选择

选择计量器具时，既要考虑检验的精度，以保证被测工件的质量，同时也要兼顾检验的经济性。

应按照计量器具所导致的测量不确定度（简称计量器具的测量不确定度）的允许值 U_1 选择计量器具。选择时，应使所选用的计量器具的测量不确定度数值等于或小于选定的 U_1 值。

计量器具的测量不确定度允许值 U_1 按测量不确定度 U 与工件公差的比值分档，对于 IT6~IT11 分为 Ⅰ、Ⅱ、Ⅲ三档；对于 IT12~IT18，由于标准公差等级较低，达到较高的测量能力较容易，所以仅规定 Ⅰ、Ⅱ 两档。测量不确定度 U 的 Ⅰ、Ⅱ、Ⅲ三档值分别为工件公差的 1/10、1/6、1/4。U_1 值的大小反映了允许检验用计量器具的最低精度的高低。U_1 值越大，允许选用计量器具的精度越低；反之，精度越高。GB/T 3177 假设计量器具的测量不确定度允许值 U_1 约为测量不确定度 U 的 90%，其三档数值列于表 6-1 中。选用表 6-1 中计量器具的测量不确定度允许值 U_1，一般情况下，优先选用 Ⅰ 档，其次选用 Ⅱ、Ⅲ档。

当计量器具的测量不确定度允许值 U_1 选定后，就可以此为依据选择量具。常用计量器具的测量不确定度分别如表 6-2~表 6-4 所列，均引自 JB/Z 181—82。GB/T 18779.5—2020 只规定了评估检测值不确定度的概念及术语、检测协议确定后如何评估检测值不确定度的建议，也没有给出这些指示式测量仪器的不确定度。

表 6-2 千分尺和游标卡尺的测量不确定度　　　　　　　　　　单位：mm

尺寸范围		计量器具类型			
大于	至	分度值为 0.01 的外径千分尺	分度值为 0.01 的内径千分尺	分度值为 0.02 的游标卡尺	分度值为 0.05 的游标卡尺
—	50	0.004	0.008	0.020	0.050
50	100	0.005			
100	150	0.006			
150	200	0.007	0.013		
200	250	0.008			
250	300	0.009			
300	350	0.010			0.100
350	400	0.011	0.020		
400	450	0.012			
450	500	0.013	0.025		

表 6-3　比较仪的测量不确定度　　　　　　　　　　　　　　　单位：mm

尺寸范围		所选用的计量器具			
		分度值为 0.0005（相当于放大倍数为 2000 倍）的比较仪	分度值为 0.001（相当于放大倍数为 1000 倍）的比较仪	分度值为 0.002（相当于放大倍数为 400 倍）的比较仪	分度值为 0.005（相当于放大倍数为 250 倍）的比较仪
大于	至	测量不确定度 U_1			
—	25	0.0006	0.0010	0.0017	0.0030
25	40	0.0007	0.0010	0.0017	0.0030
40	65	0.0008	0.0011	0.0018	0.0030
65	90	0.0008	0.0011	0.0018	0.0030
90	115	0.0009	0.0012	0.0019	0.0030
115	165	0.0010	0.0013	0.0019	0.0030
165	215	0.0012	0.0014	0.0020	0.0035
215	265	0.0014	0.0016	0.0021	0.0035
265	315	0.0015	0.0017	0.0022	0.0035

表 6-4　指示表的测量不确定度　　　　　　　　　　　　　　　单位：mm

尺寸范围		所选用的计量器具			
		分度值为 0.001 的千分表（0 级在全程范围内，1 级在 0.2 mm 内）、分度值为 0.002 的千分表（在 1 转范围内）	分度值为 0.001、0.002、0.005 的千分表（1 级在全程范围内），分度值为 0.01 的百分表（0 级在任意 1 mm 范围内）	分度值为 0.01 的百分表（0 级在全程范围内，1 级在任意 1 mm 范围内）	分度值为 0.01 的百分表（0 级在全程范围内）
大于	至	测量不确定度 U_1			
—	115	0.005	0.010	0.018	0.030
115	315	0.006	0.010	0.018	0.030

6.2.3　误判概率与验收质量

按验收原则，所用验收方法应保证只接收位于规定尺寸极限之内的工件。但是，由于计量器具和测量系统都存在误差，任何测量方法都可能发生一定的误判：误收与误废。误收是把尺寸超过规定尺寸极限的工件判为合格；误废是把处在规定尺寸极限范围之内的工件判为废品。误收影响产品质量，误废造成经济损失。因此，应该根据实际要求，确定合理的验收极限、选择合适的计量器具，以控制误收和误废的概率。

当测量误差服从正态分布，而工件尺寸服从正态分布、$A=0$ 时的误判概率如表 6-5 所列。其中的Ⅰ、Ⅱ、Ⅲ分别为 U_1 的Ⅰ、Ⅱ、Ⅲ档。偏态分布和均匀分布的误判概率见电子资源 6-2。

电子资源 6-2：各种分布的误判概率

表 6-5　尺寸服从正态分布、$A=0$ 时的误收率 m 和误废率 n

C_p		0.33	0.67	1.00	C_p		0.33	0.67	1.00
m/%	I	1.61	0.61	0.06	n/%	I	1.83	0.97	0.17
	II	2.58	0.91	0.08		II	3.15	1.89	0.42
	III	3.68	1.16	0.10		III	4.92	3.41	1.07

令 $A=0$、$\frac{1}{5}U$、$\frac{2}{5}U$、$\frac{3}{5}U$、$\frac{4}{5}U$、$\frac{5}{5}U$ 时，得不同的验收极限，取 $C_p=0.67$ 时，工件尺寸在正态分布下的误判概率如表 6-6 所列。在其他相同的情况下，误收率随着内缩量的增大而减小，但误废率则增大。

表 6-6　尺寸服从正态分布时按标准规定各验收极限的误收率 m 和误废率 n

C_p		1	0.67		
A/U		0	2/5	3/5	5/5
m/%	I	0.06	—	—	0
	II	0.08	—	0.10	—
	III	0.10	0.36	—	—
n/%	I	0.17	—	—	6.98
	II	0.42	—	8.23	—
	III	1.07	10.6	—	—

工件的形状误差会引起误收，其误收率随着验收极限的内缩而降低。当 $C_p=0.67$ 时，对于用两点法可以测量的形状误差（如凸形、凹形、偶数棱形等误差），验收极限内缩 50% 形状误差即可避免误收；对于用两点法不能测量的形状误差（如奇数棱形、轴线弯曲等误差），则需内缩 100% 形状误差才能避免误收。

例 6-3　图 2-2 所示减速器输出轴有 5 个部位的直径注有公差，其中 4 个应用了包容要求，标准公差等级为 IT6。以安装齿轮的部位为例，其尺寸要求为 $\phi50r6$Ⓔ。已知过程能力指数 $C_p=0.67$，尺寸服从正态分布，试选择计量器具，确定验收极限，并分析误判概率。

解：

（1）确定验收极限　查表计算可得 $\phi50r6$ 的最大实体尺寸为 $\phi50.050$，最小实体尺寸为 $\phi50.034$。该工件遵守包容要求，故按内缩验收极限方式确定验收极限。由表 6-1 查得：IT6 = 0.016 mm，$A=0.0016$ mm。

上验收极限 = 最大实体尺寸 MMS $-A$ = 50.05 $-$ 0.0016 = $\phi50.0484$

下验收极限 = 最小实体尺寸 LMS $+A$ = 50.034 + 0.0016 = $\phi50.0356$

（2）选择计量器具　计量器具的测量不确定度允许值按 I 档取，查表 6-1 得 $U_1 = 0.0014$ mm。由表 6-3 查得分度值为 0.001 mm（相当于放大倍率为 1000 倍）的比较仪的测量不确定度 U_1 为 0.0011 mm，小于 0.0014 mm，它满足使用要求。

（3）误判概率　由表 6-6 知，误收率 $m = 0$，误废率 $n = 6.98\%$。若采取 $A = 0$ 的不内缩验收极限，则误收率 $m = 0.61\%$，误废率 $n = 0.97\%$。此时误收率比 $A = 0$ 时增大，误废率减小。

6.3　用光滑极限量规检验

检验光滑工件的尺寸除了用通用计量器具外，还可以使用光滑极限量规。光滑极限量规一般用于大批量生产的工件的尺寸检验。GB/T 1957—2006《光滑极限量规　技术条件》规定了光滑极限量规的设计原则、公差带及其他技术要求。

1. 光滑极限量规的概念

光滑极限量规是指被检工件为光滑孔或光滑轴时所用的极限量规的总称，简称量规。它是一种无刻度的专用检验量规，用它进行检验时，只能确定工件尺寸是否在允许的极限尺寸范围内，而不能得知工件的实际尺寸。

按被检工件的类型，量规可分为塞规和卡规（或环规）。检验孔的量规称为塞规，检验轴的量规称为卡规（或环规）。

按检验时量规是否通过，量规可以分为通规和止规。控制工件的组成要素的尺寸的量规称为通规；控制工件的局部尺寸（两点尺寸）的量规称为止规。在对工件进行检验时，通规和止规要成对使用，工件要同时满足"通规能通过"和"止规不能通过"的条件，才能判定为合格。

图 6-14 所示为塞规与被检孔的直径关系。一个塞规是按被检孔的最大实体尺寸（即孔的下极限尺寸）制造的，它是塞规的通规；另外一个塞规是按被检孔的最小实体尺寸（即孔的上极限尺寸）制造的，它是塞规的止规。

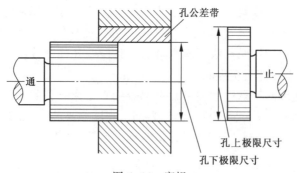

图 6-14　塞规

图 6-15 所示为卡规与被检轴的直径关系。一个卡规是按被检轴的最大实体尺寸（即轴的上极限尺寸）制造的，它是卡规的通规；另外一个卡规是按被检轴的最小实体尺寸（即轴的下极限尺寸）制造的，它是卡规的止规。

量规按用途分为工作量规、验收量规和校对量规。

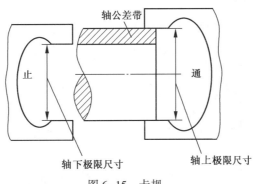

图 6-15 卡规

（1）工作量规 工作量规是指生产过程中操作者检验工件时所使用的量规。工作量规的通规用代号"T"表示，止规用代号"Z"表示。

（2）验收量规 验收量规是指检验部门和用户代表验收产品时使用的量规。它一般不用另行制造，其通规是从磨损较多，但未超过磨损极限的工作量规中挑选出来的；它的止规应该接近工件的最小实体尺寸。

（3）校对量规 校对量规是指用来检验轴用工作量规的量规。塞规检验可以使用指示式计量器具，很方便，不需要校对量规。所以只有卡规（或环规）检验才使用校对量规（塞规），卡规可以使用量块作为校对量规。它分为三种：检验轴用工作量规通规的"校通-通"量规（TT）；检验轴用工作量规止规的"校止-通"量规（ZT）；检验轴用工作量规通规磨损极限的"校通-损"量规（TS）。

2. 光滑极限量规与包容要求

工件由于存在形状误差，虽然尺寸在极限尺寸范围内，但是各处尺寸不一定完全相同，有可能出现装配困难。故设计光滑极限量规时，应该遵循包容要求。包容要求以前称为泰勒原则。如第4章所述，包容要求是以最小实体尺寸控制两点尺寸，同时以最大实体尺寸控制最小外接尺寸或最大内切尺寸。通规的公称尺寸为最大实体尺寸，控制最小外接尺寸或最大内切尺寸，而止规的公称尺寸为最小实体尺寸，控制两点尺寸。因此，符合包容要求的通规应是全形量规，它的测量面是与孔或轴的形状相对应的完整表面，而止规是非全形量规，应为点状或片状，如图6-16所示。

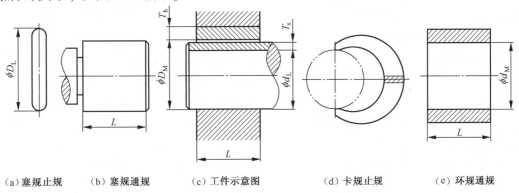

   （a）塞规止规   （b）塞规通规   （c）工件示意图   （d）卡规止规   （e）环规通规

图 6-16 光滑极限量规

用光滑极限量规检验孔或轴时，如果通规能够在被检孔、轴的全长范围内自由通过，且止规不能通过，则表示被检孔或轴合格。如果通规不能通过，或者止规能通过，则表示被检孔或轴不合格。如图6-17所示，孔的实际轮廓超出了尺寸公差带，用量规检验应判定该孔不合格。该孔用全形通规检验，不能通过（见图6-17（a））；用两点式止规检验，虽然沿 x 方向不能通过，但沿 y 方向却能通过（见图6-17（c））。因此，这样就能正确地判定该孔不合格。反之，该孔假如用两点式通规检验（见图6-17（b）），则可沿 y 方向通过；假如用全形止规检验，则不能通过（见图6-17（d））。这样一来，由于未正确选用相应工作部分形状的量规进行检验，就会误判该孔合格。

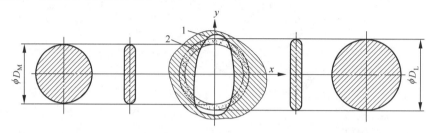

（a）全形通规　（b）两点式通规　（c）工件示意图　（d）两点式止规　（e）全形止规

图6-17　量规工作部分的形状对检验结果的影响

1—工件实际轮廓；2—允许轮廓变动的区域

在被检孔或轴的形状误差不致影响孔、轴配合性质的情况下，为了克服量规加工困难或使用符合包容要求的量规不方便的问题，允许使用偏离包容要求的量规。例如，量规制造厂供应的统一规格的量规工作部分的长度不一定等于或近似于被检孔或轴的配合长度，但实际检验中却不得不使用这样的量规。对大尺寸的孔和轴通常分别使用非全形通规进行检验，以代替笨重的全形通规。由于曲轴"弓"字形特殊结构的限制，它的轴颈不能使用环规检验，而只能使用卡规进行检验。为了延长止规的使用寿命，止规不采用两点接触的形状，而制成非全形圆柱面。检验小孔时，为了增加止规的刚度和便于制造，可以采用全形止规。检验薄壁零件时，为了防止两点式止规造成该零件变形，也可采用全形止规。

在使用偏离包容要求的量规检验孔或轴的过程中，必须做到操作正确，尽量避免由于检验操作不当而造成的误判。例如，使用非全形通规检验孔或轴时，应在被检孔或轴的全长范围内的若干部位上分别围绕圆周的几个位置进行检验。

3. 光滑极限量规的公差带

光滑极限量规的加工也存在制造误差。因此，必须规定公差。在量规公差带的确定中，既要保证被检工件的互换性，又要兼顾量规制造的工艺性和使用的经济性，以及被检工件的加工经济性。GB/T 1957—2006规定的量规尺寸公差带及其位置如图6-18所示。

由于通规在工作时要经常通过被检工件，其工作表面便会被磨损。为了使通规有一合理的使用寿命，除了规定制造公差外，还要规定磨损公差。而止规一般不会通过被检工件，因此不留磨损储量。光滑极限量规的通规、止规的公差带均内缩到被检工件的尺寸公差带之内，其工作量规的通规公差带中心位置由通端位置要素 Z_1（见图6-18）决定，而其磨损极限尺寸与被检工件的最大实体尺寸重合。工作量规的止规公差带从被检工件的最小实体尺寸起，

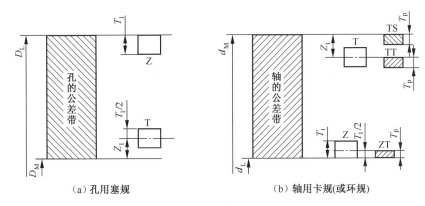

（a）孔用塞规　　　　　　　　　　（b）轴用卡规(或环规)

图 6-18　光滑极限量规的公差带

向被检工件的尺寸公差带之内分布。采用内缩验收极限方式，可以大大减少误收现象的发生。图 6-18 中 T_1 表示工作量规的尺寸公差；T_p 表示校对量规的制造公差。

GB/T 1957—2006 对公称尺寸至 500 mm、标准公差等级为 IT6～IT16 的孔和轴规定了工作量规的尺寸公差值及其通端位置要素值。它们的数值如表 6-7 所示。

表 6-7　工作量规的尺寸公差值及其通端位置要素值　　　　　单位：μm

工件的公称尺寸/mm	IT6			IT7			IT8			IT9			IT10			IT11			IT12		
	孔或轴的公差	T_1	Z_1	孔或轴的公差	T_1	Z_1	孔或轴的公差	T_1	Z_1	孔或轴的公差	T_1	Z_1	孔或轴的公差	T_1	Z_1	孔或轴的公差	T_1	Z_1	孔或轴的公差	T_1	Z_1
>10～18	11	1.6	2	18	2	2.8	27	2.8	4	43	3.4	6	70	4	8	110	6	11	180	7	15
>18～30	13	2	2.4	21	2.4	3.4	33	3.4	5	52	4	7	84	5	9	130	7	13	210	8	18
>30～50	16	2.4	2.8	25	3	4	39	4	6	62	5	8	100	6	11	160	8	16	250	10	22
>50～80	19	2.8	3.4	30	3.6	4.6	46	4.6	7	74	6	9	120	7	13	190	9	19	300	12	26
>80～120	22	3.2	3.8	35	4.2	5.4	54	5.4	8	87	7	10	140	8	15	220	10	22	350	14	30

国家标准还规定，量规的形状和位置误差应控制在其尺寸公差带内。其形状和位置公差为尺寸公差的 50%。考虑制造和测量困难，当量规尺寸公差小于或等于 0.002 mm 时，其形状和位置公差为 0.001 mm。

根据被检孔、轴的标准公差等级的高低和量规公称尺寸的大小，量规测量面的表面粗糙度 Ra 应不大于表 6-8 的规定。

表 6-8　量规测量面的表面粗糙度 *Ra* 值

光滑极限量规	工作量规的公称尺寸/mm		
	≤120	>120～315	>315～500
	Ra/μm		
IT6 级孔用工作量规	≤0.05	≤0.10	≤0.20
IT7～IT9 级孔用工作量规	≤0.10	≤0.20	≤0.40
IT10～IT12 级孔用工作量规	≤0.20	≤0.40	≤0.80

续表

光滑极限量规	工作量规的公称尺寸/mm		
	≤120	>120~315	>315~500
	Ra/μm		
IT13~IT16 级孔用工作量规	≤0.40	≤0.80	≤0.80
IT6~IT9 级轴用工作量规	≤0.10	≤0.20	≤0.40
IT10~IT12 级轴用工作量规	≤0.20	≤0.40	≤0.80
IT13~IT16 级轴用工作量规	≤0.40	≤0.80	≤0.80
IT6~IT9 级轴用工作环规的校对塞规	≤0.05	≤0.10	≤0.20
IT10~IT12 级轴用工作环规的校对塞规	≤0.10	≤0.20	≤0.40
IT13~IT16 级轴用工作环规的校对塞规	≤0.20	≤0.40	≤0.40

4. 光滑极限量规的设计

光滑极限量规工作部分的设计步骤如下。

1) 根据被检尺寸的大小和工件的特点确定量规的型式。一般地，工件孔用量规的通端，当工作尺寸≤100 mm 时首先推荐采用全形量规，其次才采用非全形量规或片状量规；当工作尺寸>100~315 mm 时采用非全形量规；当工作尺寸>315~500 mm 时采用球端杆规。工作尺寸≤100 mm 的工件轴用量规的通端，首先推荐采用环规，其次采用卡规。具体的型式详见 GB/T 10920—2008《螺纹量规和光滑极限量规　型式与尺寸》或电子资源6-3。

电子资源6-3：光滑极限量规的型式

2) 按零件图上的被检工件的公差带代号查出工件的极限偏差，计算出最大、最小实体尺寸，即可得知通规、止规及校对量规的工作部分的定形尺寸。

3) 从表6-7 中查出量规尺寸公差 T_1 和通规定形尺寸公差带中心到被检工件的最大实体尺寸的距离 Z_1 值，按 T_1 确定量规的形状公差和校对量规的制造公差。

4) 按照图6-19 所示的形式绘制量规定形尺寸公差带示意图，确定量规的上、下极限偏差，并计算量规工作部分的极限尺寸。

例6-4 设计检验图2-2 所示输出轴上安装齿轮的部位和齿轮孔 $\phi50H7/r6$ 的工作量规。

解：

(1) 确定上、下极限偏差　根据 GB/T 1800.1—2020 查出孔与轴的上、下极限偏差，$ES = +0.025$ mm，$EI = 0$；$es = +0.050$ mm，$ei = +0.034$ mm。

(2) 确定量规尺寸公差和形状公差　查表6-7，得到量规的尺寸公差值及其通端位置要素值，并确定量规的形状公差。

塞规：尺寸公差 $T_1 = 0.003$ mm，位置要素 $Z_1 = 0.004$ mm，形状公差 $T_1/2 = 0.0015$ mm。

卡规：尺寸公差 $T_1 = 0.0024$ mm，位置要素 $Z_1 = 0.0028$ mm，形状公差 $T_1/2 = 0.0012$ mm。

(3) 计算量规的极限偏差及工作部分的极限尺寸。

1）φ50H7 孔用塞规

通规（T）：

上极限偏差 $= EI + Z_1 + T_1/2 = 0 + 0.004 + 0.0015 = +0.0055$ mm。

下极限偏差 $= EI + Z_1 - T_1/2 = 0 + 0.004 - 0.0015 = +0.0025$ mm。

磨损极限尺寸 = 孔的下极限尺寸 $= \phi50$。

故通规工作部分的极限尺寸为 $\phi 50^{+0.0055}_{+0.0025}$。

止规（Z）：

上极限偏差 $= ES = +0.025$ mm。

下极限偏差 $= ES - T_1 = +0.025 - 0.003 = +0.022$ mm。

故止规工作部分的极限尺寸为 $\phi 50^{+0.025}_{+0.022}$。

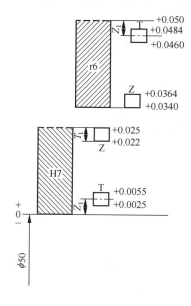

图 6-19　量规公差带示意图

2）φ50r6 轴用卡规

通规（T）：

上极限偏差 $= es - Z_1 + T_1/2 = +0.050 - 0.0028 + 0.0012 = +0.0484$ mm。

下极限偏差 $= es - Z_1 - T_1/2 = +0.050 - 0.0028 - 0.0012 = +0.046$ mm。

磨损极限尺寸 = 轴的上极限尺寸 $= \phi50.050$。

故通规工作部分的极限尺寸为 $\phi 50^{+0.0484}_{+0.0460}$。

止规（Z）：

上极限偏差 $= ei + T_1 = 0.034 + 0.0024 = +0.0364$ mm。

下极限偏差 $= ei = +0.0340$ mm。

故止规工作部分的极限尺寸为 $\phi 50^{+0.0364}_{+0.0340}$。

绘制 φ50H7/r6 孔与轴量规公差带示意图，如图 6-19 所示。

6.4　用功能量规检验

6.4.1　功能量规的功能和种类

功能量规是指当最大实体要求应用于注有公差的要素和（或）基准要素时，用来确定其提取组成要素是否超出最大实体实效边界的全形量规。

从检测的几何误差类型看，功能量规有直线度、平行度、垂直度、倾斜度、同轴度、对称度、位置度量规。

从量规的结构看，如图6-20所示，功能量规有整体型、组合型、插入型、活动型功能量规等。

图6-20（a）、（b）、（c）所示为同轴度量规，图6-20（d）所示为平行度量规。

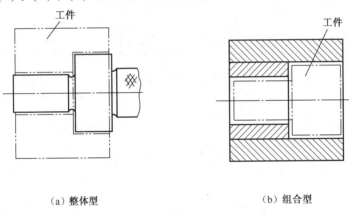

(a) 整体型　　　　　　　　　　　　(b) 组合型

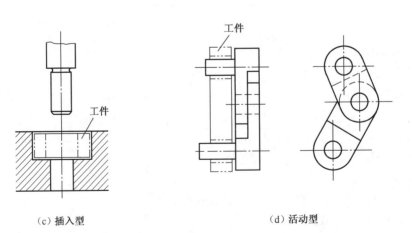

（c）插入型　　　　　　　　　　　（d）活动型

图6-20　功能量规的型式

具有台阶形或不同尺寸插入件的插入型功能量规称为台阶式插入型功能量规；具有光滑

插入件的插入型功能量规称为无台阶式插入型功能量规。

功能量规的工作部位包括检验部位、定位部位和导向部位。检验部位是用于模拟被测提取要素的边界的部位。定位部位是用于模拟基准要素的边界或基准、基准体系的部位。导向部位是便于检验部位和（或）定位部分进入被测提取要素和（或）基准要素的部位。

6.4.2 功能量规的尺寸公差和几何公差

GB/T 8069—1998《功能量规》规定了功能量规的尺寸公差、几何公差和允许磨损量、技术要求，给出了工作部位尺寸的计算示例。

各部位的尺寸公差以 T 加下标表示，几何公差以 t 加下标表示，允许磨损量以 W 加下标表示，尺寸、公称尺寸、磨损极限尺寸以 $D(d)$ 加下标表示。

T_D 为被测或基准内尺寸要素的尺寸公差；

T_d 为被测或基准外尺寸要素的尺寸公差；

t 为被测要素或基准要素的几何公差；

T_t 为被测要素或基准要素的综合公差；

T_I 为功能量规检验部位的尺寸公差；

W_I 为功能量规检验部位的允许磨损量；

T_L 为功能量规定位部位的尺寸公差；

W_L 为功能量规定位部位的允许磨损量；

T_G 为功能量规导向部位的尺寸公差；

W_G 为功能量规导向部位的允许磨损量；

S_{min} 为插入型功能量规导向部位的最小间隙；

t_I 为功能量规检验部位的方向或位置公差；

t_L 为功能量规定位部位的方向或位置公差；

t_G 为插入型或活动型功能量规导向部位固定件的方向或位置公差；

t_G' 为插入型或活动型功能量规导向部位的台阶形插入件的同轴度或对称度公差；

F_I 为功能量规检验部位的基本偏差；

D_L、d_L 为功能量规定位部位内、外尺寸要素的尺寸；

D_I、d_I 为功能量规检验部位内、外尺寸要素的尺寸；

D_{IB}、d_{IB} 为功能量规检验部位内、外尺寸要素的公称尺寸；

D_{IW}、d_{IW} 为功能量规检验部位内、外尺寸要素的磨损极限尺寸；

D_{LB}、d_{LB} 为功能量规定位部位内、外尺寸要素的公称尺寸；

D_{LW}、d_{LW} 为功能量规定位部位内、外尺寸要素的磨损极限尺寸；

D_G、d_G 为功能量规导向部位的尺寸；

D_{GB}、d_{GB} 为功能量规导向部位的公称尺寸；

D_{GW}、d_{GW} 为功能量规导向部位的磨损极限尺寸。

它们的尺寸公差、几何公差、基本偏差等如表 6-9、表 6-10 所列。

表6-9　功能量规各工作部位的尺寸公差、几何公差、允许磨损量及最小间隙的数值

单位：μm

综合公差 T_t	检验部位 T_I	检验部位 W_I	定位部位 T_L	定位部位 W_L	导向部位 T_G	导向部位 W_G	导向部位 S_{min}	t_I、t_L、t_G	t'_G
≤16	1.5				—			2	—
>16~25	2				—			3	—
>25~40	2.5				—			4	—
>40~63	3				—			5	—
>63~100	4				2.5	3		6	2
>100~160	5				3	3		8	2.5
>160~250	6				4	4		10	3
>250~400	8				5	4		12	4
>400~630	10				6	5		5	
>630~1000	12				8	5		20	6
>1000~1600	16				10	6		25	8
>1600~2500	20				12	6		43	10

注：综合公差 T_t 等于被测要素或基准要素的尺寸公差 T_D、T_d 及其几何公差 $t^{Ⓜ}$ 之和，即 $T_t = T_D$（或 T_d）$+ t^{Ⓜ}$。

表6-10　功能量规检验部位的基本偏差数值 F_I　　单位：μm

序号	0	1		2		3		4		5	
基准类型	无基准	无基准（成组被测要素）/ 一个平表面		一个中心要素 / 两个平表面		一个平表面和一个中心要素 / 三个平表面 / 一个成组中心要素		一个平表面和一个中心要素 / 两个中心要素 / 一个平表面和一个成组中心要素		一个平表面和两个成组中心要素 / 两个平表面和一个成组中心要素 / 一个中心要素和一个成组中心要素	
综合公差 T_t	整体型或组合型	整体型或组合型	插入型或活动型	整体型或组合型	插入型或活动型	整体型或组合型	插入型或活动型	整体型或组合型	插入型或活动型	整体型或组合型	插入型或活动型
≤16	3	4	—	5	—	5	—	6	—	7	—
>16~25	4	5	—	6	—	7	—	8	—	9	—
>25~40	5	6	—	8	—	9	—	10	—	11	—
>40~63	6	8	—	10	—	11	—	12	—	14	—
>63~100	8	10	16	12	18	14	20	16	20	18	22
>100~160	10	12	20	16	22	18	25	20	25	22	28
>160~250	12	16	25	20	28	22	32	25	32	28	36
>250~400	16	20	32	25	36	28	40	32	40	36	45

序号	0	1		2		3		4		5	
综合公差 T_t	整体型或组合型	整体型或组合型	插入型或活动型	整体型或组合型	插入型或活动型	整体型或组合型	插入型或活动型	整体型或组合型	插入型或活动型	整体型或组合型	插入型或活动型
>400~630	20	25	40	32	45	36	50	40	50	45	56
>630~1000	25	32	50	40	56	45	63	50	63	56	71
>1000~1600	32	40	63	50	71	56	80	63	80	71	90
>1600~2500	40	50	80	63	90	71	100	80	100	90	110

功能量规工作部位尺寸的计算公式见表6-11。

表6-11　功能量规工作部位尺寸的计算公式

工作部位		工作部位为外尺寸要素	工作部位为内尺寸要素
检验部位（或共同检验时的定位部位）		$d_{IB} = D_{MV}$（或 D_M） $d_I = (d_{IB} + F_I)_{-T_I}^{\ 0}$ $d_{IW} = (d_{IB} + F_I) - (T_I + W_I)$	$D_{IB} = d_{MV}$（或 d_M） $D_I = (D_{IB} - F_I)_{\ 0}^{+T_I}$ $D_{IW} = (D_{IB} - F_I) + (T_I + W_I)$
定位部位（依次检验）		$d_{LB} = D_M$（或 D_{MV}） $d_L = d_{LB\ -T_L}^{\ \ 0}$ $d_{LW} = d_{LB} - (T_L + W_L)$	$D_{LB} = d_M$（或 d_{MV}） $D_L = D_{LB\ 0}^{+T_L}$ $D_{LW} = D_{LB} + (T_L + W_L)$
导向部位	台阶式	$d_{GB} = D_{GB}$ $d_G = (d_{GB} - S_{min})_{-T_G}^{\ 0}$ $d_{GW} = (d_{GB} - S_{min}) - (T_G + W_G)$	D_{GB} 由设计者确定 $D_G = D_{GB\ 0}^{+T_G}$ $D_{GW} = D_{GB} + (T_G + W_G)$
	无台阶式	$d_{GB} = D_{LM}$（或 D_{IM}） $d_G = (d_{GB} - S_{min})_{-T_G}^{\ 0}$ $d_{GW} = (d_{GB} - S_{min}) - (T_G + W_G)$	$D_{GB} = d_{LM}$（或 d_{IM}） $D_G = (D_{GB} + S_{min})_{\ 0}^{+T_G}$ $D_{GW} = (D_{GB} + S_{min}) + (T_G + W_G)$

注：D_M、D_{MV} 分别为被测（或基准）内尺寸要素的最大实体尺寸、最大实体实效尺寸；d_M、d_{MV} 分别为被测（或基准）外尺寸要素的最大实体尺寸、最大实体实效尺寸；D_{LM}、D_{IM} 分别为定位部位、检验部位内尺寸要素的最大实体尺寸；d_{LM}、d_{IM} 分别为定位部位、检验部位外尺寸要素的最大实体尺寸。

例6-5　一轴类零件的尺寸要求为 $\phi 25_{\ 0}^{+0.033}$，轴线直线度公差为 $\phi 0.04$，如图6-21（a）所示，采用最大实体要求，试设计检测该轴的直线度量规。

解：直线度量规属于无基准的情况，采用整体型功能量规。

$$d_{MV} = d_M + t^{\textcircled{M}} = 25 + 0.04 = 25.04 \text{ mm}$$

$$T_t = T_d + t^{\textcircled{M}} = 0.033 + 0.04 = 0.073 \text{ mm}$$

由综合公差 T_t 查表6-9可得：$T_I = W_I = 0.004$ mm。

由综合公差 T_t 查表6-10可得：$F_I = 0.008$ mm。则

$$D_{IB} = d_{MV} = 25.04 \text{ mm}$$

$$D_I = (D_{IB} - F_I)_{\ 0}^{+T_I} = (25.04 - 0.008)_{\ 0}^{+0.004} = 25.032_{\ 0}^{+0.004} \text{ mm}$$

$$D_{IW} = (D_{IB} - F_I) + (T_I + W_I) = (25.04 - 0.008) + (0.004 + 0.004) = 25.04 \text{ mm}$$

直线度量规尺寸公差带如图 6-21（b）所示，直线度量规简图如图 6-21（c）所示。

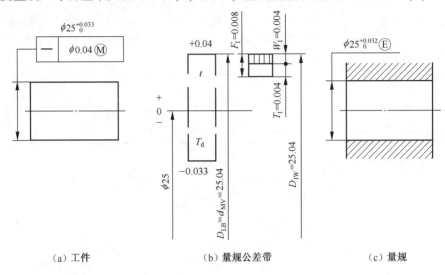

（a）工件　　　　　　　（b）量规公差带　　　　　　　（c）量规

图 6-21　直线度量规

例 6-6　图 6-18 所示是套类零件，孔 $\phi 12^{+0.07}_{0}$ 的轴线对 $\phi 15^{+0.05}_{0}$ 轴线的同轴度公差为 $\phi 0.04$，采用最大实体要求，基准要素采用包容要求Ⓔ。试计算该量规工作部位尺寸。

解：基准要素采用包容要求，采用整体型功能量规。

$$D_{MV} = D_M - t^{Ⓜ} = 12 - 0.04 = 11.96 \text{ mm}$$
$$T_t = T_D + t^{Ⓜ} = 0.07 + 0.04 = 0.11 \text{ mm}$$
$$D_{M1} = 15 \text{ mm}$$
$$T_{t1} = T_{D1} = 0.05 \text{ mm}$$

（1）依次检验　用不同的功能量规（包括极限量规）依次检验基准要素的几何误差和（或）尺寸及被测要素的方向或位置误差的方式，主要用于工序检验。

基准要素 $\phi 15^{+0.05}_{0}$ Ⓔ 用光滑极限量规检验合格后，用同轴度量规检验被测要素的同轴度误差。

由综合公差 T_t 查表 6-9，得

$$T_I = W_I = 0.005 \text{ mm}, \quad T_L = W_L = 0.003 \text{ mm}, \quad t_I = 0.008 \text{ mm}$$

由综合公差 T_t 查表 6-10 可得：

$$F_I = 0.016 \text{ mm}$$

对于检验部位有

$$d_{IB} = D_{MV} = 11.96 \text{ mm}$$
$$d_I = (d_{IB} + F_I)^{0}_{-T_I} = (11.96 + 0.016)^{0}_{-0.005} = 11.976^{0}_{-0.005} \text{ mm}$$
$$d_{IW} = (d_{IB} + F_I) - (T_I + W_I) = (11.96 + 0.016) - (0.005 + 0.005) = 11.966 \text{ mm}$$

对于定位部位有

$$d_{LB} = D_{M1} = 15 \text{ mm}$$
$$d_L = d_{LB-T_L}^{0} = 15^{0}_{-0.003} \text{ mm}$$

$$d_{\mathrm{LW}} = d_{\mathrm{LB}} - (T_{\mathrm{L}} + W_{\mathrm{L}}) = 15 - (0.003 + 0.003) = 14.994 \ \mathrm{mm}$$

被检孔及同轴度量规检验部位的尺寸公差带如图 6-22（b）所示，基准孔及同轴度量规定位部位的尺寸公差带如图 6-22（c）所示。图 6-22（d）所示为依次检验的同轴度量规的简图。

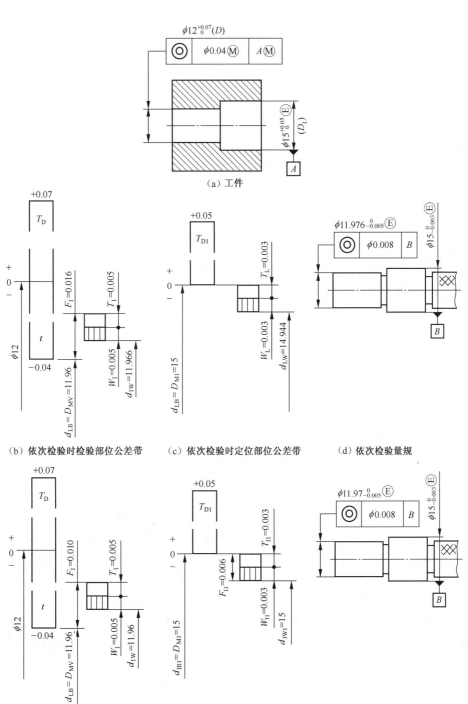

（a）工件

（b）依次检验时检验部位公差带　　（c）依次检验时定位部位公差带　　（d）依次检验量规

（e）共同检验时检验部位公差带　　（f）共同检验时定位部位公差带　　（g）共同检验量规

图 6-22　同轴度量规

（2）共同检验　用同一功能量规检验被测要素的方向或位置误差及其基准要素本身的几何误差和（或）尺寸的方式，主要用于终结检验。

用同一功能量规同时检测 $\phi 12$ 孔对基准的同轴度和基准孔 $\phi 15$ 的尺寸。由综合公差 T_t 查表 6-9 可得

$$T_I = W_I = 0.005 \text{ mm}, \quad t_I = 0.008 \text{ mm}$$

基准要素视同被测要素，故 $T_{II} = W_{II} = 0.003$ mm。

由综合公差 T_t 查表 6-10，得

$$F_I = 0.010 \text{ mm}, \quad F_{II} = 0.006 \text{ mm}$$

对于检验部位有

$$d_{IB} = D_{MV} = D_M - t^{\circledM} = 12 - 0.04 = 19.96 \text{ mm}$$

$$d_I = (d_{IB} + F_I)_{-T_I}^{\ 0} = (11.96 + 0.010)_{-0.005}^{\ 0} = 11.97_{-0.005}^{\ 0} \text{ mm}$$

$$d_{IW} = (d_{IB} + F_I) - (T_I + W_I) = (11.96 + 0.010) - (0.005 + 0.005) = 11.96 \text{ mm}$$

对于基准要素有

$$d_{IB1} = D_{M1} = 15 \text{ mm}$$

$$d_{II} = (d_{IB1} + F_{II})_{-T_{II}}^{\ 0} = (15 + 0.006)_{-0.003}^{\ 0} = 15.006_{-0.003}^{\ 0} \text{ mm}$$

$$d_{IW1} = (d_{IB1} + F_{II}) - (T_{II} + W_{II}) = (15 + 0.006) - (0.003 + 0.003) = 15 \text{ mm}$$

被检孔及同轴度量规检验部位的尺寸公差带如图 6-22（e）所示，基准孔及同轴度量规定位部位（已视同检验部位）的尺寸公差带如图 6-22（f）所示。图 6-22（g）所示为共同检验的同轴度量规的简图。

功能量规的更多信息见电子资源 6-4。

电子资源 6-4：功能量规的设计

本 章 小 结

考虑测量不确定度的影响，检验的结论分合格、不合格、不确定。

根据被测对象的大小、形状、材料、自重及被测工件的部位和被测量的公差要求，选择具有相应测量精度的计量器具。一般地，计量器具的最大允许误差应是被测量公差的 1/6~1/10。

车间现场检验光滑工件的计量器具的选择按 GB/T 3177—2009 和 GB/T 34634—2017 进行。重要的场合采用由极限尺寸双侧内缩一个安全裕度 A 的验收极限方式。

计量器具的测量不确定度允许值 U_1 按测量不确定度 U 与工件公差 T 的比值分 I、II、III 档，分别为工件公差的 1/10、1/6、1/4，重要的场合均应选 I 档。GB/T 3177—2009 建立在假定计量器具的测量不确定度允许值 $U_1 = 0.9U$、其余因素的测量不确定度 $U_2 = 0.45U$ 的基础上。在选择计量器具时应使选用的计量器具的测量不确定度小于或等于由 GB/T 3177 所要求的与尺寸公差相适应的测量不确定度允许值。

光滑极限量规分通规和止规，通规控制被测要素的组成要素的最大内切尺寸或最小外接尺寸不超出最大实体尺寸，止规控制局部尺寸（两点尺寸）不超出最小实体尺寸。

功能量规的检验方式分依次检验和共同检验，前者主要用于工序检验，后者主要用于终结检验。

思考题及习题 6

6-1　计算检验 ϕ30p8 轴用工作量规的工作尺寸，并画出量规的公差带图。

6-2　计算检验 ϕ50H7 孔用工作量规的工作尺寸，并画出量规的公差带图。

6-3　已知某轴 ϕ30f8$\left(^{-0.025}_{-0.064}\right)$Ⓔ的实测轴径为 ϕ29.968，轴线直线度误差为 ϕ0.01，试判断该零件的合格性。

6-4　已知某孔 ϕ48H8Ⓔ的实测直径为 ϕ48.01，轴线直线度误差为 ϕ0.015，试判断该零件的合格性。

6-5　设某光学比较仪的扩展不确定度为 0.001 mm。用该立式光学比较仪测得用于检验 ϕ40D11 的塞规直径为：通端为 ϕ40.1000，止端为 ϕ40.2422。试判断该塞规是否合格。

6-6　设计如图 6-23 所示的位置度量规，试计算其各工作部位尺寸，画出位置量规简图。

6-7　按 GB/T 3177 选择检验 ϕ50h6 的计量器具，并计算其验收极限。

6-8　采用千分尺检验 ϕ40h8 的轴，设千分尺的扩展不确定度为 0.004 mm。试确定该轴的合格区、不合格区和不确定区。设该轴批量生产时的尺寸为正态分布，试估算其合格率、不合格率和不确定率。

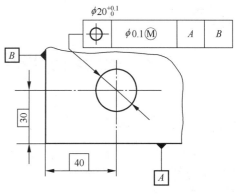

图 6-23　习题 6-6 附图

第 7 章

常用结合件的互换性

机械行业的零、部件种类数以万计，不同的使用场合和使用要求对设计精度的要求千差万别。通常，可以把机械零、部件分为标准件和非标准件。标准件是指结构、尺寸、画法、标记等各个方面已经完全标准化，并由专业厂生产的常用的零、部件，广义上包括标准化的紧固件、联结件、传动件、密封件、液压元件、气动元件、轴承、弹簧等机械零件。绝大多数零、部件都是非标准件，其中最常见的是齿轮、轴、箱体等。本章主要讨论滚动轴承、键与花键、齿轮的互换性。

7.1 滚动轴承与孔、轴结合的公差与配合

■ 7.1.1 滚动轴承概述

滚动轴承是机器上广泛应用的作为一种传动支承的标准部件，一般由内圈、外圈、滚动体（钢球或滚珠）和保持架（又称保持器或隔离圈）组成，如图 7-1 所示。

滚动轴承按滚动体结构可分为球轴承、滚子轴承、滚针轴承，按承受载荷形式可分为向心轴承、推力轴承、向心推力轴承。

为了实现滚动轴承的互换性要求，我国制定了滚动轴承的公差标准，它不仅规定了滚动轴承的尺寸精度、旋转精度和测量方法，还规定了与轴承相配合的壳体孔和轴颈的尺寸精度、配合、几何公差和表面粗糙度等。设计时，根据产品功能、精度和结构要求，选择合适的滚动轴承。相关的国家标准主要有 GB/T 307.1—2017《滚动轴承 向心轴承 产品几何技术规范（GPS）和公差值》、GB/T 307.2—2005《滚动轴承 测量和检验的原则及方法》、GB/T 307.3—2017《滚动轴

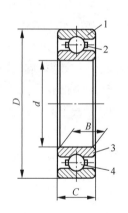

图 7-1 滚动轴承
1—外圈；2—保持架；
3—内圈；4—滚动体

承 通用技术规则》、GB/T 307.4—2017《滚动轴承 推力轴承 产品几何技术规范（GPS）和公差值》、GB/T 4199—2003《滚动轴承 公差 定义》、GB/T 275—2015《滚动轴承 配合》等。

■ 7.1.2 滚动轴承的公差等级

1. 滚动轴承的分级

GB/T 307.3—2017《滚动轴承 通用技术规则》规定，滚动轴承的公差等级按尺寸公差

和旋转精度分级。

向心轴承公差等级分为普通级、6、5、4、2 五级。圆锥滚子轴承公差等级分为普通级、6x、5、4、2 五级。推力轴承公差等级分为普通级、6、5、4 四级。

从普通级~2 级，精度依次增高，2 级精度最高，普通级精度最低。

在 GB/T 275—2015《滚动轴承　配合》等滚动轴承标准中，使用的术语是 0 级，而不是普通级，在本章的相关图、表中均已将 0 级改为普通级。

2. 滚动轴承各级精度的应用

普通级为普通精度，在机器制造业中的应用最广，主要用于旋转精度要求不高、中等负荷、中等转速的一般机构中。例如，普通机床中的变速、进给机构，汽车、拖拉机中的变速机构，普通电动机、水泵、压缩机、汽轮机中的旋转机构等。

6（6x）、5、4 级轴承通常称为精密轴承，它们应用在旋转精度要求较高或转速较高的机械中。例如，金属切削机床的主轴轴承（普通机床主轴的前轴承多采用 5 级，后轴承多用 6 级，较精密的机床主轴轴承则多采用 4 级），精密仪器、仪表、高速摄影机等精密机械用的轴承一般使用精密轴承。

2、4、5、6 级轴承统称高精度轴承，这类轴承在各类金属切削机床中应用很广，如表 7-1 所列。2 级轴承称为高精密轴承，应用在高精度、高转速的特别精密的部位上，如精密坐标镗床和高精度齿轮磨床的主要支承处。

表 7-1　金属切削机床主轴轴承的公差等级

轴承类型	公差等级	应 用 情 况
单列向心球轴承	2、4	高精度磨床、丝锥磨床、螺纹磨床、磨齿机、插齿刀磨床（2 级）
角接触球轴承	5	精密镗床、内圆磨床、齿轮加工机床
	6	卧式车床、铣床
双列圆柱滚子轴承	4	精密丝杠车床、高精度车床、高精度外圆磨床
	5	精密车床、铣床、转塔车床、普通外圆磨床、多轴车床、镗床
	6	卧式车床、自动车床、铣床、立式车床
圆柱滚子轴承调心滚子轴承	6	精密车床、铣床的后轴承
圆锥滚子轴承	2、4	坐标镗床（2 级）、磨齿机（4 级）
	5	精密车床、铣床、精密转塔车床、滚齿机、镗床
	6x	卧式车床、铣床
推力球轴承	6	一般精度机床

7.1.3　滚动轴承内、外径公差带及其特点

1. 滚动轴承尺寸精度

滚动轴承尺寸精度是指轴承内圈内径 d、外圈外径 D、内圈宽度 B、外圈宽度 C 和成套轴承宽度 T 的制造精度。d 和 D 为轴承内、外径的公称尺寸。具体的尺寸参数及其含义见 GB/T 307.1—2017、GB/T 273.1—2011、GB/T 273.2—2018、GB/T 273.3—2020。

由于轴承内、外圈均为薄壁结构，制造和存放时易变形（如变成椭圆形），但在轴承内、外圈与轴、轴承座孔装配后能够得到矫正。为了便于制造，允许有一定的变形。为保证轴承与结合件的配合性质，必须限制内、外圈在其单一平面内的平均直径。

2. 滚动轴承的旋转精度

GB/T 307.1—2017 规定的用于滚动轴承旋转精度的评定参数有：

K_{ia}——成套轴承内圈内孔表面对基准（即由外圈外表面确定的轴线）的径向圆跳动。

K_{ea}——成套轴承外圈外表面对基准（即由内圈内孔表面确定的轴线）的径向圆跳动。

S_{ia}——成套轴承内圈端面对基准（即由外圈外表面确定的轴线）的轴向圆跳动。

S_{ea}——成套轴承外圈端面对基准（即由内圈内孔表面确定的轴线）的轴向圆跳动。

S_{ea1}——成套轴承外圈凸缘背面对基准（即由内圈内孔表面确定的轴线）的轴向跳动。

S_{d}——内圈端面对基准（即由内圈内孔表面确定的轴线）的轴向圆跳动。

S_{D}——外圈外表面轴线对基准（由外圈端面确定）的垂直度。

S_{D1}——外圈外表面轴线对基准（由外圈凸缘背面确定）的垂直度。

……

对于不同公差等级、不同结构型式的滚动轴承，其尺寸精度和旋转精度的评定参数有不同要求。

3. 滚动轴承内、外径公差带特点

滚动轴承是标准件，内圈与轴颈的配合采用基孔制，但内径的公差带位置却与一般基准孔相反，如图 7-2 所示。根据滚动轴承国家标准的规定，普通级、6、5、4、2 各级的轴承的单一平面平均内径 d_{mp} 的公差带都分布在零线下侧，即上极限偏差为零，下极限偏差为负值。在多数情况下，轴承的内圈随轴一起转动时，为防止它们之间发生相对运动而导致结合面磨损，两者的配合应是过盈配合，但过盈量又不宜过大。若采用 GB/T 1800.1—2020 中的过盈配合，所得过盈量将过大；若采用过渡配合则两者之间可能出现间隙，不能保证具有一定的过盈量。为此，将公差带分布在零线下方，以保证配合获得足够、适当的过盈量。

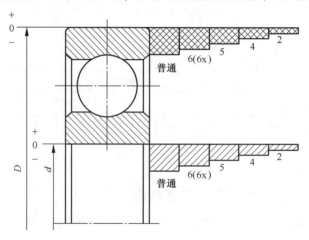

图 7-2 轴承内、外径公差带的分布

轴承外径与轴承座孔配合采用基轴制，通常两者之间不要求太紧。因此，滚动轴承公差国家标准中所有精度等级轴承的单一平面平均外径 D_{mp} 的公差带位置，仍按一般基准轴的规定，分布在零线下方，即上极限偏差为零，下极限偏差为负值。由于轴承精度要求很高，其公差值相对略小一些。因此，轴承外圈与外壳配合的松紧程度与 GB/T 1800.2—2020 中的同名配合相比，也不完全相同。

7.1.4 滚动轴承的配合公差及选用

1. 滚动轴承的配合

GB/T 275—2015《滚动轴承 配合》规定了与滚动轴承配合的轴颈、轴承座孔的公差带。其中，普通级轴承与轴颈、轴承座孔配合的常用公差带如图 7-3 所示。

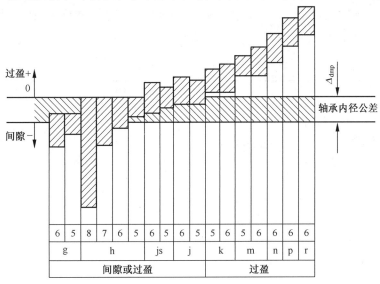

（a）普通级轴承与轴颈配合的常用公差带关系

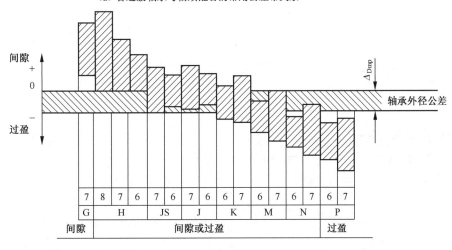

（b）普通级轴承与轴承座孔配合的常用公差带关系

图 7-3 普通级轴承与轴颈及轴承座孔配合的常用公差带

上述公差带只适用于对轴承的旋转精度和运转平稳性无特殊要求，轴为实心或厚壁钢制轴，外壳为铸钢或铸铁制件，轴承的工作温度不超过100℃的使用场合。

2. 配合的选择

轴承配合的选择就是确定与轴承相配合的轴颈和轴承座孔的基本偏差代号。合理地选择滚动轴承与轴颈及轴承座孔的配合，可保证机器运转的质量，延长其使用寿命，并使产品制造经济合理。

选择轴承配合的依据是：轴承的运转条件；轴承内、外圈所受的负载的大小、方向和性质，与轴承相配合的孔和轴的材料和结构，工作温度，装卸要求和调整要求等。选择时，应考虑的主要因素如下。

（1）运转条件 套圈相对于载荷方向转动或摆动时，应选择过盈配合；套圈相对于载荷方向固定时，可选择间隙配合，如表7-2所示。载荷方向难以确定时，宜选择过盈配合。

表7-2 套圈运转及承载情况

套圈运转情况	典型示例	示意图	套圈承载情况	推荐的配合
内圈旋转 外圈静止 载荷方向恒定	传动带驱动轴		内圈承受旋转载荷 外圈承受静止载荷	内圈过盈配合 外圈间隙配合
内圈静止 外圈旋转 载荷方向恒定	传送带托辊 汽车轮毂轴承		内圈承受静止载荷 外圈承受旋转载荷	内圈间隙配合 外圈过盈配合
内圈旋转 外圈静止 载荷随内圈旋转	离心机、振动筛、 振动机械		内圈承受静止载荷 外圈承受旋转载荷	内圈间隙配合 外圈过盈配合
内圈静止 外圈旋转 载荷随外圈旋转	回转式破碎机		内圈承受旋转载荷 外圈承受静止载荷	内圈过盈配合 外圈间隙配合

（2）载荷大小 滚动轴承套圈与轴或壳体孔配合的最小过盈，取决于载荷的大小。载荷越大，选择的配合过盈量应越大。当承受冲击载荷或重载荷时，一般应选择比正常、轻载荷时更紧的配合。对于向心轴承，载荷的大小用径向当量动载荷 P_r 与径向额定动载荷 C_r 的比值区分。一般把径向负荷 $P_r \leqslant 0.06C_r$ 的称为轻负荷；$0.06C_r < P_r \leqslant 0.12C_r$ 的称为正常负荷；$P_r > 0.12C_r$ 的称为重负荷。轴承的径向额定动载荷是指一套滚动轴承理论上所能承受的恒定不变的径向载荷。在该载荷作用下，轴承的基本寿命为100万转。径向额定动载荷在GB/T 6391—2010《滚动轴承 额定动载荷和额定寿命》中称为径向基本额定动载荷。径向当量动载荷是指一恒定不变的径向载荷，在该载荷作用下，滚动轴承具有与实际载荷条件下相同的寿命。

当轴承内圈承受循环负荷时，它与轴配合所需的最小过盈 Y_{min}（单位为 mm）为

$$Y_{min} = -\frac{13Rk}{b} \frac{1}{10^6} \tag{7-1}$$

式中，R 为轴承承受的最大径向负荷，单位为 kN；k 为与轴承系列有关的系数，轻系列 $k =$ 2.8，中系列 $k = 2.3$，重系列 $k = 2$；b 为轴承内圈的配合宽度，单位为 mm，$b = B - 2r$，B 为轴承宽度，r 为内圈倒角。

为避免套圈破裂，必须按不超过套圈允许的强度计算其最大过盈 Y_{max}（单位为 mm），即

$$Y_{max} = -\frac{11.4kd[\sigma_p]}{(2k-2) \, 10^3} \tag{7-2}$$

式中，$[\sigma_p]$ 为允许的拉应力，单位为 10^5 Pa，轴承钢的拉应力 $[\sigma_p] \approx 400 \times 10^5$ Pa；d 为轴承内圈内径，单位为 mm；k 同式（7-1）中的含义。

根据计算得到的 Y_{min}，便可从 GB/T 1800.1—2020 中选取最接近的配合。

（3）轴承尺寸　随着轴承尺寸的增大，选择的过盈配合过盈量应越大或间隙配合间隙量应越大。

（4）轴承游隙　采用过盈配合会导致轴承游隙减小，应检验安装后轴承的游隙是否满足使用要求，以便准确选择配合及轴承游隙。

（5）工作温度　轴承工作时，由于摩擦发热和其他热源的影响，其温度通常要比相邻零件的温度高。内圈的热膨胀会引起它与轴颈的配合变松，而外圈的热膨胀则会使它与轴承座孔的配合变紧而影响轴承在轴承座中的轴向移动。因此，应考虑轴承与轴和轴承座的温差和热的流向。轴承工作温度一般应低于 100 ℃，在高于此温度中工作的轴承，应将所选用的配合作适当修正。

（6）旋转精度和速度　当机器要求有较高的旋转精度时，要选用较高等级的轴承。与轴承相配合的轴和轴承座孔也要具有较高的精度等级。在提高轴承公差等级的同时，轴承配合部位也应相应提高精度。与普通级、6（6x）级轴承配合的轴，其标准公差等级一般为 IT6，轴承座孔一般为 IT7。

对负荷较大、旋转精度或运转平稳性要求较高的轴承，为消除弹性变形和振动的影响，应避免采用间隙配合。而对精密机床的轻负荷轴承，为避免孔与轴的形状误差对轴承精度的影响，常采用间隙配合。

在其他条件相同的情况下，轴承的旋转速度越高，配合也应越紧。

（7）轴承座和轴的结构和材料　轴承套圈与轴或轴承座孔配合时，不应产生由于轴或轴承座孔配合表面存在几何误差而引起的轴承内、外圈的不正常变形。剖分式轴承座与轴承外圈宜采用较松的配合，不宜采用过盈配合，以免外圈产生椭圆变形，但要使外圈不能在轴承座内转动。当轴承用于空心轴或薄壁、轻铝合金轴承座时，应采用比实心轴或厚壁钢、铸铁轴承座更紧的过盈配合。

（8）安装与拆卸　间隙配合更易于轴承的安装和拆卸。对于要求采用过盈配合且便于安装和拆卸的应用场合，可采用分离轴承或圆锥孔轴承。

（9）游动端轴承的轴向移动　当以不可分离轴承作游动支承时，应以相对于载荷方向固

定的套圈作为游动套圈，选择间隙或过渡配合。

滚动轴承配合的选择一般用类比法。向心轴承与轴、轴承座孔配合公差带分别如表 7-3 和表 7-4 所示，推力轴承与轴和轴承座孔的配合公差带见 GB/T 275—2015。

表 7-3　向心轴承与轴的配合——轴公差带

轴承类别	载荷情况			举例	深沟球轴承、调心球轴承和角接触球轴承	圆柱滚子轴承和圆锥滚子轴承	调心滚子轴承	公差带
					轴承公称内径/mm			
圆柱孔轴承	内圈承受旋转载荷或方向不定载荷	轻		输送机、轻载齿轮箱	≤18	—	—	h5
					>18~100	≤40	≤40	j6①
					>100~200	>40~140	>40~100	k6①
					—	>140~200	>100~200	m6①
		正常		一般通用机械、电动机、泵、内燃机、直齿轮传动装置	≤18	—	—	j5、js5
					>18~100	≤40	≤40	k5②
					>100~140	>40~100	>40~65	m5②
					>140~200	>100~140	>65~100	m6
					>200~280	>140~200	>100~140	n6
					—	>200~400	>140~280	p6
					—	—	>280~500	r6
		重		铁路机车车辆轴箱、牵引电机、破碎机等	—	>50~140	>50~100	n6③
						>140~200	>100~140	p6③
						>200	>140~200	r6③
						—	>200	r7③
	内圈承受固定载荷	所有载荷	内圈需在轴向易移动	非旋转轴上的各种轮子	所有尺寸			f6、g6
			内圈不需在轴向易移动	张紧轮、绳轮				h6、j6
	仅有轴向载荷				所有尺寸			j6、js6
圆锥孔轴承	所有载荷			铁路机车车辆轴箱（装在退卸套上）	所有尺寸			h8(IT6)④⑤
				一般机械传动（装在紧定套上）	所有尺寸			h9(IT7)④⑤

注：① 凡精度要求较高的场合，应用 j5、k5、m5 代替 j6、k6、m6。
　　② 圆锥滚子轴承、角接触球轴承配合对游隙影响不大，可用 k6、m6 代替 k5、m5。
　　③ 重载荷下轴承游隙应选大于 N 组。
　　④ 凡精度要求较高或转速要求较高的场合，应选用 h7（IT5）代替 h8（IT6）等。
　　⑤ IT6、IT7 表示圆柱度公差数值。

表 7-4　向心轴承与轴承座孔的配合——孔公差带

载荷情况		举　例	其他状况	公差带①	
				球轴承	滚子轴承
外圈承受固定载荷	轻、正常、重	一般机械、铁路机车车辆轴箱	轴向易移动，可采用剖分式轴承座	H7、G7②	
	冲击				
外圈承受方向不定载荷	轻、正常	电机、泵、曲轴主轴承	轴向能移动，可采用整体或剖分式轴承座	J7、JS7	
	正常、重				
外圈承受旋转载荷	重、冲击	牵引电机	轴向不移动，采用整体式轴承座	K7	
				M7	
	轻	带式张紧轮		J7	K7
	正常	轮毂轴承		M7	N7
	重			—	N7、P7

注：① 并列公差带随尺寸的增大从左到右选择，对旋转精度有较高要求时，可相应提高一个公差等级。

② 不适用于剖分式轴承座。

3. 几何公差及表面粗糙度的确定

为了保证轴承的正常运转，除了正确地选择轴承与轴颈及箱体孔的公差等级及配合外，还应对轴颈和箱体孔的几何公差及表面粗糙度提出要求。

1）形状公差：主要是与轴承配合的轴颈和箱体孔的表面圆柱度要求。

2）位置、方向和跳动公差：主要是轴肩端面的轴向圆跳动公差。

3）表面粗糙度：表面粗糙度值的高低直接影响着配合质量和连接强度，因此，凡是与轴承内、外圈配合的表面通常都对表面粗糙度提出较高的要求。具体选择参见表 7-5、表 7-6。

表 7-5　轴和轴承座孔的几何公差

公称尺寸/mm		圆柱度公差 t				轴向圆跳动公差 t_1			
		轴颈		轴承座孔		轴肩		轴承座孔	
		轴承公差等级							
		普通	6(6x)	普通	6(6x)	普通	6(6x)	普通	6(6x)
>	≤	公差值/μm							
—	6	2.5	1.5	4	2.5	3	3	8	3
6	10	2.5	1.5	4	2.5	6	4	10	6
10	18	3.0	2.0	0	3.0	8	?	12	8
18	30	4.0	2.5	6	4.0	10	6	15	10
30	50	4.0	2.5	7	4.0	12	8	20	12
50	80	5.0	3.0	8	5.0	15	10	25	15
80	120	6.0	4.0	10	6.0	15	10	25	15
120	180	8.0	5.0	12	8.0	20	12	30	20

公称尺寸/ mm		圆柱度公差 t				轴向圆跳动公差 t_1			
		轴颈		轴承座孔		轴肩		轴承座孔	
		轴承公差等级							
		普通	6(6x)	普通	6(6x)	普通	6(6x)	普通	6(6x)
>	≤	公差值/ μm							
180	250	10.0	7.0	14	10.0	20	12	30	20
250	315	12.0	8.0	16	12.0	25	15	40	25
315	400	13.0	9.0	18	13.0	25	15	40	25
400	500	15.0	10.0	20	15.0	25	15	40	25

表 7-6 轴与轴承座孔的配合表面的表面粗糙度

轴和轴承座孔直径/ mm		轴或轴承座孔配合表面直径标准公差等级					
		IT7		IT6		IT5	
		表面粗糙度 Ra/ μm					
>	≤	磨	车	磨	车	磨	车
—	80	1.6	3.2	0.8	1.6	0.4	0.8
80	500	1.6	3.2	1.6	3.2	0.8	1.6
端面		3.2	6.3	3.2	6.3	1.6	3.2

例 7-1 在 C616 车床主轴后支承上，装有两个单列向心球轴承（见图 7-4），其外形尺寸为 $d \times D \times B = 50$ mm $\times$ 90 mm $\times$ 20 mm，试选定轴承的公差等级、轴承与轴和基座孔的配合。

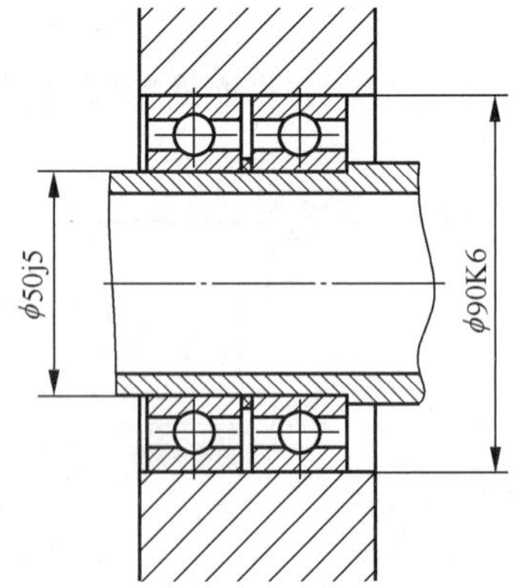

解：

（1）分析确定轴承的公差等级

1）C616 车床属于轻载的普通车床，主轴承受轻载荷。

2）C616 车床主轴的旋转精度和转速较高，选择 6 级精度的滚动轴承。

（2）分析确定轴承与轴和轴承座孔的配合

1）轴承内圈与主轴配合一起旋转，外圈装在基座孔中不转。

图 7-4 C616 车床主轴后轴承结构

2）主轴后支承主要承受齿轮传递力，故内圈承受旋转负荷，外圈承受定向负荷。前者配合应紧，后者配合略松。

3）参考表 7-3、表 7-4 选用轴公差带 $\phi50$j5、轴承座孔公差带 $\phi90$J6。

4）车床主轴前轴承已轴向定位，若后轴承外圈与轴承座孔配合无间隙，则不能补偿由于温度变化引起的主轴的伸缩性；若外圈与轴承座孔配合有间隙，会引起主轴跳动，影响车床的加工精度。为了满足使用要求，轴承座孔公差带改用 $\phi90$K6。

5）由 GB/T 307.1—2017 查出 6 级轴承单一平面平均内径偏差 Δ_{dmp} 为 $\phi 50_{-0.01}^{0}$，查出轴承单一平面平均外径偏差 Δ_{Dmp} 为 $\phi 90_{-0.013}^{0}$。

根据 GB/T 1800.1—2020 查得：轴为 $\phi 50 j5 \binom{+0.006}{-0.005}$，轴承座孔为 $\phi 90 K6 \binom{+0.004}{-0.018}$。

图 7-5 所示为 C616 车床主轴后轴承的公差与配合图解，轴承与轴的配合的最大间隙、最大过盈、平均过盈分别为：$X_{max} = +0.005$ mm，$Y_{max} = -0.016$ mm，$Y_{av} = -0.0055$ mm。

轴承与轴承座孔的配合的最大间隙、最大过盈、平均过盈分别为：$X_{max} = 0.017$ mm，$Y_{max} = -0.018$ mm，$Y_{av} = -0.0005$ mm。

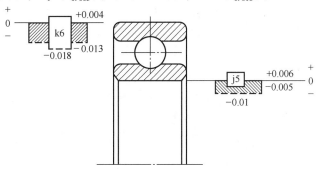

图 7-5　C616 车床主轴后轴承公差与配合图解

由此可知，轴承与轴的配合比与轴承座孔的配合要紧些。

6）将按表 7-5、表 7-6 查出轴和轴承座孔的几何公差和表面粗糙度值标注在零件图上（见图 7-6 和图 7-7）。

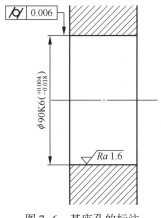

图 7-6　基座孔的标注

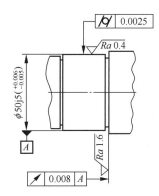

图 7-7　轴颈的标注

7.2　键与花键结合的公差与配合

在机械结构中，键和花键主要用来联结轴和轴上的齿轮、带轮等零件，用于传递转矩和运动。当轴与传动件之间有轴向相对运动要求时，键还能起导向作用。例如，变速箱中的齿轮可以沿花键轴移动以达到变换速度的目的。

为了提高产品质量，保证零、部件的互换性要求，我国制定有 GB/T 1095—2003《平键　键槽的剖面尺寸》、GB/T 1096—2003《普通型　平键》、GB/T 1097—2003《导向型　平键》、GB/T 1098—2003《半圆键　键槽的剖面尺寸》、GB/T 1099.1—2003《普通型　半圆键》、GB/T 1563—2017《楔键　键槽的剖面尺寸》、GB/T 1564—2003《普通型　楔键》、

GB/T 1565—2003《钩头型 楔键》、GB/T 1566—2003《薄型平键 键槽的剖面尺寸》、GB/T 1567—2003《薄型 平键》、GB/T 1568—2008《键 技术条件》、GB/T 1974—2003《切向键及其键槽》、GB/T 1144—2001《矩形花键尺寸、公差和检验》、GB/T 10919—2006《矩形花键量规》等多项国家标准。

根据键联结的功能，其使用要求如下：

1）键和键槽侧面应有足够的接触面积，以承受负荷，保证键联结的可靠性和寿命。

2）键嵌入轴键槽要牢固可靠，以防止松动脱落，但同时又要便于拆卸。

3）对于导向键，键与键槽间应有一定的间隙，以保证相对运动和导向精度要求。

键联结的尺寸系列及其选择、强度验算，可参考有关设计手册。

键联结可分为单键联结和花键联结两大类。

■ 7.2.1 单键联结

单键是普遍应用的一种标准件。键联结是一种可拆联结，常用于轴和齿轮、带轮等的联结。在两联结件中，通过键传递转矩和运动，或以键作为导向件。

单键分平键、半圆键和楔键三大类型，其中平键包括普通平键、导向平键、滑键和薄型平键；楔键包括普通楔键、钩头楔键和切向键，如表7-7所示。

表7-7 单键的种类

平键靠键侧传递转矩，其对中良好、装拆方便。普通平键在各种机器上应用最广泛。

半圆键靠侧面传递转矩，装配方便，适用于轻载和锥形轴端。

楔键以其上、下两面作为工作面，装配时打入轮毂，靠楔紧作用传递转矩，适用于低速重载、低精度场合。

1. 平键联结的特点及结构参数

平键联结是通过键和键槽侧面的相互接触传递转矩的，键的上表面和轮毂键槽底面间留有一定的间隙。因此，键和轴键槽的侧面应有充分大的实际有效面积来承受负荷，并且键嵌入轴键槽要牢固可靠，以防止松动脱落。所以，键宽与键槽宽 b 是决定配合性质和配合精度的主要参数，为主要配合尺寸，应规定较严的公差，而键长 L、键高 h、轴键槽深 t 和轮毂键槽深 t_1 为非配合尺寸，其配合精度要求较低。平键联结方式及主要结构参数如图 7-8 所示。键宽与键槽宽 b 的公差带如图 7-9 所示。

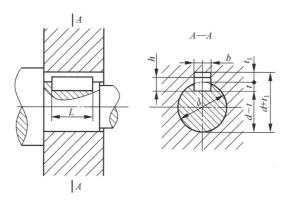

图 7-8　平键联结方式及主要结构参数

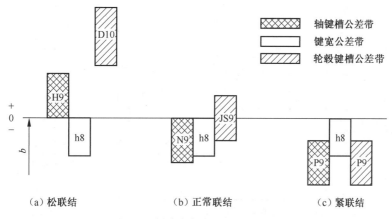

图 7-9　键宽与键槽宽 b 的公差带

2. 键联结的公差与配合

由于键为标准件，考虑工艺上的特点，为使不同配合所用键的规格统一，以利于采用精拔型钢来制作，国家标准规定键联结为基轴制配合。为保证键在轴键槽上紧固，同时又便于拆装，轴键槽和轮毂键槽可以采用不同的公差带，使其配合松紧不同。

GB/T 1095—2003 及 GB/T 1098—2003 对轴键槽和轮毂键槽各规定了三组公差带，构成三组配合，即正常联结、松联结和紧联结。三种配合的配合性质及应用如表7-8所示。

非配合尺寸公差规定如下：键高 h 的公差带为 h11，键长 L 的公差带为 h14，轴键槽长度 L 的公差带为 H14。轴键槽深 t 与轮毂键槽深 t_1 的极限偏差参见表7-9。平键公差如表7-10所示。

表7-8　各种配合性质及应用

配合种类	尺寸 b 的公差			配合性质及应用
	键	轴键槽	轮毂键槽	
松联结	h8	H9	D10	键在轴上及轮毂中均能滑动。主要用于导向平键，轮毂可在轴上作轴向移动
正常联结		N9	JS9	键在轴上及轮毂中均固定。用于载荷不大的场合
紧联结		P9	P9	键在轴上及轮毂中均固定，而比一般联结更紧。主要用于载荷较大，载荷具有冲击性，以及双向传递转矩的场合

表7-9　轴、平键及键槽剖面尺寸及键槽公差（摘录）　　　　单位：mm

轴	平键	键　槽										
		宽度 b					深度				倒圆半径 r	
			极限偏差				轴 t		毂 t_1			
			松联结		正常联结		紧联结					
公称直径 d	公称尺寸 $b×h$	公称尺寸 b	轴 H9	毂 D10	轴 N9	毂 JS9	轴和毂 P9	公称值	极限偏差	公称值	极限偏差	最小	最大
>22~30	8×7	8	+0.036 0	+0.098 +0.040	0 −0.036	±0.018	−0.015 −0.051	4.0	+0.2 0	3.3	+0.2 0	0.16	0.25
>30~38	10×8	10						5.0		3.3			
>38~44	12×8	12	+0.043 0	+0.120 +0.050	0 −0.043	±0.0215	−0.018 −0.061	5.0		3.3		0.25	0.40
>44~50	14×9	14						5.5		3.8			
>50~58	16×10	16						6.0		4.3			
>58~65	18×11	18						7.0		4.4			
>65~75	20×12	20	+0.052 0	+0.149 +0.065	0 −0.052	±0.026	−0.022 −0.074	7.5		4.9		0.40	0.60
>75~85	22×14	22						9.0		5.4			
>85~95	25×14	25						9.0		5.4			
>95~110	28×16	28						10.0		6.4			

注：(1) $d−t$ 和 $d+t_1$ 两个组合尺寸的极限偏差按相应的 t 和 t_1 的极限偏差选取，但 $d−t$ 极限偏差值应取负号 (−)。

　　(2) 导向平键的轴键槽和轮毂键槽用较松联结的公差。

此外，为了保证键宽和键槽宽之间具有足够的接触面积并避免装配困难，GB/T 1095—2003、GB/T 1568—2008 还规定了键槽（轴键槽和轮毂键槽）对轴及轮毂轴线的对称度公差和键的两个配合侧面的平行度公差。轴键槽和轮毂键槽的对称度公差按 GB/T 1184—1996《形状和位置公差　未注公差值》对称度公差 7~9 级选取。当键长 L 与键宽 b 之比大于或等

于 8 时，键的两侧面在长度方向上的平行度公差应符合 GB/T 1184—1996《形状和位置公差
未注公差值》的规定：当 $b \leqslant 6$ mm 时取 7 级；$b \geqslant 8 \sim 36$ mm 时取 6 级；$b \geqslant 40$ mm 时取
5 级。

表 7-10　平键公差（摘录）　　　　　　　　　　　　　　单位：mm

	公称尺寸	8	10	12	14	16	18	20	22	25	28
b	极限偏差 h8	0 −0.022		0 −0.027				0 −0.033			
	公称尺寸	7	8	8	9	10	11	12	14	16	
h	极限偏差 h11	0 −0.090						0 −0.110			

　　GB/T 1095—2003、GB/T 1568—2008 同时还规定轴键槽、轮毂键槽宽的两侧面的表面粗
糙度参数 Ra 的最大值为 $1.6 \sim 3.2$ μm，轴键槽底面、轮毂键槽底面的表面粗糙度参数 Ra 的
最大值为 6.3 μm。

7.2.2　花键联结

　　花键联结是多键结合。花键按键廓的形状不同分为矩形花键、渐开线花键和三角花键三
种（见图 7-10）。目前用得最普遍的是矩形花键，使用时具有联结强度高，传递转矩大，定
心精度高，滑动联结的导向精度高、移动的灵活性强，以及固定联结的可装配性强等特点。

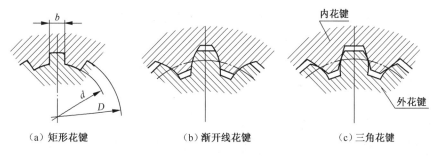

（a）矩形花键　　　　　　　（b）渐开线花键　　　　　　　（c）三角花键

图 7-10　花键联结的种类

　　花键联结的优点：①键与轴或孔为一整体，联结强度高、负荷分布均匀、可传递较大转
矩；②联结可靠，导向精度高，定心性好，易达到较高的同轴度要求。

　　花键联结与单键联结相比，其定心精度高，导向性好，承载能力强，因而在机械生产中
获得了广泛的应用。

　　圆柱直齿渐开线花键和圆柱矩形齿花键的承载能力可按 GB/T 17855—2017《花键承载能
力计算方法》进行计算。

　　花键联结键数通常为偶数，按传递转矩的大小，花键可分为轻系列、中系列和重系列
三种。

　　1）轻系列：键数最少，键齿高度最小，主要用于机床制造工业。

　　2）中系列：主要用于拖拉机、汽车工业。

3）重系列：键数最多，键齿高度最大，主要用于重型机械。

轻、中系列分 6、8、10 个键，两者的小径、键（键槽）宽都相同，仅大径不同。

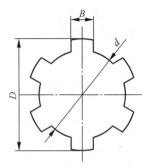

图 7-11　矩形花键

1. 矩形花键结合

为便于加工和测量，矩形花键的键数为偶数，有 6、8、10 三种。矩形花键如图 7-11 所示，其主要尺寸参数有小径 d、大径 D、键（键槽）宽 B。

矩形花键联结的结合面有三个，即大径结合面、小径结合面和键侧结合面。要保证三个结合面同时达到高精度的配合是很困难的，也无此必要。使用中只要选择其中一个结合面作为主要配合面，对其尺寸规定较高的精度，作为主要配合尺寸即可。

将确定内、外花键的配合性质，并起定心作用的表面称为定心表面。

花键联结有三种定心方式：小径 d 定心、大径 D 定心和键（键槽）宽 B 定心，GB/T 1144—2001 规定矩形花键以小径结合面作为定心表面，即采用小径定心。定心直径 d 的公差等级较高，非定心直径 D 的公差等级较低。但键齿侧面是传递转矩及导向的主要表面，故键（键槽）宽 B 应具有足够的精度，一般要求比非定心直径 D 要严格。

2. 矩形花键采用小径定心的优越性

1）以小径定心，其内、外花键的小径可以通过磨削达到所要求的尺寸和形状公差，可用高精度的小径作为加工和传动基准，从而使矩形花键的定心精度高，定心稳定性好，保证和提高了传动精度、产品性能与质量。

2）有利于提高机器的使用寿命。因为大多数传动零件（如齿轮）都经过了渗碳、淬火以提高硬度和强度，采用小径定心矩形花键，可用磨削方法消除热处理变形，从而提高机器的使用寿命。

3）有利于与齿轮精度标准的贯彻配套。

4）可减少刀、量具和工装规格，有利于集中生产和配套协作。

3. 矩形花键的公差与配合

矩形花键配合的精度，按其使用要求分为一般用和精密传动用两种。精密级用于机床变速箱，其定心精度要求高或传递转矩较大；一般级适用于汽车、拖拉机的变速箱。GB/T 1144—2001 规定的小径 d、大径 D 及键（键槽）宽 B 的尺寸公差带如表 7-11 所列。

矩形花键联结采用基孔制，可以减少加工用内花键拉刀和检验用花键量规的规格和数量，并规定了最松的滑动联结、略松的紧滑动联结和较紧的固定联结。此固定联结仍属于光滑圆柱体配合的间隙配合，但由于几何误差的影响，故配合变紧。对于内、外花键之间要求有相对移动，而且移动距离长、移动频率高的情况，应选用配合间隙较大的滑动联结，以保证运动的灵活性并使配合面间有足够的润滑层，如汽车、拖拉机等变速箱中的变速齿轮与轴的联结。对于内、外花键之间虽有相对滑动，但定心精度要求高，传递转矩大或经常有反向转动的情况，则应选用配合间隙较小的紧滑动联结。对于内、外花键之间无轴向移动，只用来传递转矩的情况，则应选用固定联结。

表 7-11　矩形内、外花键的尺寸公差带

精度	内花键				外花键			装配型式
	d	D	B		d	D	B	
			拉削后不热处理	拉削后热处理				
一般用	H7	H10	H9	H11	f7	a11	d10	滑动
					g7		f9	紧滑动
					h7		h10	固定
精密传动用	H5	H10	H7、H9		f5	a11	d8	滑动
					g5		f7	紧滑动
					h5		h8	固定
	H6				f6		d8	滑动
					g6		f7	紧滑动
					h6		h8	固定

4. 矩形花键的几何公差

GB/T 1144—2001《矩形花键尺寸、公差和检验》对矩形花键的几何公差做了规定。

1）为了保证定心表面的配合性质，内、外花键小径（定心直径）的尺寸公差和几何公差的关系应采用包容要求。

2）在大批量生产时，采用花键综合量规来检验矩形花键，因此对键宽需要遵守最大实体要求。对键和键槽只需要规定位置度公差，位置度公差如表 7-12 所列，图样标注如图 7-12 所示。

表 7-12　矩形花键位置度公差值　　　　单位：mm

键（键槽）宽 B		3	3.5~6	7~10	12~18
		t_1			
键槽宽		0.010	0.015	0.020	0.025
键宽	滑动、固定	0.010	0.015	0.020	0.025
	紧滑动	0.006	0.010	0.013	0.016

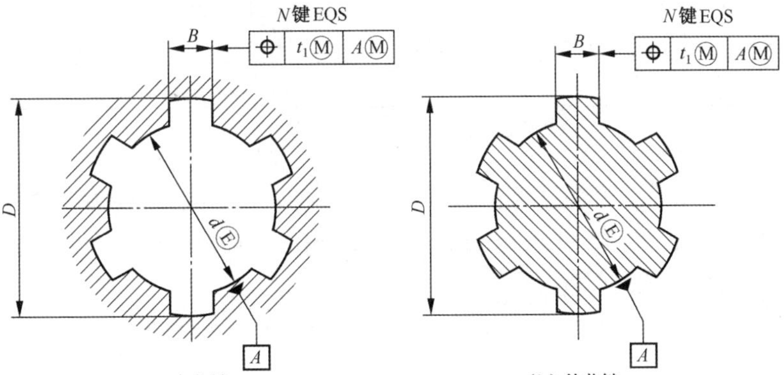

图 7-12　矩形花键位置度公差标注示例

3）在单件、小批量生产时，键（键槽）宽需规定对称度公差和均匀分布要求，并遵守独立原则，两者同值，对称度公差如表 7-13 所示，图样标注如图 7-13 所示。

表 7-13　矩形花键对称度公差值　　　　　　　　　　　单位：mm

键（键槽）宽 B	3	3.5~6	7~10	12~18
	t_2			
一般用	0.010	0.012	0.015	0.018
精密传动用	0.006	0.008	0.009	0.011

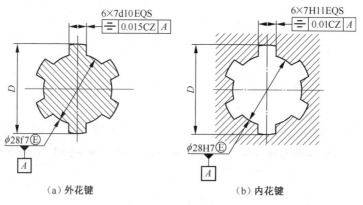

（a）外花键　　　　　　　　　（b）内花键

图 7-13　矩形花键对称度公差标注示例

4）对于较长的花键，国家标准未做规定，可根据产品性能自行规定键（键槽）侧对小径 d 轴线的平行度公差。

矩形花键各结合面的表面粗糙度要求见表 7-14。

表 7-14　矩形花键表面粗糙度推荐值

加工表面	内花键	外花键
	$Ra/\mu m$	
	不大于	
大径	6.3	3.2
小径	1.6	0.8
键侧	6.3	1.6

5. 花键的标注方法

矩形花键的标记代号按顺序包括下列项目：键数 N、小径 d、大径 D、键宽 B、花键的公差代号。对 $N=6$，$d=23H7/f7$，$D=26H10/a11$，$B=6H11/d10$ 的花键，可根据需要采取以下的标注形式

花键规格（$N \times d \times D \times B$）：6×23×26×6

花键副：$6 \times 23 \dfrac{H7}{f7} \times 26 \dfrac{H10}{a11} \times 6 \dfrac{H11}{d10}$　　GB/T 1144—2001

内花键：6×23H7×26H10×6H11　GB/T 1144—2001

外花键：6×23f7×26a11×6d10　GB/T 1144—2001

键和花键的检测见电子资源 7-1。

电子资源 7-1：键和花键的检测

例 7-2　以图 2-2 所示的单级圆柱齿轮减速器的输出轴为例，试选定：

1）滚动轴承的型号、精度等级、轴承与轴和箱体孔的配合。

2）键的型号、公差、键与轴键槽和齿轮键槽的配合。

解：

（1）滚动轴承的型号、精度等级、轴承与轴和箱体孔的配合

1）根据输入功率、输入转速情况，该轴承受轻载荷，由于选用的是斜齿轮传动，考虑轴向载荷，轴承选择圆锥滚子轴承，由于旋转精度和转速较高，选择 6 级精度。选择轴承型号：滚动轴承　30209　GB/T 297。

2）由于轴承内圈承受循环载荷，外圈承受局部载荷，选择轴承内圈与主轴配合一起旋转，外圈装在箱体孔中不转。前者配合应紧，后者配合略松。

3）参考表 7-3、表 7-4 选用轴公差带 ϕ45k6，箱体孔公差带 ϕ100H7。

4）根据 GB/T 1800.1—2020 查得：轴为 ϕ45k6 $\left(^{+0.018}_{+0.002}\right)$，箱体孔为 ϕ100H7 $\left(^{+0.035}_{0}\right)$。

（2）键的型号、公差、键与轴键槽和齿轮键槽的配合

1）ϕ50 轴段键的选择

由表 7-9 查得：键宽 $b=14$ mm，键高 $h=9$ mm。

由表 7-10 查得：键宽为 14h8 $\left(^{0}_{-0.027}\right)$ mm，键高为 9h11 $\left(^{0}_{-0.090}\right)$ mm。

由表 7-8、表 7-9 查得：轴键槽 14N9 $\left(^{0}_{-0.043}\right)$ mm；轮毂键槽 14JS±0.0215 mm。深度：轴 $t=5.5^{+0.2}_{0}$ mm；轮毂 $t_1=3.8^{+0.2}_{0}$ mm。

2）ϕ35 轴段键的选择

由表 7-9 查得：键宽度 $b=10$ mm，高度 $h=8$ mm。

由表 7-10 查得：键宽度 10h8 $\left(^{0}_{-0.022}\right)$ mm，高度 8h11 $\left(^{0}_{-0.090}\right)$ mm。

由表 7-8、表 7-9 查得：轴键槽 10N9 $\left(^{0}_{-0.036}\right)$ mm；轮毂键槽 10JS±0.018 mm。深度：轴 $t=5^{+0.2}_{0}$ mm；轮毂 $t_1=3.3^{+0.2}_{0}$ mm。

7.3　圆柱齿轮的公差与检测

齿轮广泛应用于各种机电产品中，其制造经济性、工作性能、寿命与齿轮设计和制造精度有密切关系。当前齿轮精度国家标准体系的构成如下：

- GB/T 10095.1—2008《圆柱齿轮　精度制　第 1 部分：轮齿同侧齿面偏差的定义和允许值》；

- GB/T 10095.2—2008《圆柱齿轮　精度制　第 2 部分：径向综合偏差与径向跳动的定

义和允许值》；

- GB/T 13924—2008《渐开线圆柱齿轮精度　检验细则》
- GB/Z 18620.1—2008《圆柱齿轮　检验实施规范　第1部分：轮齿同侧齿面的检验》；
- GB/Z 18620.2—2008《圆柱齿轮　检验实施规范　第2部分：径向综合偏差、径向跳动、齿厚和侧隙的检验》；
- GB/Z 18620.3—2008《圆柱齿轮　检验实施规范　第3部分：齿轮坯、轴中心距和轴线平行度的检验》；
- GB/Z 18620.4—2008《圆柱齿轮　检验实施规范　第4部分：表面结构和轮齿接触斑点的检验》。

以上标准和指导性技术文件均等同采用相应国际标准或技术报告。

本章依据这些国家标准和指导性技术文件，介绍齿轮传动的使用要求、齿轮加工的主要工艺误差、齿轮精度和齿轮副侧隙评定指标，以及偏差（误差）检测、齿轮坯精度和齿轮箱体精度、齿轮精度设计等。

■7.3.1　齿轮传动的使用要求和齿轮加工的工艺误差

1. 齿轮传动的使用要求

齿轮传动的使用要求可以归纳为以下四个方面。

（1）**传递运动的准确性**　要求从动齿轮在一转范围内的最大转角误差不超过规定的数值，以使齿轮在一转范围内传动比的变化尽量小，保证主、从动齿轮运动协调，从而保证准确传递回转运动或准确分度。由于加工误差和安装误差的影响，齿廓相对于旋转中心分布不均，从动齿轮的实际转角偏离了理论转角，实际传动比与理论传动比产生差异，且渐开线也不是理论的渐开线。因此，在齿轮传动中必然会引起传动比的变动。

（2）**传动的平稳性**　要求齿轮在传动过程中转动一齿的瞬时转角误差的最大值不超过规定的数值，即齿轮在转动一齿时传动比的变化尽量小，以减小齿轮传动中的冲击、振动和噪声，保证传动平稳。齿轮由于受到齿形误差、齿距误差等影响，即使转过很小的角度也会产生转角误差，从而造成瞬时传动比的变化。瞬时传动比的变化是产生振动、冲击和噪声的根源。

（3）**载荷分布的均匀性**　在齿轮传动中要求齿轮啮合时，齿轮齿面接触良好，工作齿面沿全齿宽和齿高方向保持均匀接触，并具有尽可能大的接触面积，以保证载荷分布均匀，防止应力集中。载荷集中于局部齿面，可能造成齿面非正常磨损或其他形式的损坏，甚至断齿，影响齿轮的使用寿命。因此必须保证啮合面沿齿宽和齿高方向的实际接触面积，以满足载荷分布的均匀性要求。

（4）**传动侧隙的合理性**　侧隙即齿侧间隙，是指一对啮合齿轮的工作齿面接触时，非工作齿面之间的间隙。侧隙是在齿轮副装配后形成的，用于储存润滑油、补偿制造和安装误差、补偿热变形和齿轮传动受力后的弹性变形。但是侧隙必须合理，若侧隙过小，在齿轮传动过程中可能发生齿面烧伤或卡死；侧隙过大，则会增大冲击、噪声和空程误差等。

齿轮的上述要求因齿轮的用途和工作条件不同而有所侧重。例如，分度齿轮和读数齿轮，其模数小、转速低，主要要求是传递运动准确；高速动力齿轮如机床和汽车变速箱齿轮，其转速高、传递功率较大，主要要求是传动平稳、振动及噪声小，以及齿面接触均匀；低速重载齿轮如轧钢机、矿山机械、起重机械中的齿轮，其转速低、传递功率大，主要要求是齿面接触均匀；高速重载齿轮如蒸汽涡轮机、燃气涡轮机、高速发动机、减速器及高速机床变速箱中的齿轮，其转速高、传递功率大，对传递运动准确性、传动平稳性、载荷分布均匀性的要求都较高。

各类齿轮传动都应有适当的侧隙。齿轮副所要求的侧隙的大小主要取决于工作条件。对于高速重载齿轮传动，力变形和热变形较大，侧隙应大些；对于需要正、反转的齿轮副，为了减小回程误差，侧隙应较小。

此外，齿轮的传动精度与齿轮精度及其安装情况等密切相关，因此，为保证齿轮传动的互换性，不仅要规定单个齿轮的精度，也要规定齿轮副的制造和安装精度，还需要对齿轮坯、安装齿轮的轴和与轴配合的轴承、箱体孔等提出相应的尺寸精度、几何精度要求。

2. 影响齿轮使用要求的主要工艺误差

产生齿轮加工误差的原因很多，误差主要来源于齿轮加工系统中的机床、刀具、夹具和齿轮坯的加工误差及安装、调整误差。渐开线齿轮的加工方法很多，如滚齿、插齿、剃齿、磨齿、珩齿等。

（1）影响齿轮传递运动准确性的主要工艺误差　影响齿轮传递运动准确性的主要工艺误差，就齿轮特征来说是齿轮轮齿分布不均匀。而影响齿轮轮齿分布的主要工艺误差是几何偏心和运动偏心。下面以滚齿为例来分析这两种工艺误差。

如图 7-14 所示，滚齿过程是滚刀 6 与齿轮坯 2 强制啮合的过程。滚刀的纵向剖切面形状为标准齿条，对于单头滚刀，滚刀每转一转，该齿条移动一个齿距。齿轮坯安装在工作台 3 的心轴 1 上，通过分齿传动链使得滚刀转过一转时，工作台转过被切齿轮的一个齿距角。滚刀和工作台连续回转，切出所有轮齿的齿廓。滚刀架沿滚齿机刀架导轨移动，滚刀切出整个齿宽上的齿廓。滚刀相对于工作台回转轴线的径向位置决定了齿轮齿厚的大小。

1）几何偏心。几何偏心是指齿轮坯在机床工作台心轴上的安装偏心。如图 7-14 所示，由于齿轮坯安装孔与心轴之间有间隙，使齿轮坯安装孔轴线 $O'O'$（齿轮工作时的回转轴线）与工作台回转轴线 OO 不重合，两者在度量面上的距离 e_1 就称为几何偏心。

如图 7-15 所示，在没有其他工艺误差的前提下，切削过程中，滚刀轴线 O_1O_1 的位置不变，工作台回转中心 O 至 O_1O_1 的距离 A 保持不变；齿轮坯安装孔中心 O' 绕工作台回转中心 O 转动，即齿轮坯转一转的过程中 O' 至 O_1O_1 的距离 A' 是变动的，其最大距离 A'_{max} 与最小距离 A'_{min} 之差为 $2e_1$。

几何偏心使加工过程中齿轮坯相对于滚刀的距离产生变化，切出的齿一边短而肥、一边瘦而长。以齿轮坯安装孔中心 O' 为基准来度量齿圈，在齿轮一转内产生周期性的齿圈径向跳动误差，同时齿距和齿厚也产生周期性变化。

几何偏心除影响传递运动的准确性外，对其他三方面的使用要求也有影响。

2）运动偏心。运动偏心是指机床分齿传动链传动误差。这种误差导致加工过程中机床工作台与滚刀之间的传动比不能保持恒定。可以把分齿传动链各环节的误差等价到其中的一个环节上：分齿传动链中的分度蜗轮与工作台心轴之间存在安装偏心，故将此种误差称为运动偏心。

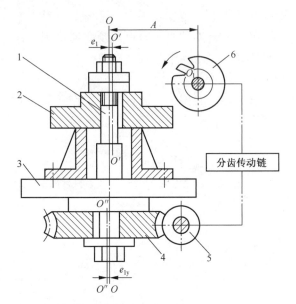

图 7-14 滚齿机切齿示意图

1—心轴；2—齿轮坯；3—工作台；

4—分度蜗轮；5—分度蜗杆；6—滚刀；

e_1—几何偏心

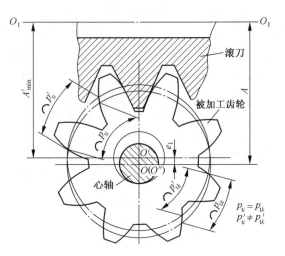

图 7-15 几何偏心

O—滚齿机工作台回转中心；

O'—齿轮坯安装孔中心

如图 7-16 所示，分度蜗轮的分度圆中心为 O''，分度圆半径为 r；工作台回转中心为 O（即心轴轴线）；两者之间的距离（即运动偏心）为 e_{1y}。设滚刀匀速回转，经过分齿传动链，分度蜗杆也匀速回转，带动分度蜗轮绕工作台回转中心 O 转动。分度蜗轮的节圆半径在最小值 $(r-e_{1y})$ 和最大值 $(r+e_{1y})$ 之间变化，分度蜗轮的角速度（也是齿轮坯的角速度）相应在最大值 $(\omega+\Delta\omega)$ 和最小值 $(\omega-\Delta\omega)$ 之间变化，ω 为分度蜗轮的正确角速度，即节圆半径为 r 时的角速度。当角速度由 ω 增加到 $\omega+\Delta\omega$ 时，齿距和公法线都变长；当角速度由 ω 减少到 $\omega-\Delta\omega$ 时，切齿滞后使齿距和公法线都变短，从而使齿轮产生切向周期性变化的切向误差。

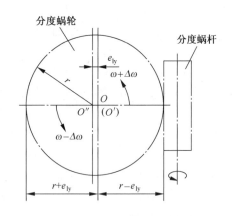

图 7-16 运动偏心—分度蜗轮角速度改变

注：O''—分度蜗轮的分度圆中心；

O—滚齿机工作台回转中心

还需指出，运动偏心除影响传递运动的准确性外，对其他三方面的使用要求也有影响。

（2）影响齿轮传动平稳性的主要工艺误差 影响齿轮传动平稳性的主要工艺误差，就齿轮特征来说，是齿轮齿距偏差（特别直接的是基圆齿距偏差）和齿廓偏差（包括齿廓渐开线形状偏差和渐开线压力角偏差）。滚齿中造成这些误差（偏差）的原因主要是下述的工艺误差。

1）滚刀齿形角偏差的影响。滚刀齿形角是指能与滚刀正确啮合的当量齿条的齿形角。当滚刀齿形角偏差为负时（即滚刀齿形角做小），被切齿轮表现为齿顶部分变肥，齿根部分变瘦，齿形角也小；当滚刀齿形角偏差为正时（即滚刀齿形角做大），被切齿轮表现为齿顶部分变瘦，齿根部分变肥，齿形角也大。齿轮基节相应发生改变。

2）滚刀轴向齿距偏差的影响。滚刀轴向齿距偏差是指滚刀轴向实际齿距与理论齿距之差。当滚刀轴向齿距偏差为正时，被切齿轮的基节偏差变大；当滚刀轴向齿距偏差为负时，被切齿轮的基节偏差变小。同时，滚刀轴向齿距偏差引起被切齿轮基圆半径的同向变化，而基圆是决定渐开线齿形的唯一参数。

3）滚刀安装误差的影响。滚刀安装误差包括滚刀径向跳动、滚刀轴向窜动和滚刀轴线偏斜。滚刀径向跳动由滚刀基圆柱相对于滚刀安装孔的径向跳动、安装孔与刀杆的配合间隙和刀杆支承引起的径向跳动组成。滚刀轴向窜动主要由刀杆支承引起。滚刀轴线偏斜主要由刀杆支承部位的制造、装配和调整误差引起。在对齿形的影响上，轴向窜动比径向跳动大；轴线偏斜还会造成轮齿两侧齿形角不相等和齿形不对称。

4）机床小周期误差的影响。机床小周期误差主要是指分度蜗杆的制造误差和安装后的径向跳动和轴向窜动，它们将直接引起蜗轮的转角误差，进而造成被切齿轮的基圆误差。这些工艺误差以蜗杆一转为一个周期，其所造成的齿轮误差也是周期性的。

（3）影响载荷分布均匀性的主要工艺误差　影响载荷分布均匀性的主要工艺误差，就齿轮特征来说，是指齿轮螺旋线偏差（主要影响齿长方向的接触精度）、基圆齿距偏差和齿廓偏差（主要影响齿高方向的接触精度）；就齿轮副特征来说，是指齿轮副安装轴线的平行度偏差（轴线平面和垂直平面内，齿长、齿高方向的接触精度都受影响）。造成基圆齿距偏差和齿廓偏差的一些工艺因素已在前面说明，这里仅分析造成齿轮螺旋线偏差的工艺原因。造成齿轮副安装轴线平行度偏差的主要原因是箱体孔轴线的平行度偏差。

1）机床导轨相对于工作台回转轴线的平行度误差的影响。滚齿时靠滚刀作垂直进给来完成整个齿宽的切削，如果机床导轨相对于工作台回转轴线有平行度误差 Δx、Δy，就会使滚切出的轮齿向中心倾斜，被切齿轮沿齿宽方向的齿廓位移量不相等，也会使滚切出的轮齿相应歪斜。

2）齿轮坯安装误差的影响。齿轮坯安装误差主要有夹具定位端面与心轴轴线不垂直、夹紧后心轴变形、夹具顶尖的同轴度误差等。显然，它们的影响相当于机床导轨相对于工作台回转轴线的平行度误差的影响，但齿轮误差形态有不同。

3）齿轮坯自身误差的影响。影响载荷分布均匀性的齿轮坯误差主要是齿轮坯定位端面对安装孔轴线的垂直度误差，如图 7-17 所示。同样，它的影响也相当于机床导轨相对于工作台回转轴线的平行度误差的影响，齿轮误差形态则相当于齿轮坯安装误差的影响结果。

（4）影响齿侧间隙的主要工艺原因　就齿轮特征来说，影响齿侧间隙的主要因素是齿轮齿厚偏差；就齿轮副特征来说，主要因素是齿轮副中心距偏差。显然，它们的影响结果是：齿厚增大侧隙减小，中心距增大侧隙增大。造成齿轮副中心距偏差的主要原因是箱体孔的中心距偏差。造成齿厚变动的工艺原因主要是切齿时刀具的进刀位置偏差：刀具离工作台回转轴线近一点，齿厚小一点；反之，齿厚大一点。

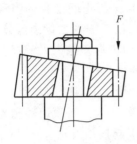 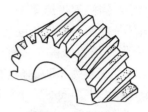

（a）切齿时齿轮坯安装孔轴线倾斜　　　（b）各齿接触斑点的位置游动

图 7-17　齿轮坯自身误差的影响

F—切削力

7.3.2　齿轮精度的评定指标及检测

7.3.2.1　单个齿轮精度的评定指标

GB/T 10095.1—2008 规定了单个渐开线圆柱齿轮轮齿同侧齿面的精度制，评定指标包括齿距偏差、齿廓偏差、螺旋线偏差、切向综合偏差。GB/T 10095.2—2008 规定了径向综合偏差和径向跳动。

1. 齿距偏差

齿距偏差包括单个齿距偏差 f_{pt}、齿距累积偏差 F_{pk}、齿距累积总偏差 F_p。

（1）单个齿距偏差 f_{pt}　单个齿距偏差（single pitch deviation）是指在端平面上，在接近齿高中部的一个与齿轮轴线同心的圆上，实际齿距（见图 7-18 中 p_t）与理论齿距的代数差，如图 7-18 所示。图中，实线表示齿廓的实际位置，双点画线表示齿廓的理想位置，D 为接近齿高中部的与齿轮轴线同心的圆。

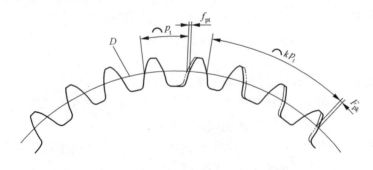

图 7-18　单个齿距偏差 f_{pt} 和齿距累积偏差 F_{pk}

（2）齿距累积偏差 F_{pk}　齿距累积偏差（cumulative pitch deviation）是指任意 k 个齿距的实际弧长与理论弧长的代数差。理论上它等于这 k 个齿距的各单个齿距偏差的代数和。除非另有规定，F_{pk} 的计值仅限于不超过圆周 1/8 的弧段内，即 F_{pk} 的允许值适用于相继齿距数 k 为 2~z/8（z 为被评定齿轮的齿数）的弧段内。通常，取 $k \approx z/8$ 就足够了。

（3）齿距累积总偏差 F_p　齿距累积总偏差（total cumulative pitch deviation）是指齿轮同

侧齿面任意弧段内的最大齿距累积偏差。它表现为齿距累计偏差曲线的总幅值，如图 7-19 所示。

2. 齿廓偏差

齿廓偏差包括齿廓总偏差 F_α、齿廓形状偏差 $f_{f\alpha}$、齿廓倾斜偏差 $f_{H\alpha}$。

齿廓总偏差 F_α 指在计值范围 L_α 内，包容实际齿廓迹线的两条设计齿廓迹线间的距离，如图 7-20 所示。它在齿轮端平面内沿垂直于渐开线齿廓的方向上计值。

如图 7-20（a）所示，设计齿廓是未修形的渐开线，实际齿廓在减薄区内具有偏向体内的负偏差并超出包容迹线（左端），未计入评定范围；如图 7-20（b）所示，设计齿廓是修形的渐开线，实际齿廓在减薄区内

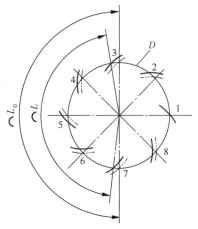

图 7-19　齿距累积总偏差 F_p

具有偏向体内的负偏差，未超出包容迹线计入评定范围；如图 7-20（c）所示，设计齿廓是修形的渐开线，实际齿廓在减薄区内具有偏向体外的正偏差，未超出包容迹线，计入评定范围。

$f_{f\alpha}$、$f_{H\alpha}$ 的定义见 GB/T 10095.1—2008。

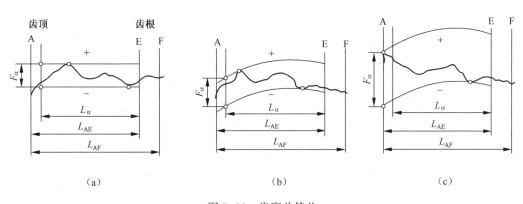

|（a）|（b）|（c）|

图 7-20　齿廓总偏差

3. 螺旋线偏差

螺旋线偏差是在端面切线方向上测得的实际螺旋线偏离设计螺旋线的量，包括螺旋线总偏差 F_β、螺旋线形状偏差 $f_{f\beta}$、螺旋线倾斜偏差 $f_{H\beta}$。

螺旋线总偏差 F_β 是指在齿廓计值范围 L_β 内，包容实际螺旋线迹线的两条设计螺旋线迹线间的距离，如图 7-21 所示。它在端面基圆切线方向上计值。计值范围是不包括齿端倒角或修圆在内的部分。

如图 7-21（a）所示，设计螺旋线是未修形的螺旋线，实际螺旋线在减薄区内具有偏向体内的负偏差并超出包容迹线（右端），未计入评定范围；如图 7-21（b）所示，设计螺旋线是修形的螺旋线，实际螺旋线在减薄区内具有偏向体内的负偏差并超出包容迹线（左端），未计入评定范围；如图 7-21（c）所示，设计螺旋线是修形的螺旋线，实际螺旋线在减薄区内具有偏向体外的正偏差，未超出包容迹线，计入评定范围。

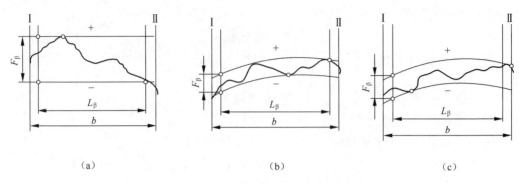

（a）　　　　　　　　　　（b）　　　　　　　　　　（c）

图 7-21　螺旋线总偏差 F_β

4. 切向综合偏差

切向综合偏差包括切向综合总偏差 F_i'、一齿切向综合偏差 f_i'。

（1）切向综合总偏差 F_i'　切向综合总偏差是指被测齿轮与测量齿轮单面啮合检验时，被测齿轮一转内，齿轮分度圆上实际圆周位移与理论圆周位移的最大差值，以分度圆弧长计。仪器记录曲线及评定如图 7-22 所示。在检测过程中，只有同侧齿面单面接触。

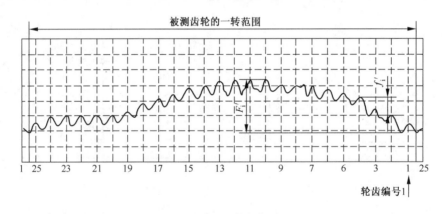

图 7-22　切向综合偏差曲线

（2）一齿切向综合偏差 f_i'　一齿切向综合偏差是指切向综合偏差记录曲线上小波纹的幅度值，以分度圆弧长计，即一个齿距内的切向综合偏差，如图 7-22 所示。

5. 径向综合偏差

（1）径向综合总偏差 F_i''　径向综合总偏差是指在径向（双面）综合检验时，被测齿轮的左右齿面同时与测量齿轮接触并转过一整圈时出现的中心距最大值与最小值之差，如图 7-23 所示。

（2）一齿径向综合偏差 f_i''　一齿径向综合偏差是指径向综合偏差记录曲线上

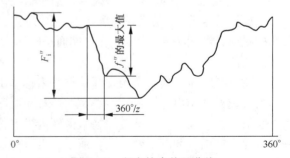

图 7-23　径向综合偏差曲线

小波纹的幅度值，即一个齿距内（$360°/z$）的径向综合偏差，如图 7-23 所示。

6. 径向跳动 F_r

径向跳动是指测头（球形、圆柱形、砧形）在每个齿槽内近似齿高中部与左右齿面接触时，测头到齿轮轴线的最大和最小距离之差，如图 7-24 所示。F_r 的测量见电子资源 7-2。

电子资源 7-2：齿轮齿圈径向跳动的测量实验视频

以上指标根据它们对齿轮传动的主要影响，可以分为三组，如表 7-15 所示。

7.3.2.2　齿轮精度国家标准

GB/T 10095.1—2008 和 GB/T 10095.2—2008 分别对上述指标规定了精度等级，0 级（对同侧齿面指标和径向跳动）或 4 级（对径向综合偏差）最高，12 级最低。此外，GB/T 10095.1—2008 和 GB/T 10095.2—2008 还分别给出了这些指标的 5 级精度偏差允许值计算式。

GB/T 10095.1—2008 给出了齿距累积总偏差 F_p、单个齿距极限偏差 $\pm f_{pt}$、齿廓总偏差 F_α、螺

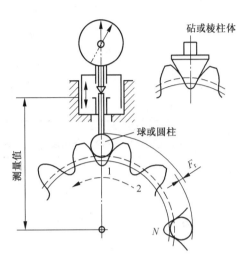

图 7-24　径向跳动测量原理

旋线总偏差 F_β 的数值表，如表 7-16~表 7-19 所列。除另有规定外，切向综合偏差的测量不是强制性的，因此该标准没有给出 F'_i、f'_i 的具体数值。F_{pk} 的数值按式（7-3）进行计算。

$$F_{pk} = f_{pt} + 1.6\sqrt{(k-1)m} \tag{7-3}$$

式中，k 为相继齿距数；m 为齿轮模数，单位为 mm。

表 7-15　齿轮指标的分组

组别	偏差项目	主要特性	对齿轮传动的影响
1	F_p、F_{pk}、F'_i、F''_i、F_r	长周期误差，除 F_{pk} 外，都是在齿轮一转范围内度量	传递运动的准确性
2	f_{pt}、F_α、$f_{f\alpha}$、$f_{H\alpha}$、f'_i、f''_i	小周期误差，在一个齿上或一个齿距内度量	传动的平稳性
3	F_β、$f_{f\beta}$、$f_{H\beta}$	在齿轮轴线方向上的误差	载荷分布的均匀性

表 7-16　齿轮齿距累积总偏差 F_p 值（摘自 GB/T 10095.1—2008）　　　单位：μm

分度圆直径 d/mm	法向模数 m_n/mm	精 度 等 级											
		0	1	2	3	4	5	6	7	8	9	10	11	12
$50<d\leqslant125$	$0.5\leqslant m_n\leqslant2$	3.3	4.6	6.5	9.0	13.0	18.0	26.0	37.0	52.0	74.0	104.0	147.0	208.0
	$2<m_n\leqslant3.5$	3.3	4.7	6.5	9.5	13.0	19.0	27.0	38.0	53.0	76.0	107.0	151.0	241.0
	$3.5<m_n\leqslant6$	3.4	4.9	7.0	9.5	14.0	19.0	28.0	39.0	55.0	78.0	110.0	156.0	220.0

续表

分度圆直径 d/mm	法向模数 m_n/mm	精度等级												
		0	1	2	3	4	5	6	7	8	9	10	11	12
$125<d\leqslant280$	$0.5\leqslant m_n\leqslant2$	4.3	6.0	8.5	12.0	17.0	24.0	35.0	49.0	69.0	98.0	138.0	195.0	276.0
	$2<m_n\leqslant3.5$	4.4	6.0	9.0	12.0	18.0	25.0	35.0	50.0	70.0	100.0	141.0	199.0	282.0
	$3.5<m_n\leqslant6$	4.5	6.5	9.0	13.0	18.0	25.0	36.0	51.0	72.0	102.0	144.0	204.0	288.0
$280<d\leqslant560$	$0.5\leqslant m_n\leqslant2$	5.5	8.0	11.0	16.0	23.0	32.0	46.0	64.0	91.0	129.0	182.0	257.0	364.0
	$2<m_n\leqslant3.5$	6.0	8.0	12.0	16.0	23.0	33.0	46.0	65.0	92.0	131.0	185.0	261.0	370.0
	$3.5<m_n\leqslant6$	6.0	8.5	12.0	17.0	24.0	33.0	47.0	66.0	94.0	133.0	188.0	266.0	376.0

表7-17　齿轮单个齿距极限偏差 $\pm f_{pt}$ 之 f_{pt} 值（摘自 GB/T 10095.1—2008）　　　单位：μm

分度圆直径 d/mm	法向模数 m_n/mm	精度等级												
		0	1	2	3	4	5	6	7	8	9	10	11	12
$50<d\leqslant125$	$0.5\leqslant m_n\leqslant2$	0.9	1.3	1.9	2.7	3.8	5.5	7.5	10.0	15.0	21.0	30.0	43.0	61.0
	$2<m_n\leqslant3.5$	1.0	1.5	2.1	2.9	4.1	6.0	8.5	12.0	17.0	23.0	33.0	47.0	66.0
	$3.5<m_n\leqslant6$	1.1	1.6	2.3	3.2	4.6	6.5	9.0	13.0	18.0	26.0	36.0	52.0	73.0
$125<d\leqslant280$	$0.5\leqslant m_n\leqslant2$	1.1	1.5	2.1	3.0	4.2	6.0	8.5	12.0	17.0	24.0	34.0	48.0	67.0
	$2<m_n\leqslant3.5$	1.1	1.6	2.3	3.2	4.6	6.0	9.0	13.0	18.0	26.0	36.0	51.0	73.0
	$3.5<m_n\leqslant6$	1.2	1.8	2.5	3.5	5.0	7.0	10.0	14.0	20.0	28.0	40.0	56.0	79.0
$280<d\leqslant560$	$0.5\leqslant m_n\leqslant2$	1.2	1.7	2.4	3.3	4.7	6.5	9.5	13.0	19.0	27.0	38.0	54.0	76.0
	$2<m_n\leqslant3.5$	1.3	1.8	2.5	3.6	5.0	7.0	10.0	14.0	20.0	29.0	41.0	57.0	81.0
	$3.5<m_n\leqslant6$	1.4	1.9	2.7	3.9	5.5	8.0	11.0	16.0	22.0	31.0	44.0	62.0	88.0

表7-18　齿轮齿廓总偏差 F_α 值（摘自 GB/T 10095.1—2008）　　　单位：μm

分度圆直径 d/mm	法向模数 m_n/mm	精度等级												
		0	1	2	3	4	5	6	7	8	9	10	11	12
$50<d\leqslant125$	$0.5\leqslant m_n\leqslant2$	1.0	1.5	2.1	2.9	4.1	6.0	8.5	12.0	17.0	23.0	33.0	47.0	66.0
	$2<m_n\leqslant3.5$	1.4	2.0	2.8	3.9	5.5	8.0	11.0	16.0	22.0	31.0	44.0	63.0	89.0
	$3.5<m_n\leqslant6$	1.7	2.4	3.4	4.8	6.5	9.5	13.0	19.0	27.0	38.0	54.0	76.0	108.0
$125<d\leqslant280$	$0.5\leqslant m_n\leqslant2$	1.2	1.7	2.4	3.5	4.9	7.0	10.0	+14.0	20.0	28.0	39.0	55.0	78.0
	$2<m_n\leqslant3.5$	1.6	2.2	3.2	4.5	6.5	9.0	13.0	18.0	25.0	36.0	50.0	71.0	101.0
	$3.5<m_n\leqslant6$	1.9	2.6	3.7	5.5	7.5	11.0	15.0	21.0	30.0	42.0	60.0	84.0	119.0

续表

分度圆直径 d/mm	法向模数 m_n/mm	精 度 等 级												
		0	1	2	3	4	5	6	7	8	9	10	11	12
280<d≤560	0.5≤m_n≤2	1.5	2.1	2.9	4.1	6.0	8.5	12.0	17.0	23.0	33.0	47.0	66.0	94.0
	2<m_n≤3.5	1.8	2.6	3.6	5.0	7.5	10.0	15.0	21.0	29.0	41.0	58.0	82.0	116.0
	3.5<m_n≤6	2.1	3.0	4.2	6.0	8.5	12.0	17.0	24.0	34.0	48.0	67.0	95.0	135.0

表 7-19　齿轮螺旋线总偏差 F_β 值（摘自 GB/T 10095.1—2008）　　　　单位：μm

分度圆直径 d/mm	齿宽 b/mm	精 度 等 级												
		0	1	2	3	4	5	6	7	8	9	10	11	12
50<d≤125	20<b≤40	1.5	2.1	3.0	4.2	6.0	8.5	12.0	17.0	24.0	34.0	48.0	68.0	95.0
	40<b≤80	1.7	2.5	3.5	4.9	7.0	10.0	14.0	20.0	28.0	39.0	56.0	79.0	111.0
125<d≤280	20<b≤40	1.6	2.2	3.2	4.5	6.5	9.0	13.0	18.0	25.0	36.0	50.0	71.0	101.0
	40<b≤80	1.8	2.6	3.6	5.0	7.5	10.0	15.0	21.0	29.0	41.0	58.0	82.0	117.0
280<d≤560	20<b≤40	1.7	2.4	3.4	4.8	6.5	9.5	13.0	19.0	27.0	38.0	54.0	76.0	108.0
	40<b≤80	1.9	2.7	3.9	5.5	7.5	11.0	15.0	22.0	31.0	44.0	62.0	87.0	124.0
	80<b≤160	2.3	3.2	4.6	6.5	9.0	13.0	18.0	26.0	36.0	52.0	73.0	103.0	146.0

GB/T 10095.1—2008 指出，如果要求齿轮为该标准的某一等级，则单个齿距极限偏差 $\pm f_{pt}$、齿距累积极限偏差 $\pm F_{pk}$、齿距累积总偏差 F_p、齿廓总偏差 F_α、螺旋线总偏差 F_β 均按该等级取值。对不同项目可以规定不同的精度等级；对工作和非工作齿面可规定不同的精度等级，也可以只对工作齿面规定精度等级。

GB/T 10095.2—2008 给出了径向综合总偏差 F_i''、一齿径向综合偏差 f_i''、径向跳动 F_r 的数值表，如表 7-20～表 7-22 所列。选定的径向综合总偏差 F_i'' 和一齿径向综合偏差 f_i'' 等级不一定与齿距累积总偏差 F_p、单个齿距极限偏差 $\pm f_{pt}$、齿廓总偏差 F_α、螺旋线总偏差 F_β 等同级，因此，在表述齿轮精度要求但没有用具体指标时，应说明解释依据 GB/T 10095.1—2008 或 GB/T 10095.2—2008。可注意以下有益推断：两个标准的相同等级，一般不具有功能等价性和工艺等价性。

表 7-20　齿轮径向综合总偏差 F_i'' 值（摘自 GB/T 10095.2—2008）　　　　单位：μm

分度圆直径 d/mm	法向模数 m_n/mm	精 度 等 级								
		4	5	6	7	8	9	10	11	12
50<d≤125	1.5<m_n≤2.5	15	22	31	43	61	86	122	173	244
	2.5<m_n≤4.0	18	25	36	51	72	102	144	204	288
	4.0<m_n≤6.0	22	31	44	62	88	124	176	248	351
125<d≤280	1.5<m_n≤2.5	19	26	37	53	75	106	149	211	299
	2.5<m_n≤4.0	21	30	43	61	86	121	172	243	343
	4.0<m_n≤6.0	25	36	51	72	102	144	203	287	406

续表

分度圆直径 d/mm	法向模数 m_n/mm	精度等级								
		4	5	6	7	8	9	10	11	12
280<d≤560	1.5<m_n≤2.5	23	33	46	65	92	131	185	262	370
	2.5<m_n≤4.0	26	37	52	73	104	146	207	293	414
	4.0<m_n≤6.0	30	42	60	84	119	169	239	337	477

表 7-21 齿轮—齿径向综合偏差 f_i'' 值（摘自 GB/T 10095.2—2008）   单位：μm

分度圆直径 d/mm	法向模数 m_n/mm	精度等级								
		4	5	6	7	8	9	10	11	12
50<d≤125	1.5<m_n≤2.5	4.5	6.5	9.5	13	19	26	37	53	75
	2.5<m_n≤4.0	7.0	10	14	20	29	41	58	82	116
	4.0<m_n≤6.0	11	15	22	31	44	62	87	123	174
125<d≤280	1.5<m_n≤2.5	4.5	6.5	9.5	13	19	27	38	53	75
	2.5<m_n≤4.0	7.5	10	15	21	29	41	58	82	116
	4.0<m_n≤6.0	11	15	22	31	44	62	87	124	175
280<d≤560	1.5<m_n≤2.5	5.0	6.5	9.5	13	19	27	38	54	76
	2.5<m_n≤4.0	7.5	10	15	21	29	41	59	83	117
	4.0<m_n≤6.0	11	15	22	31	44	62	88	124	175

表 7-22 齿轮径向跳动公差 F_r 值（摘自 GB/T 10095.2—2008）   单位：μm

分度圆直径 d/mm	法向模数 m_n/mm	精度等级												
		0	1	2	3	4	5	6	7	8	9	10	11	12
50<d≤125	0.5≤m_n≤2	2.5	3.5	5.0	7.5	10	15	21	29	42	59	83	118	167
	2.0<m_n≤3.5	2.5	4.0	5.5	7.5	11	16	21	30	43	61	86	121	171
	3.5<m_n≤6.0	3.0	4.0	5.5	8.0	11	16	22	31	44	62	88	125	176
125<d≤280	0.5≤m_n≤2	3.5	5.0	7.0	10	14	20	28	39	55	78	110	156	221
	2.0<m_n≤3.5	3.5	5.0	7.0	10	14	20	28	40	56	80	113	159	225
	3.5<m_n≤6.0	3.5	5.0	7.0	10	14	20	29	41	58	82	115	163	231
280<d≤560	0.5≤m_n≤2	4.5	6.5	9.0	13	18	26	36	51	73	103	146	206	291
	2.0<m_n≤3.5	4.5	6.5	9.0	13	18	26	37	52	74	105	148	209	296
	3.5<m_n≤6.0	4.5	6.5	9.5	13	19	27	38	53	75	106	150	213	301

7.3.2.3 齿轮精度的检验

在实际生产中，没有必要也不可能测量齿轮全部指标的偏差，因为有些指标的偏差对特定产品齿轮的功能并没有明显的影响；一些指标在性能上可以代替另一些指标，如切向综合总偏差能代替齿距累积总偏差、一齿切向综合偏差可代替单个齿距偏差、径向综合总偏差可代替径向跳动等。

　　测量中，应尽量用齿轮安装基准作为测量基准，如在测量中若需齿轮旋转，应以齿轮安装基准轴线作为测量中的齿轮旋转轴线。

　　1. 单个齿距偏差和齿距累积偏差的检验

　　检测齿距精度最常用的装置，一是有两个测头的齿距比较仪；二是只有一个测头的角度分度仪。用齿距比较仪检测齿距偏差的测量和数据处理过程如下。

　　在测量齿距偏差时，齿距比较仪的两个测头置于同一正截面上，至齿轮轴线应有相同的径向距离（位于齿高中部）。测量前按某一适当尺寸或被测齿轮任意一个实际齿距调整指示表的示值零位。依次测量各齿距相对于这一尺寸或实际齿距的偏差，如图 7-25 所示。数据处理过程如表 7-23 所列，表中实测齿距偏差是虚拟的。

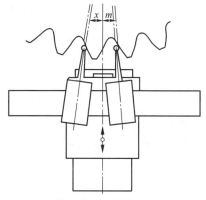

图 7-25　使用齿距比较仪测量齿距偏差

　　表 7-23 中，N 是齿距序数，也是齿面序数，将齿面 1 和齿面 2 之间的齿距定义为齿距 1，依次类推，齿面 18 和齿面 1 之间的齿距定义为齿距 18；A 是用两测头测得的相对齿距偏差值（单位为 μm）；B 是所有 A 值的算术平均值（单位为 μm）；C 为各个齿距的偏差，是 A 与 B 的差值（单位为 μm）；D 是由从齿距 1 的齿距偏差（C 值）起依次累加所得（单位为 μm）。由该表可得：

表 7-23　用相对法测量齿距偏差测量数据及处理　　　　　　　　单位：μm

N	1	2	3	4	5	6	7	8	9	10	11	12	13	14	15	16	17	18
A	25	23	26	24	19	19	22	19	20	18	23	21	19	21	24	25	27	21
B	22.00																	
C	+3	+1	+4	+2	−3	−3	0	−3	−2	−4	+1	−1	−3	−1	+2	+3	+5	−1
D	+3	+4	+8	+10	+7	+4	+4	+1	−1	−5	−4	−5	−8	−9	−7	−4	+1	0

　　1）单个齿距偏差 f_{pt} 为 +5 μm（绝对值最大的 C 值，发生在齿距 17 处）。

　　2）齿距累积总偏差 F_p 为 19 μm（正的最大 D 值减去绝对值最大的负的 D 值，发生在齿面 4 和齿面 14 之间）。

　　3）齿距累积偏差 F_{pk}：若取相继齿距数 k 等于 3，则齿距累积偏差 F_{p3} 为 10 μm（累加任意相邻的 3 个 C 值，取绝对值最大的一个正值或负值；发生在第 15、16、17 个齿距上，即齿面 15 和 18 之间。

　　可以看出，通过测量得到一套相对齿距偏差值，经数据处理后可得多个齿轮精度指标值。f_{pt}、F_p、F_{pk} 的测量见电子资源 7-3。

电子资源 7-3：齿轮单个齿距偏差与齿距累积总偏差的测量实验视频

2. 齿廓偏差的检验

齿廓偏差检验指齿廓总偏差 F_α 的检验。齿廓总偏差包括齿廓形状偏差 $f_{f\alpha}$ 和齿廓倾斜偏差 $f_{H\alpha}$。齿廓偏差的测量方法有坐标法和展成法。坐标法又分为旋转坐标法和直角坐标法，测量仪器有齿轮测量中心、齿轮渐开线测量装置、万能齿轮测量机、三坐标测量机等。展成法的测量仪器有单盘式渐开线检查仪、万能渐开线检查仪、渐开线螺旋线检查仪等，具体详见 GB/T 13924—2008。

旋转坐标法测量原理如图 7-26 所示。以被测齿轮回转轴线为基准，通过测角装置（如圆光栅、分度装置）、测长装置（如长光栅、激光、刻尺）和测微系统，对齿轮的角位移和渐开线展开长度进行测量。通过数据采集和处理系统，将被测齿轮的实际坐标位置与理论坐标位置进行比较，按偏差定义计算出 F_α、$f_{f\alpha}$ 和 $f_{H\alpha}$，由记录和打印系统输出测量参数及偏差曲线。

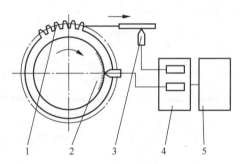

图 7-26　齿廓偏差旋转坐标法测量原理

1—被测齿轮；2—测角装置；3—测长装置；4—数据处理系统；5—输出设备

齿轮的切向综合偏差、径向综合偏差、螺旋线偏差、径向跳动等精度指标的测量参见 GB/T 13924—2008 和 GB/Z 18620—2008。

■ 7.3.3　齿轮副精度的评定及检测

1. 齿轮副中心距极限偏差

齿轮副的中心距偏差 f_a（中心距极限偏差 $\pm f_a$）是指在箱体两侧轴承跨距 L 的范围内，实际中心距与公称中心距之差。由于侧隙体制采用的是基中心距制，中心距的公差带只有一种：对称配置，如图 7-27 所示。极限侧隙的确定需在中心距公差带确定后才能进行，故确定中心距公差带时并不考虑侧隙的影响因素，这些影响因素在确定齿厚极限偏差时考虑。现行标准没有给出中心距极限偏差 $\pm f_a$ 的确定方法和数值表。

GB/T 10095—1988 推荐按第 II 公差组精度等级确定中心距极限偏差。现行齿轮精度标准没有推荐中心距极限偏差。鉴于原标准的推荐仍有使用意义，故原样摘录如表 7-24 所列。要注意，现行标准还没有"第 II 公差组精度等级"概念，而且新、旧标准相同指标的等级划分有所不同。在使用时可以采用数值比对方法，先判断所选主要影响齿轮传动平稳性的指标的公差数值相当于原标准的哪一级，再按该级查表。一般说来，直接按现行标准指标等级查表，结果出入也不大。还要注意，旧标准中齿轮副中心距偏差的定义与现行标准有所不同，它的定义是"在齿轮副的齿宽中间平面内，实际中心距与公称中心距之差"。在同样极限偏差值

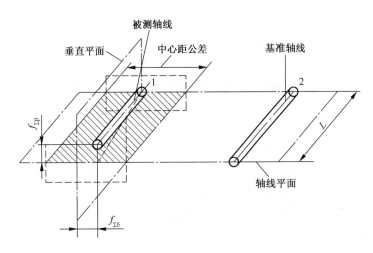

图 7-27 轴线平行度偏差与中心距公差

时，现行标准的限制要比旧标准严格。

表 7-24 齿轮副中心距极限偏差 $\pm f_a$ 之 f_a 值（摘自 GB/T 10095—1988） 单位：μm

第 II 公差组精度等级		1、2	3、4	5、6	7、8	9、10	11、12
f_a		$\frac{1}{2}$IT4	$\frac{1}{2}$IT6	$\frac{1}{2}$IT7	$\frac{1}{2}$IT8	$\frac{1}{2}$IT9	$\frac{1}{2}$IT11
齿轮副中心距 a/mm	>6~10	2	4.5	7.5	11	18	45
	>10~18	2.5	5.5	9	13.5	21.5	55
	>18~30	3	6.5	10.5	16.5	26	65
	>30~50	3.5	8	12.5	19.5	31	80
	>50~80	4	9.5	15	23	37	95
	>80~120	5	11	17.5	27	43.5	110
	>120~180	6	12.5	20	31.5	50	125
	>180~250	7	14.5	23	36	57.5	145
	>250~315	8	16	26	40.5	65	160
	>315~400	9	18	28.5	44.5	70	180

2. 齿轮副轴线平行度公差

图 2-1 所示一级减速器采用一对齿轮副的啮合传动。减速器箱体上的两对轴承孔分别支承输入齿轮轴和装有齿轮的输出轴。这两对轴承孔的公共轴线应平行，它们之间的距离称为齿轮副中心距 a。箱体上支承同一根轴的两个轴承各自中间平面之间的距离称为轴承跨距 L。中心距偏差和轴线平行度偏差都对齿轮传动的使用要求产生影响。前者影响侧隙的大小，后者影响轮齿载荷分布的均匀性。

轴线平行度偏差对载荷分布的影响与方向有关，GB/T 10095—1988 分别规定了轴线平面内的轴线平行度偏差 $f_{\Sigma\delta}$ 和垂直平面内的轴线平行度偏差 $f_{\Sigma\beta}$，如图 7-27 所示。

轴线平面内的轴线平行度偏差 $f_{\Sigma\delta}$ 是在两轴线的公共平面上测量的，公共平面是用两根轴中轴承跨距较大（称为 L）的一根轴的轴线和另一根轴上的一个轴承中心来确定的，如果两根轴的轴承跨距相同，则用小齿轮轴的轴线和大齿轮轴的一个轴承中心来确定。垂直平面内的轴线平行度偏差 $f_{\Sigma\beta}$ 是在过轴承中心、垂直于公共平面且平行于轴线 L 的平面上测量的。显然，度量对象是轴承跨距较小或大齿轮轴的轴线，度量值分别是这根轴线在这两个平面上的投影的平行度偏差。

轴线平行度偏差影响螺旋线啮合偏差，轴线平面内的轴线平行度偏差的影响结果是工作压力角的正弦函数，而垂直平面内的轴线平行度偏差的影响结果则是工作压力角的余弦函数。可见一定量的垂直平面内的轴线平行度偏差导致的啮合偏差将比同样大小的轴线平面内的轴线平行度偏差导致的啮合偏差要大 2~3 倍。因此，对这两种偏差要规定不同的最大允许值，GB/Z 18620.3—2008 推荐：

垂直平面内的轴线平行度偏差 $f_{\Sigma\beta}$ 的最大允许值为

$$f_{\Sigma\beta} = 0.5(L/b) F_{\beta} \tag{7-4}$$

式中，L 为较大的轴承跨距；b 为齿宽；F_{β} 为螺旋线总偏差。

轴线平面内的平行度偏差 $f_{\Sigma\delta}$ 的最大允许值为

$$f_{\Sigma\delta} = 2 f_{\Sigma\beta} \tag{7-5}$$

齿轮副轴线平行度偏差不仅影响载荷分布的均匀性，也影响齿轮副的侧隙。

必须注意，现行标准齿轮副轴线平行度偏差定义在轴承跨距上，旧标准则定义在齿宽上。在同样要求下，现行标准的公差值是旧标准的 L/b 倍。

3. 齿轮副的接触斑点

齿轮副的接触斑点是指装配（在箱体内或啮合实验台上）后的齿轮副，在轻微制动下运转后齿面的接触痕迹。接触斑点用接触痕迹占齿宽 b 和有效齿面高度 h 的百分比表示，如图 7-28 所示。

产品齿轮副的接触斑点（在箱体内安装）可以反映轮齿间载荷分布情况；产品齿轮与测量齿轮的接触斑点（在啮合实验

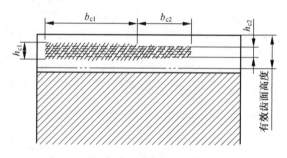

图 7-28　接触斑点示意图

台上安装）还可用于齿轮齿廓和螺旋线精度的评估。沿齿长方向的接触斑点主要影响齿轮副的承载能力，沿齿高方向的接触斑点主要影响工作平稳性。

表 7-25 所示为齿轮装配后（空载）检测时直齿轮精度等级和接触斑点分布的一般关系，是符合表列精度的齿轮副在接触精度上理想的接触斑点值，适用于齿廓和螺旋线未经修形的齿轮。在啮合实验台上安装所获得的检查结果应当是相似的。但是，不能利用这个表格，通过接触斑点的检查结果，去反推齿轮的精度等级。

对重要的齿轮副，对齿廓、螺旋线修形的齿轮，可以在图样中规定所需接触斑点的位置、形状和大小。

GB/Z 18620.4—2008《圆柱齿轮　检验实施规范　第 4 部分：表面结构和轮齿接触斑点的检验》说明了获得接触斑点的方法、对检测过程的要求及应该注意的问题。

表 7-25　直齿轮装配后的接触斑点

精度等级 （按 GB/T 10095）	b_{c1}占齿宽的 百分比/%	h_{c1}占有效齿面 高度的百分比/%	b_{c2}占齿宽的 百分比/%	h_{c2}占有效齿面 高度的百分比/%
4 级及更高	50	70	40	50
5 和 6 级	45	50	35	30
7 和 8 级	35	50	35	30
9 至 12 级	25	50	25	30

4. 齿轮副的侧隙

（1）齿轮副侧隙和侧隙配合体制　齿轮副的侧隙是指在两个相配齿轮的工作齿面接触时，在两个非工作齿面之间所形成的间隙。按照度量方向的不同，侧隙可分为以下三种。

1）圆周侧隙 j_{wt}：固定两相啮合齿轮中的一个，另一个齿轮所能转过的节圆弧长的最大值。

2）法向侧隙 j_{bn}：两个齿轮的工作齿面接触时，在非工作齿面之间的最短距离。

3）径向侧隙 j_r：将两个相配齿轮的中心距减小，直到左侧和右侧齿面都接触时，这个缩小的量为径向侧隙。三者之间的关系为

$$j_{bn} = j_{wt} \cos \alpha_{wt} \cos \beta_b \tag{7-6}$$

$$j_r = \frac{j_{wt}}{2 \tan \alpha_{wt}} \tag{7-7}$$

式中，α_{wt} 为端面压力角；β_b 为基圆螺旋角。

显然，齿轮副的侧隙是多因素影响的结果。从设计角度来看，侧隙状态称为侧隙配合，构成侧隙配合的因素有两齿轮的齿厚和它们的安装中心距：齿厚越大，侧隙越小；中心距越大，侧隙越大。在侧隙配合体制上，采用基中心距制：固定中心距的公差带，通过改变齿厚公差带，得到不同的侧隙配合。

就像孔、轴的几何误差影响孔轴配合一样，齿轮的齿距、齿廓、螺旋线偏差和齿轮副轴线的平行度偏差影响齿轮副的侧隙配合。

（2）齿厚偏差及检测　齿厚偏差本是单个齿轮的指标，因其主要与侧隙有关，故在本节介绍。

1）有关齿厚的术语解释。关于单个齿的齿厚有下面 6 个重要术语，它们的含义在新、旧标准中是一样的，如图 7-29 所示。

• 公称齿厚 s_n：齿厚理论值。具有理论齿厚的相配齿轮在基本中心距下无侧隙啮合。它定义在分度圆或分度圆柱面上，为法向弧齿厚。

• 实际齿厚 $s_{nactual}$：通过测量得到的齿厚。测量位置在公称齿厚的定义位置上。

• 齿厚偏差 f_{sn}：实际齿厚与公称齿厚之差。

• 极限齿厚：允许实际齿厚变化的两个界限值。其中，较大的一个称为最大极限齿厚，代号 s_{ns}；较小的一个称为最小极限齿厚，代号 s_{ni}。

• 齿厚公差 T_{sn}：极限齿厚差值的绝对值。

• 齿厚极限偏差：极限齿厚与公称齿厚之差。其中，最大极限齿厚与公称齿厚之差称为

齿厚上偏差 E_{sns}，最小极限齿厚与公称齿厚之差称为齿厚下偏差 E_{sni}。

新标准规定了关于齿厚的一些新术语，本章不予介绍。

2）实际齿厚测量。按照定义，齿厚以分度圆弧长计值（弧齿厚）。由于弧长不便于测量，实际上是按分度圆上的弦齿高来测量弦齿厚的，如图 7-30 所示。直齿轮分度圆上的公称弦齿厚 s_{nc} 与公称弦齿高 h_c 的计算公式分别为

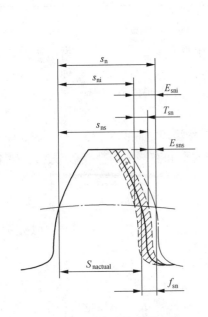

图 7-29　单个齿的齿厚术语

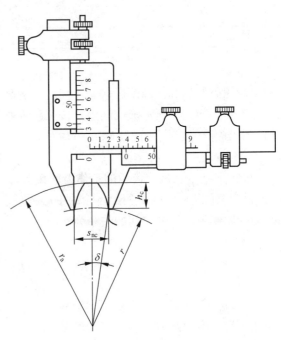

图 7-30　分度圆弦齿厚测量
r—分度圆半径；r_a—齿顶圆半径

$$\left.\begin{array}{l} s_{nc} = mz\sin\delta \\ h_c = r_a - \dfrac{mz}{2}\cos\delta \end{array}\right\} \tag{7-8}$$

式中，δ 为分度圆弦齿厚之半所对应的中心角，$\delta = \dfrac{\pi}{2z} + \dfrac{2x}{z}\tan\alpha$；$r_a$ 为齿轮齿顶圆半径；m、z、α、x 分别为齿轮的模数、齿数、压力角、变位系数。

通常用齿厚游标卡尺测量齿轮弦齿厚，如图 7-30 所示。齿厚游标卡尺由两只相互垂直的主尺构成，垂直主尺有一个定位面，由垂直游标读数显示其位置，用来确定测量部位高度；水平主尺有两个量爪，当它们与齿面接触时，由水平游标读数读出量爪间距离，即所测部位的齿厚。通常，用一次或两次测量结果来表明整个齿轮在齿厚方面的特性。

■ 7.3.4　齿轮坯和箱体孔的精度

齿轮坯的尺寸偏差和齿轮箱体的尺寸偏差对于齿轮副的接触条件和运行状况有着极大的影响。加工较高精度的齿轮坯和箱体，比加工较高精度的齿轮要容易实现并经济得多。同时，

齿轮坯精度也是保证齿轮加工精度的重要条件。应根据制造设备和条件，使齿轮坯和箱体的制造公差保持在可能的最小值上，这样就能使齿轮得到较松的公差，从而获得更为经济的整体设计方案。

1. 齿轮坯精度

有关齿轮轮齿精度（如齿廓偏差、相邻齿距偏差等）参数的数值，只有在明确其基准轴线时才有意义。若在测量时齿轮基准轴线有改变，则这些参数数值也将改变。因此在齿轮图样上必须把规定齿轮公差的基准轴线明确标示出来，事实上整个齿轮的参数体系均以其为准。齿轮坯尺寸公差如表 7-26 所列，以供参考。

表 7-26　齿轮坯尺寸公差

齿轮精度等级		5	6	7	8	9	10	11	12
孔	尺寸公差	IT5	IT6	IT7		IT8		IT9	
轴	尺寸公差	IT5		IT6		IT7		IT8	
顶圈直径极限偏差		$\pm 0.05 m_n$							

（1）**基准轴线与工作轴线之间的关系**　基准轴线是制造者（检测者）用来确定单个轮齿几何形状的轴线，是制造（检测）所必需的。工作轴线是齿轮在工作时绕其旋转的轴线，确定在齿轮安装面的中心上。设计者要使基准轴线在产品图上得到足够清楚的表达，便于其作用在制造（检测）中精确地体现，以使齿轮相对于工作轴线的技术要求得以满足。

满足此要求最常用的方法是以齿轮工作轴线为其基准轴线，即以齿轮安装面作为制造（检测）基准面。然而，在一些情况下，首先需确定一个基准轴线（通常称为设计基准），然后将其他所有的轴线，包括工作轴线及可能还有的一些制造中用到的轴线（通常称为工艺基准）用适当的公差与之联系。在此情况下，齿轮性能尺寸链将增加环节，使某一或某些组成环的公差减小。

（2）**确定基准轴线的方法**　一个零件的基准轴线是用基准面来确定的，可以用以下三种基本方法来实现。

1）如图 7-31 所示，用两个"短的"圆柱或圆锥形基准面上设定的两个圆的圆心来确定轴线上的两点。图 7-31 中，基准所示表面是预定的轴齿轮安装表面。

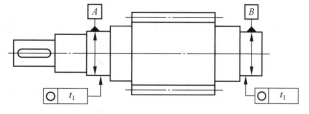

图 7-31　用两个"短的"基准面确定基准轴线

2）如图 7-32 所示，用一个"长的"圆柱或圆锥形基准面来同时确定轴线的位置和方向。孔的轴线可以用与之相匹配的工作心轴的轴线来代表。

3）如图 7-33 所示，轴线的位置用一个短的圆柱形基准面上的一个圆的圆心来确定，而其方向则用垂直于过该圆心的轴线（理论上是存在的）的一个基准端面来确定。

如果采用第一种或第三种方法，其圆柱或圆锥形基准面必须是轴向很短的，以保证它们自己不会单独确定另一条轴线。在第三种方法中，基准端面的直径应尽可能取大一些。

在与小齿轮做成一体的轴上常常有一段用于安装大齿轮的地方，此安装面的公差值应该与大齿轮的质量要求相适应。

（3）中心孔的应用　在制造和检测时，对于与轴做成一体的小齿轮，最常用的也是最好的工艺基准是轴两端的中心孔，通过中心孔将轴安置于顶尖上。这样，通过两个中心孔就确定了它的基准轴线，齿轮公差及（轴承）安装面的公差均须相对于此轴线来规定，如图7-34所示。

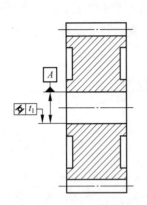

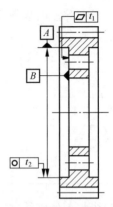

图7-32　用一个"长的"基准面确定基准轴线　　图7-33　用一个"短的"圆柱面和一个端面确定基准轴线

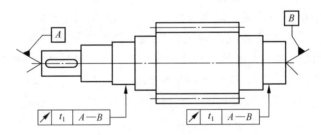

图7-34　用中心孔确定基准轴线

（4）基准面的形状公差、工作及制造安装面的形状公差　基准面的精度要求取决于齿轮的精度要求。基准面的形状公差不应大于表7-27规定的数值，并力求减至能经济地制造的最小值。工作安装面的形状公差，不应大于表7-27给定的数值。如果用了另外的制造安装面，应采用同样的限制。

表7-27　基准面与工作安装面的形状公差

确定轴线的基准面	公　差　项　目		
	圆　度	圆　柱　度	平　面　度
两个"短的"圆柱或圆锥形基准面	$0.04(L/b)F_\beta$ 或 $0.1F_p$ 两者中之小值	—	—
一个"长的"圆柱或圆锥形基准面	—	$0.04(L/b)F_\beta$ 或 $0.1F_p$ 两者中之小值	—

确定轴线的基准面	公 差 项 目		
	圆　度	圆 柱 度	平 面 度
一个"短的"圆柱面和一个端面	$0.06F_p$	—	$0.06(D_d/b)F_\beta$

注：L—轴承跨距；b—齿宽；D_d—基准面（端面）直径；F_β—螺旋线总偏差；F_p—齿距累积总偏差。

这些面的精度要求，必须在零件图上予以标示。

（5）工作安装面的跳动公差　如果工作安装面被选择为基准面，则不涉及本条。当基准轴线与工作轴线不重合时（见图7-34），则工作安装面相对于基准轴线的跳动必须在图样上予以标示。跳动公差不应大于表7-28规定的数值。

表 7-28　工作安装面的跳动公差

工作安装面	跳 动 量（总的指示幅度）	
	径　向	轴　向
仅指圆柱或圆锥形安装面	$0.15(L/b)F_\beta$ 或 $0.3F_p$，两者中之大值	
一个圆柱安装面和一个端面安装面	$0.3F_p$	$0.2(D_d/b)F_\beta$

注：表中符号含义同表7-27。

如果把齿顶圆柱面作为基准面，表7-28中的数值可用作尺寸公差，而其形状公差不应大于表7-27给定的适当数值。

2. 中心距和轴线的平行度（箱体公差）

设计者应对箱体孔中心距和轴线（或公共轴线）的平行度两项偏差选择适当的极限偏差 $\pm f_a'$ 和公差 $f_{\Sigma\delta}'$、$f_{\Sigma\beta}'$。公差值的选择应与单个齿轮的参数公差密切相关，特别是与主要影响齿轮传动平稳性和齿面接触均匀性的参数公差密切相关，以保证这些参数公差所应体现的传动功能得以发挥：齿轮沿齿长方向正常接触和不因接触的不均匀造成传动比额外的高频变化（额外的振动）。结构上可以使轴承位置能够调整，这可能是提高传动精度最为有效的技术措施；当然，成本会有所增加，结构实现上也有许多困难。

（1）箱体孔中心距极限偏差　箱体孔中心距极限偏差 $\pm f_a'$ 可参照齿轮副中心距极限偏差 $\pm f_a$ 确定，f_a' 不能大于 f_a，可取 $f_a'=0.8f_a$。考虑旧标准中齿轮副中心距偏差的定义与现行标准不同，对于同样极限偏差 f_a 值，现行标准的限制要比旧标准严格，f_a' 占 f_a 的比例可以更大一些。

（2）箱体孔轴线平行度公差　箱体孔轴线平行度公差 $f_{\Sigma\delta}'$ 和 $f_{\Sigma\beta}'$ 可分别参照齿轮副在轴线平面内轴线平行度偏差 $f_{\Sigma\delta}$ 的最大允许值和垂直平面内轴线平行度偏差 $f_{\Sigma\beta}$ 的最大允许值选取，前者不能大于后者，可以取为相同。

▌7.3.5　渐开线圆柱齿轮的精度设计

1. 精度等级的选择

齿轮精度等级应根据齿轮用途、使用要求、传动功率、圆周速度等技术要求来决定，一般有下述两种方法。

（1）计算法　如果已知传动链末端元件传动精度要求，可按传动链误差传递规律，分配各级齿轮副的传动精度要求，确定齿轮的精度等级。

根据传动装置允许的机械振动，用机械动力学和机械振动学理论在确定装置动态特性的基础上确定齿轮精度要求。

一般并不需要同时做以上两项计算。应根据齿轮使用要求的主要方面，确定主要影响传递运动准确性指标的精度等级或主要影响传动平稳性指标的精度等级，以此为基础，考虑其他使用要求并兼顾工艺协调原则，确定其他指标的精度等级。

（2）经验法　已有齿轮传动装置的设计经验可以作为新设计的参考。表 7-29 所列为常用精度等级齿轮的一般加工方法，表 7-30 所列为齿轮传动常用精度等级在机床上的大致应用，表 7-31 所列为齿轮传动常用精度等级在交通和工程机械上的大致应用。

表 7-29　常用精度等级齿轮的一般加工方法

项目		精　度　等　级										
		4		5		6	7		8		9	
切齿方法		周期误差很小的精密机床上展成法加工		周期误差小的精密机床上展成法加工		精密机床上展成法加工	较精密机床上展成法加工		展成法机床加工		展成法机床加工或分度法精细加工	
齿面最后加工		精密磨齿；软和中硬齿面的大齿轮研齿或剃齿				磨齿、精密滚齿或剃齿	较高精度滚齿和插齿，渗碳淬火齿轮需后续加工		滚齿和插齿，必要时剃齿		一般滚、插齿	
齿面的表面粗糙度	齿面	硬化	调质	硬化	调质	硬化	硬化	调质	硬化	调质	硬化	调质
	$Ra/\mu m$	0.4	0.8		1.6	0.8	1.6		3.2		6.3	3.2	6.3

表 7-30　齿轮传动常用精度等级在机床上的应用

精度等级	4	5	6	7	8	9
工作条件及应用范围	高精度和精密的分度链末端齿轮；圆周速度高于 30 m/s 的直齿轮和高于 50 m/s 的斜齿轮	一般精度的分度链末端齿轮，高精度和精密的分度链中间齿轮；圆周速度为 15～30 m/s 的直齿轮，圆周速度为 30～50 m/s 的斜齿轮	一般精度的分度链中间齿轮；Ⅲ 级和 Ⅲ 级以上精度等级机床的进给齿轮，油泵齿轮；圆周速度为 10～15 m/s 的直齿轮，圆周速度 15～30 m/s 的斜齿轮	Ⅳ 级和 Ⅳ 级以下精度等级机床的进给齿轮；圆周速度为 6～10 m/s 的直齿轮，圆周速度为 8～15 m/s 的斜齿轮	圆周速度低于 6 m/s 的直齿轮和低于 8 m/s 的斜齿轮	没有传动精度要求的手动齿轮

表 7-31　齿轮传动常用精度等级在交通和工程机械上的应用

精度等级	4	5	6	7	8	9
工作条件及应用范围	需要很高的平稳性、低噪声的船用和航空用齿轮；圆周速度高于 35 m/s 的直齿轮和高于 70 m/s 的斜齿轮	需要高的平稳性、低噪声的船用和航空用齿轮；圆周速度为 20~35 m/s 的直齿轮，圆周速度为 35~70 m/s 的斜齿轮	有高速传动、平稳和低噪声要求的机车飞机、船舶和轿车的齿轮；圆周速度为 15~20 m/s 的直齿轮，圆周速度为 25~35 m/s 的斜齿轮	有平稳和低噪声要求的飞机、船舶和轿车的齿轮；圆周速度为 10~15 m/s 的直齿轮，圆周速度为 15~25 m/s 的斜齿轮	中等速度、较平稳传动的载重汽车和拖拉机的齿轮；圆周速度为 4~10 m/s 的直齿轮，圆周速度为 8~15 m/s 的斜齿轮	较低速和噪声要求不高的载重汽车第 1 挡和倒挡齿轮，拖拉机和联合收割机齿轮；圆周速度低于 4 m/s 的直齿轮和低于 8 m/s 的斜齿轮

2. 齿厚要求的确定

（1）最大极限齿厚的确定方法

1）根据温度补偿和润滑的需要确定在标准温度下无载荷时所需要的最小法向侧隙 $j_{bn\,min}$。补偿热变形所需的法向侧隙 j_{bn1} 为

$$j_{bn1} = a(\alpha_1 \Delta t_1 - \alpha_2 \Delta t_2) 2\sin \alpha_n \tag{7-9}$$

式中，a 为齿轮副的公称中心距；α_1 和 α_2 为齿轮和箱体材料的线膨胀系数，单位为$℃^{-1}$；Δt_1 和 Δt_2 为齿轮温度 t_1 和箱体温度 t_2 对标准温度 20 ℃的偏差；α_n 为齿轮的标准压力角。

润滑需要的法向侧隙 j_{bn2} 考虑润滑方法和齿轮圆周速度，参考表 7-32 选取。

表 7-32　保证正常润滑条件所需的法向侧隙 j_{bn2}

润滑方式	齿轮的圆周速度 $v/(\text{m/s})$			
	≤10	>10~25	>25~60	>60
喷油润滑	$0.01m_n$	$0.02m_n$	$0.03m_n$	$(0.03~0.05)m_n$
油池润滑	$(0.005~0.01)m_n$			

注：m_n 为齿轮法向模数（单位为 mm）。

则最小法向侧隙 $j_{bn\,min}$ 为

$$j_{bn\,min} = j_{bn1} + j_{bn2} \tag{7-10}$$

2）计算齿轮和齿轮副各相关偏差所造成的侧隙减少量。用侧隙减少量与 $j_{bn\,min}$ 之和计算齿厚上偏差，就得到了最大极限齿厚。

相应的计算公式为式（7-11）~式（7-13）。

$$|E_{sns1} + E_{sns2}| = \frac{j_{bn\,min} + f_a \times 2\sin \alpha_n + J_n}{\cos \alpha_n} \tag{7-11}$$

式中，E_{sns1}、E_{sns2} 分别为两齿轮单一齿厚上偏差；f_a 为中心距极限偏差的界限值；J_n 为齿轮和

齿轮副的加工、安装误差对侧隙减小的补偿量。

通常将相配齿轮的齿厚上偏差取为一样，于是式（7-11）成为

$$|E_{sns}| = \frac{j_{bn\,min} + f_a \times 2\sin \alpha_n + J_n}{2\cos \alpha_n} \qquad (7-12)$$

其中 J_n 为

$$J_n = \sqrt{(f_{pt1}^2 + f_{pt2}^2)\cos^2\alpha_n + F_{\beta 1}{}^2 + F_{\beta 2}^2 + \left(\frac{b}{L}f_{\Sigma\beta}\cos \alpha_n\right)^2} \qquad (7-13)$$

式中，f_{pt1}、f_{pt2} 分别为两齿轮单个齿距极限偏差的界限值；b 为齿宽；L 为轴承跨距；$F_{\beta 1}$、$F_{\beta 2}$ 分别为大、小齿轮螺旋线总偏差；$f_{\Sigma\beta}$ 为垂直平面内的轴线平行度偏差的最大允许值。

考虑 $f_{\Sigma\beta} = 0.5(L/b)F_\beta$（见式 7-4），$\alpha_n = 20°$，为简单起见，这里将小齿轮的螺旋线总偏差设为与大齿轮的螺旋线总偏差相同，式（7-13）简化为

$$J_n = \sqrt{(f_{pt1}^2 + f_{pt2}^2)\cos^2\alpha_n + 2.221F_{\beta 1}^2} \qquad (7-14)$$

（2）齿厚公差的确定方法　齿厚公差的确定方法是：根据径向切深公差 b_r 和径向跳动公差 F_r 计算齿厚公差，用最大极限齿厚（或齿厚上偏差）减去齿厚公差，就得到最小极限齿厚（或齿厚下偏差）。

径向切深公差 b_r 参考表 7-33 选取。

表 7-33　径向切深公差

主要影响传递运动准确性的指标的精度等级	4 级	5 级	6 级	7 级	8 级	9 级
b_r	1.26IT7	IT8	1.26IT8	IT9	1.26IT9	IT10

注：标准公差 IT 按齿轮分度圆直径查表。

齿厚公差的计算式为

$$T_{sn} = 2\tan \alpha_n \sqrt{F_r{}^2 + b_r{}^2} \qquad (7-15)$$

齿厚下偏差的计算式为

$$E_{sni} = E_{sns} - T_{sn} \qquad (7-16)$$

式（7-15）、式（7-16）中，T_{sn} 为单一齿厚公差；F_r 为径向跳动公差；b_r 为径向切深公差。

3. 齿轮精度的标注

齿轮精度新标准没有就精度标注做出明确规定，只是要求在说明齿轮精度要求时，应注明 GB/T 10095.1 或 GB/T 10095.2。对此，有关文献提出以下建议：

1）当齿轮的检验项目同为某一精度等级时，可标注精度等级和标准编号。如齿轮检验项目同为 7 级，则标注为

7　GB/T 10095.1 或　7　GB/T 10095.2

2）当齿轮检验项目的精度等级不同时，如齿廓总偏差 F_α 为 6 级、齿距累积总偏差 F_p 和螺旋线总偏差 F_β 为 7 级时，则标注为

$$6（F_\alpha）、7（F_p、F_\beta）\text{ GB/T 10095.1}$$

3）有关文献建议，按照 GB/T 6443—1986《渐开线圆柱齿轮图样上应注明的尺寸数据》的规定，将齿厚〔公法线长度、跨球（圆柱）尺寸〕的极限偏差数值，注在图样右上角参数表中。

例 7-3　如图 2-1 所示圆柱齿轮减速器，已知传递功率为 3.42 kW，输入转速 $n = 720$ r/min；斜齿圆柱齿轮法向模数 $m_n = 2.5$ mm，齿形角 $\alpha = 20°$，螺旋角 $\beta = 12°14'19''$；图中齿轮 12 的齿数 $z_{12} = 104$，齿轮轴 3 的齿数 $z_3 = 25$；齿轮 12 的齿宽 $b = 76$ mm，中心距 $a = 165$ mm，孔径 $D = 50$ mm，轴承跨距 $L = 135$ mm；齿轮材料为 45 钢，其线膨胀系数 $\alpha_1 = 11.5 \times 10^{-6}\,℃^{-1}$；箱体材料为 HT200 灰铸铁，其线膨胀系数 $\alpha_2 = 10.5 \times 10^{-6}\,℃^{-1}$；稳定工作时，齿轮温度 $t_1 = 60\,℃$，箱体温度 $t_2 = 40\,℃$；采用喷油润滑，小批量生产。试确定该齿轮 12 的精度等级、检验项目及公差、有关侧隙的指标及齿轮坯公差，并绘制齿轮工作图。

解：

（1）计算齿轮分度圆直径和圆周速度

齿轮 12 的分度圆直径 $d_{12} = m_n z_{12}/\cos\beta = 266.12 \approx 266$ mm；

与该齿轮啮合齿轮轴 3 的分度圆直径 $d_3 = m_n z_3/\cos\beta = 64$ mm。

齿轮 12 圆周速度为

$$v = \frac{\pi d_{12} n}{1000 \times 60} \times \frac{z_3}{z_{12}} = \frac{3.14 \times 266 \times 720}{1000 \times 60} \times \frac{25}{104} \approx 2.4 \text{ m/s}$$

（2）确定精度等级　一般减速器对运动准确性要求不高，因此通用减速器齿轮的精度等级一般为 6~9 级，再根据圆周速度查表 7-31。对圆周速度低于 8 m/s 的斜齿轮，选公差精度为 8 级。一般减速器对运动准确性要求不高，所以相关精度都选为 8 级。

（3）确定检验项目并查其公差值　主要检验项目计算如下。

径向跳动公差 F_r：依据分度圆直径、法向模数及精度等级，查 GB/T 10095.2—2008 附录 B 可得：该齿轮 12 的径向跳动公差 $F_{r12} = 0.056$ mm；与该齿轮啮合的齿轮轴 3 的径向跳动公差 $F_{r3} = 0.043$ mm。

齿轮单个齿距极限偏差 $\pm f_{pt}$：依据分度圆直径、法向模数及精度 8 级，查表 7-17 可得该齿轮 12 的单个齿距极限偏差 $\pm f_{pt12} = \pm 0.018$ mm；与该齿轮啮合的齿轮轴 3 的单个齿距极限偏差 $\pm f_{pt3} = \pm 0.017$ mm。

螺旋线总偏差 F_β：依据分度圆直径、齿宽及精度 8 级，查表 7-19 可得，齿轮 12 的螺旋线总偏差 $F_{\beta 12} = 0.029$ mm；与该齿轮啮合的齿轮轴的螺旋线总偏差 $F_{\beta 3} = 0.028$ mm。

（4）确定齿厚上、下偏差

1）计算齿轮副所需最小侧隙 $j_{bn\,min}$：补偿热变形所需的法向侧隙 j_{bn1} 为

$$j_{bn1} = a（\alpha_1 \Delta t_1 - \alpha_2 \Delta t_2）2\sin\alpha$$

$$= 165 \times [11.5 \times (60 - 20) - 10.5 \times (40 - 20)] \times 10^{-6} \times 2\sin 20° = 0.0256 \text{ mm}$$

查教材表 7-32，根据圆周速度，对于喷油润滑，保证润滑所需的法向侧隙 j_{bn2} 为

$$j_{bn2} = 0.01m_n = 0.01 \times 2.5 = 0.025 \text{ mm}$$

则最小法向侧隙 $j_{bn\,min}$ 为

$$j_{bn\,min} = j_{bn1} + j_{bn2} = 0.0506 \text{ mm}$$

2）计算齿厚上偏差：因为齿轮 12 的螺旋线总偏差 $F_{\beta12} = 0.029$ mm，故

$$J_n = \sqrt{\left(f_{pt12}^2 + f_{pt3}^2\right)\cos^2\alpha + 2.221F_{\beta12}^2}$$

$$= \sqrt{\left(0.018^2 + 0.017^2\right)\cos^2 20° + 2.221 \times 0.029^2} = 0.0438 \text{ mm}$$

依据齿轮副的中心距 $a = 165$ mm 及齿轮精度等级为 8 级，查 GB/T 10095.2—2008 附录 B 可得：齿轮副中心距偏差 $f_a = 0.0315$ mm，并将相配齿轮的齿厚上偏差取为一样，可得齿厚上偏差

$$\left|E_{sns12}\right| = \frac{j_{bn\,min} + f_a \times 2\sin\alpha + J_n}{2\cos\alpha}$$

$$= \frac{0.0506 + 0.0315 \times 2 \times \sin 20° + 0.0438}{2 \times \cos 20°} = 0.0617 \text{ mm}$$

3）计算齿厚公差及齿厚下偏差：已知该齿轮 12 的径向跳动公差 $F_{r12} = 0.056$ mm；由于齿轮精度为 8 级，查表 7-33 得径向切深公差 $b_{r12} = 1.26\text{IT9}$；依据分度圆直径查表 2-1 得 $\text{IT9} = 0.087$ mm，则该小齿轮径向切深公差 $b_{r12} = 0.11$ mm。

得齿轮 12 齿厚公差为

$$T_{sn12} = 2\tan\alpha\sqrt{F_{r12}^2 + b_{r12}^2}$$

$$= 2 \times \tan 20° \sqrt{0.056^2 + 0.11^2} = 0.0905 \text{ mm}$$

齿轮 12 齿厚下偏差为

$$E_{sni12} = E_{sns12} - T_{sn12} = -0.0617 - 0.0905 = -0.1522 \text{ mm}$$

（5）轴线平行度偏差

轴线平面内的平行度偏差的最大允许值：$f_{\Sigma\beta} = 0.5(L/b)F_\beta = 0.0257$ mm；

垂直平面上的平行度偏差的最大允许值：$f_{\Sigma\delta} = 2f_{\Sigma\beta} = 0.0514$ mm。

（6）绘制齿轮零件图　本齿轮零件图如图 7-35 所示。图样右上角应列出的数据表如表 7-34 所列。表 7-34 中标明了齿轮的基本参数和精度指标等。

表 7-34　齿轮副参数

最小法向侧隙	$j_{bn\,min}$	0.0506
轴线平行度偏差	$f_{\Sigma\beta}$	0.0257

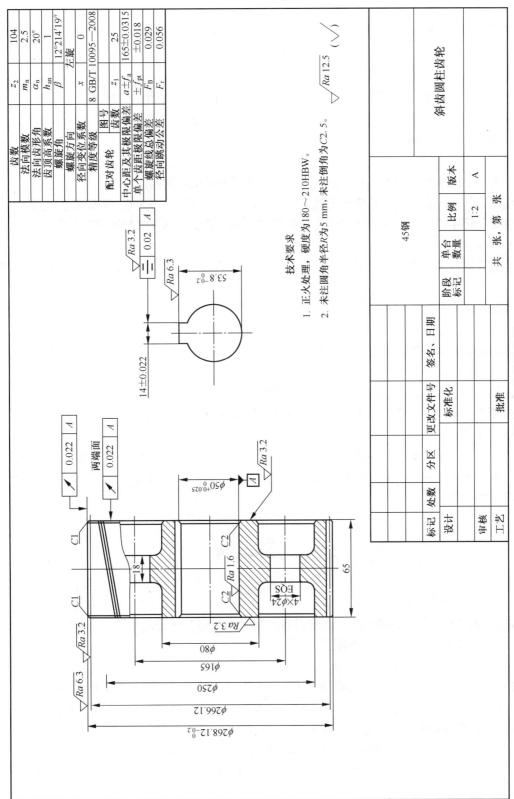

齿数	z_2	104
法向模数	m_n	2.5
法向齿形角	α_n	20°
齿顶高系数	h_{an}	1
螺旋方向	β	12°21'4'19"
径向变位系数	x	0
		左旋
精度等级	8 GB/T 10095—2008	
配对齿轮	图号	
	齿数	z_1	25
中心距及其极限偏差	$a\pm f_a$	165±0.0315
单个齿距极限偏差	$\pm f_{pt}$	±0.018
螺旋线总偏差	F_B	0.029
径向跳动公差	F_r	0.056

技术要求

1. 正火处理，硬度为180~210HBW。
2. 未注圆角半径R为5 mm，未注倒角为C2.5。

$\sqrt{Ra\,12.5}$ ($\sqrt{}$)

斜齿圆柱齿轮

45钢

图7-35 齿轮零件图

本 章 小 结

本章的主要目的是了解轴承、键和花键、齿轮传动的相关标准，了解其公差与配合，掌握与其形成配合的零件的尺寸公差、几何公差和表面粗糙度要求。

本章主要知识点如下。

1. 滚动轴承

滚动轴承内圈和轴颈采用基孔制，外圈和轴承座孔采用基轴制。

滚动轴承的所有公差带都单向偏置在零线下方，即上极限偏差为 0，下极限偏差为负值。

轴颈和箱体孔的圆柱度、轴肩的跳动公差、表面粗糙度由轴承的精度等级确定。

2. 键和花键

普通平键的键宽采用基轴制，公差带为 h8，根据需要可采用较松联结、一般联结、较紧联结。

花键：采用基孔制。

3. 齿轮

齿轮传动要求分传递运动的准确性、传动的平稳性、载荷分布的均匀性、传动侧隙的合理性，不同的使用场合对齿轮传动的要求不同。

齿轮的精度分为 0~12 级，0 级最高，12 级最低。

齿轮坯的精度、齿轮箱体孔的中心距偏差和轴线平行度都应满足相应的要求才能保证齿轮副的运动精度。

齿轮传动的使用要求，传递的负载大小与类型、运动速度、使用环境决定了齿轮的精度要求，也就决定了轴承、键和花键、齿轮孔、轴颈、箱体孔尺寸及中心距、箱体孔轴线平行度等的精度要求。

思考题及习题 7

7-1 轴承公差带有何特点？

7-2 如何根据轴承的精度等级选择轴颈和轴承座孔的几何公差和尺寸公差？

7-3 键和花键采用何种基准制？

7-4 齿轮传动有哪些使用要求？

7-5 什么是几何偏心？在滚齿加工中，仅存在几何偏心时，被切齿轮有哪些特点？

7-6 什么是运动偏心？在滚齿加工中，仅存在运动偏心时，被切齿轮有哪些特点？

7-7 影响载荷分布均匀性的主要工艺误差有哪些？

7-8 影响齿侧间隙的主要工艺误差有哪些？

7-9 齿距累积总偏差 F_p 和切向综合总偏差 F_i' 在性质上有何异同？是否需要同时采用为齿轮精度的评定指标？

7-10　径向跳动 F_r 和径向综合总偏差 F_i'' 在性质上有何异同？是否需要同时采用为齿轮精度的评定指标？

7-11　齿轮精度指标中，哪些指标主要影响齿轮传递运动的准确性？哪些指标主要影响齿轮传动的平稳性？哪些指标主要影响齿轮载荷分布的均匀性？

7-12　有一个普通级滚动轴承 210（外径为 $\phi 90_{-0.015}^{0}$，内径为 $\phi 50_{-0.012}^{0}$），它内圈配合的轴公差带选用 k5、外圈配合的孔公差带选用 J6，试画出它们的公差与配合示意图，并计算其极限间隙（或过盈）及平均间隙（或过盈）。

7-13　图 7-36 所示为某闭式传动的减速器的一部分装配图，它的传动轴上安装普通级 6209 深沟球轴承（外径为 $\phi 85$，内径为 $\phi 45$），它的额定动负荷为 19700 N。工作情况为：外壳固定；传动轴旋转，转速为 980 r/min；承受的径向动负荷为 1300 N。试确定：

1）轴颈和轴承座孔的尺寸公差带代号和采用的公差原则。

2）轴颈和轴承座孔的几何公差值和表面粗糙度轮廓幅度参数上限值。

3）将上述公差要求分别标注在装配图和零件图上。

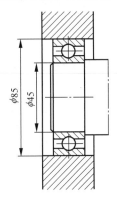

图 7-36　习题 7-13 附图

7-14　有一 $\phi 40 H7/m6$ 的孔、轴配合，采用普通平键联结中的正常联结传递转矩。试确定：

1）孔和轴的极限偏差。

2）轮毂键槽和轴键槽宽度和深度的公称尺寸及极限偏差。

3）孔和轴的直径采用的公差原则。

4）轮毂键槽两侧面的中心平面相对于轮毂孔基准轴线的对称度公差值，该对称度公差采用独立原则。

5）轴键槽两侧面的中心平面相对于轴的基准轴线的对称度公差值，该对称度公差与键槽宽尺寸公差的关系采用最大实体要求，而与轴直径尺寸公差的关系采用独立原则。

6）孔、轴和键槽的表面粗糙度轮廓幅度参数及其允许值。

将这些技术要求标注在图 7-37 上。

7-15　矩形花键联结标注为 8×46H7/f7×50H10/a11×9H11/d10，试说明该标注中各项代号的含义。内、外矩形花键键槽和键的两侧面的中心平面对小径定心表面轴线的位置公差有哪两种选择？试述它们的名称及相应采用的公差原则。

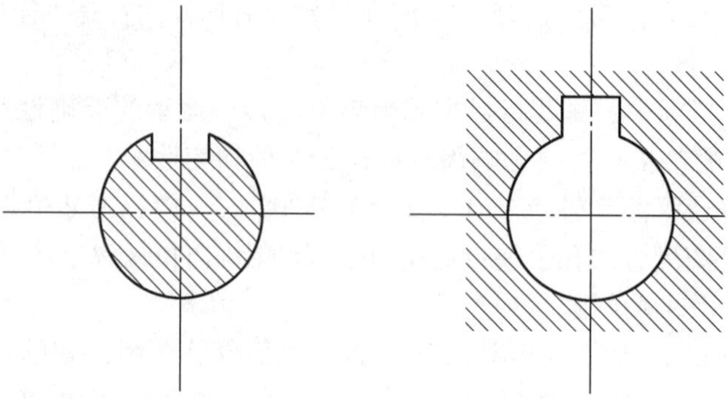

图 7-37　习题 7-14 附图

7-16　根据国家标准的规定，按小径定心的矩形花键副在装配图上的标注为 6×23H7/g7×26H10/a11×6H11/f9。试确定：

1）内、外花键的小径、大径、键槽宽、键宽的极限偏差。

2）键槽和键的两侧面的中心平面对定心表面轴线的位置度公差值。

3）定心表面采用的公差原则。

4）位置度公差与键槽宽（或键宽）尺寸公差及定心表面尺寸公差的关系应采用的公差原则。

5）内、外花键的表面粗糙度轮廓幅度参数及其允许值。

将这些技术要求标注在图 7-38 上。

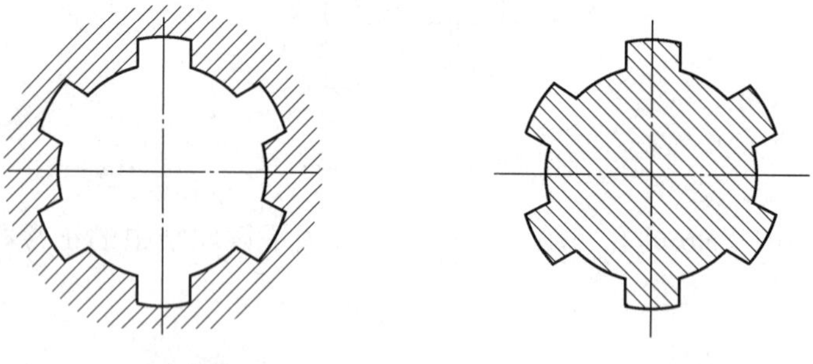

（a）内花键　　（b）外花键

图 7-38　习题 7-16 附图

7-17　用齿距比较仪依次测量各齿距的齿距偏差如表 7-35 中的 A 值（单位为 μm）。表中，N 是齿距序数，也是齿面序数，将齿面 1 和齿面 2 之间的齿距定义为齿距 1，依次类推，齿面 12 和齿面 1 之间的齿距定义为齿距 12。定义 B 是所有 A 值的算术平均值（单位为 μm）；C 为各个齿距的偏差（单位为 μm）；D 为齿面 2，3，…，12，1 到齿面 1 的齿距累积偏差（单位为 μm）。试计算 B、C、D 值（填入表格），并求单个齿距偏差 f_{pt}、齿距累积总偏差 F_p、两个齿距的齿距累积偏差 F_{p2}。

7-18　用角度转位法测量齿面 2，3，…，12，1 到齿面 1 的齿距累积偏差［表 7-36 中的 D 值（单位为 μm）］，定义 C 为各个齿距的偏差，N 的含义同上题。试计算 C 值并填入表格，并求单个齿距偏差 f_{pt}、齿距累积总偏差 F_p、两个齿距的齿距累积偏差 F_{p2}。

表 7-35 齿 距 偏 差　　　　　　　单位：μm

N	1	2	3	4	5	6	7	8	9	10	11	12
A	0	+8	+12	−4	−12	+20	+12	+16	0	+12	+12	−4
B												
C												
D												

表 7-36 齿距累积偏差和齿距偏差　　　　　　　单位：μm

N	1	2	3	4	5	6	7	8	9	10	11	12
D	+6	+10	+16	+20	+16	+6	−1	−6	−8	−10	−4	0
C												

7-19　单级直齿圆柱齿轮减速器的齿轮模数 $m = 3.5$ mm，压力角 $\alpha = 20°$；传递功率为 5 kW；输入轴转速 $n_1 = 1440$ r/min；齿数 $z_1 = 18$，$z_2 = 81$；齿宽 $b_1 = 55$ mm，$b_2 = 50$ mm。采用油池润滑。稳定工作时齿轮温度 $t_1 = 50$ ℃，箱体温度 $t_2 = 35$ ℃。此外，齿轮材料的线膨胀系数 $\alpha_1 = 11.5×10^{-6}$ ℃$^{-1}$，箱体材料的线膨胀系数 $\alpha_2 = 10.5×10^{-6}$ ℃$^{-1}$。试确定齿轮精度的检验指标及其精度等级，确定齿厚极限偏差。

参 考 文 献

[1] 马惠萍. 互换性与测量技术基础案例教程 [M]. 2 版. 北京：机械工业出版社，2019.

[2] 王颖. 公差选用与零件测量 [M]. 2 版. 北京：高等教育出版社，2018.

[3] 廖念钊，古莹菴，莫雨松. 互换性与技术测量 [M]. 6 版. 北京：中国质检出版社，2012.

[4] 金嘉琦. 几何量精度设计与检测 [M]. 北京：机械工业出版社，2012.

[5] 王伯平. 互换性与测量技术基础 [M]. 4 版. 北京：机械工业出版社，2017.

[6] 李柱，徐振高，蒋向前. 互换性与测量技术——几何产品技术规范与认证 GPS [M]. 北京：高等教育出版社，2004.

[7] 谢铁邦，李柱，席宏卓. 互换性与技术测量 [M]. 3 版. 武汉：华中科技大学出版社，1998.

[8] 马利民. 新一代产品几何量技术规范（GPS）理论框架体系及关键技术研究 [D]. 武汉：华中科技大学，2006.

[9] 王金星. 新一代产品几何规范（GPS）不确定度理论及应用研究 [D]. 武汉：华中科技大学，2006.

[10] 张琳娜，赵凤霞，李晓沛，等. 现代产品几何技术规范（GPS）体系的理论基础及关键技术研究 [J]. 机械强度，2004，26（5）：547-551.

[11] 崔凤喜，李晓沛. 现代产品几何技术规范（GPS）研究与发展综述 [J]. 中国标准化，2004（9）：21-25.

[12] 张琳娜，常永昌，赵凤霞. 现代产品几何技术规范（GPS）中基于对偶性的操作技术及其应用 [J]. 机械强度，2005，27（5）：656-660.

[13] 蒋向前. 现代产品几何量技术规范（GPS）国际标准体系 [J]. 机械工程学报，2004，40（12）：133-138.

[14] 马利民，蒋向前，王金星. 新一代产品几何量技术规范（GPS）标准体系研究 [J]. 中国机械工程，2005，16（1）：12-16.

[15] 费业泰. 误差理论与数据处理 [M]. 7 版. 北京：机械工业出版社，2016.

[16] 桂定一，陈育荣，罗宁. 机器精度分析与设计 [M]. 北京：机械工业出版社，2004.

[17] 张琳娜，赵凤霞，李晓沛. 简明公差标准应用手册 [M]. 2 版. 上海：上海科学技术出版社，2010.

[18] 向德清. 普通计量器具的不确定度 [J]. 航空标准化与质量，1990（5）：13-17.

[19] 姚志刚. 关于贯彻"光滑工件尺寸的检验及使用指南"的探讨 [J]. 航空标准化，1983（6）：1-6.

[20] 王继平. 计量器具不确定度的分析 [D]. 成都科技大学学报，1984（3）：137-145.

[21] 莱斯·柯卡普，鲍伯·弗伦克尔. 测量不确定度导论 [M]. 西安：西安交通大学出版社，2011.

[22] 张民安. 圆柱齿轮精度 [M]. 北京：中国标准出版社，2002.